# 网络强国战略与浙江实践

陈畴镛　王　雷　周　青　著

国家社会科学基金重大项目（15ZDC023）研究成果

科学出版社

北　京

# 内 容 简 介

本书以习近平网络强国战略思想为准绳，研究论述了实施网络强国战略的内涵要义、目标任务、推进机制和行动路径，系统总结浙江实施网络强国战略取得的成效和经验，树立了网络强国建设的区域实践样板。本书包括理论篇、实践篇、专题篇共三篇十六章，把国家战略与浙江实践有机融合，具有时代性、战略性、创新性与应用性结合的特点，对于丰富网络强国战略研究的理论体系、推进网络强国战略的建设实践，具有积极的推进作用。

本书适合信息化研究与实践工作者、政府官员、企业管理人员、高等学校相关专业教师和研究生等参考阅读。

图书在版编目（CIP）数据

网络强国战略与浙江实践/陈畴镛，王雷，周青著. —北京：科学出版社，2016.12

ISBN 978-7-03-051270-3

Ⅰ. ①网⋯ Ⅱ. ①陈⋯②王⋯③周⋯ Ⅲ. ①互联网络–管理–研究–浙江 Ⅳ. ①TP393.4

中国版本图书馆CIP数据核字（2016）第 314130 号

责任编辑：魏如萍 陶 璇/责任校对：王 瑞
责任印制：霍 兵/封面设计：无极书装

科 学 出 版 社 出版
北京东黄城根北街 16 号
邮政编码：100717
http://www.sciencep.com

北京通州皇家印刷厂 印刷
科学出版社发行 各地新华书店经销
*
2016 年 12 月第 一 版 开本：720×1000 1/16
2016 年 12 月第一次印刷 印张：21 3/4
字数：447 000
定价：162.00 元
（如有印装质量问题，我社负责调换）

# 序　一

党的十八大以来，以习近平同志为核心的党中央在全面、客观分析当前我国网络安全和信息化发展基本国情及全球互联网发展新形势基础上，做出了建设网络强国的战略部署。浙江深入贯彻落实习近平总书记系列重要讲话精神，以信息化驱动引领现代化，把网络强国战略落实到统筹推进经济、政治、文化、社会、生态建设"五位一体"总体布局的具体实践中，走在全国实施网络强国战略的前列。

陈畴镛、王雷、周青同志长期跟踪研究我国特别是浙江的信息化发展实践，曾经发表过许多理论研究成果，研究编制了大量国家和浙江相关政府部门的信息化决策咨询报告、发展规划和行动计划等，为我国特别是浙江以信息化推进现代化提供了诸多决策依据。其新作《网络强国战略与浙江实践》，以习近平总书记关于网络强国战略的系列重要讲话精神为指导，归纳总结网络强国战略的国内外相关理论与经验借鉴，从以技术创新助推强国战略、以网络文化根植强国战略、以基础设施和信息经济牢筑强国战略、以网络安全和网络治理护航强国战略、以国际合作提升强国战略等方面，以及从互联网统筹推进"五位一体"总体布局的视角，研究阐述实施网络强国战略的内涵意义、推进机制和行动路径；从信息经济、电子政务、信息惠民、网络文化、智慧城市、网络安全与网络治理等领域，系统性地提炼总结了浙江实施网络强国战略的成效与经验，深入探讨实施网络强国战略的实践基础，为我国实施网络强国战略及其推进机制提供了理论依据和经验借鉴。

"建设网络强国的战略部署要与'两个一百年'奋斗目标同步推进，向着网络基础设施基本普及、自主创新能力显著增强、信息经济全面发展、网络安全保障有力的目标不断前进。"该书通篇贯穿了习近平总书记关于网络强国建设的新理念、新思想、新战略，聚焦网络强国建设中的理论与现实问题，把国家战略与浙江实践有机结合，具有战略性、系统性、创新性与应用性结合的特色。该书系国家社会科学基金重大项目"我国实施网络强国战略及其推进机制研究"（15ZDC023）的阶段性成果，理论观点新颖、体系结构严谨、论述内容翔实、案例材料丰富。相信该书的出版，必将大大丰富网络强国建设研究理论内涵，并将更深入地理解和贯彻实施网络强国战略的实践行动，其效果将对推动实现中华民族的伟大复兴起重大作用。

是为序！

中国工程院院士

中国社会科学院学部委员

2016 年 12 月 15 日

# 序　二

习近平总书记就建设网络强国发表了一系列重要讲话，是治国理政新理念、新思想、新战略的重要组成部分。浙江是习近平总书记工作过多年的地方，时任浙江省委书记的习近平同志大力推进"数字浙江"建设，为浙江以信息化驱动引领现代化奠定了坚实基础。党的十八大以来，浙江贯彻落实习近平总书记系列重要讲话精神，以信息经济创新发展、电子政务深化应用、网络文化滋养社会、信息惠民造福百姓的实践行动，树立了实施网络强国战略的区域样板。

《网络强国战略与浙江实践》一书，研究阐述了习近平总书记关于网络强国建设重要论述的要义和浙江贯彻实施网络强国战略的创新实践。作者有多年研究国家特别是浙江信息化发展战略的积累，该书是在深入学习研究习近平总书记关于网络强国战略的系列重要讲话精神，系统分析我国特别是浙江以信息化驱动现代化实践的基础上完成的，具有以下特点。

一是思想性和针对性强。该书把习近平总书记关于"没有网络安全就没有国家安全，没有信息化就没有现代化"等网络强国战略思想贯穿于我国和我国浙江网信工作实际进行研究阐述，既有对网络强国战略的科学分析和理论解读，又有对浙江实施网络强国战略实践的深度剖析和经验提炼。

二是系统性和广泛性强。网络强国战略是一个内涵丰富、内容充实的体系，是目标与任务的统一体。该书研究涉及互联网对经济、政治、文化、社会、生态建设的广泛深刻影响，尤其对浙江信息经济、电子政务、网络文化、网络安全与网络治理等诸多领域都有机理分析与实践总结。

三是时代性和创新性强。该书紧密结合当今世界网络信息技术日新月异，全面融入社会生产生活，深刻改变着全球经济格局、利益格局、安全格局的时代特征，客观分析我国从"网络大国"走向"网络强国"取得的成效与存在的问题，以浙江区域样板为代表，创新性地论述网络强国战略的推进机制、实施途径及经验做法。

该书理论联系实际，研究内容丰富，对我国实施网络强国战略的研究具有良好的理论价值，总结的路径模式和行动经验对推进网络强国建设实践也有现实指导作用。

中国工程院院士

2016 年 12 月 09 日

# 目　　录

## 第二篇　实　践　篇

## 第三篇　专　题　篇

# 绪　　论

党的十八大以来，以习近平同志为核心的党中央高度重视网络强国建设，习近平总书记就实施网络强国战略发表了一系列重要讲话，是治国理政新理念、新思想、新战略的重要组成部分。习近平总书记是在全面客观分析当前我国网络安全和信息化发展基本国情及全球互联网发展新形势基础上提出的，具有鲜明的时代特征和实践特色。

习近平总书记关于实施网络强国战略的一系列深刻精辟的论断，其中很多重要思想来源于对浙江信息化引领现代化的生动实践。浙江是全国最早做出以信息化带动工业化、推进现代化战略的省份之一。在 2003 年 1 月召开的浙江省第十届人民代表大会第一次会议上，时任浙江省委书记的习近平同志指出"数字浙江是全面推进我省国民经济和社会信息化、以信息化带动工业化的基础性工程"。2003 年 7 月，中国共产党浙江省委员会举行第十一届四次全体（扩大）会议，在总结浙江经济多年来的发展经验基础上，全面系统地总结了浙江省发展的八个优势，提出了面向未来发展的八项举措——"八八战略"①，"数字浙江"建设也成为"八八战略"的重要内容。2003 年 9 月，浙江省政府正式发布了《数字浙江建设规划纲要（2003—2007 年）》。在习近平同志和省委省政府的领导下，浙江实施"百亿信息化建设工程"，大力推进网络基础设施、电子政务、数字城市等建设，"数字浙江"建设取得显著成效，信息化在转变经济增长方式、提升政府管理效能、便捷群众日常生活等方面发挥了重要作用。

在最近一年多的时间里，习近平总书记三次到浙江考察指导。2015 年 5 月，

---

① "八八战略"：进一步发挥浙江的体制机制优势，大力推动以公有制为主体的多种所有制经济共同发展，不断完善社会主义市场经济体制。进一步发挥浙江的区位优势，主动接轨上海、积极参与长江三角洲地区交流与合作，不断提高对内对外开放水平。进一步发挥浙江的块状特色产业优势，加快先进制造业基地建设，走新型工业化道路。进一步发挥浙江的城乡协调发展优势，统筹城乡经济社会发展，加快推进城乡一体化。进一步发挥浙江的生态优势，创建生态省，打造"绿色浙江"。进一步发挥浙江的山海资源优势，大力发展海洋经济，推动欠发达地区跨越式发展，努力使海洋经济和欠发达地区的发展成为我省经济新的增长点。进一步发挥浙江的环境优势，积极推进基础设施建设，切实加强法治建设、信用建设和机关效能建设。进一步发挥浙江的人文优势，积极推进科教兴省、人才强省，加快建设文化大省。

习近平到浙江考察期间，来到依靠自主创新在视频监控领域成为全球第一的杭州海康威视数字技术股份有限公司，察看产品展示和研发中心，对他们拥有业内领先的自主核心技术表示肯定，要求不断增加创新研发投入，加强创新平台建设，培养创新人才队伍，促进创新链、产业链、市场需求有机衔接，争当创新驱动发展先行军。这与2016年4月19日习近平主持召开网络安全和信息化工作座谈会上指出的建设网络强国要紧紧牵住核心技术自主创新这个"牛鼻子"，互联网企业要增强使命感、责任感，要聚天下英才而用之等重要论断有着密切的联系（陈畴镛，2016a）。

2015年12月，习近平亲自出席在浙江乌镇召开的第二届世界互联网大会开幕式并发表主旨演讲，在乌镇视察"互联网之光"博览会，观看国内外重点网信企业最新技术产品等成果，与企业家们亲切交流，在"互联网创新"展区，习近平听取有关科技企业负责人介绍创意型产品和技术。乌镇的网络化、智慧化，是传统和现代、人文和科技融合发展的生动写照，是中国互联网创新发展的一个缩影，生动体现了全球互联网共享发展的理念，是习近平网络强国战略思想的实践印记。

2016年9月，习近平又一次来到浙江出席G20杭州峰会，与各方嘉宾就加强政策协调、创新增长方式、全球经济金融治理、国际贸易和投资、包容和联动式发展等议题，达成许多重要共识。习近平在G20工商峰会演讲中提到，"杭州是创新活力之城，电子商务蓬勃发展，在杭州点击鼠标，联通的是整个世界"，形象生动地介绍了杭州在实施网络强国战略中取得的成效和优势。G20杭州峰会既是习近平与世界最重要经济体领导人共谋大计的多边舞台，也向世界直接展示了浙江在改革开放中干在实处、走在前列、勇立潮头的新面貌新气象，树立了中国主张中国方案的浙江样板（陈畴镛，2016b，2016c）。

党的十八大以来，浙江贯彻落实习近平总书记系列重要讲话精神，坚持以"八八战略"为总纲，积极实施网络强国战略，把信息化与统筹推进"五位一体"总体布局和协调推进"四个全面"战略布局紧密结合起来，以信息化驱动引领现代化，信息经济创新发展、电子政务深化应用、网络文化滋养社会、信息惠民造福百姓，树立了网络强国战略的区域创新样板，用实践行动诠释和印证了网络强国战略思想的重大现实意义和理论价值。

本书以研究阐述习近平网络强国战略思想为主题，在归纳总结网络强国战略的国内外相关理论的基础上，从以技术创新助推强国战略、以网络文化根植强国战略、以基础设施和信息经济牢筑强国战略、以网络安全和网络治理护航强国战略、以国际合作提升强国战略等方面，以及从互联网统筹推进"五位一体"总体布局的视角，研究阐述实施网络强国战略的内涵要义、目标任务、推进机制和行动路径。从信息经济、电子政务、信息惠民、网络文化、智慧城市、网络安全与网络治理等领域，系统性地分析和总结浙江实施网络强国战略的成效、特色与经验做法，深入探讨实施网络强国战略的实践基础，为我国实施网络强国战略及其推进机制提供理论指导和经验借鉴。

本书除绪论外分为三篇，第一篇为理论篇，由第一至第四章组成；第二篇为实践篇，由第五至第十章组成；第三篇为专题篇，由第十一至第十六章组成。

第一章网络强国战略思想的相关论述，以习近平在中央网络安全和信息化领导小组第一次会议上的讲话、在网络安全和信息化工作座谈会上的讲话、在中央政治局就实施网络强国战略进行第三十六次集体学习时的讲话和在第二届世界互联网大会开幕式上的讲话等系列重要讲话为依据，从深刻认识互联网、创新发展互联网、深度运用互联网、依法管理互联网、合作共享互联网等方面，较系统地对牢牢抓住信息革命机遇为实现中华民族伟大复兴的中国梦而奋斗、紧紧牵住核心技术自主创新这个"牛鼻子"、让互联网更好造福人民、让亿万人民在共享互联网发展成果、以互联网培育经济发展新动能、切实维护网络安全、让互联网在法治轨道上健康运行、让网络空间清朗起来、聚天下互联网英才而用之、增强互联网企业使命感责任感、构建网络空间命运共同体等网络强国战略思想与总体设计的主要观点做了归纳阐释。

第二章网络强国战略的国内外相关研究，就与网络强国战略有着密切相关的网络经济（信息经济、数字经济）、信息化与工业化融合发展、网络安全与网络治理、网络文化与传播发展等领域的国内外研究动态进行综述分析，详细回顾和论述了国内外有关网络强国战略的代表性研究成果。与网络强国战略相关的学科体现出综合性和交叉性的特点，这些成果为研究我国网络强国战略提供了较好的理论研究基础。从国内外相关研究中也发现存在一些不足，主要包括：①理论研究的系统性不足，侧重于"网络具象问题"，而忽视"整合实施战略"的研究，揭示其影响社会关系与国家发展的价值性分析不多，特别是作为强国战略的推进机制研究不多。②研究的实践基础深度不够。重一般问题而忽视中国的特殊国情，这种一般问题研究，有利于借鉴学习国外有关的网络战略，但基于中国国情的网络强国建设的生动实践研究不足，导致行动方向、推进机制和实施路径缺乏可借鉴、可推广的经验。这为本书研究提供了理论和实践上进一步研究与突破的空间。

第三章网络强国战略的要义与任务，是本书的主要理论研究重点，对网络强国战略的内涵要义、结构要素、内在逻辑、目标方向、主要任务做了理论阐述。本章以习近平总书记在主持中央网络安全和信息化领导小组第一次会议上讲话中提出的网络强国战略总体思路和基本要素为准绳，结合在网络安全和信息化工作座谈会上的讲话等新理念新思想，从以技术创新助推强国战略、以网络文化根植强国战略、以基础设施和信息经济牢筑强国战略、以网络安全和网络治理护航强国战略、以国际合作提升强国战略等五个方面做了详细论证。本章在研究阐释习近平网络强国战略思想的同时，充分结合中国已成为举世瞩目的网络大国，逐渐探索出了一条具有中国特色的网络安全和信息化发展之路，为世界互联网发展做出了中国贡献、创造了中国经验的实践背景，既有理论演绎、又有实证分析。

第四章网络强国建设与"五位一体"总体布局，进一步从利用互联网统筹推进"五位一体"总体布局的视角，对网络强国战略的推进机制和实施路径做了理论探讨。本章根据习近平总书记以信息化驱动现代化，以互联网促进经济建设、政治建设、文化建设、社会建设、生态文明建设的相关论述，对互联网成为经济发展的新动力、以互联网提升政府治理能力现代化、促进先进文化繁荣发展、保障和改善民生、推进绿色发展等方面，对互联网从助力、支撑、保障到融合创新、引领发展的作用机理做了深入阐述，结合分析中国互联网始终立足国情，紧扣时代脉搏，坚持开放发展、创新发展、共享发展，取得显著发展成就的实际，研究论证了建设网络强国与统筹推进"五位一体"总体布局的内在机制，探究了实施网络强国战略的方式、途径、手段和模式。

第二篇共六章，分别从对浙江信息经济创新发展、互联网+政务服务、信息惠民、智慧城市建设、网络文化建设、网络安全与网络治理等六个方面，全景式地描述了以信息化驱动引领现代化的生动实践，为实施网络强国战略提供了浙江实践的样板。G20杭州峰会带来持续效应、世界互联网大会永久落户乌镇、建设首个国家信息经济示范区，为全国以信息化培育新动能、用新动能推动新发展树立了标杆。本篇系统研究了浙江大力发展信息经济、建设云上浙江、数据强省作为深入实施"四个全面"战略布局和"八八战略"的题中之义取得的成效与特色亮点，归纳提炼了浙江发挥信息化培育发展新动能新优势的战略途径、经验做法，深入探讨了实施网络强国战略的区域基础。既印证了习近平网络强国战略思想的现实意义和理论价值，又为实施网络强国战略提供了可推广、可复制的实践经验。

第三篇也包括六章，进一步选取了作者直接研究完成的六个专题，从具体领域和区域角度提出了网络强国战略的实施路径与举措，进一步对浙江实施网络强国战略实践做了深度剖析和经验提炼。第十一章系2009年7月作为浙江省人民政府咨询委员会《咨询研究》，报送省领导，得到了时任浙江省省长吕祖善、副省长金德水批示，对促进浙江省"两化"融合工作起到了积极的作用。第十二章系作者为浙江省经济和信息化委员会修订全省信息化发展指数所作的研究报告，应用于2016年信息化发展指数评价。第十三章系作者起草编制的《浙江省电子信息产业"十三五"发展规划》，研究分析了浙江省电子信息产业"十二五"发展现状及面临形势，提出了"十三五"的总体战略、发展目标、主要任务、发展重点和保障措施，已由浙江省经济和信息化委员会发布实施。第十四章系作者完成的杭州市委政策研究室2015年重点招标课题"杭州'十三五'时期打造万亿级信息产业集群对策研究"的主要内容，其中主要观点获时任杭州市长张鸿铭的批示。

第十五章系作者撰写的杭州市信息惠民国家试点城市评价报告（2015 年）的主要内容，以作者为主起草的杭州市和嘉兴市的信息惠民国家试点示范城市申报方案获得国家发展和改革委员会等 12 部委批复同意，使杭州市和嘉兴市成为首批信息惠民国家试点城市。第十六章系作者承担的杭州市发展和改革委员会 2016 年重点招标课题"推进杭州新型智慧城市建设思路研究"的有关内容，其中主要观点获浙江省委常委、杭州市委书记赵一德的批示。

本书作者长期跟踪研究我国信息化和信息产业特别是浙江的发展实践，曾经发表过许多理论研究成果，20 世纪 90 年代就对我国信息产业技术创新和核心领域发展对策提出了前瞻性的观点（陈畴镛等，1997；陈畴镛，1999），研究编制了大量国家和浙江相关政府部门的信息化决策咨询报告、发展规划和行动计划等，为我国特别是浙江以信息化推进现代化提供了诸多决策依据。特别是本书主要作者有幸在 2003 年主持完成了"数字浙江"建设规划的两个分课题之一"以信息化带动工业化，推进浙江传统产业升级改造"，是习近平总书记领导"数字浙江"建设的直接参与者，对理解习近平网络强国战略思想形成的实践基础有着切身体会，也为后续从事信息化战略与机制研究奠定了基础。

本书作为国家社会科学基金重大项目"我国实施网络强国战略及其推进机制研究"（15ZDC023）的阶段性成果，以研究阐述习近平网络强国战略思想为主题，紧密结合当今世界网络信息技术深刻改变着全球经济格局、利益格局、安全格局的时代特征，客观分析我国从"网络大国"走向"网络强国"取得的成效与存在的问题，通过我国特别是浙江区域样板实践的论证，创新性地研究阐释了网络强国战略的理论要义、推进机制与实施途径。这对于全面深刻系统地理解习近平网络强国战略思想的现实意义和理论价值，丰富网络强国战略研究的理论体系、推进网络强国战略的建设实践，都具有积极的推进作用。

# 第一篇　理　论　篇

# 第一章　网络强国战略思想的相关论述

中国共产党的第十八次代表大会以来，习近平总书记准确把握时代大势，站在战略高度和长远角度，就网络强国战略发表了一系列具有重大现实意义和深远历史意义的重要讲话。这一系列重要讲话精神，是以习近平同志为核心的党中央治国理政新理念、新思想、新战略的重要组成部分，为深入推进网络强国战略指明了前进方向，为国际互联网治理提供了重要遵循。

## 一、深刻认识互联网，把网络大国建设成为网络强国

### （一）深刻认识互联网给人类生产生活和经济社会带来的巨大影响

当今世界，网络信息技术日新月异，全面融入社会生产生活，深刻改变着全球经济格局、利益格局、安全格局。习近平总书记一直保持着对互联网发展的高度关注，对互联网发展始终寄予殷切期望。

习近平准确地把握住了人类社会发展新阶段的时代特征，准确定位了人类社会发展进程的时代坐标。"现在人类已经进入互联网时代这样一个历史阶段，这是一个世界潮流，而且这个互联网时代对人类的生活、生产、生产力的发展都具有很大的进步推动作用。" 2012 年 12 月 7 日，党的十八大闭幕不到一个月，习近平总书记在深圳参观考察腾讯公司时做出了这样的论断（孙强，2016）。

2013 年 9 月 30 日，习近平在主持中共中央政治局第九次集体学习时讲话指出，"从全球范围看，科学技术越来越成为推动经济社会发展的主要力量……关键技术交叉融合、群体跃进，变革突破的能量正在不断积累。"

2014 年，中国网信事业发展进入第 20 个年头。当年 2 月，中央网络安全和信息化领导小组成立，习近平担任组长。2 月 27 日，习近平主持召开中央网络安全和信息化领导小组第一次会议并发表重要讲话，他指出，"当今世界，信息技

术革命日新月异，对国际政治、经济、文化、社会、军事等领域发展产生了深刻影响。信息化和经济全球化相互促进，互联网已经融入社会生活方方面面，深刻改变了人们的生产和生活方式。我国正处在这个大潮之中，受到的影响越来越深"。

"没有网络安全就没有国家安全，没有信息化就没有现代化。" "网络安全和信息化是事关国家安全和国家发展、事关广大人民群众工作生活的重大战略问题，要从国际国内大势出发，总体布局，统筹各方，创新发展，努力把我国建设成为网络强国。" 习近平在这次会议上的重要讲话，深刻阐述了互联网给人类生产生活和国际经济社会带来的巨大影响，明确了网络强国战略的基本要义和主要任务，拉开了我国网信事业深化改革的大幕。

2014 年 6 月 3 日，习近平在国际工程科技大会上发表演讲，指出："信息技术成为率先渗透到经济社会生活各领域的先导技术，将促进以物质生产、物质服务为主的经济发展模式向以信息生产、信息服务为主的经济发展模式转变，世界正在进入以信息产业为主导的新经济发展时期。"

2015 年 5 月 22 日，习近平在致国际教育信息化大会的贺信中指出，"当今世界，科技进步日新月异，互联网、云计算、大数据等现代信息技术深刻改变着人类的思维、生产、生活、学习方式，深刻展示了世界发展的前景。"

2015 年 12 月 16 日，习近平亲自出席在浙江乌镇召开的第二届世界互联网大会开幕式，发表重要讲话指出："纵观世界文明史，人类先后经历了农业革命、工业革命、信息革命。每一次产业技术革命，都给人类生产生活带来巨大而深刻的影响。现在，以互联网为代表的信息技术日新月异，引领了社会生产新变革，创造了人类生活新空间，拓展了国家治理新领域，极大提高了人类认识世界、改造世界的能力。互联网让世界变成了"鸡犬之声相闻"的地球村，相隔万里的人们不再"老死不相往来"。可以说，世界因互联网而更多彩，生活因互联网而更丰富。"同日在乌镇视察"互联网之光"博览会时，他又指出，"互联网是 20 世纪最伟大的发明之一，给人们的生产生活带来巨大变化，对很多领域的创新发展起到很强带动作用"。

2016 年 4 月 19 日习近平主持召开网络安全和信息化工作座谈会发表重要讲话（以下简称"4.19"重要讲话）。他指出，"对互联网来说，我国虽然是后来者，接入国际互联网只有 20 多年，但我们正确处理安全和发展、开放和自主、管理和服务的关系，推动互联网发展取得令人瞩目的成就。现在，互联网越来越成为人们学习、工作、生活的新空间，越来越成为获取公共服务的新平台"。"我国经济发展进入新常态，新常态要有新动力，互联网在这方面可以大有作为。"习近平在这次会议上做出的一系列深刻精辟的论断，成为我国建设网络强国的行动指南。

习近平准确把握了世界互联网发展形势、格局、趋势。2016 年 10 月 9 日，中央政治局就实施网络强国战略进行第三十六次集体学习，习近平在主持学习时发表了讲话指出，"当今世界，网络信息技术日新月异，全面融入社会生产生活，深刻改变着全球经济格局、利益格局、安全格局。世界主要国家都把互联网作为经济发展、技术创新的重点，把互联网作为谋求竞争新优势的战略方向。虽然我国网络信息技术和网络安全保障取得了不小成绩，但同世界先进水平相比还有很大差距。我们要统一思想、提高认识，加强战略规划和统筹，加快推进各项工作"。因此，实施网络强国战略是"因势而动"的重大抉择，顺应世界互联网发展大势的战略决策。

### （二）牢牢抓住信息革命机遇为实现中华民族伟大复兴的中国梦而奋斗

基于对互联网时代的总体认识和国内外互联网发展形势的客观分析、理性判断，习近平提出了"要从国际国内大势出发，总体布局，统筹各方，创新发展，努力把我国建设成为网络强国"的战略目标。习近平网络强国战略思想反映了人类社会发展的客观趋势，反映了国内外互联网发展的总体形势，集中反映了中国共产党对互联网发展与治理规律的新认识，集中体现了党中央高瞻远瞩牢牢抓住信息革命机遇为实现中华民族伟大复兴的中国梦而奋斗的战略行动。

在中央网络安全和信息化领导小组第一次会议上，习近平强调，"网络安全和信息化对一个国家很多领域都是牵一发而动全身的，要认清我们面临的形势和任务，充分认识做好工作的重要性和紧迫性，因势而谋，应势而动，顺势而为。网络安全和信息化是一体之两翼、驱动之双轮，必须统一谋划、统一部署、统一推进、统一实施。做好网络安全和信息化工作，要处理好安全和发展的关系，做到协调一致、齐头并进，以安全保发展、以发展促安全，努力建久安之势、成长治之业"。

基于历史唯物主义的视角和对人类社会发展规律的认识，在网络安全和信息化工作座谈会上，习近平指出："从社会发展史看，人类经历了农业革命、工业革命，正在经历信息革命。农业革命增强了人类生存能力，使人类从采食捕猎走向栽种畜养，从野蛮时代走向文明社会。工业革命拓展了人类体力，以机器取代了人力，以大规模工厂化生产取代了个体工场手工生产。而信息革命则增强了人类脑力，带来生产力又一次质的飞跃，对国际政治、经济、文化、社会、生态、军事等领域发展产生了深刻影响。"

对于正在奋力实现"两个一百年"奋斗目标、实现中华民族伟大复兴中国梦的中国，热情拥抱互联网，时不我待。习近平强调，"建设富强民主文明和谐的社会主义现代化国家，实现中华民族伟大复兴，是鸦片战争以来中国人民最伟大的梦想，是中华民族的最高利益和根本利益。今天，我们13亿多人的一切奋斗归根到底都是为了实现这一伟大目标。我国曾经是世界上的经济强国，后来在欧洲发生工业革命、世界发生深刻变革的时期，丧失了与世界同进步的历史机遇，逐渐落到了被动挨打的境地。特别是鸦片战争之后，中华民族更是陷入积贫积弱、任人宰割的悲惨状况。想起这一段历史，我们心中都有刻骨铭心的痛。经过几代人努力，我们从来没有像今天这样离实现中华民族伟大复兴的目标如此之近，也从来没有像今天这样更有信心、更有能力实现中华民族伟大复兴。这是中华民族的一个重要历史机遇，我们必须牢牢抓住，决不能同这样的历史机遇失之交臂。这就是我们这一代人的历史责任，是我们对中华民族的责任，是对前人的责任，也是对后人的责任"。

习近平特别强调，按照创新、协调、绿色、开放、共享的发展理念推动我国经济社会发展，是当前和今后一个时期我国发展的总要求和大趋势，我国网信事业发展要适应这个大趋势，在践行新发展理念上先行一步，推进网络强国建设，推动我国网信事业发展，让互联网更好造福国家和人民。

习近平在主持中央政治局第三十六次集体学习时再次强调，加快推进网络信息技术自主创新，加快数字经济对经济发展的推动，加快提高网络管理水平，加快增强网络空间安全防御能力，加快用网络信息技术推进社会治理，加快提升我国对网络空间的国际话语权和规则制定权，朝着建设网络强国目标不懈努力。

## 二、创新发展互联网，掌握网络竞争和发展的主动权

### （一）紧紧牵住核心技术自主创新这个"牛鼻子"

互联网是社会发展的新引擎，更是国际竞争的新高地。面对一浪赶一浪的新技术革命，如何因势而谋、应势而动、顺势而为？习近平总书记指出，同世界先进水平相比，同建设网络强国战略目标相比，我们在很多方面还有不小差距，其中最大的差距在核心技术上。习近平反复强调，"要紧紧牵住核心技术自主创新这个'牛鼻子'"。"牛鼻子"既有"制胜要诀"之意，也指出了发展的最大"命门"。"核心技术受制于人是我们最大的隐患。"在网络安全和信息化工作座谈会上，总书记用人人都懂的砌房子作喻："一个互联网企业即便规模再大、市值再高，如果核心元器件严重依赖外国，供应链的'命门'掌握在别人手里，那就好比在别人的墙基上砌房子，再大再漂亮也可能经不起风雨，甚至会不堪一击。"

创新是一个民族进步的灵魂，是一个国家兴旺发达的不竭动力。在激烈的国际竞争中，唯创新者进，唯创新者强，唯创新者胜。"市场换不来核心技术，有钱也买不来核心技术"，"核心技术是国之重器，最关键最核心的技术要立足自

主创新、自立自强"。习近平指出，只有"争取在某些领域、某些方面实现'弯道超车'"，"只有把核心技术掌握在自己手中，才能真正掌握竞争和发展的主动权，才能从根本上保障国家经济安全、国防安全和其他安全"。

习近平不仅指出了核心技术自主创新的重大意义，也提出了明确的任务和要求，"核心技术要取得突破，就要有决心、恒心、重心。有决心，就是要树立顽强拼搏、刻苦攻关的志气，坚定不移实施创新驱动发展战略，把更多人力物力财力投向核心技术研发，集合精锐力量，作出战略性安排。有恒心，就是要制定信息领域核心技术设备发展战略纲要，制定路线图、时间表、任务书，明确近期、中期、远期目标，遵循技术规律，分梯次、分门类、分阶段推进，咬定青山不放松。有重心，就是要立足我国国情，面向世界科技前沿，面向国家重大需求，面向国民经济主战场，紧紧围绕攀登战略制高点，强化重要领域和关键环节任务部署，把方向搞清楚，把重点搞清楚。"习近平对我国网信领域广大企业家、专家学者、科技人员提出希望，"要树立这个雄心壮志，要争这口气，努力尽快在核心技术上取得新的重大突破"（习近平，2016）。

### （二）强强联合打好核心技术研发攻坚战

在网络安全和信息化工作座谈会上，习近平总书记深刻揭示了核心技术发展的症结，指明了攻关的方向和行动的路径。"什么是核心技术？我看，可以从3个方面把握。一是基础技术、通用技术。二是非对称技术、"杀手锏"技术。三是前沿技术、颠覆性技术。在这些领域，我们同国外处在同一条起跑线上，如果能够超前部署、集中攻关，很有可能实现从跟跑并跑到并跑领跑的转变。"

"核心技术的根源问题是基础研究问题，基础研究搞不好，应用技术就会成为无源之水、无本之木。""在科研投入上集中力量办大事。……要围绕国家亟需突破的核心技术，把拳头攥紧，坚持不懈做下去。""积极推动核心技术成果转化。技术要发展，必须要使用。在全球信息领域，创新链、产业链、价值链整合能力越来越成为决定成败的关键。核心技术研发的最终结果，不应只是技术报告、科研论文、实验室样品，而应是市场产品、技术实力、产业实力。……科研和经济不能搞成'两张皮'，要着力推进核心技术成果转化和产业化。"

"推动强强联合、协同攻关。要打好核心技术研发攻坚战，不仅要把冲锋号吹起来，而且要把集合号吹起来，也就是要把最强的力量积聚起来共同干，组成攻关的突击队、特种兵。……在核心技术研发上，强强联合比单打独斗效果要好，要在这方面拿出些办法来，彻底摆脱部门利益和门户之见的束缚。"

### （三）聚天下互联网英才而用之

网络空间的竞争，归根结底是人才竞争。建设网络强国，必须有一支优秀的人才队伍。习近平指出："'得人者兴，失人者崩。'网络空间的竞争，归根结底是人才竞争。建设网络强国，没有一支优秀的人才队伍，没有人才创造力迸发、活力涌流，是难以成功的。念好了人才经，才能事半功倍。""我们的脑子要转过弯来，既要重视资本，更要重视人才，引进人才力度要进一步加大，人才体制机制改革步子要进一步迈开。"

互联网是创新的热土，年轻人是创新的主角。总书记强调要不拘一格降人才，并特别提醒，"互联网领域的人才，不少是怪才、奇才，他们往往不走一般套路，有很多奇思妙想。对待特殊人才要有特殊政策，不要求全责备，不要论资排辈，不要都用一把尺子衡量"。

为把互联网人才资源汇聚起来，习近平还指示相关部门"要采取特殊政策，建立适应网信特点的人事制度、薪酬制度""要建立灵活的人才激励机制，让作出贡献的人才有成就感、获得感""要探索网信领域科研成果、知识产权归属、利益分配机制，在人才入股、技术入股以及税收方面制定专门政策""在人才流动上要打破体制界限，让人才能够在政府、企业、智库间实现有序顺畅流动""改革人才引进各项配套制度，构建具有全球竞争力的人才制度体系。不管是哪个国家、哪个地区的，只要是优秀人才，都可以为我所用"（习近平，2016）。

## 三、深度运用互联网，让互联网更好造福国家和人民

### （一）以互联网培育经济发展新动能

2013 年 9 月 30 日，中央政治局的第九次集体学习令人印象深刻。习近平总书记走出"红墙"，把"课堂"搬到了中关村，以调研、讲解、讨论相结合的形式进行，其中"授课老师"多为互联网领域的企业家和科研人员。习近平考察了增材制造、云计算、大数据、高端服务器等技术研发和应用情况后指出：科技兴则民族兴，科技强则国家强；科学技术越来越成为推动经济社会发展的主要力量，创新驱动是大势所趋。

创新是世界经济长远发展的动力源。总结历史经验，习近平指出，体制机制变革释放出的活力和创造力，科技进步造就的新产业和新产品，是历次重大危机后世界经济走出困境、实现复苏的根本。2015 年 11 月 15 日，在二十国集团领导人第十次峰会第一阶段会议上，习近平指出："无论是在国内同中国企业家交流，

还是访问不同国家，我都有一个强烈感受，那就是新一轮科技和产业革命正在创造历史性机遇，催生互联网+、分享经济、3D打印、智能制造等新理念、新业态，其中蕴含着巨大商机，正在创造巨大需求，用新技术改造传统产业的潜力也是巨大的。"

2016年10月9日，中央政治局就实施网络强国战略进行第三十六次集体学习时，习近平再次强调："世界经济加速向以网络信息技术产业为重要内容的经济活动转变。我们要把握这一历史契机，以信息化培育新动能，用新动能推动新发展。"

当前，我国经济发展进入新常态。习近平指出，新常态要有新动力，互联网在这方面可以大有作为。习近平强调，"我们要加强信息基础设施建设，强化信息资源深度整合，打通经济社会发展的信息"大动脉"。党的十八届五中全会、"十三五"规划纲要都对实施网络强国战略、"互联网+"行动计划、大数据战略等作了部署，要切实贯彻落实好，着力推动互联网和实体经济深度融合发展，以信息流带动技术流、资金流、人才流、物资流，促进资源配置优化，促进全要素生产率提升，为推动创新发展、转变经济发展方式、调整经济结构发挥积极作用"。

## （二）让亿万人民在共享互联网发展成果上有更多获得感

互联网发展的深度，很大程度上取决于互联网普及的广度。习近平指出，必须贯彻以人民为中心的发展思想。要适应人民期待和需求，加快信息化服务普及，降低应用成本，为老百姓提供用得上、用得起、用得好的信息服务，让亿万人民在共享互联网发展成果上有更多获得感。习近平特别指出："相比城市，农村互联网基础设施建设是我们的短板。要加大投入力度，加快农村互联网建设步伐，扩大光纤网、宽带网在农村的有效覆盖。"

对于7亿网民，习近平倾注了特殊的感情，指出："网民来自老百姓，老百姓上了网，民意也就上了网。群众在哪儿，我们的领导干部就要到哪儿去。""通过网络走群众路线"，"善于运用网络了解民意、开展工作，是新形势下领导干部做好工作的基本功"。习近平叮嘱各级党政机关和领导干部，要"经常上网看看、潜潜水、聊聊天、发发声，了解群众所思所愿，收集好想法好建议，积极回应网民关切、解疑释惑"。

习近平为人民群众在共享互联网发展成果上有更多获得感指明了具体的路径，他指出，可以做好信息化和工业化深度融合这篇大文章，发展智能制造，带动更多人创新创业；可以瞄准农业现代化主攻方向，提高农业生产智能化、经营网络化水平，帮助广大农民增加收入；可以发挥互联网优势，实施"互联网+教育""互联网+医疗""互联网+文化"等，促进基本公共服务均等化；可以发互联网在助推脱贫攻坚中的作用，推进精准扶贫、精准脱贫，让更多困难群众用上互联网，让农产品通过互联网走出乡村，让山沟里的孩子也能接受优质教育；可以加快推进电子政务，鼓励各级政府部门打破信息壁垒、提升服务效率，让百姓少跑腿、信息多跑路，解决办事难、办事慢、办事繁的问题；等等（习近平，2016）。

### （三）让以中华文明为底蕴的网络文化根植网络强国

文化强、国运昌，网络强国同时也应该是网络文化强国。习近平指出："要有丰富全面的信息服务，繁荣发展的网络文化"，作为一种软实力的标志，必须树立以中华文明为底蕴的网络文化意识，并切实发展和壮大中国网络文化产业，提升我国网络文化的影响力。

互联网在推动经济社会发展的同时，也催生了新的文艺形态。对此，习近平保持高度关注。2014年10月15日，在文艺工作座谈会上，习近平特别提到了网络文艺生产问题，他指出，互联网技术和新媒体改变了文艺形态，催生了一大批新的文艺类型，也带来文艺观念和文艺实践的深刻变化。由于文字数码化、书籍图像化、阅读网络化等发展，文艺乃至社会文化面临着重大变革。要适应形势发展，抓好网络文艺创作生产，加强正面引导力度。

### （四）提高运用互联网创新社会治理的能力

随着互联网特别是移动互联网发展，社会治理模式正在从单向管理转向双向互动，从线下转向线上线下融合，从单纯的政府监管向更加注重社会协同治理转变。习近平指出，"我们要深刻认识互联网在国家管理和社会治理中的作用，以推行电子政务、建设新型智慧城市等为抓手，以数据集中和共享为途径，建设全国一体化的国家大数据中心，推进技术融合、业务融合、数据融合，实现跨层级、跨地域、跨系统、跨部门、跨业务的协同管理和服务。要强化互联网思维，利用互联网扁平化、交互式、快捷性优势，推进政府决策科学化、社会治理精准化、公共服务高效化，用信息化手段更好感知社会态势、畅通沟通渠道、辅助决策施政"。

"各级领导干部特别是高级干部，如果不懂互联网、不善于运用互联网，就无法有效开展工作。"习近平要求各级领导干部要不断提高四种能力，即对互联网规律的把握能力，对网络舆论的引导能力，对信息化发展的驾驭能力，对网络安全的保障能力。

习近平指出："网民大多数是普通群众，来自四面八方，各自经历不同，观点和想法肯定是五花八门的，不能要求他们对所有问题都看得那么准、说得那么对。要多一些包容和耐心，对建设性意见要及时吸纳，对困难要及时帮助，对不了解情况的要及时宣介，对模糊认识要及时廓清，对怨气怨言要及时化解，对错误看法要及时引导和纠正，让互联网成为我们同群众交流沟通的新平台，成为了解群众、贴近群众、为群众排忧解难的新途径，成为发扬人民民主、接受人民监督的新渠道。"

习近平高度重视发挥互联网在加强民主政治建设中的作用，指出："要把权力关进制度的笼子里，一个重要手段就是发挥舆论监督包括互联网监督作用。这一条，各级党政机关和领导干部特别要注意，首先要做好。对网上那些出于善意的批评，对互联网监督，不论是对党和政府工作提的还是对领导干部个人提的，不论是和风细雨的还是忠言逆耳的，我们不仅要欢迎，而且要认真研究和吸取。"

## 四、依法管理互联网，切实维护网络安全

### （一）树立综合统筹的总体网络安全观

"面对复杂严峻的网络安全形势，我们要保持清醒头脑，各方面齐抓共管，切实维护网络安全。"在网络安全和信息化工作座谈会上，习近平就网络安全建设做了全面深入的阐述，从"树立正确的网络安全观""加快构建关键信息基础设施安全保障体系""全天候全方位感知网络安全态势""增强网络安全防御能力和威慑能力"等方面，为我国网络安全指明了方向。

习近平指出，"网络安全和信息化是相辅相成的。安全是发展的前提，发展是安全的保障，安全和发展要同步推进。我们一定要认识到，古往今来，很多技术都是'双刃剑'，一方面可以造福社会、造福人民，另一方面也可以被一些人用来损害社会公共利益和民众利益。从世界范围看，网络安全威胁和风险日益突出，并日益向政治、经济、文化、社会、生态、国防等领域传导渗透。特别是国家关键信息基础设施面临较大风险隐患，网络安全防控能力薄弱，难以有效应对国家级、有组织的高强度网络攻击。这对世界各国都是一个难题，我们当然也不例外"。

习近平精辟地分析了当今网络安全的五个主要特点，"一是网络安全是整体的而不是割裂的。在信息时代，网络安全对国家安全牵一发而动全身，同许多其他方面的安全都有着密切关系。二是网络安全是动态的而不是静态的。信息技术变化越来越快，过去分散独立的网络变得高度关联、相互依赖，网络安全的威胁来源和攻击手段不断变化，那种依靠装几个安全设备和安全软件就想永保安全的想法已不合时宜，需要树立动态、综合的防护理念。三是网络安全是开放的而不

是封闭的。只有立足开放环境，加强对外交流、合作、互动、博弈，吸收先进技术，网络安全水平才会不断提高。四是网络安全是相对的而不是绝对的。没有绝对安全，要立足基本国情保安全，避免不计成本追求绝对安全，那样不仅会背上沉重负担，甚至可能顾此失彼。五是网络安全是共同的而不是孤立的。网络安全为人民，网络安全靠人民，维护网络安全是全社会共同责任，需要政府、企业、社会组织、广大网民共同参与，共筑网络安全防线。这几个特点，各有关方面要好好把握"。

习近平指出，"金融、能源、电力、通信、交通等领域的关键信息基础设施是经济社会运行的神经中枢，是网络安全的重中之重，也是可能遭到重点攻击的目标。……我们必须深入研究，采取有效措施，切实做好国家关键信息基础设施安全防护"。

习近平强调，"维护网络安全，首先要知道风险在哪里，是什么样的风险，什么时候发生风险，正所谓'聪者听于无声，明者见于未形'。感知网络安全态势是最基本最基础的工作。要全面加强网络安全检查，摸清家底，认清风险，找出漏洞，通报结果，督促整改。要建立统一高效的网络安全风险报告机制、情报共享机制、研判处置机制，准确把握网络安全风险发生的规律、动向、趋势。要建立政府和企业网络安全信息共享机制，把企业掌握的大量网络安全信息用起来，龙头企业要带头参加这个机制。……综合运用各方面掌握的数据资源，加强大数据挖掘分析，更好感知网络安全态势，做好风险防范"。

习近平特别要求，"要落实网络安全责任制，制定网络安全标准，明确保护对象、保护层级、保护措施。哪些方面要重兵把守、严防死守，哪些方面由地方政府保障、适度防范，哪些方面由市场力量防护，都要有本清清楚楚的账"（习近平，2016）。

## （二）让互联网在法治轨道上健康运行

当前我国国家安全的内涵和外延比历史上任何时候都要丰富，时空领域比历史上任何时候都要宽广，内外因素比历史上任何时候都要复杂，这就更需要依法治理和科学施策。习近平指出："要抓紧制定立法规划，完善互联网信息内容管理、关键信息基础设施保护等法律法规，依法治理网络空间，维护公民合法权益。"网络空间要呈久安之势、成长治之业，其关键在于建章立制、依法治理，这也是国家治理体系和治理能力现代化的题中应有之义。

2013年11月，习近平在关于《中共中央关于全面深化改革若干重大问题的决定》的说明中指出，"网络和信息安全牵涉到国家安全和社会稳定，是我们面临的新的综合性挑战"。"正是基于对网络安全重要性的深刻认识，党的十八届三中全会决定提出坚持积极利用、科学发展、依法管理、确保安全的方针，加大依法管理网络力度，完善互联网管理领导体制。目的是整合相关机构职能，形成从技术到内容、从日常安全到打击犯罪的互联网管理合力，确保网络正确运用和安全。"

2014年10月29日，习近平在关于《中共中央关于全面推进依法治国若干重大问题的决定》的说明中指出，全面推进依法治国这件大事能不能办好，最关键的是方向是不是正确、政治保证是不是坚强有力。国家网络空间治理同样如此，坚持"依法治网"，更需把握正确的方向。

2015年12月16日，习近平在第二届世界互联网大会开幕式上的重要讲话中指出，"网络空间同现实社会一样，既要提倡自由，也要保持秩序。自由是秩序的目的，秩序是自由的保障。我们既要尊重网民交流思想、表达意愿的权利，也要依法构建良好网络秩序，这有利于保障广大网民合法权益。网络空间不是"法外之地"。网络空间是虚拟的，但运用网络空间的主体是现实的，大家都应该遵守法律，明确各方权利义务。要坚持依法治网、依法办网、依法上网，让互联网在法治轨道上健康运行。同时，要加强网络伦理、网络文明建设，发挥道德教化引导作用，用人类文明优秀成果滋养网络空间、修复网络生态。

党的十八大以来，法治思维和法治方式贯穿于网信事业发展的始终。依法治网、依法办网、依法上网越来越成为政府、企业和社会各界的共识。党的十八届四中全会更明确将"依法治网"纳入"依法治国"的范畴，明确提出："要加强互联网领域立法，完善网络信息服务、网络安全保护、网络社会管理等方面的法律法规，依法规范网络行为。"2016年11月7日，先后经过三次审议的《中华人民共和国网络安全法》在十二届全国人大常委会第二十四次会议上获高票通过。网络安全法的制定颁布，是党的十八大以来我国互联网治理模式转变和治理能力提升的一个缩影。

目前网络空间安全治理中出现的种种信息安全威胁、侵害和误导等现象，都需要通过纳入法制化的轨道予以依法管理，通过标准化、规范化、社会化的方式予以补缺与完善。但这种法制化的建设，应当在全球化的视野下有我们自己的主张和定力，需要结合中国的特点形成符合中国国情的网络安全管理制度，在深化改革中，发挥网络空间治理建章立制的根本性、全局性、长远性作用，在综合施策中形成立治有体、施治有序的网络空间治理新面貌（王世伟，2014）。

（三）让网络空间天朗气清生态良好

今天，互联网已经成为一个社会信息大平台，信息的交流，观点的碰撞，互联网日益成为主渠道。"网上世界"不仅影响着网民的求知路径、思维方式和价值观念，还会影响他们对国家、对社会、对工作、对人生的看法。实现"两个一百年"奋斗目标，迫切需要凝聚共识、形成合力。习近平指出："如果一个社会没有共同理想，没有共同目标，没有共同价值观，整天乱哄哄的，那就什么事也办不成。我国有 13 亿多人，如果弄成那样一个局面，就不符合人民利益，也不符合国家利益。"

习近平提出"同心圆"思想，要求网上网下要形成"同心圆"，"什么是同心圆？就是在党的领导下，动员全国各族人民，调动各方面积极性，共同为实现中华民族伟大复兴的中国梦而奋斗"。

2013 年 8 月，习近平在全国宣传思想工作会议上指出：要把意识形态工作领导权和话语权牢牢掌握在手中；要加强网络社会管理，确保互联网可管可控，使我们的网络空间清朗起来；要充分运用新技术新应用创新媒体传播方式，占领信息传播制高点。

网络空间是亿万人民群众共同的精神家园。网络空间天朗气清、生态良好，符合人民利益；网络空间乌烟瘴气、生态恶化，违背人民利益。谁都不愿生活在一个充斥着虚假、诈骗、攻击、谩骂、恐怖、色情、暴力的空间。习近平指出，网络空间不是"法外之地"。网络空间同现实社会一样，既要提倡自由，也要保持秩序。要加强互联网领域立法，完善网络信息服务、网络安全保护、网络社会管理等方面的法律法规，坚持依法治网、依法办网、依法上网，让互联网在法治轨道上健康运行。"利用网络鼓吹推翻国家政权，煽动宗教极端主义，宣扬民族分裂思想，教唆暴力恐怖活动，等等，这样的行为要坚决制止和打击，决不能任其大行其道。利用网络进行欺诈活动，散布色情材料，进行人身攻击，兜售非法物品，等等，这样的言行也要坚决管控，决不能任其大行其道。"

互联网的迅猛发展，深刻改变着舆论生成方式和传播方式，改变着媒体格局和舆论生态。习近平强调要把网上舆论工作作为宣传思想工作的重中之重，并强调要重视新闻舆论工作创新。习近平指出："做好网上舆论工作是一项长期任务，要创新改进网上宣传，运用网络传播规律，弘扬主旋律，激发正能量，大力培育和践行社会主义核心价值观，把握好网上舆论引导的时、度、效，使网络空间清朗起来。"

### （四）增强互联网企业使命感责任感

网络安全为人民，网络安全靠人民，维护网络安全是全社会共同责任，需要政府、企业、社会组织、广大网民共同参与，共筑网络安全防线。其中，互联网企业承担着特殊的责任。习近平明确指出："企业要承担企业的责任，党和政府要承担党和政府的责任，哪一边都不能放弃自己的责任。网上信息管理，网站应负主体责任，政府行政管理部门要加强监管。主管部门、企业要建立密切协作协调的关系，避免过去经常出现的'一放就乱、一管就死'现象，走出一条齐抓共管、良性互动的新路。"

行生于己，名生于人。习近平认为，只有富有爱心的财富才是真正有意义的财富，只有积极承担社会责任的企业才是最有竞争力和生命力的企业。"办网站的不能一味追求点击率，开网店的要防范假冒伪劣，做社交平台的不能成为谣言扩散器，做搜索的不能仅以给钱的多少作为排位的标准。"

"我国互联网企业由小到大、由弱变强，在稳增长、促就业、惠民生等方面发挥了重要作用。让企业持续健康发展，既是企业家奋斗的目标，也是国家发展的需要。企业命运与国家发展息息相关。脱离了国家支持、脱离了群众支持，脱离了为国家服务、为人民服务，企业难以做强做大。""一个企业既有经济责任、法律责任，也有社会责任、道德责任。企业做得越大，社会责任、道德责任就越大，公众对企业这方面的要求也就越高。我国互联网企业在发展过程中，承担了很多社会责任，这一点要给予充分肯定，希望继续发扬光大。"习近平希望广大互联网企业坚持经济效益和社会效益统一，在自身发展的同时，饮水思源，回报社会，造福人民（习近平，2016）。

## 五、合作共享互联网，构建网络空间命运共同体

### （一）倡导民主平等的网络安全全球治理观

"民主平等的全球治理观"是习近平基于国际政治民主化趋势提出的网络安全全球治理新思想和新观点。诚如2014年5月发表的亚洲相互协作与信任措施会议第四次峰会上海宣言所指出的："在全球化大背景下，安全的涵义已演变为一个综合概念，安全的跨国性、综合性和联动性日益突出。"国家和地区间的网络安全威胁日益严重，网络安全治理不民主、不平等现象时有发生，网络安全的"民主平等的全球治理观"的提出正当其时。

随着世界多极化、经济全球化、文化多样化、社会信息化深入发展，互联网对人类文明进步将发挥更大促进作用。同时，互联网领域发展不平衡、规则不健全、秩序不合理等问题日益凸显。不同国家和地区信息鸿沟不断拉大，现有网络空间治理规则难以反映大多数国家意愿和利益；世界范围内侵害个人隐私、侵犯知识产权、网络犯罪等时有发生，网络监听、网络攻击、网络恐怖主义活动等成为全球公害。

2014年7月16日，习近平在巴西出席金砖国家领导人第六次会晤和在巴西国会发表演讲时，提出了国家"信息主权"的新观点和建立国际互联网治理体系

的新倡议。习近平指出："当今世界，互联网发展对国家主权、安全、发展利益提出了新的挑战，必须认真应对。虽然互联网具有高度全球化的特征，但每一个国家在信息领域的主权权益都不应受到侵犯，互联网技术再发展也不能侵犯他国的信息主权。在信息领域没有双重标准，各国都有权维护自己的信息安全"，"国际社会要本着相互尊重和相互信任的原则，通过积极有效的国际合作，共同构建和平、安全、开放、合作的网络空间，建立多边、民主、透明的国际互联网治理体系。"这些论述阐明了我国对全球网络安全治理的原则立场和积极姿态，体现了作为一个大国努力完善全球治理的自觉担当，体现了联合国宪章宗旨原则和国际法治精神，体现了构建民主平等的网络安全全球治理新格局的创新思想。

习近平指出："互联网虽然是无形的，但运用互联网的人们都是有形的，互联网是人类的共同家园。让这个家园更美丽、更干净、更安全，是国际社会的共同责任。"乌镇的网络化、智慧化，是传统和现代、人文和科技融合发展的生动写照，是中国互联网创新发展的一个缩影，也生动体现了全球互联网共享发展的理念。

## （二）构建网络空间命运共同体

在第二届世界互联网大会开幕式上，习近平指出，"网络空间是人类共同的活动空间，网络空间前途命运应由世界各国共同掌握。各国应该加强沟通、扩大共识、深化合作，共同构建网络空间命运共同体"。他率先提出"尊重网络主权、维护和平安全、促进开放合作、构建良好秩序"四项原则，率先提出"加快全球网络基础设施建设，促进互联互通；打造网上文化交流共享平台，促进交流互鉴；推动网络经济创新发展，促进共同繁荣；保障网络安全，促进有序发展；构建互联网治理体系，促进公平正义"五点主张。

在这次大会上，习近平发表的重要讲话被海内外评价为"奠定了互联网蓬勃发展的基石"。他指出："国际社会应该在相互尊重、相互信任的基础上，加强对话合作，推动互联网全球治理体系变革，共同构建和平、安全、开放、合作的网络空间，建立多边、民主、透明的全球互联网治理体系。"

全球互联网发展治理的"四项原则""五点主张"从中国江南水乡传出，成为引领互联网国际合作的友谊之声。习近平所倡导的尊重网络主权、构建网络空间命运共同体，赢得了世界绝大多数国家赞同，已经成为全球共识（习近平，2015）。

## （三）深化互联网国际交流合作

在第二届世界互联网大会开幕式上，习近平指出："完善全球互联网治理体系，维护网络空间秩序，必须坚持同舟共济、互信互利的理念，摈弃零和博弈、赢者通吃的旧观念。各国应该推进互联网领域开放合作，丰富开放内涵，提高开放水平，搭建更多沟通合作平台，创造更多利益契合点、合作增长点、共赢新亮点，推动彼此在网络空间优势互补、共同发展，让更多国家和人民搭乘信息时代的快车、共享互联网发展成果。"

互联网让世界变成了地球村，推动国际社会越来越成为你中有我、我中有你的命运共同体。然而，现在，有一种观点认为，互联网很复杂、很难治理，不如一封了之、一关了之。在网络安全和信息化工作座谈会上，总书记强调指出，"这种说法是不正确的，也不是解决问题的办法。中国开放的大门不能关上，也不会关上。我们要鼓励和支持我国网信企业走出去，深化互联网国际交流合作，积极参与'一带一路'建设，做到'国家利益在哪里，信息化就覆盖到哪里'。外国互联网企业，只要遵守我国法律法规，我们都欢迎"。我们不拒绝任何新技术，新技术是人类文明发展的成果，只要有利于提高我国社会生产力水平、有利于改善人民生活，我们都不拒绝。问题是要搞清楚哪些是可以引进但必须安全可控的，哪些是可以引进消化吸收再创新的，哪些是可以同别人合作开发的，哪些是必须依靠自己的力量自主创新的（习近平，2016）。

# 第二章　网络强国战略的国内外相关研究

习近平总书记在 2014 年 2 月 27 日中央网络安全和信息化领导小组第一次会议上首次提出了"网络强国战略"的论述，认为"网络安全和信息化是事关国家安全和国家发展、事关广大人民群众工作生活的重大战略问题。……努力把我国建设成为网络强国"。此后，习近平总书记就建设网络强国战略发表了一系列重要讲话。国内外关于互联网及其对经济社会发展的影响与作用机制有众多研究，特别是网络经济（数字经济）、信息化与工业化融合发展、网络安全与网络治理、网络文化与传播发展等问题，都与网络强国战略密切相关。

## 一、网络经济

### （一）网络经济的发展与特征

早于互联网的诞生，信息被视为一种经济资源并且迅速形成信息经济是从20 世纪 60 年代开始的。信息经济的形成是工业社会生产力发展的必然结果，是信息、知识、技术积累和发展并且极大地推动科技、经济和社会发展的必然结果。人们感到超越物质的大量需求是以信息、知识为核心的精神需求，是信息、知识和技术密集型的信息产品，这种社会现象的出现导致信息经济开始形成并不断发展。

20 世纪末 21 世纪初，网络经济的发展与兴起由于其在全球经济中的特殊地位和自身的突出表现引起世界的广泛关注。网络经济的兴起使经济增长最重要的生产要素——信息及其高级形式知识和技术由有形资源变为无形资源，网络经济为人类社会从工业经济形态向以信息、知识和技术为核心生产要素的新经济形态过渡架起了一道桥梁。以互联网为核心的网络经济最早出现于西方国家，直至1994 年中国大陆正式接入互联网，1995 年开始向社会开放网络接入，中国学者开始介入网络经济的研究。根据网络经济发展的不同特征，网络经济发展大致可以分为五个阶段，见表2-1。

**表2-1　网络经济的发展框架**

| 发展阶段 | 典型特征 | 代表人物 |
| --- | --- | --- |
| 第一阶段——<br>小规模阶段<br>（1963~1994年） | ①部分计算机业内人士转变为网民，网络接入和网络接入设备仍较昂贵<br>②上网操作需要一定的专业知识和技能，网上的资源和服务都很少<br>③上网的目的仍然主要是收集信息和收发电子邮件 | Jipp（1963）；Katz和Shapiro（1985） |
| 第二阶段——<br>起步阶段<br>（1995~1998年） | ①网民增长速度很快，但网络数量依然较少<br>②网络接入和接入设备价格下降，上网软件更容易操作<br>③网络服务主要集中在网络门户、内容和电子邮件的交互式交往方面<br>④网络服务的免费程度很高 | Tapscott（1996）；Economids（1996） |
| 第三阶段——<br>高速发展阶段<br>（1999~2001年） | ①网民数量急剧上升<br>②专项电子商务开始发展，网络股票交易、网络直销、网络书店等开始发展<br>③网络专项性服务在价格、消费者选择多样性、便捷等方面取代传统的一些专项服务<br>④传统产业也加快了信息化的步伐，网络开始与企业宣传、企业销售模式改变、企业管理信息化、企业内外部管理联系起来<br>⑤网民和企业愿意支付网上服务费用，有了一定的付费网民基础 | 乌家培（2000）；纪玉山（2000）；孙健（2001）；芮锋和臧武芳（2001）；黄璐和李蔚（2001） |
| 第四阶段——<br>成熟阶段<br>（2002年至今） | ①网民已经成了社会的主流，电子服务普遍化<br>②网络服务从专项服务走向了全面性的服务<br>③网络经济已经进入了几乎所有的行业，开始对传统产业进行全面改造<br>④互联网重新构造企业传统的管理、销售和制造的模式<br>⑤网络经济进入成熟期，经济运行的每一个环节几乎都离不开计算机网络 | 庄贵军等（2015）；刘少杰（2014a）；卢政营等（2013）；薛伟贤和冯宗宪（2005）；萧琛（2003）；陈光勇和张金隆（2003）；盛晓白（2004，2006）；王丙毅（2005）；张丽芳和张清辨（2006）；陈立敏和谭力文（2002）；Shy（2001）；Gatti等（2009）；Gilles等（2014）；简新华（2015） |

Machlup（1962）提出了"信息经济"这一概念，首次提出了"知识产业"，它包括教育、科学研究与开发、通信媒介、信息设施和信息活动等五个方面，测算出知识产业（即信息产业）在美国国民经济中的比例。据他估计，在1958年美国国民生产总值（gross national product，GNP）中有29%来自信息产业，整个劳动者投入的32%以上来自信息生产和活动。

Jipp（1963）认为，吉普曲线（Jipp curve）可以描述信息基础设施与经济增长的正相关关系。但由于当时互联网尚未出现，研究还仅仅是围绕具有网络形态与特征的经济系统来进行的。

Porat（1987）从经济活动的一般性质及信息的相关概念出发，首先，把经济划分为两个范畴：一是涉及物质与能源从一种形态转换到另一种形态的领域；二是涉及信息从一种形式转换到另一种形式的领域。其次，他给出了信息、信息资源、信息劳动、信息活动等一系列既有经济含义又能计量的概念。

Center for Research in Commerce 认为，网络经济需要从其收益方面进行定义和理解，网络经济就是互联网经济，其收入全部或部分来源于互联网或与其相关的产品及服务的各种经济实体之和[①]。

Shy（2001）认为，网络经济条件下的产品区别于传统经济产品的四个重要特征，一是互补性、兼容性和标准；二是消费外部性；三是转移成本与锁定；四是生产的显著规模经济性。他以博弈论为分析工具，按产业类别阐述了软件产业、硬件产业、技术进步和标准化、电话、广播、信息市场、银行和货币、航空、社会交往及其他网络产业。

Nijkamp（2003）认为，网络经济为创业企业家提供了良好的基础和环境，由于经济的密度和增加的就业机会，许多城市提供了良好的创新创业孵化条件，无论是本地化还是全球化，城市都成为广泛网络经济的核心，显然，在特定业务领域的非正式空间网络可能产生有利的经济绩效，具有网络参与的创意企业家并不一定需要一个城市作为基础，他们往往会成为一个创造性的网络运营商和管理者。

纪玉山（2000）认为，网络经济产生的最根本原因在于交易费用的差异和网络经济的"互补效应""学习效应""信赖效应"的存在。通过对联结经济性及其四个特征的分析，可以看出，从工业时代的"规模经济"到信息时代的"范围经济"再到信息网络时代的"联结经济"，在改变各种生产要素的相对价值的同时，全面促进了社会经济的发展。信息技术革命以其极大的冲击力改变了国民经济的工业基础、产业结构、运行方式，工业经济时代的大起大落的经济周期波动将被新的特征替代。

黄璐和李蔚（2001）认为，网络经济是一种崭新的经济形态。网络经济这一概念是随着信息技术和互联网的发展而提出的，它是知识经济的一个层面或表象，是基于互联网络的广泛运用，在信息充分共享和利用的基础上，以知识和信息进行生产、流通、消费，并创造出巨大价值的经济。它被认为是由直接从互联网或与互联网相关的产品和服务中，获取全部或部分收入的企业所构成的经济。与工业经济相比，网络经济的资源配置呈现出五个方面的新特点，一是"资源"内涵的扩大化；二是市场配置功能的分化；三是均衡价格的个别化；四是资源配置效

---

① Center for Research in Commerce. Measuring the Internet Economy[R]. The University of Texas at Austin，1999.

率的次优化；五是市场失灵的加剧化。

黄宗捷（2001，2002，2004）认为，网络经济有其发展的趋势，网络生产具有特定特征，网络经济需要构建相应的理论基础。网络生产突破了大工业生产的资源稀缺性限制和传统的资源配置模式，可以节约大量的社会资源，并对网络生产的特征、电子商务信息及信息流的理论分析、网络经济的经济增长特征问题，以及网络经济条件下的消费理论进行探讨。

王丙毅（2005）认为，网络经济下规模经济有新特点，规模经济理论需要创新。网络经济不同于传统工业经济时代的新特点，企业的规模扩张和收缩相互交织、大型与小型企业"双向协同"发展；显著的规模经济性与规模影响的弱化并存；生产的联结体经济和需求方规模经济日益凸显；范围经济与专业化经济并存。

马艳和郭白滢（2011）认为，网络经济在四十年的发展过程中，其投入产出的关系呈现出完全不同的阶段性特征。

李文侠（2012）认为，网络经济有四个特点，一是网络经济是充分的、快节奏的信息经济；二是网络经济是共享经济，具有非排他性和非竞争性；三是网络经济是互动的经济；四是网络经济是全球化经济。

刘少杰（2014a）认为，由于网络化发展使社会空间呈现出三个层次，以网络化发展为基础的网络社会认同也出现层次分化。网络社会认同主要以社会表象的形式存在，这种在网络交往中形成的社会表象，超越了个体表象和集体表象的局限，对实现迪尔凯姆所希求的社会整合具有重要意义。

庄贵军等（2015）认为，随着互联网时代的到来，企业越来越多地利用 E-mail、博客、微博、微信、QQ、Facebook 和网络社区等网络交互技术向顾客传递信息，与顾客进行沟通和互动。开发设计了检验网络交互能力的量表，该量表由交互导向、IT 技术能力、IT 人员能力和网络交互技术运用能力等 4 个维度组合而成。

姜奇平（2015）建立了信息化与网络经济的微观与宏观经济学框架、技术经济学计量框架；基于信息国民收入概念，对信息经济与信息化进行了统计界定；在产业化与服务化对比中，对一、二、三产业的信息化产出进行了全面解析；在专业化与多样化对比中，对企业信息化支持做大做强与做优做强的财务逻辑进行了深入辨析。

## （二）网络经济的机理

Shapiro 和 Varian（1990）认为，如果观察得当，网络经济中的许多方面都可以在旧的经济理论中找到。因此，传统经济学的理论与方法仍然可以用来解释网络经济条件下的经济现象和问题，只需进行相应的延伸或扩展。并不需要一个全新的经济学来揭示网络经济的发展。

Economids（1996）认为，网络的外部性特征对网络经济具有重要的影响作用。讨论了网络的互补性而导致的外部性问题，分析了外部性的来源、外部性对网络服务定价和市场结构的影响，并将其他经济学家的相关研究成果进行了分类。同时，将对网络外部性的研究扩展到对兼容、技术标准合作、互联和操作性问题的研究，指出这些问题都是由于网络互补性而出现的，并且这些经济规律同样适用其他具有很强互补关系的"垂直"产业。

Tapscott（1996）认为技术进步所导致的"学习效应"普遍存在，从而使网络经济呈现出"报酬递增"的特征。他论述了网络经济体系的运作方式，提出新的经济体系是知识的经济网，是数字化的经济网，网络经济是一种更有利于消费者的经济形态。

Gatti 等（2009）认为，虽然网络经济带来种种便利与好处，但也更容易导致经济的波动和企业的破产。网络经济是三个部门之间的信贷关系，一是连接企业上游和下游的信贷关系（内部信贷）；二是连接企业与银行的信贷关系（外部信贷）。由于交易伙伴选择（交易伙伴优选原则）是一个内生过程，网络拓扑结构会随着时间的变化而变化，一个代理的破产可能导致一个或多个其他代理商破产，形成不同程度的雪球效应，这个效应的大小取决于小范围网络经济的结构和对代理商资产负债中不良贷款的发生率。

Gilles 等（2014）认为，制度对于网络经济的稳定性起到至关重要的作用。在网络经济中，代理商的嵌入产生了潜在的价值关系，代理商可以参与三种形式的经济互动，一是自给自足的自我规定型经济形式；二是双向互动型；三是多边合作的经济形式。决定社会经济角色和领导结构的制度对于网络经济的稳定是必要的，特别是网络经济这种更为负责的经济产出的稳定型要求更严格限制的基础网络，这意味着需要更为负责的制度规则和经济互动。

乌家培（2000）认为，网络经济扩展了传统经济学的规律，扩大了传统经济学的外延，但网络经济特征并没有反对传统经济理论。网络经济对生产力要素理论、边际递减理论作用范围、规模经济理论相对重要性、通货膨胀率与失业率此消彼长理论，以及经济周期波动理论具有广泛而深远的影响。

孙健（2001）认为，传统经济学和网络经济学之间并没有不可逾越的鸿沟，引入查德分解定理和扩展原理，可以把二者中一致的理论归入一类，而将不一致的理论通过截集的形式归入另一类，从而把成熟的传统经济学理论自然地推广到网络经济学领域。网络经济是通过互联网进行的一切经济活动的总和，网络经济学是在传统经济学基础上的跳跃性、革命性的延伸。

芮锋和臧武芳（2001）认为，网络经济对传统经济周期理论有深远影响，即对传统经济周期宏观环境的改变和对微观主体的改造；还认为超长的经济扩张打破了传统经济周期的规律，从而使传统经济周期成为历史。

陈立敏和谭力文（2002）认为，应该从经营方式、竞争战略和组织结构三个方面，全面论述网络经济时代正在发生和将要发生的企业管理革命，对这些变化给予原因分析和理论证明，并揭示三者之间的内在逻辑联系。

黄璐和李蔚（2002）认为，网络经济资源配置的核心问题是信息资源的配置和被数字化的实物资源的配置。在虚拟化、数字化的网络市场中通过供需接触形成对资源配置的要求，而在真实化、实物化的现实市场中则执行这种要求，完成对资源的配置。网络提供了满足产品和服务的个性化与差异化的拍卖机制，导致市场均衡价格必然个别化。网络经济还为均衡价格在市场上的事先达成提供了可能。

张铭洪（2002）认为，反垄断法规和管制政策是政府对市场竞争行为进行干预的主要手段。网络经济下的垄断与传统经济中的垄断是不同的，理解网络经济下的垄断模式是正确制定政府政策的前提。为了保证市场机制的正常运行，政府进行管制要适时、适度，退出管制要平稳、坚决。

闻中和陈剑（2002）认为，微观经济学、产业经济学的理论对网络经济具有一定的指导作用，使用序贯博弈模型对网络经济条件下的市场结构进行分析，认为网络效应对市场结构、行业进入壁垒具有影响作用。

周朝民（2003）认为，网络经济学有其独特的理论基础，传统经济学的理论模型在网络经济条件下失效了，如传统的供给需求模型在网络经济学中不再有效、供求均衡点在网络经济中不再是有效的决策点等，原因在于网络时代的社会发展已大大超出了传统经济学所赖以立足的社会背景，网络风险正成为网络经济除了需求供给之外的又一大重要因素。

萧琛（2003）认为，美国当局可以利用"新经济剩余"和"网络财政"等新型手段，因势利导地促成了"消费-投资替代"和"实体经济-虚体经济的替代"，从而形成了一种网络经济新型管理调控模式，分析了如何形成这种模式，并对双赤字阴影下的美国网络经济的发展前景保持乐观。

陈光勇和张金隆（2003）认为，在网络经济时代，掌握企业组织结构变迁的趋势对于企业具有十分重要的意义。在介绍网络经济时代特征的基础上，从技术发展的角度研究网络经济对企业组织结构的影响，并阐述了企业组织结构变迁的趋势。

李新家（2004）认为，网络经济在某种意义上具有全球经济的性质和特征。同时研究了网络经济的价值理论、资源稀缺性和生产力理论、生产关系理论、信息产品与其他产品的不同特征、信息与市场性质、经济效益理论、通货膨胀率与失业率相互关系的理论及经济周期理论。

盛晓白（2004，2006）认为，网络经济的新原理是"物以多为贵"，具体而言，就是边际效应递增、网络效应和临界容量。同时对网络泡沫进行了初步阐释。总结了"免费经济"的四大理论模式，即竞争市场模式、新产品模式、网络效应模式、社会共享模式。

薛伟贤和冯宗宪（2005）认为，网络经济效应将成为21世纪世界经济增长的主体效应。其在阐述网络经济空间性质的基础上，通过分析网络经济系统拓扑结构，建立了网络经济效应一般描述模型，并用之解释数字鸿沟与网络经济泡沫现象，进一步讨论了对信息流整合作用。

张丽芳和张清辨（2006）认为，网络经济与市场结构的变迁具有密切关系，指出垄断与竞争的关系是市场结构的中心内容，而网络经济导致市场形成双重性结构，带来了垄断趋势的加强和竞争属性的变迁，呈现市场份额与利润的不平衡。

尚新颖（2009）认为，网络经济作为一种新型的经济运作方式，具有不同于工业经济的特征，在此时代背景下垄断的形成机理也不同于传统垄断，主要是基于网络外部性、技术创新、先行者优势和细分优势等形成的，由此导致垄断的表现也发生变化，具有暂时性、动态竞争性、动态效率及跨国垄断的特征。

李雷尼（2010）认为，网络是美国人应对经济衰退的主要手段，在网络扮演重要角色的同时，美国人还经常把目光投向其他渠道，以便更多了解经济环境及对他们个人经济现状的影响。事实上，大多数有网络技能的人也十分依赖个人社交网络，如朋友和家人，共同分享网络上找到的信息，以便帮助他们顺利度过经济衰退。

牟锐（2010）从产业经济学的角度，以信息产业的产业基本理论、产业组织、区域发展和技术创新为研究框架体系，展开对信息产业基本理论、国内外信息产业发展模式，特别是我国信息产业"双向并进"新发展模式的研究。

卢政营等（2013）认为，顾客价值的满足并非必然带来企业价值的实现，企业正谋求构造"网络理性"，依赖"关系约束"，实现"网络福利剩余"，"探寻结构洞"、"优化网络化生产行为"和"索取网络福利剩余"是企业网络化发展的重要动机。

中国信息化百人会课题组（2015）认为，信息经济已经成为经济增长的重要动力，中国信息经济出现规模大、增长快、效率低的特点。面对蓬勃发展的信息经济，需要树立全新的信息经济发展观。于是，提出了信息经济的概念和5个层次，采用增长核算方法首次测算出我国信息经济的规模和结构，并对美英日三个发达国家和国内6个重点行业进行了同口径测算和比较分析。

毛光烈（2015）就网络化大变革的形成原因、演变轨迹及未来走向等进行了理性阐述，就网络和网络经济对中国实体经济可能带来的大变革和大机遇，以及践行"中国制造2025""互联网+"行动计划等国家战略从顶层设计到具体应用进行了现实思考。

## 二、信息化与工业化融合

### （一）信息化与工业化的概念与特征

信息社会是信息产业高度发达且在产业结构中占据优势的社会，信息化是由工业社会向信息社会演进的动态发展过程。信息化既是一个技术进步的过程，又是一个社会变革的过程，它既改变了生产组织体系、生产方式和社会经济结构，又推动了人类从工业社会向信息社会迈进。

Stigler（1961）认为，信息是经济活动的重要要素和经济运行的重要机制，其对经济立法效力的研究使管制立法产生，为经济学研究开创了一个全新的领域，成为"信息经济学"和"管制经济学"的创始人。

Nora 和 Alan（1984）认为，信息化社会有其自有的模式、结构、特点和社会信息化的政策、机理与挑战，并使用法文"信息化"一词，随即被译为"information"。

Parsons（1983）认为，公司可使用 IT 来增强现有竞争策略、增强主要的竞争力，以及改变产业的产品、市场及生产经济，并运用了竞争能力分析方法，提出了获取竞争优势的途径。

Farlan（1984）认为，公司信息技术能为企业提供新的竞争机会，通过采用信息技术可以进行障碍和转换成本，减少客户的订货成本和给客户订货更大的弹性。

Porter 和 Millar（1985）认为，信息会带给企业竞争优势，明确了信息技术的战略意义。他们提供了一个有用的分析新的信息技术的战略作用的框架，识别了技术影响竞争的三种特殊方式，即产业结构、差异化战略、新商业，概括了帮助管理者评价信息技术对其公司影响的五个步骤。

Warner（1987）认为，当常规的改进和系统重组已经不起作用时，应该考虑信息技术，他从战略上肯定了信息技术对企业竞争力构建方面的作用。

Wiseman（1988）认为，信息系统可以帮助企业在差异化、成本、创新、成长、同盟等方面建立竞争优势，IT 用来支持和形成竞争以推动支持和形成竞争优势。

Santors（1991）认为，信息化投资的效果存在影响，IT 的投资可产生直接效益及间接效益两种，其中间接效益是从未来新科技的使用中自然增加。

Melville 等（2004）认为，信息技术的价值范围和维度取决于内外部因素，包括企业及商业伙伴的资源和外部竞争及微观环境。

Moody（1997）认为，信息技术在食品存储业应用后产生的经济绩效，表现为使用信息技术后，产品的流动得到进一步控制，改变了集约劳动的检验过程。

生产过程信息化的实现在技术不变的前提下进一步节约了生产成本。

Vlokoff（1999）认为，软件结构和企业变革的结合使企业的业务流程和软件的功能的一致性决定了信息化的效果和效益。

Proper 等（2000）认为，企业与信息技术的匹配是组织系统与信息系统匹配、信息系统与计算机信息系统的匹配关系。

Soffer 等（2003）认为，为了满足企业需求，企业信息化相关管理系统性能要与企业需求一致，并提出建立系统模型的步骤。

卢志平（2010）认为，信息化战略应从观念维、技术维、流程维、文化维和人才维等五个维度分析，并从战略分析、战略设计、战略选择、战略实施、战略评估与反馈、战略动态修正等六个阶段对企业信息化战略决策过程进行研究（Piccoli and Ives，2005）。

徐长生（2001）认为，工业化是信息化的物质基础和需求之源，是新经济发展的条件。没有工业化，信息化就失去了支撑，成为无源之水。发展中国家的经济发展经历了从以农业为主体的经济向以工业为主体的经济，再到以服务业或第三产业为主体，要以信息化的发展带动工业化，实现信息化与工业化的融合。

林毅夫（2003）认为，所谓信息化，是指建立在 IT 产业发展与 IT 在社会经济各部门扩散的基础之上，运用 IT 改造传统的经济、社会结构的过程。

钱德勒和科塔达（2008）认为，信息通信技术渗透到人类生产、交换、社会交往的所有层面、所有领域的过程。

赵楠等（2010）认为，人均 IT 培训时间对 IT 投资效率存在显著的正效应，并且随 IT 投资效率的提高，人均 IT 培训时间对 IT 投资效率的贡献逐渐增大；而人均 IT 培训费用对 IT 投资效率的影响并不显著。

陈炳超等（2011）认为，数据挖掘是从大量数据中提取隐含知识的过程。随着数据挖掘的广泛应用，图作为一种一般数据结构在复杂结构和它们之间相互作用的建模中变得越来越重要。图分类具有许多真实的应用背景，因而图分类已成为图挖掘中重要的研究领域。

贾立双和周跃进（2012）认为，信息化作为当前企业提升竞争能力的重要手段，在实施的过程中会面临多种技术和管理上的冲突。而对这些冲突缺乏足够的认识和有效的解决机制，会直接影响信息化项目的成败。

彭伟等（2012）认为，占据网络中心和富含结构洞的网络位置对企业绩效有显著的正向影响，知识获取在企业网络位置与企业绩效关系间具有完全中介作用。

邵真等（2015）认为，研究大多都关注企业信息化最高领导者的参与和承诺，较少有研究关注信息化管理者的领导行为特质对企业信息系统成功的影响。具备变革型领导特质的信息化领导者能够通过促进心理安全、开放式交流、参与式决策三种学习型的文化氛围来影响企业信息系统的利用性学习和探索性学习。

## （二）我国"两化"融合的发展

沈国朝（1996）认为，在我国，图书馆是被电话信息服务业忽视的一个巨大的信息源，有的馆虽然尝试开设电话服务，但多半为本单位用户服务，没有纳入社会信息服务的主流中，大多数图书馆没有利用电话树立信息服务良好意识。事实表明，信息机构的资源水平丰富，不是用户选择信息服务的主要原因，使用容易才是吸引他们的关键。

吕政（2000）认为，改革开放加快了中国工业和工业现代化的步伐。在 21世纪到来之际，中国工业化和现代化在一个新的历史起点继续向前推进；21 世纪经济发展面临的最突出的难题是农业的落后，在农村工业化进展困难与扩大开放条件下，工业国际竞争力不强。从工业生产大国转变为工业强国是 21 世纪中国工业发展的神圣使命。

霍国庆（2002）认为，企业战略信息管理是随着信息技术在企业应用的深入与发展、信息资源战略地位的凸显、电子商务的出现及知识经济的兴起而出现的一个新的信息实践和研究领域，占据这个制高点有利于整合信息资源和信息力量。企业战略信息管理理论也是培养高级信息管理人才特别是首席信息官（chief information officer，CIO）不可或缺的理论支撑。

徐晓林和周立新（2004）认为，信息社会能够加强市民社会基础，促进市民社会崛起并逐渐强大，唤醒市民自治意识，加固治理的合法性基础，拓宽市民社会参与社会治理的途径，增加参与的深度、广度和有效性，提高政府公共行政和决策过程透明度等。

史丹和李晓斌（2004）认为，我国高技术产业具有向东部经济发达地区进一步集聚，以及大型化的趋势。高技术产业的科技投入也具有边际效益递减的规律，大型企业在高技术产业发展中具有主导作用，在众多影响因素中，制度因素是影响高技术产业发展最重要的因素。

刘渊等（2009）认为，政府门户网站在电子政务中处于核心地位，是用户与政府进行交流的重要平台。通过政府门户网站建设更好地服务公众，提升公众对政府的信任感，已成为政府和研究者共同关心的问题。

金碚（2012）认为，当前中国工业正处于进军世界先进制造业领域的关键阶段。工业化是一个经济和社会结构剧烈变化，而在其过程中往往会发生各种结构不平衡现象的历史时期，本质上是一个文明进化的过程。中国工业化过程，一方面是西方工业化技术路线的延伸；另一方面也受到东方中华文明的深刻影响。

冉奥博和侯高岚（2013）认为，信息化是在经济运行中收集、使用、传播机器信息行为由少到多的过程；也是生产函数中信息参数变大的过程。新型工业化涵盖行业更广、关注对象更多、后续影响更受重视。生产性服务业是"两化"融合发展标的部门，但生产性服务业发展并不能完全代替工业部门发展。一定要处理好工业化和信息化、传统工业与新兴工业、生产性服务业与制造业、信息化内部四对关系。

李平等（2013a）认为，信息化的深化发展是推动产业转型升级与创新发展的重要力量，它催化技术创新，推动传统产业转型升级，加快新兴产业发展的步伐。当前，中国信息化发展水平较低，"两化"融合水平亟待提高，电子信息产业缺乏核心技术且处于价值链低端，信息化深化发展面临诸多体制障碍，不利于利用信息技术推动产业转型和创新。政府应从以下五个方面积极应对：①营造良好的外部环境；②积极支持传统产业利用信息技术转型升级；③借助信息化大力培育新兴产业；④强化自主创新能力；⑤加强人才队伍建设。

李平等（2013b）认为，改革开放以来，中国生产率变化趋势出现了涨跌互现的波动情形，生产率提高促进了中国经济较快发展，但资本投入仍然是中国经济增长的首要来源，而东、中、西部经济差距主要是由资本投入贡献不同造成的。

张友国和郑玉歆（2014）认为，工业生产率对任何国家的经济发展都是中心问题之一。一个国家经济增长的速度、人民生活水平、财政收支状况、通货膨胀的程度等都与工业生产率的状况密切相关。

黄群慧（2014）认为，从工业增长速度变化、工业需求侧变化、工业产业结构和区域结构变化及工业企业微观主体表现分析，种种迹象表明中国工业经济正走向一个速度趋缓、结构趋优的"新常态"。

郭熙保和苏甫（2014）认为，从发展阶段与中国投资驱动发展模式进行考察，投资驱动模式成就了中国的增长奇迹，也埋下了发展不可持续的隐患。

周剑和徐大丰（2015）认为，"两化"融合是实现我国产业全面转型升级的必由之路，是从工业经济向信息经济过渡过程中抢占发展先机、争夺新的产业竞争制高点的重要抓手。

杨善林和周开乐（2015）认为，作为重要的战略资源，大数据中包含诸多关键的管理问题。他指出，大数据是一类重要的战略性信息资源，并从复杂性、决策有用性、高速增长性、价值稀疏性、可重复开采性和功能多样性等6个方面探究了大数据资源的管理特征。

## （三）信息化评价方法和标准

信息化与工业化融合的评价指标是进行"两化"融合成熟度水平测度的重要依据，是帮助企业、政府找出"两化"融合中存在问题的前提和基础，只有评价指标科学合理才能给出客观公正的评价。信息化与工业化融合，关键是对工业行业的"两化"融合进行评价，因为这一部分是"两化"融合的主体和关键，如表2-2所示。

表2-2　信息化评价方法

| 评价方法 | 代表人物 | 评价要素 |
|---|---|---|
| 国家信息经济规模测算法 | Machlup（1962） | 教育、科学研究与开发、通信媒介、信息设施和信息活动 |
| 波拉特法 | Porat（1977） | 信息、信息资源、信息劳动、信息活动等 |
| 信息利用潜力指数模型 | Borko和Menou（1982） | 国家信息基础结构和信息利用潜在能力的各种变量 |
| 信息化发展水平测度灰色模型 | 姜元章和张岐山（2004） | 除可测量数量外的灰色信息 |

Machlup（1962）提出，知识产业包括教育（如学校教育、家庭教育、职业教育、教会教育、军事教育等），研究与发展（如基础研究、应用研究、发展研究等），传播媒介（包括书籍、期刊和报纸的印刷出版业、电影戏曲、广播电视、电报电话、通信邮电等），信息设备（包括信息处理设备、电子计算机和自动控制系统），信息服务业（证券经纪业务、不动产代理业务等）。他认为必须把知识产业与知识职业结合起来进行研究，知识产业不仅是指生产、传播知识的部门，还包括任何其他物质生产部门中生产知识的职业。按照这种理解，马克卢普计算了知识产业在国民经济中的比重。

Porat（1977）提出，信息产业是国民经济"第四产业"，Porat创立了信息经济测度模式即"波拉特体系"，将信息部门的国民经济各部门中逐一识别出来，然后将信息部门划分为一级信息部门和二级信息部门两大类。一级信息部门包括向市场提供信息产品和服务的企业；二级信息部门包括政府部门和非信息企业为了内部消费而创造的一切信息服务。

Borko 和 Menou（1982）提出了信息利用潜力指数（information utilization potential，IUP）测度模型。IUP 模型是多变量、多层次的信息环境评估模型，包括一个国家信息基础设施和信息利用潜在能力的各种变量，共230个，其中27%的变量反映一个国家信息基本条件，20%反映信息的需求和利用，53%反映信息资源和活动。这230个变量按结构和功能两大方面分组，产生出21个结构组和17个功能组，分属于三个结构子集和六个功能子集。

姜元章和张岐山（2004）提出，企业信息化是一项复杂的系统工程，涉及的影响因素众多，用于评价的各项指标与企业信息化的关系又不甚明确，加之企业的信息化系统工程又没有物理原型，信息是否完全又难以判断，而且现实中可以获得的数据较少（即小样本）。也就是说，企业的信息化系统工程是一个本征性的灰色系统工程，含有灰色信息。

Parker 和 Benson（1989）认为，企业战略和 IT 战略存在匹配关系，应同时考虑信息技术规划与企业战略，并区分了企业范畴和技术范畴，为企业制定信息化战略提出依据。

Li（1997）认为，影响信息系统成功实施的 8 类因素有系统质量、信息对用户行为的影响、用户满意度、服务质量、信息质量、信息使用量、冲突解决和组织影响，并根据历史研究数据和调研数据分出最重要和最不重要的影响因素。

Yeo（2002）认为，信息化的失败主要归因于信息系统二次开发的失败。而信息系统开发能否成功关键因素是技术因素、人为因素、组织因素、财政因素及政治因素。

王凤彬（1996）认为，企业组织的过程变革中，对企业组织的过程变革进行了探讨，并评价了企业再造理论对传统组织理论的挑战。

戚聿东和张天文（1997）认为，在我国国有企业改革和发展史上，国有企业战略性改组问题还是首次被提到这样的高度来认识，可见其意义非同寻常，它关系我国国有经济的未来走向与整个国民经济发展战略的实现。

贾怀京和谢奇志（1997）运用信息化指数模型对 1994 年我国各地区的信息化发展水平进行了测定和分析，并对信息化指数与经济发展的关系进行了研究。

石赟等（2000）从企业所处环境迅速变化的角度出发，探讨了信息管理在企业中的重要性。文章通过对中国企业的调研，采用因素研究方法，针对企业信息管理的 11 个方面进行了数量分析和实证研究，并归纳出五类影响企业信息管理的关键因素。

梁滨（2000）提出了以信息设备、装备及人员配备为主的信息化水平评价指标体系。

龚炳铮（2001）提出了信息化水平测度、分类及发展模式，对"十二五"和 2020 年发展目标及加快企业信息化发展的途径提出建议。

麻兴斌等（2002）对企业组织变革管理过程中的矛盾进行研究分析，提出了企业组织管理过程中可能遇到的困难和相应的对策。

胡晓鹏（2003）比较研究了信息化发展水平的空间差异状况和我国的区域信息化发展水平，从实证角度揭示了关系信息化发展水平的各项指标的一般规律性。

梁春阳（2004）运用"新型信息化指数法测评模型"对西北五省区的社会信息化水平进行了测评与分析，指出了现阶段制约西北地区社会信息化发展的因素，为社会信息化水平测度提出了可行性方案。

丁祥海（2004），建立了制造企业信息化实施过程管理的体系框架，并建立了一种面向全过程的制造企业信息化实施过程模型。

王爽英（2005）研究分析了企业信息化水平的评价指标体系，提出了相对科学的指标体系及计算过程。

王欣等（2006）动态地研究和剖析了信息产业的含义和信息产业所遵循的大定律，对马克卢普和波拉特测度方法进行比较研究和分析，并对社会信息化指数法进行了综合评价和全面改进。

聂丹丹和田金玉（2006）认为，将信息系统实施阶段分为规划、选型、网络建设、应用软件系统建设、日常维护及升级等阶段，各个阶段可能都需要进行服务方的选择。

李学军（2007）认为，对企业信息化的驱动模式和持续优化进行了研究，认为企业信息化立项的主要动因是企业的内部需求与企业所处的环境，企业需要根据自身情况进行信息化驱动模式的选择，企业信息化实施过程中需要处理好企业内部和外部实施方的博弈关系，企业信息化的持续优化受到组织结构、人力资源及企业文化等方面因素的影响。

吴宪忠（2007）提出了中小型制造企业的信息化建设模式以内部流程为基础向外延伸的企业（离散型和连续型）信息化模式与以客户供应商为中心向内部延伸的企业信息化模式、三方互动共赢的企业信息化模式。

陶长琪和齐亚伟（2009）认为，信息产业是包括信息工业、信息服务业和信息开发业三部分的整体，并依据大部分各自产值的比例大小进行变化。

关欣等（2013）认为，信息化发展指数体系与科技进步指数体系内在要素存在正向影响作用，且作用关系具有显著的地区性差异。

牟韶红等（2015）认为，成本费用黏性来源于企业内外部信息的不对称和不完备，并由此说明内部控制能够抑制成本费用黏性。内部控制质量越好的公司，成本费用黏性越低；在控制收入变动幅度或区别成本费用变动方向方面，除了风险评估指标外，其他高质量的分项指标对成本费用黏性都有显著抑制作用。

## 三、网络安全与网络治理

### （一）网络安全

随着国民经济的信息化程度的提高，有关的大量情报和商务信息都高度集中地存放在计算机中，随着网络应用范围的扩大，信息的泄露问题也变得日益严重，因此，计算机网络的安全性问题就越来越重要。国内外安全体系测量标准见表2-3。

**表2-3　国内外安全体系测量标准**

| 国家 | 时间 | 测量评估标准 |
|---|---|---|
| 美国 | 1983 | 美国国防部首次公布了《可信计算机系统评估准则》（Trusted Computer System Evaluation Criteria，TCSEC），着重点是基于大型计算机系统的机密文档处理方面的安全要求[1] |
| 欧盟 | 1990 | 英国、德国、法国和荷兰共同制定了欧洲统一的安全评估标准《信息技术安全性评估准则》（Information Technology Security Evaluation Criteria，ITSEC），作为多国安全评估标准的产物，适用于军队、政府和商业部门。它以超越TCSEC为目标，将安全性要求分为"功能要求"和"保证要求"两部分[2] |
| 加拿大 | 1992 | 《加拿大可信计算机产品评估准则》（Canadian Trusted Computer Product Evaluation Criteria，CTCPEC），在TCSEC和ITSEC范围上进一步发展，实现结构化安全功能（闫强和陈钟，2003） |
| 日本 | 1992 | 日本电子工业发展协会（Japan Electronic Industries Development Association，JEIDA）公布了《日本计算机安全评估准则-功能要求》（李斌，2013） |
| 中国 | 1999 | 计算机信息系统安全保护等级划分标准（GB 17859—1999）（张力和唐岚，2005） |
| 国际通用准则 | 1999 | 国际标准化组织逐步认识到开发世界通用的评估标准的必要性，1999年，CC（Common Criteria）被国际化标准组织批准成为国际标准ISO/IEC15408-1999并正式发布，目前为2005年公布的2.3版[3] |

1）Trusted Computer System Evaluation Criteria（TCSEC）[S]. US DoD 5200.28-STD，1985，11

2）Information Technology Security Evaluation Criteria（ITSEC），Version1.2[S]. Office for Official Publications of the Eruopean Communities，1991，9

3）Common Criteria for Information Technology Security Evaluation，Version2.0[S]. Common Criteria Editing Board，1991，6

Jordan（1999）认为，网络权力有三种相互渗透及作用的主要表现形式，分别为"由个人使用和拥有""作为一种技术权力为掌控网络技术的精英所控制""一种对虚拟空间的想象力"。

Nye（2011）认为网络权力决定软实力，并结合"软实力"理论将网络权力的应用效力具体分为"网络空间内部效用""网络空间外部效用"两个方面，指出网络权力的应用应更多地着眼于网络本身之外，特别是网络的塑造功能。

郝建青和张新华（2001）认为，信息化和现代化市场带动了网络安全产品的成长。

郑远民和易志斌（2001）认为，随着网络化的快速发展，形形色色的网络侵权行为也相伴而生，这就产生了在网络环境下如何有效地保护网络主体合法民事权益的问题，特别是在国家安全观视角下对网络主权的主张。

蔡翠红（2002）认为，若能根据卡尔·冯·克劳塞维茨的"三维说"（三位一体作战重心说）将纵横交错、不同层次的社会各部门连接起来，形成错综复杂的社会网络，这种关系越复杂，易受攻击之处就越多。随着网络技术的日益精进，网络攻击所需的条件越发简单，且具有很大的突然性，加之用户身份具有匿名性，给国家安全保护工作带来很大困难。

马民虎和贺晓娜（2005）认为，为保障我国网络安全，应建立适合我国国情的网络信息安全应急管理体系，建立准确、快速的预警检测、通报机制，明确应急过程中的行政紧急权力的限制和法律救济机制。

肖湘蓉和孙星明（2005）认为，通过对关系数据库特征的分析，发现数据允许在一定范围内的变形，利用这个特征提出了对关系型数据添加水印的方案。这种从非加密角度对数据进行安全控制的新策略，实现了对敏感数据内容的安全性、完整性检查，并能对被攻击后的数据进行恢复，提高了数据库的安全可控性。

黄凤志（2005）认为，从国际战略动能着眼，信息革命对综合国力增长、国际格局演变、世界经济政治发展不平衡、国际安全领域新变化的影响深刻。

董皓和张楚（2006）认为，在信息网络中活动的主体有各自不同的利益诉求，进而会形成多元的安全观，这种多元的安全观所带来的矛盾不可能为技术所解决。因此，解决信息网络安全问题，必须从技术视角向法律思维转换，看到信息网络安全是一种正当利益得到保障、不具备正当性的行为则遭到禁止的状态。

彭未名和崔艳红（2007）认为，随着国际公共管理概念呈扩大化趋势，国际公共管理的合法性面临挑战，国际公共管理与被管理的权力构建的矛盾凸现，国际公共管理与人权的关系复杂化，网络虚拟社会的政治安全风险识别与防范研究成为公共管理的重点领域。

孙薇等（2009）认为，博弈论从全新视角研究信息安全问题，为解决现实中的信息安全难题提供了一种新的思路。根据信息安全的博弈特征，建立了信息安全的攻防博弈模型和防守博弈模型，进行攻防博弈和防守博弈的均衡分析，并结合我国的实际情况给出了解决信息安全问题的策略建议。

杨金卫（2009）认为，中国共产党和国家应当着眼于未来政治发展和加强执政党建设，学习借鉴国外政党的经验和做法，提高与网络媒体打交道的能力，高度重视互联网在推进我国政治发展和政党建设中的积极作用，运用互联网为发展社会主义民主政治、巩固党的长期执政地位和提高党的执政能力服务。

陈宝国（2010）认为，美国网络空间国家安全战略的意图在于以攻代守，认为网络威慑的效果甚至优于"核"威慑，全面发展"先发制人"的网络攻击力，将中国列为主要网络对手，通过网络攻防演习彰显其威慑力量。

刘助仁（2010）认为，"9·11"恐怖袭击事件后，网络安全已成为关乎各国国家公共安全的"全球性"重大战略问题，美国的网络安全政策具有一定的导向作用。他认为这些政策导向启示我国应将网络安全保障提升至国家安全高度。

程群（2010）认为，计算机网络已渗透至美国政治、经济、军事、文化和生活等各领域，美国整个社会的运转已与网络密不可分。网络危机一旦出现，美国整个社会有可能陷入瘫痪，保护网络基础设施成为美国国家安全利益护持的第一要务。

沈雪石等（2011）认为，网络是国防和军队的重要基础设施，新兴网络科学技术发展对提高国家自主信息保障能力、促进军队信息化全面建设具有重要影响。

运迎霞等（2013）认为，城市增长边界划定研究，对城市建设与发展具有重要的指导意义。基于生态安全格局，提出了城市空间增长的刚性边界划分方法；基于传统的"正向规划"方法，通过城市空间扩张模拟和土地建设适宜性评价等，提出了城市空间增长的弹性边界方法。

周德旺（2014）认为，随着国家信息化进程的全面快速推进，网络安全问题愈加凸显，成为制约国家安全的重大战略问题。我国应从网络大国向网络强国迈进，加强网络技术和网络建设。

张新宝（2013）认为，当今互联网时代和信息化时代，网络信息安全与国家及其公民个人的利益休戚相关。与网络信息技术发展相伴随的黑客行为，以及个别国家从单方国家利益出发从事危害其他国家及公民个人信息安全的行为，使国际层面的网络信息安全问题日益突出。国际社会需要制定"网络信息安全国际公约"以加强世界范围内的网络信息保护。

李农（2014）认为，美国作为一个网络强国，在技术和应用领域都具有超出世界其他发达国家的发展水平。但在网络安全上仍然感受到诸多不确定因素，我国在实现网络强国过程中要借鉴美国在网络安全工作中取得的经验。

王飞跃等（2008）认为，基于 ACP 方法的电子商务复杂性研究方法与实验平台的研究，有助于加快新兴电子商务复杂性研究的步伐、提升企业的国际竞争能力。

刘万国等（2015）认为，当前国外数字学术信息资源在可用性和可持续性方面存在信息安全潜在风险。数字资源长期保存在解决学术资源信息安全潜在风险方面不足，提出利用云计算建立国家层面的国外数字学术信息资源保障体系的建议，以解决现存的信息安全风险。

齐爱民和盘佳（2015）认为，在大数据这个无硝烟战场上的落后和失守，会引发个人信息安全问题，甚至还会影响社会发展和国家安全。目前，我国在大数据安全保障方面的政策法规还付之阙如。为迎接大数据时代的机遇和挑战，我国应构建大数据安全法律保障机制。

程群和何奇松（2015）认为，中国网络威慑体系建设之法，强调应与核威慑理论结合起来，大力发展网络技术，利用大数据助力，增强网络军力，制定针对不同行为体的网络威慑战略，与网络超级大国、强国达到"相互确保摧毁"的实力水平。

邬江兴（2010）认为，网络与信息安全是信息化过程中不可回避的问题，而且是一项长期、复杂的系统工程，需要坚持以发展保安全，以安全促发展的方针，在提高信息化水平的同时，从战略高度提升网络空间防护能力，大力创新发展网络与信息核心技术，强化网络和信息安全管理，多方协同共同推进网络和信息安全建设，以增强网络与信息安全的保障能力。

王世伟（2015）认为，信息安全可泛称各类信息安全问题，网络安全指称网络所带来的各类安全问题，网络空间安全则特指与陆域、海域、空域、太空并列的全球五大空间中的网络空间安全问题。

倪光南（2013）认为，大数据时代的信息安全话题，现在是一个新热点。实际上信息安全问题并没有因为大数据的兴起而发生本质的变化，不过大数据的发展使信息系统及其应用所涉及的数据规模越来越大，对数据安全性的要求越来越高。

汪玉凯（2014）认为，目前是我国信息化的快速推进期，国家对信息安全自主可控的重要性不言而喻。2013年震惊世界的"棱镜门"事件再次为中国敲响了警钟，国家的信息和网络安全已经是一个十分紧迫的问题。应加大依法管理网络力度，加快完善互联网管理领导体制，确保国家网络和信息安全。

### （二）网络治理

波尼亚托夫斯基（1981）认为，公共生活加速信息化后对个人自由构成威胁。基于这种认识，波尼亚托夫斯基在1976年便竭力建议并切实推动法国议会通过了一项旨在避免信息垄断以防电子计算机滥用损害个人权利的法案。

Shifflet（2005）认为，根据纵深防御的思想，综合多种现有网络攻击检测技术，提出了与技术无关的基于模块化的态势评估框架结构。

杨瑞龙和朱春燕（2004）认为，网络中的企业包含的就是普遍的互惠。普遍的互惠是一种具有高度生产性的社会资本。遵循了这一规范的共同体，可以更有效地约束投机，解决集体行动问题。

李卫东和林志扬（2007）认为，网络信息技术剥离了决策中显性知识的处理任务，显性化了部分"地域"性知识和隐性知识，降低了决策的度量成本和决策外部性的内部化成本，提高了企业的决策绩效，从而使基于知识的决策分工及在此基础上的决策权力配置成为可能。

李一（2007）认为，对于生活在当下信息网络时代的人们，互联网络之虚拟电子空间，成为其展开行为活动的一个全新的时空领域。网络行为失范作为一种特殊形态的人的行为失范，具有多种表现形态。

程秀生和曹征（2008）认为，公司法的立法与执法中，通过完善公司治理提高效率，从而促进社会经济的发展并降低公司法律制度本身运行的成本成为公司治理研究的重要任务。在肯定公司治理机制奉行效率优先价值取向的同时，也不能忽视兼顾公平的价值要求。

胡昌平和周怡（2008）认为，数字化信息服务的交互性主要体现在用户与系统基于界面层的交互、用户与内容基于内容层的交互，以及系统与内容基于组织层的交互。在不同层面上，有多种因素影响了数字化信息的交互性。

赵辉和李明楚（2008）认为，网格计算的复杂性导致网格安全需求复杂，他提出了一种基于虚拟组织的网格计算多用户协同关系描述模型，在其基础上构建网格安全需求分析模型，实现了网格环境下多用户协同计算的安全需求形式化描述，把网格协同计算环境下的不同安全需求统一在同一种理论体系中。

薛楠等（2009）将认知无线电网络分成单跳有簇头结构，通过簇头检测恶意节点。为便于检验方案的可行性，结合簇头检测结果设计了一种路由协议。理论分析和仿真实验表明该安全问题会显著降低网络通信性能。

顾丽梅（2010）认为，随着网络技术的发展，网络参与对政府治理尤其是地方政府治理提出了新的挑战，政府作为网络参与的推动者，需要承担的重要道德责任是确保这些决策产生的过程充分考虑社会公平和正义。

徐晓林（2011）认为，互联网虚拟社会是当今社会管理和创新中亟待研究的重大问题，探索其规律并总结出行之有效的管理办法，既具有理论意义也具有现实意义。在网络谣言、网络推手、政治参与等方面，互联网虚拟社会面临着巨大的政治风险。

孙国强和兰吉颖（2011）认为，企业战略选择一直面临着多元化与专业化的矛盾，如何化解这一矛盾关系企业的长远发展。而网络组织具有互补创新、多元缓冲、协同共赢、价值链优化等功能，其核心功能恰是多元化与专业化的均衡。

王敏和覃军（2012）认为，网络社会的背景下，政府应该在第一时间发布信息，切实掌握危机信息传播的话语权；主动设置议程，有效控制危机信息传播的主导权；注重沟通协调，重建危机利益相关者的关系；充分发挥新闻发言人的作用，以有效应对危机。

王天梅等（2013）认为，价值交付的有效性、成本控制的有效性、风险控制的有效性，能够在一定程度上评价电子政务实施项目的 IT 治理绩效，同时，由于 IT 治理的结构安排、认知程度、沟通机制对电子政务实施项目治理绩效的三个方面存在不同的影响作用，因而，在不同程度上显著影响电子政务实施项目的 IT 治理绩效。

孙健（2014）认为，网络舆论是社会舆论在互联网上的"感应器"，通过它能够在第一时间感知各种突发性公共事件后社会影响的热度，从而影响党和政府的公共决策。为优化突发性公共事件后政府公共决策路向，应该大力发展电子政务，为公众参与决策创造条件，创建透明政府，推动公共决策信息公开，提升官员素质，引导网络舆论正确方向，以便为党和政府在突发性公共事件后做出科学、合理的公共决策提供服务。

汤志伟和杜斐（2014）认为，网络集群行为有一定的规律可循，政府也可以遵循这一规律有针对性地预防和控制网络群体性事件的发生和发展，从而降低网络集群行为带来的网络风险。

李维安等（2014）认为，网络治理是一个跨学科的研究领域，是技术网络、组织网络和社会网络研究的热点问题，企业网络治理也是工商管理领域的前沿研究方向。技术网络治理、社会网络治理、组织网络治理及三者的融合是当前组织理论和战略管理理论研究的核心命题，也是中国经济转型过程中转换企业发展模式、实现后发优势的重要课题。

胡志军（2015）认为，我国社会正处于转型期，仅依靠人际信任维持社会运行的传统信任模式已凸现弊端，尤其是近年来频繁出现一些违背诚信、公平、正义原则的事件，对社会诚信体系造成了严重的破坏，导致政府公信力急速下降，影响我国构建社会主义和谐社会总目标的实现。

王芳等（2015）认为，互联网治理应朝多样性、互动性和透明性的方向发展，同时还需要考虑互联网和治理的关系，互联网改变了传统的市场和社群的组织模式，政府管理的组织模式在互联网的条件下也要做出改变才能适应新的条件，解决新的问题，建立新的政府、市场和社群的三元均衡。

孟庆国和关欣（2015）认为，电子治理是借助信息通信技术建构运转有序、信息通畅、各行为主体及社会资源相互影响并共同促进而形成支持科学决策的多层次治理形态。电子治理对于社会作用影响的内在关联目标为"创新社会管理、推动社会进步、改进公民参与、保障公民权利"。

马民虎和张敏（2015）认为，网络信息安全法制建设需要站在国家战略层面，兼顾具体国情，厘清网络空间的主要威胁与法制建设中的主要矛盾，全面建构中国网络社会治理的实体与程序性法律框架；强调应重视新技术应用背景下的隐私与数据安全问题，并强化企业信息安全治理责任，发挥其在网络信息安全保障中的关键作用。

沈逸（2014）认为，全球网络空间中，不同行为体之间占有的资源与拥有的能力处于不对称状态，因为这种不对称，数据主权的重要性日趋凸显。基于数据主权的能力竞争，已经成为当下国家间能力竞争的最前沿。这种竞争旨在实现保障国家网络安全和塑造全球网络空间行动准则，这两者之间的关系，从整体来看，是并行不悖的，尤其是对大国而言。

杨嵘均（2014）认为，网络空间治理的问题通常需要国际合作才得以有效开展。然而，当前网络空间治理的国际合作却面临，如国家间网络主权是否存在的争议、网络空间治理适用制度的差异及不同意识形态融合等诸多难题。这些难题制约着网络空间治理国际合作框架和运行机制的建构。

周义程（2012）认为，在现代网络政治生活中，网络空间成为人们参与政治生活的重要平台。个人、组织和计算机构成的网络形成一个相互连接的虚拟组织。对于网络空间的治理可以从组织治理的理论和实践中借鉴其治理的知识。

## 四、网络文化与传播

### （一）网络文化

在互联网时代，如何促进文化的传承与创新，是国内外学者都非常关心的一个话题。网络文化是新兴网络技术和文化内容的结合体，网络文化的迅速普及和快速发展改变着人们的思维方式、生活方式和交流方式，已成为当代人不可或缺的一部分。国内外学者就网络文化展开的研究，概括来说，主要体现在网络文化的概念、网络文化特性、网络文化影响和网络文化管理四个方面，如表 2-4 所示。

表2-4　国内外学者有关网络文化的代表性成果

| 研究主题 | 代表人物 | 主要观点 |
| --- | --- | --- |
| 网络文化概念 | 朱文科和谭秀森（2010）；欧阳友权（2005）；徐世甫（2010）；周鸿铎（2009）；Bell（2001） | 西方主要从视觉层面、价值批判层面和基本假设层面对网络文化进行定义；我国则更多地从与传统文化的对比、伦理道德反思入手定义网络文化，并且官方、学界缺乏统一认识 |
| 网络文化特性 | 尹韵公（2012）；王文宏（2008）；欧阳友权（2003） | 网络文化具有平面性、后现代性、开放性、即时性、超文本性、多元性、丰富性、载体性、虚拟性、传播交互性等特征 |
| 网络文化影响 | 徐仲伟（2008）；陶善耕和宋学清（2002）；董京泉（2001）；欧阳友权（2005）；Joinson（2003） | 要警惕网络文化发展中出现的"非意识形态化"倾向；对人的行为和思维方式的影响；对个人角色具有重塑作用；对社会伦理具有一定的影响；可信度危机；导致了网民智力后果和文化后果的倒退，信息技术带来了智能伦理的混乱 |
| 网络文化管理 | 何明升和白淑英（2014）；林凌（2014）；王求（2013）；陶鹏（2012）；张虎生（2012）；徐建军和石共文（2009）；龚成和李成刚（2012）；李钢和李啸英（2007） | 从增强政府的网络公信力、加强网络文化安全教育等方面提出相应对策；不能忽视民间组织建设；需要借鉴国外有益经验进一步完善我国法制建设欠缺、管理体系不尽规范等方面的问题；采用柔性管理方式是走出网络文化管理困境的必然选择；关注对虚拟社区和在线身份的管理 |

Pickering（1992）认为，网络文化是我们今天许多人生活其中的个人电脑和互联网的数字世界，或者更精确地说，是一个对那个世界的"数字化的乌托邦社会"的想象物，那个世界可以将踪迹追溯到麦克卢汉的"地球村"。

Bell（2001）认为，从物质层面来看，网络空间是由机器、电线、电流、程序、屏幕，以及电邮、网站、聊天室等信息和传播方式组合起来的。

Joinson（2003）认为，应该从心理学视角出发对网络社会中人的行为进行全面阐释，这对我们深入理解网络社会中人的行为，充分利用网络并认识虚拟世界与现实生活有很大帮助。

Keen（2008）认为，在 Web2.0 世界中，网络黑社会、数字盗版、网络"剪贴文化"等网民行为所导致的一系列文化问题，以及这些问题造成的可信度危机，提醒我们要更好地利用先进科技发展专业主流媒体和主流文化。

Rheingold（2000）认为，应该讨论网络文化中虚拟社区的主要影响，一是有关虚拟社区的研究，主要是争论网络空间上是否产生了新的社区，这种新的虚拟社区会否替代离线社区，如果替代了，是好事还是坏事。

董京泉（2001）认为，进入 21 世纪，经济全球化、信息网络化和以高科技为主导的知识经济的进程将加快，科技、知识和文化因素在人类生产过程中的作用将越来越大。这是前所未有的。这种物质生产领域的重大变化不可避免地会反映到上层建筑领域，并使意识形态层面、精神层面的东西被空前地凸显出来。

欧阳友权（2005）认为，网络文化使既有文化发生"从现代性走向后现代，从理性走向感性，从精英走向大众"的转向，产生了异于既有文化逻辑预设道路的新的文化理念和实践。

朱文科和谭秀森（2010）认为，网络文化是以计算机网络技术为基础，通过对现实社会文化的信息化和数字化，人们能在这一新型的生存空间更加快速地发送和接受信息。这是一种改变了人们的生产生活、思想观念和内在精神世界的文化形态。

周鸿铎（2009）认为，网络文化需要从物质、行为和意识三个方面加以界定，是指"网络技术基础、制度、行为、心理、内容文化的综合文化"。

徐世甫（2010）认为，网络文化是在技术与文化的联姻基础上，形成的新的文化景观，是"通过网话文的拆解与变形，大众文化身份的置换和颠覆，演绎着文化多元与精神自由"中形成的。

欧阳友权（2003）认为，网络文化有传播交互性特征。网络文化的特点在于信息的交互性，传统文化的传播缺乏互动性和活力，是因为基本没有交互性。而网络文化传播则不然，它可以实现一对一、一对多、多对多的互动模式。事实上，网络形成了一种交互性的互动方式。

陶善耕和宋学清（2002）认为，应该强调网络文化对人的行为和思维方式的影响。网络文化是以网络为载体和媒介，以文化信息为核心，在网络构成的开放的虚拟空间中自由地实现多样文化信息的获取、传播、交流、创造并影响和改变现实社会中人的行为方式、思维方式和文化形式的总和。

欧阳友权（2005）认为，网络文化对社会伦理具有一定的影响。一方面，孕育新的伦理精神，激活现代伦理意识，拓展新的伦理文化空间；另一方面，也会导致网络社会乃至现实社会在一定范围和程度发生失范和道德紊乱。

王文宏（2008）认为，网络文化是针对互联网发展形成的一种新的文化现象，其以信息技术发展为基础，以多媒体表现形式为手段，作为一种新型文化形式具有新的特点，包括平面性、后现代性、开放性、虚拟性、交互性、即时性、开放性和全球性。

徐仲伟（2008）认为，要坚持马克思主义对网络文化的指导作用的主题，要警惕网络文化发展中出现的"非意识形态化"倾向。

李钢和李啸英（2007）认为，需要运用博弈论的原理，揭示网络文化的本质和发展规律，柔性管理是走出网络文化管理困境的必然选择。

张虎生（2012）认为，在新的起点上壮大主流舆论阵地、履行文化强国使命，首先需要理论武装、思想统一；其次更需要"重心下移"、行动自觉。

陶鹏（2012）认为，从网络文化冲击网络安全的视角来看，需要从增强政府的网络公信力、加强网络文化安全教育等方面提出相应对策。

徐建军和石共文（2009）认为，网络文化管理中存在诸多缺陷，主要表现如下：一是缺乏管理规划、管理机制不健全；二是存在多头管理、监督考核不得力；三是忽视民间组织建设。

尹韵公（2012）认为，随着互联网的迅猛发展，全球被空前未有的网络文化席卷，网络文化成为人类有史以来最重要的文化之一。发展网络文化，很有必要深入认识网络文化的新特征和新趋势。第一，网络文化成为当代中国最重要的文化形态；第二，新的网络文化形态不断涌现；第三，网络文化的社会性进一步增强；第四，网络文化的问题性凸显。

龚成和李成刚（2012）认为，我国网络文化管理在取得成就的同时，也存在着法制建设欠缺、管理体系不尽规范等方面的问题，需要借鉴国外有益经验进一步完善我国网络文化管理体制。

王求（2013）认为，计算机网络技术共同开启和推动了人类历史的"第三次浪潮"，或者说将人类带入了"信息社会"。互联网为人类文化的传播提供了一个新途径。互联网是文化传播的一次重大革命，互联网对传播、繁荣一个国家的文化及提升国家文化软实力具有重要作用。

林凌（2014）认为，遵循网络文化市场规律，充分发挥市场配置网络信息资源的决定性作用，是实现做大做强网络文化产业和坚持正确的网络舆论导向的必由之路。发挥网络文化产业的信息资源市场化配置功能，政府部门必须解决三个问题，彻底破除管理万能观念、解决市场失灵问题和加强网络信息资源配置的法治化建设。

何明升和白淑英（2014）认为，我国网络文化多主体协同发展战略的目标，就是通过网民个体、网络群体、网络管理部门等多元化主体的共同参与和协同管理，建构一种具有中国特色和全球竞争力的虚拟实践范式，并借此创造和共享网络文化成果。

从以上文献可以看出，国外发达国家对于网络技术的运用和发展使西方学者对于网络文化的探索更为深入。西方学者较早地意识到网络文化在发展过程中的种种问题，关于网络主体性的丧失、网络文化价值、网络文化消费的研究都已取得了一定进展，他们依托后现代理论对网络文化的相关问题进行了剖析和理解，为网络文化相关问题的研究奠定了基础，提示了发展方向。国内对于网络文化相关问题研究的侧重点集中在网络文化对网络主体的影响方面，对于网络文化的管理也更侧重政府行为。

## （二）网络传播

从传统门户时期信息传递主体的文字，到宽带建设加速后，以视频为代表的多媒体成为网络信息的主流，网络信息传播正呈现出社交化、碎片化、可视化的特点。近年来，随着网络科学的兴起，人们开始关注网络结构对传播行为的影响，网络影响力传播、复杂网络传播机制、网络信息转发预测、网络舆情/舆论演化与管理，以及网络信息传播模型成为网络传播的几个重要研究方向，如表2-5所示。

表2-5　国内外学者有关网络传播的代表性成果

| 研究主题 | 主要内容 | 代表人物 |
|---|---|---|
| 网络影响力传播 | ①利用社交网络的拓扑结构和用户的交互信息来度量用户在整个网络传播中的影响力；②利用这两个方面度量用户之间在整个网络传播中的影响力；③从网络中挖掘关键传播用户对信息进行有效传播，使其达到最大的影响效果，即影响最大化问题 | 蔡骐（2015）；王求（2005）；陈绚（2010）；Huang等（2011）；Romero等（2011）；Liu和Hu（2005）；Cui等（2011）；Hethcote（2000） |
| 复杂网络传播机制 | ①复杂网络和传播机制有三大流派，一是远离平衡开放系统学派；二是复杂适应系统学派（complex adaptive system，CAS）；三是开放的复杂系统理论与相关的综合集成方法。②传播机制的研究主要有两个方向，一是网络生成的拓扑性质和动力学机制；二是真实网络结构和演化行为的实证研究 | 崔保国和孙平（2015）；杜骏飞等（2015）；高钢（2014）；涂光晋和陈敏（2013）；闫相斌和宋晓龙（2013）；严文斌和顾钱江（2011）；赵玉明和庞亮（2008）；Mantegna（1999）；Onnela等（2004）；万阳松和陈忠（2006）；刘宗华等（2005）；樊瑛等（2006）；郭进利（2008）；汪秉宏等（2012）；汪小帆等（2006）；Zanette（2002）；Zhou等（2007） |
| 网络信息转发预测 | ①通过数据挖掘技术对信息传播的范围、速度等进行定量分析，揭示用户特征、用户行为，以及内容相关性等对用户行为的影响，进而采用机器学习方法预测用户对网络信息的传播行为；②当前转发预测的研究主要集中在用户属性、兴趣特征及行为习惯等对转发行为预测结果的影响 | 曹玖新等（2014）；黄瑚和李俊（2001）；Chen等（2007a）；Gomez等（2008）；Cheng和Liu（2008） |

续表

| 研究主题 | 主要内容 | 代表人物 |
|---|---|---|
| 网络舆情/舆论演化与管理 | ①不管网络舆情和网络舆论如何在主体和客体方面界定，但本体是同一指向，即都是指意见、公众的意见，区别只在"公众共同的意见"和"公众不同意见的集合"；②网络舆情向网络舆论的转化，其实质是"多种意见的总和"向"有影响力的意见"的转化；③无论处于哪个时期，都需要对转化的过程进行有效的引导和管理 | 雷跃捷和李汇群（2015）；钟瑛和张恒山（2014）；谢耘耕和荣婷（2013）；刘正荣（2010）；李希光和顾小琛（2015）；李伍峰（2006）；武家奉（2004）；郭庆光（1995）；张振东（1995）；徐心华（1987）；Pendleton（1998）；Galam（2008）；杜蓉和梁红霞（2012）；Ding等（2009）；董清潭（2011）；范渊凯（2011）；孙先伟（2011）；罗春（2010）；刘劲青（2011）；夏梦颖（2011）；桑田（2009）；Coombs和Holladay（2009）；Schultz（2011）；曾润喜和徐晓林（2010）；白树亮等（2010） |

1. 网络影响力传播

在影响力的作用下，信息在网络中的传播正在改变着人们的生活，一方面，信息在用户影响力的作用下，以扩散的方式进行快速的传播，从而形成了不可忽视的舆论导向，企业可以根据这种传播模式进行社交营销。但另一方面，信息在用户影响力的作用下可能会产生失真、畸变，从而迅速造成广泛的负面影响，甚至引发一系列危害严重的衍生事件。在这种时代背景下，国内外学者开展了关于网络影响力传播的分析与挖掘研究。

Kempe 等（2003）认为，在计算机领域，影响力最大化问题（influence maximization）可以表述为离散型最优化问题。Kempe 等研究了三类较为经典的影响力级联模型，分别是独立级联模型、权重级联模型和线性门限模型。

Huang 等（2011）认为，可以提出一种名为影响力因子（influence factor）的中心性度量指标，对美国公司管理网络中重要的主管进行挖掘，与常见的其他中心性指标相比，影响力因子能够更准确地识别出较有影响力的主管。

Romero 等（2011）认为，信息在传播中的时长也应纳入影响力的度量计算中。

Cui 等（2011）认为，应该从更精细的角度入手，研究事件粒度级的影响力分析问题。以社交网络历史日志中的事件、用户，以及他们之间的关系为基础，设计了一个基于事件的影响力预测方法 PHF-MF（probability hybrid factor matrix factorization）。

Goldenberg 等（2001）认为，以 Jaccard 系数和伯努利分布为基础，可以提出若干概率模型对用户之间的影响力度量问题建模，并可以在用户历史行为记录的基础上设计相应算法来计算用户之间的影响力。

Saito 等（2008）认为，首先根据用户的历史行为日志，构建信息传播的历史轨迹；其次，根据独立级联模型的特点，把用户之间的影响力度量问题建模成最大似然估计问题，并利用 EM 算法计算用户间的影响力。

Barbieri 等（2013）认为，应该提出一种引入主题的传播模型（topic-aware independent cascade，TIC model / topic-aware linear threshold，TLT model）。该模型综合考虑了传播消息的属性、用户的兴趣和影响力等因素，能够较为准确地描述用户之间在不同主题下的影响力，并可以估计影响力的传播情况。

Goyal 等（2011）认为，一个基于线性阈值模型的新算法（SIMPATH 算法）可以从两方面降低估算影响力的计算量。首先，利用集合覆盖优化（vertex cover optimization）降低了第一次迭代时的次数；其次，利用前向优化（look ahead optimization）保持后续迭代时运行时间较小。

王求（2005）认为，网络传播对网民的行为方式有深刻的影响，这源于网络的自我实现需要、社会交往需要和休闲娱乐需要。互联网及其网络传播是对人自由的一种解放，它所释放出的超时空能力，从根本上提升了人类的创造力，加速了人的现代化进程。

陈绚（2010）认为，应该强调 Copyleft 思想与自由文化思想应该引起足够的重视，它们在网络社会传播具有很高的道德价值和法律价值。今后互联网是否能健康发展，很大程度上取决于知识产权政策，目前将工业社会的知识产权法律照搬到网络上是在扼杀技术创新、知识更新和文化自由发展。

张璐等（2015）认为，利用网络评论信息进行产品改进是可行的、有效的，借助网络挖掘工具获取网络评论信息是易于操作的。手机改进方向和程度与用户评论变化之间存在很强的关联性，公司可以根据前一款手机的评论信息决定后一款手机的改进内容，确定研发方向。

蔡骐（2015）认为，随着互联网从虚拟空间向现实社会渗透，网络虚拟社区中的趣缘文化传播也开始展现出不容小觑的社会影响力，并分别从文化、经济和社会三个层面分析了互联网对美国文化传播带来的影响。

## 2. 复杂网络传播机制

目前，众多学者已经认识到复杂网络中具有较大影响力的节点对信息高效传播和资源优化分配等工作起着非常重要的作用，因此，如何挖掘出这些具有影响力的节点，了解复杂网络的传播机制成为国内外很多学者重点关注并试图攻克的难题。

Mantegna（1999）认为，复杂网络的传播机制可以通过对金融产品的价格波动进行研究。其运用股票价格数据构建了标准普尔 500 只股票价格关联网络，运用复杂网络拓扑指标分析了该网络中各股票聚类等级及其他拓扑性质。将复杂网络方法引入股票价格波动关联性研究新的思路，给后续研究带来很大启发。

Zanette（2002）认为，可以通过建立平均场方程来研究谣言在小世界网络中的传播机制，仿真结果发现网络中能接触到谣言的个体占群体规模的比例小于 80%。

Onnela 等（2004）认为，现实网络和随机网络的对比研究能够得到有关复杂网络传播机制的更多启示。

Zhou 等（2007）认为，应该重点分析网络拓扑结构对谣言传播的影响。理论推导和数值模拟都证明了最终感染节点的密度完全依赖于网络度分布，并且当所研究的网络由随机网络变为无标度网络时，网络中感染节点密度减少幅度会加快。

Lee 等（2007）认为，研究网络相关拓扑统计指标是必要的。以韩国 KOSPI 200 只股票价格时间序列为基础，建立了股票价格关联网络。

刘宗华等（2005）认为，为弥补从随机网络到无标度网络之间的空档，需要提出一种介于随机连接和优先增长连接之间的网络增长模型，这为复杂网络动力学研究提供新生成模式。

汪小帆等（2006）认为，网络结构和路由策略对于网络容量具有一定的影响作用；同时，对网络真实网络结构和演化行为的实证研究能够有效解释复杂网络的传播机制。

樊瑛等（2006）认为，系统的含权合作网络的演化动力学模型能够有效分析复杂网络的传播机制。

万阳松和陈忠（2006）认为，通过计算一定时间内两节点时间序列之间的相关系数连边，可以构建股票价格复杂网络模型，研究股票价格波动的动力学性质，发现网络度分布呈现较强的累积幂律分布。

郭进利（2008）认为，需要提出一种变体的局域世界模型，这个模型不仅能够解释复杂网络的传播机制，还可以被推广至多局域世界网络，能更精确刻画互联网拓扑结构，再现网络的层次结构。

赵玉明和庞亮（2008）认为，近 10 年来新闻传播学的跨越式发展从"量变"到"质变"，新闻传播学研究全面开花。中国新闻传播学教育和研究发展存在突出特点和问题，新闻传播学的研究仍需规范，研究的方法和理论还需不断创新。新闻传播学的发展可以为我们分析复杂网络的传播机制提供参考与借鉴。

严文斌和顾钱江（2011）认为，2010 年是中国实施国际传播能力建设国家战略取得实质性进展的一年，在这一年中中国主流媒体全面升级传播硬件，深度接轨国际话语，高度重视传播效果。

汪秉宏等（2012）的研究对无标度网络优化同步、含权网络同步和耦合强度可变的自适应同步等问题的研究具有重要意义，并取得了明显的进展。

涂光晋和陈敏（2013）认为，可以根据参与者卷入程度的不同，将微博动员分为线上动员和线下动员两个层次，并试图从社会心理和人际传播两个角度分析微博动员区别于以往网络动员的新机制。

闫相斌和宋晓龙（2013）认为，可以构建主流网络媒体的新闻转载网络，应用网络分析方法分析主流网络媒体的新闻来源，构建主流网络媒体与其新闻来源之间的转载关系模型，以此来分析网络新闻传播的内部机制。

高钢（2014）认为，以移动互联网、智能便携、云计算为主的信息传播模式的三大技术发展，已经改变了整个人类信息交流的形态和模式，进而使公共信息提供、社会关系乃至社会结构演进方式都因此发生重大改变。

崔保国和孙平（2015）认为，作为世界信息与传播新秩序的某种延续，网络空间秩序的博弈则更为复杂和立体。世界信息与传播旧格局中的信息传播不均衡、不平等主要是由美国等国家跨国传媒集团的垄断所造成的，而网络空间秩序则由主权国家、国际组织、互联网产业巨头等多利益相关方根据现有规则进行控制，对于大多数主权国家，为了安全和利益，需要采取新的战略在网络空间中进行多维度的共建和博弈。

杜骏飞等（2015）认为，"现实-虚拟"的跨管理协同应成为虚拟社会管理机制的最终归宿。虚拟社会是以互联网传播为背景的社会生活总体，与传统社会相比，虚拟社会具备了流动性、族群化、人员身份、云智慧、技术近用等特质。

### 3. 网络信息转发预测

数据挖掘技术对信息传播的范围、速度等进行定量分析，揭示了用户特征、用户行为及内容相关性等对用户行为的影响。国内外学者开始关注是否能够根据现有规律的剖析和挖掘，对网络信息的发展趋势进行预测，以提高网络信息传播的效果，同时对其进行更为有效的监管。

Allan 等（1998）认为，从技术手段上实现网络话题发现并跟踪的工作是实现预测的必备条件。他们一直从事 TDT（topic detection and tracking，话题检测与跟踪）项目的研究，现阶段发现信息流中的新话题并持续跟踪已知话题的技术已经相对成熟。

Chen 等（2007a）认为，可以借助生命周期理论（aging theory）来描述话题发展历程，并建立话题发现和追踪模型。

Jamali（2009）认为，在分析社交网络拓扑特征和用户评论数的基础上，可以提出基于分类和回归思想的网络话题流行度预测算法，并在社交网站 Digg 中对该算法进行验证。

Li 和 Chen（2009）认为，可以在博客社交网站中建立一种推荐机制，各博客的最终推荐指数由 BP 神经网络来预测。

Cheng 和 Lin（2008）认为，能够从时间角度分析网络话题，借助经济学领域的 ARIMA（差分自回归移动平均模型）方法，预测网络话题的发帖回帖数。

黄瑚和李俊（2001）认为，"议题融合论"是传播理论的一个新假设，可以为信息和议题的转发预测奠定基础。随着现代科技的高度发展，传播环境出现了前所未有的剧变。以计算机与网络技术为基础的因特网的异军突起，不仅成了当今世人最为垂青的传播媒介，还迫使各类大众传播媒介上网抢占阵地。

曹玖新等（2014）认为，以新浪微博为研究对象，能够分析新浪微博信息的转发与传播特征，并对传播行为进行预测。通过实验分析了新浪微博符合复杂网络特征、社交类特征，对转发行为有重要影响，并验证了传播预测的有效性。

4. 网络舆情/舆论演化与管理

信息时代互联网技术的广泛使用，使社会管理进入网络化。社会管理网络化既是指社会网络化，也是指工具网络化。一方面社会管理越来越依托主体网络化的关系建设和结构建设；另一方面人们越来越依托、依赖网络媒介进行社会管理的状态和趋势。学者们也开始关注如何促使网络舆情向网络舆论转化，如何对二者进行有效的引导和管理。

Pendleton（1998）认为，可以通过建模与仿真的方法对网络舆论的传播进行分析和研究，构建了无标度网络舆论传播模型等。

Galam（2008）认为，可以用动态方程描述网络舆论的发展趋势，通过分析两种不同舆论观点的相互竞争，讨论各种情况的不动点。

Ding 等（2009）认为，可以通过进化博弈框架下的舆论传播模型对网络舆论进行管理，个体通过讨论来调整在群体环境的行为，个体策略随着观点而调整，分析表明个体策略与观点都会收敛于一个点。

Coombs 和 Sherry（2009）认为，可以从危机管理的视角分析、研究不同的危机事件报道传播方式（报纸、视频）与人们反应的区别，考察不同媒体对新闻的传播效果，认为报道方式不会带来明显影响。

Schultz 等（2011）认为，在网络舆情的传播过程中，不能低估新媒体的作用，同样的新闻内容，用不同的媒体会有完全不同的效果，传播方式比内容本身重要。

张振东（1995）认为，要把吸引听众和传播灌输马克思主义的原则结合起来。不能把物质产品的"买方市场"的原则简单地套用到精神产品的传播上来，不能在"淡化宣传意识"的口号下放弃自己反映舆论、引导舆论的职责。

郭庆光（1995）认为，大众传播通过形成信息环境来作用于社会心理和舆论，并直接或间接地影响社会成员的观念、价值、态度乃至行动。由此而言，大众传播本身就是一种有力的社会控制机制，这种控制的性质和方向，取决于社会的政治、经济制度和意识形态。

武家奉（2004）认为，新闻舆论监督作为一种推动全面建设小康社会前进的手段，一方面有其特有的作用，但另一方面其作用又有一定的局限性。其独特的功能主要有三个方面，一是督促解决问题；二是预防发生问题；三是帮助领导机关掌握问题。

李伍峰（2006）认为，在当今时代，网上舆论宣传无疑是整个舆论宣传的一个重要组成部分，应该加强网络时代的舆论宣传工作。正确看待互联网对舆论宣传工作带来的挑战，考虑不同的方法和因素进行网上舆论宣传和引导。

桑田（2009）认为，虽然网络媒体具有舆论监督的作用，对国家和社会的管理具有积极作用，但是网络舆论监督也有其缺陷，如信息不真实、过激言论容易导致混乱等，网络舆论监督的不足体现在意见把关人及意见领袖的缺失，松散的舆论氛围导致缺乏明确的目标，舆论监督力度不强等。

曾润喜和徐晓林（2010）认为，网络舆情管理必须以帖子预测、网络预警为前提，提出了网络预警机制应该包括网络监测、网络汇集分析、网络预控、网络热点分析及网络热点报警。

白树亮和和曼（2010）认为，对网络舆论的管理和引导需要做到积极完善网络立法，加强法律对网络舆论的规范控制，完善监管体制，加强技术监管力度，还要完善权威信息传播机制，注重对网络舆论的引导艺术。

罗春（2010）认为，网络舆论是一种新生的话语力量，是对话语权的解放，能够针砭时弊，并且力度大、覆盖面广、影响深远，引导网络舆论需要培养网络意见领袖，让意见领袖来引导广大网民，还要加强网络把关，融合传统媒体，对网络舆论进行引导（徐心华，1987）。

刘正荣（2010）认为，网络舆论引导是一个新命题，更是一个新的重大课题，不单是实践问题，还涉及一系列认识和观念问题。做好网络舆论引导工作，应坚持实事求是、以人为本、统筹兼顾。

刘劲青（2011）认为，当网络舆情发生时，发布消息的行动迟缓会使公共机构陷入被动。主动出击，积极应对，能够化危机为契机。

夏梦颖（2011）认为，当前的社会转型期，各级政府在面对突发的难以控制的网络舆情时，在引导和控制舆情走向上，工作仍然做得不到位。

董清潭（2011）认为，政府遭遇不利网络舆论的原因在于政府的做法存在问题，并且与公众的沟通不够，而应对网络舆论时，政府应该首先勇于承担责任，保证信息公开，积极争夺对突发事件的话语权，还要做好日常的预警措施，防止不利局面快速无限制的蔓延。

范渊凯和王露璐（2011）认为，虽然网络环境存在一些偏激或虚假言论，但网络舆论对社会道德有积极作用，重视这一作用及现实影响，可以合理地引导舆论使其发挥正面作用，建设社会主义和谐网络。

孙先伟（2011）认为，网络舆论由受到关系国计民生的重大社会问题触发而形成，作为一种特殊的社会舆论，网络舆论除了具有舆论的一般特点外，还具有自身的一些特征，具有正负两方面影响。同时，"情绪型舆论"具有较强的破坏性，不利于社会稳定，同时网络谣言还可能引发恐慌心理，影响社会稳定，认为应从四个方面对网络舆论进行引导。

杜蓉和梁红霞（2012）认为，政府需要并且可以对网络舆论进行引导，这是一个仿真问题。构建危机信息互联网传播中无政府参与的舆论演化模型，以及有政府参与的舆论演化模型，并利用天涯网"钱云会之死"事件作为仿真的初始数据进行仿真，政府观点可信度和公信力越高，危机信息公开速度越快与危机事件透明度越高，越有利于控制危机事件的事态发展。

谢耘耕和荣婷（2013）认为，在微博传播中，关键节点决定信息的流量和流向，对舆论的走势有着重要影响。关键节点的影响力取决于多种因素，关键节点的类型对舆情事件的介入速度，所发微博的特征对热帖的转发评论有显著影响，粉丝数量对热帖转发评论量的影响微弱。建议要高度重视微博传播的关键节点，尤其是处于核心位置的关键节点，通过关键节点引导微博舆论。

钟瑛和张恒山（2014）认为，新媒体背景下信息传播环境急剧变革，舆论形态更加多元，亟待厘清舆论相关概念的错综复杂关联和深刻内涵差异。新舆论生态环境下，特别需要注意在舆论多元中凸显主流媒体的舆论引导功能。新时期舆论引导，一方面，传统主流媒体，亟须利用好新媒体渠道；另一方面，网络主流媒体也需要从经验教训中吸取养分，不断提升舆论引导的水平。

李希光和顾小琛（2015）认为，在网络迅速发展的时代，舆论引导力是中国软实力的核心要素。中国的发展战略是"和平崛起"，这决定了中国获得影响力的方式要更多地侧重"吸引"，而非"威慑"。只有更多地使用软实力，才能使中国达此目标。

雷跃捷和李汇群（2015）认为，媒体融合时代，舆论引导方式出现了诸多变革的新动向。以 2015 年 6 月热点舆情之一——"人贩子一律死刑"为案例，探讨媒介融合时代舆论传播的新特点，分析舆论引导带来的正面效应，揭示潜在的负面影响，并结合当下舆论传播实际现状，对重构舆论引导格局和机制提出了建议。

5. 网络信息传播模型

在网络中传播的信息、消息、病毒、谣言、思想、革新等可以抽象成一条或者多条"信息"，它从网络中单个或者多个信息源节点依据某种传播机制或模型扩散到其他节点，因此，关于网络传播的研究聚焦于网络信息的传播，为了了解信息传播的"黑箱"，国内外学者开始通过使用数学模型建模，描述网络中流行性信息传播过程的方法，对网络信息传播模型展开研究，见表 2-6。

**表2-6　关于网络信息传播模型的代表性研究成果**

| 模型类型 | 典型模型 | 研究内容 | 代表人物 |
|---|---|---|---|
| 经典病毒传播模型 | 易受感染的–已感染的模型（susceptible-infected model，SI模型）；易受感染的–已感染–恢复的模型（susceptible-infected-recovered model，SIR模型）；易受感染的–已感染–易受感染的模型（susceptible-infected-susceptible model，SIS模型） | 网络中每个节点可能处在已感染的或者易受感染的或者恢复的状态，当一个易受感染的节点已经获得病毒或者谣言"信息"时，它是已感染的；网络中信息源节点携带同一条病毒或者谣言"信息"，并进入已感染的状态，其他节点根据病毒传播模型也可以被感染或者恢复 | Altmann（1995）；Kermack和McKendrick（1927，1932） |
| 谣言传播模型 | 基于推的模型（push-based model，PUSH模型）；基于拉的模型（pull-based model，PULL模型）；基于推和拉的混合谣言传播模型；空间谣言传播模型；代数谣言传播模型；地理谣言传播模型 | 网络中每个节点可能处在已激活的或者非激活的状态，当且仅当一个节点已经获得所需消息或者数据"信息"时，它是已激活的；网络中信息源节点被赋予同一条消息或者数据"信息"，并进入激活的状态，其他节点根据谣言传播模型也可以被激活 | Sanghavi等（2007）；Karp等（2000） |
| 影响扩散模型 | 线性阈值模型（linear threshold model，LT模型）；独立传递模型（independent cascade model，IC模型）；一般化的线性阈值/独立传递模型；触发模型；选民模型 | 网络中每个节点可能处在已激活的或者非激活的状态，当且仅当一个节点已经获得思想或者技术"信息"时，它是已激活的；网络中信息源节点被赋予同一条思想或者技术"信息"，并进入激活的状态，其他节点根据影响传播模型也可以被激活 | Goldenberg等（2001）；Granovetter（1978） |
| 改进型网络传播模型 | 分层级特性（hierarchical spread）；相互关联病毒；瞬态仿真；自适应网络（adaptive network）；复杂网络模型等 | 传统的研究焦点是理解网络结构和感染/恢复速率对传播过程的影响，包括正向问题和逆向问题；改进型网络传播模型聚焦于对传统模型某一方面或细小问题方法的改进 | Barthelemy（2004）；Newman等（2002）；Grenfell等（2002）；罗芳等（2011）；姚灿中（2010）；余高辉（2011）；牛建伟等（2014） |

熊菲等（2011）认为，当信息不完全时，群体决策的仿真问题是值得研究的。网络的不完全信息来自网络交互的匿名性与隐蔽性，不完全信息环境下，系统收敛时间更短，信息传播更快。因此，实现网络实名制，营造诚实可信的上网氛围，将物理地址与注册账户进行绑定，是管理网络的根本方法。

陈东冬（2012）认为，信息的网络传播中分布着把关人，这些人负责对信息进行把关。网络民主发展过程中出现的"非理性事件"等现象的原因之一是网络传播把关人的缺位。网络媒体有社会责任，网络记者、编辑、总编等相关人员必须从纷繁冗杂、良莠不齐的网络中选出有益信息给受众；政府网络监管部门应该做网络社会的宏观把关人，广大网民是信息接收者和传播者，也应该做网络社会的直接把关人，提高自我把关的能力和理性判断力。

Kermack 和 Anderson（1927）认为，在 SIR 模型中，一个获得治愈和康复的节点会进入恢复的状态，不再受信息的感染。

Kermack 和 Anderson（1932）认为，在 SIS 模型中，一个获得治愈和康复的节点会再次进入易受感染的状态，还会继续受到信息的感染。SI 模型是 SIR 和 SIS 模型的特殊情形，其不考虑网络节点的恢复机制，也可以认为恢复时间足够长（Allen，1994）。

Sanghavi 等（2007）认为，在基于推的谣言传播模型（简称 PUSH 模型）中，在每个回合，每个已激活的节点从其所有的邻居集合中随机均匀地选择一个通信伙伴；一旦一个通信伙伴被选中，如果它之前处在非激活的状态，那么它将从正在推送信息的节点获得所需信息，从而进入已激活的状态。

Granovetter（1978）认为，线性阈值模型基于阈值理论，它认为每个节点都有一个信息传导的阈，当一个节点从它周围的邻居接收到的影响大于它的阈值时，它就会传播这条信息。

Goldenberg 等（2001）认为，独立级联模型基于概率论，是对信息传播过程的一个动态的、"多米诺骨牌"式的描述。这个模型由于它在描述信息传播过程中主张节点之间的影响是独立的，同时信息是按照步骤一级一级地往外传播，所以被称之为"独立级联"模型。

Barthelemy（2004）认为，在无标度网络上，病毒传播往往具有层次，也就是说存在分层级特性（hierarchical spread），研究了网络层次传播动力学机制，疾病传播往往是先从度值大的节点群传播到度值小的节点群，然后再沿着同样路径顺次往下传播。

Grenfell 等（2002）认为病毒传播的周期和免疫性问题是改进型网络传播模型应该重点研究的问题。

王林和李海林（2005）认为，改进型网络传播模型应该对病毒传播模型的瞬态仿真进行研究。

Liu 和 Hu（2005）认为，SIS 模型在具有群落结构的小世界社会接触网络上的传播行为与以往研究存在不一致的地方。

Gross 等（2006）认为，通过探索自适应网络（adaptive network）上的病毒传播行为，可以发现病毒传播与网络结构存在相互自适应过程。

　　王旻和郑应平（2005）认为，构建一个基于互联网的复杂网络病毒传播模型，能够对互联网病毒的传播动力学机制进行相关仿真研究，结果表明，新构建的网络传播模型能比较真实地反映互联网病毒传播特性，提出了可有效控制病毒网络传播的途径和方法。

　　姚灿中（2010）认为，构建大众生产合作网络的信息传播模型和多智能体仿真模型，对信息传播过程中如何选择个体数量、个体性质、个体适应性预期，以及个体与环境交互作用行为等进行研究，能够揭示发起信息传播的个体网络拓扑性质与个体数量对信息传递的影响。这些研究为运用网络传播模型来研究价格波动关联效应提供了较好的思路和借鉴。

　　罗芳等（2011）认为，研究 QQ 群消息中的人类行为动力学机制，可以发现 QQ 群发言时间间隔服从广延指数分布（stretched expenential distribution，SED），SED 指数为 0.2 和 0.15。

　　余高辉等（2011）认为，构建 QQ 群好友关系的复杂网络模型，并对其属性及动力机制进行分析，得出 QQ 群好友网络具有稀疏性、增长性与小世界性特性，同时发现成员的中心度越大，参与活动的力度与影响力越大。

　　牛建伟等（2014）认为，在目前复杂网络聚类算法中，基于 Laplace 特征值的谱聚类方法具有严密的数学理论和较高的精度，但受限于该方法对簇结构数量、规模等先验知识的依赖，难以实际应用。针对这一问题，基于 Laplace 矩阵的 Jordan 型变换，提出了一种先验知识的自动获取方法，实现了基于 Jordan 矩阵特征向量的初始划分。

# 第三章　网络强国战略的要义与任务

党的十八大以来,习近平总书记就实施网络强国战略发表了一系列重要讲话。2014 年 2 月 27 日主持中央网络安全和信息化领导小组第一次会议,指出:"建设网络强国,要有自己的技术,有过硬的技术;要有丰富全面的信息服务,繁荣发展的网络文化;要有良好的信息基础设施,形成实力雄厚的信息经济;要有高素质的网络安全和信息化人才队伍;要积极开展双边、多边的互联网国际交流合作。"2016 年 10 月 9 日在主持中共中央政治局就实施网络强国战略进行第 36 次集体学习时进一步强调,加快推进网络信息技术自主创新,加快数字经济对经济发展的推动,加快提高网络管理水平,加快增强网络空间安全防御能力,加快用网络信息技术推进社会治理,加快提升我国对网络空间的国际话语权和规则制定权,朝着建设网络强国的目标不懈努力。习近平总书记的重要讲话,指明了网络强国战略的基本要义和实施路径。

## 一、以技术创新助推强国战略

### (一)我国网络信息技术自主创新从跟跑并跑到领跑并跑

当前,网络信息技术进入加速发展和跨界融合的爆发期,成为新一轮科技革命和产业变革的主导力量,也是全球研发投入最集中、创新最活跃、应用最广泛、辐射带动作用最大的技术创新领域之一,是全球技术创新的竞争高地。2016 年 4 月 19 日网络安全和信息化工作座谈会上,习近平总书记深刻阐述了要尽快在核心技术上取得突破,并指出,互联网核心技术是我们最大的"命门",核心技术受制于人是我们最大的隐患。我们要掌握我国互联网发展主动权,保障互联网安全、国家安全,就必须突破核心技术这个难题,争取在某些领域、某些方面实现"弯道超车"。核心技术要取得突破,就要有决心、恒心、重心。

实施网络强国战略,必须拥有自己的网络核心技术,而要拥有核心技术就必须开展网络技术创新。建设"网络强国",必须加强网络技术提升,掌握核心技术,不断研发拥有自主知识产权的互联网产品,才能不受制于其他国家。在此过程中，自主创新是实现网络技术突破的灵魂。自主创新是指创新主体以我为主，通过原始创新、集成创新和引进消化吸收再创新等多种创新手段的组合，获得核心领域、战略产业的重大核心技术和关键产品上的自主知识产权，获得创新收益并形成长期竞争优势的创新活动。习近平指出，"什么是核心技术？我看，可以从3个方面把握。一是基础技术、通用技术。二是非对称技术、'杀手锏'技术。三是前沿技术、颠覆性技术。在这些领域，我们同国外处在同一条起跑线上，如果能够超前部署、集中攻关，很有可能实现从跟跑并跑到并跑领跑的转变"。在这些核心技术领域实现自主创新，既是信息产业发展的需要，也是国家安全特别是网络安全的需要。

"十二五"以来，在创新驱动发展的国家战略指导下，我国网络信息技术进入新的发展阶段，自主创新能力显著增强。2015年，"天河二号"超级计算机获得世界超算"六连冠"；完成4颗新一代北斗导航卫星发射，北斗卫星导航系统全球组网稳步推进；2016年7月，我国发射世界首颗量子科学实验卫星，并在世界上首次实现卫星和地面之间的量子通信，构建了一个天地一体化的量子保密通信与科学实验体系；TD-LTE完整产业链基本形成，4G用户数超过2.7亿。

近年来，中国自主的信息技术企业成长迅速，涌现出了一大批成功企业，在一些领域已经接近或达到世界先进水平，有条件有能力在核心技术上取得更大进步，我国的创新模式正在走向从跟跑并跑到领跑并跑的更高阶段。

## 案例 3-1　世界互联网领先科技成果中的中国成果

2016年11月16日，15项世界互联网领先科技成果在第三届世界互联网大会上发布。这15项成果是从全球互联网企业、高等院校、科研机构和个人提交的500余项互联网创新成果的申请中，由33名海内外知名的互联网专家评审产生的，旨在全面展现全球互联网领域的最新科技成果，彰显互联网领域从业者的创造性贡献，搭建全方位的创新交流平台。其中，以下7项由中国自主研发，代表了世界网络信息技术的领先水平。按发布的先后顺序排列，部分内容表述有修改[①]。

### 阿里巴巴商业生态体系的技术应用

阿里云独立研发的飞天开放平台（Apsara）将数以千计甚至万计的服务器联成一台"超级计算机"，并且将这台超级计算机的存储资源和计算资源以公共服务的方式提供给互联网上的用户。八年"双11"交易额的飞速增长，2016年11

---

① 世界互联网大会首次发布15项世界互联网领先科技成果. 央视网，http://news.cctv.com/2016/11/17/ARTlj Lki4j7GrlDgowHT4xTb161117.shtml，2016-11-17.

月 11 日阿里巴巴电子商务交易系统支撑每秒钟 17.5 万笔的交易订单和每秒钟 12 万笔的支付产生，整个交易系统及时可靠地履行订单，零错误零报错，就是以 Apsara 为基础的整个技术架构在发挥作用。阿里巴巴打造了全球最复杂的交易、支付、物流系统，背后是强大的计算平台、海量数据、智能算法的支撑，见证了中国互联网技术从追随到引领的历程。

## 中国科学院广域量子通信网络

广域的量子通信网络就是先用光纤实现城域网，利用卫星实现广域网，利用中继器把两个城市连接起来，就可以实现广域的量子通信。目前，中国科学院的量子中心在相关部门的支持下，已经实现集成化的量子通信终端，通过交换实现局域网之间无条件的安全，也可以实现量子网络的推广，目前的能力已经能够覆盖大概 6 000 平方千米的城市，支持千节点、万用户的主网的需求。为了实现全程化广域量子通信，在中国科学院先导科技专项的支持之下，正在努力通过"墨子号"卫星实验任务的完成，实现广域量子体系构建。

## 百度大脑

百度大脑有三个组成部分：一是超大规模的计算，二是先进的算法，三是海量的大数据。我们有全球目前最大的深度学习的神经网络，有万亿级的参数，有千亿级的特征训练和千亿级不同的模型，同时我们还有几十万台的服务器，有各种不同的架构，如 GPU（graphics processing unit，即图形处理器）、CPU（central processing unit，中央处理器），当然也有海量的数据，这些数据有搜索的、行为的、定位的、交易的，可以打造个性化的知识图谱及商业逻辑和用户画像。百度大脑有很多功能，包括语音、图像、自然语言及用户画像。目前已经用到了百度的各个产品里面，如度秘（百度出品的对话式人工智能秘书），包括 VR（virtual reality，即虚拟现实）、AR（augmented reality，即增强现实）、医疗、教育、金融、交通。

## 中国科学院计算技术研究所"寒武纪 1A"深度神经元网络处理器

"寒武纪 1A"深度神经元网络处理器就是在计算机里用虚拟的神经元和虚拟的突触把它们联结在一起，构成这样多层次的人工神经元网络，这些神经元网络具有非常好的效果。例如，在语音识别和视频识别领域里，它的识别精度已经超越了人类。为了让这个深度神经元网络连接更快，设计了专门的存储结构，还设计了完全不同于通用 CPU 的指令集，因此它变得非常快，每秒可以处理 160 亿个神经元和超过 2 万亿个突触，它的功能非常强大。随着这个芯片的应用越来越广泛，这个为人工智能而生的芯片将会出现在非常多的智能玩具中，出现在摄像头里，出现在家庭用的服务机器人里，也会出现在后台云端数据中心里面。

### "神威·太湖之光"超级计算机及应用系统

"神威·太湖之光"采用全国产综合处理器，是世界首台性能超过 10 亿亿次并行规模超千万核的划时代的新型超级计算机。下一步，国家超级计算中心围绕国家重大需求和国际需求开展高性能计算应用和计算任务，共同为世界科技的创新做出更多的工作。

### 腾讯微信智能生态平台

2016 年，微信在技术、产业、社会等多个层面提升了生态创新能力，从一个沟通工具发展成为开放平台，并且成了一种新的生活方式。在技术生态方面，微信构建了一个全面开放的智能生态平台，通过语音识别、图像识别、音频指纹、微信 BOT 平台、生物识别等技术服务，以创新的人机交互方式提升了用户体验。微信已经构建了一个不断迭代创新的生态系统，并与产业链伙伴共同努力，通过连接一切提升人类的生活品质。

### 华为"麒麟 960"手机芯片

华为麒麟手机处理器的成功，是"中国芯"艰辛发展之路的缩影。从 2004 年起步，华为手机芯片打造了一个复杂且巨大的工程。2015 年 11 月 5 日"麒麟950"在北京发布，成为当时世界上最强的手机处理器，拥有领先的工艺、全新的架构和更好的芯片硬件设计。2016 年 10 月 19 日"麒麟 960"发布，它搭载了自主研发的全网通 Modem，可以支持所有的移动通信，帮助广大用户享受更加快速、可靠的连接服务。随着手机应用的升级，用户希望手机运行速度更快，游戏体验更流畅，同时续航时间还要更长。基于这样的需求，华为在手机性能和功耗的平衡设计方面做了深入的研究，从处理器的核心、架构、系统工艺等方面持续优化，实现了高性能和长续航的新突破。

## 案例 3-2 我国 5G 技术及系统的研发推进

我国于 2013 年 5 月成立了专门的 5G（第五代移动通信）推进工作平台——IMT-2020（5G）推进组，组织国内各方力量积极推进 5G 技术及国际标准研发进程。我国 5G 国家科技重大专项已经启动，其将与"863"任务相衔接，支持"863"项目的研究成果转化应用到 IMT-2020 国际标准化进程中。该专项计划已于 2015 年启动毫米波频段移动通信系统关键技术研究与验证、5G 网络架构研究、5G 国际标准评估环境、5G 候选频段分析与评估、下一代 WLAN 关键技术研究和标准化与原型系统研发，以及低时延、高可靠性场景技术方案的研究与验证。

我国已建成全球最大的 5G 试验网，爱立信、华为、诺基亚、中兴、大唐、英特尔等全球重要的系统、芯片、仪器仪表等领域的企业共同参与了该项目。2016 年初，工业和信息化部启动了 5G 技术研发试验，具体由 IMT-2020（5G）推进组负责实施。试验分为关键技术验证、技术方案验证和系统方案验证三个阶段推进实施。2016 年，IMT-2020（5G）推进组已结束 5G 技术研发试验的第一阶段测试工作，完成了主要无线和网络关键技术的性能与功能测试，验证了大规模天线、新型多址、新型多载波、高频段通信等 7 个无线关键技术和网络切片、移动边缘计算等 4 个网络关键技术在支持 Gbps 用户体验速率、毫秒级端到端时延、每平方千米百万连接等多样化 5G 场景需求的技术可行性。

## （二）信息技术自主创新战略实施路径

习近平指出，要大幅提高自主创新能力，努力掌握关键核心技术。当务之急是要健全激励机制、完善政策环境，从物质和精神两个方面激发科技创新的积极性和主动性，坚持科技面向经济社会发展的导向，围绕产业链部署创新链，围绕创新链完善资金链，消除科技创新中的"孤岛现象"，破除制约科技成果转移扩散的障碍，提升国家创新体系整体效能。本书作者之一早在 20 世纪 90 年代就致力于我国信息产业技术创新战略与途径的研究，本小节内容部分引自当时发表的相关文献（陈畴镛，1999；陈畴镛和杜伟锦，1998）。

### 1. 弯道超车

信息产业作为技术知识、资金密集型产业，它的发展过程从技术创新的角度，是由研究开发、商业化生产与产业化三部分组成的。美国信息产业从基础研究到市场开发几乎全部依靠自身力量。日本、韩国的发展主要采取了依靠技术引进的方式。随着信息产业的竞争日益激烈，信息技术特别是尖端技术不会轻易让步。一方面必须采取"后起者优势"的战略，从发达国家引进先进技术，经过消化吸收，使信息产业得到跳跃或发展，以加快缩小差距（目前同世界先进水平相比还有很大差距，但已明显缩小）；另一方面，必须在某些基础领域和应用领域（如集成电路、通信、计算机软件等重点发展领域）克难攻坚，加强自主开发创新以有所突破，避免永远步发达国家后尘。正如习近平总书记指出的，我们要掌握我国互联网发展的主动权，保障互联网安全、国家安全，就必须突破核心技术这个难题，争取在某些领域、某些方面实现"弯道超车"。

### 2. 风险投资

风险投资自 20 世纪 40 年代诞生以来，由于其在推动科技成果产业化方面的巨大作用而得到迅速发展。尤其在最近的 30 多年，美国的风险投资业已成为高科技企业发展过程中最有力的信贷渠道之一。例如，著名的信息技术企业微软、英特尔等公司的创业及其随后的迅速发展，都有风险投资家的参与和风险投资资本的注入。风险投资家带给目标公司的并不仅仅是资本投入，同时也投入战略决策、技术评估、市场分析、风险预测及回收估算、招募管理人才等。因此，风险投资支持和促进了技术创新，而技术创新又促进了公司的产品开发、市场扩展，从而有助于资金积累。因此我们应当借鉴发达国家的经验，尽快建立符合我国国情的风险投资机制，如在高新技术开发区创造有利于风险投资所需要的金融、技术、人才整合的风险投资家队伍。

### 3. 人才激励

信息技术创新的根本在于人才。习近平特别重视聚天下英才而用之，为网信事业的发展提供有力的人才支撑。他指出，网络空间的竞争，归根结底是人才竞争。建设网络强国，没有一支优秀的人才队伍，没有人才创造力迸发、活力涌流，是难以成功的。念好了人才经，才能事半功倍。互联网是技术密集型产业，也是技术更新最快的领域之一。我国网信事业的发展，必须充分调动企业家、专家、学者、科技人员的积极性、主动性、创造性。国外的经验也表明，推动信息技术创新的首要前提是创造一个释放人才能量、促进人才辈出的环境。科技人员是知识的载体，鼓励大学和研究机构的科技人员针对经济发展需求开展创新活动，是实现科研与生产相结合，加快技术创新的起点和关键。既要采取措施吸引和稳定人才，改变人才流失的状况，提高优秀人才的待遇，又要建立开放、流动、竞争的用人机制。重视人力资本的作用，承认个人拥有的技术、专利、软件的价值，在一定条件下视同资本入股，参与利润分成等。同时，鼓励科技人员以多种形式创办或参与科技开发、咨询服务、技术贸易等机构，也可鼓励高校与研究机制的科技人员到企业定期流动，从事技术创新与成果转化工作。

### 4. 成果转化

习近平特别强调，要积极推动核心技术成果转化。技术要发展必须要使用。信息产业的科技成果最终需转化为生产力、形成产业化生产，才能对整个产业的发展做出贡献。要重视用电子信息技术武装、提升为数众多的中小企业的水平，加速其技术改造和技术创新。科技、经济等部门要建立向中小企业提供信息技术服务的网络，并强化技术市场工作，促进科研院所、大型企业与中小企业"联姻"，帮助中小企业开发高新技术，这也是信息技术创新与成果转化的重要途径。要深入落实促进成果转化法，加大知识产权保护力度，构建线上与线下相结合的国家技术交易网络平台，健全技术产权交易、知识产权交易等技术市场体系。

5. 协同攻关

习近平指出，要打好核心技术研发攻坚战，不仅要把冲锋号吹起来，也要把集合号吹起来，也就是要把最强的力量积聚起来，组成攻关的突击队、特种兵。我们的核心技术同国际先进水平差距悬殊，一个很突出的原因是我们的骨干企业没有像微软、英特尔、谷歌、苹果那样形成协同效应。美国有个所谓的"文泰来"联盟，微软的视窗操作系统只配对英特尔的芯片。在核心技术研发上，强强联合比单打独斗的效果要好，要在这方面拿出些办法来，彻底摆脱部门利益和门户之见的束缚。鼓励企业加大研发投入，支持有条件的企业开展基础研究和前沿技术攻关，依托行业龙头企业布局建设一批国家科研基地，培育一批具有世界影响力的创新型领军企业。引导建设一批产业技术创新战略联盟，组建"互联网+"联盟、高端芯片联盟等，加强战略、技术、标准、市场等沟通协作，协同创新攻关。探索更加紧密的资本型协作机制，成立核心技术研发投资公司，发挥龙头企业优势，带动中小企业发展，既解决上游企业技术推广应用问题，也解决下游企业"缺芯少魂"问题。建立企业技术创新对话机制，吸收更多企业参与研究制定国家技术创新规划、计划、政策和标准。

## （三）处理好网络技术自主创新的若干关系

在网信工作座谈会上，习近平指出：核心技术要取得突破，就要有决心、恒心、重心。有决心，就是要树立顽强拼搏、刻苦攻关的志气，坚定不移地实施创新驱动发展战略，把更多人力、物力、财力投向核心技术研发，集合精锐力量，做出战略性安排。有恒心，就是要制定信息领域核心技术设备发展战略纲要，制定路线图、时间表、任务书，明确近期、中期、远期目标，遵循技术规律，分梯次、分门类、分阶段推进，咬定青山不放松。有重心，就是要立足我国国情，面向世界科技前沿，面向国家重大需求，面向国民经济主战场，紧紧围绕攀登战略制高点，强化重要领域和关键环节任务部署，把方向搞清楚，把重点搞清楚。总书记的讲话，对网络信息技术自主创新的路线图、时间表、任务书提出了明确要求，为处理好自主创新的若干关系指明了方向（张显龙，2016）。

### 1. 自主创新与对外开放的关系

自主可控的目的不是闭守排外，而是更好、更进一步地开放。开放是网络与信息技术的天然属性，信息技术的起源和制高点都在欧美等发达国家，信息技术能力的不平衡必然要求我国只有走出去才有可能使技术强大。在这个问题上，习近平的讲话已经非常明确：我们要鼓励和支持我国网信企业走出去，深化互联网国际交流合作，积极参与"一带一路"建设，做到"国家利益在哪里，信息化就覆盖到哪里"。外国互联网企业，只要遵守我国法律法规，我们都欢迎。现在，在技术发展上有两种观点值得注意。一种观点认为，要关起门来，另起炉灶，彻底摆脱对外国技术的依赖，靠自主创新谋发展，否则总跟在别人后面跑，永远追不上。另一种观点认为，要开放创新，站在巨人肩膀上发展自己的技术，不然也追不上。这两种观点都有一定道理，但也都绝对了一些，没有辩证地看待问题。一方面，核心技术是国之重器，最关键最核心的技术要立足自主创新、自立自强。另一方面，我们强调自主创新，不是关起门来研发，而是一定要坚持开放创新，只有与高手过招才知道差距，不能夜郎自大。

### 2. 政府与企业的关系

创新机制的建设离不开政府、企业、资本市场、高校、研究机构、科技中介等各方的努力和协作，其中政府和企业是创新最核心的两大主体，要处理好相互之间的关系。企业是技术创新的主体，必须在体制机制上大力鼓励企业创新，对不适应创新的体制机制要大胆改革。习近平指出，"要制定全面的信息技术、网络技术研究发展战略，下大气力解决科研成果转化问题。要出台支持企业发展的政策，让他们成为技术创新主体，成为信息产业发展主体"。企业带动创新，创新服务企业，未来企业将更好地利用互联网技术改造提升传统产业，培育发展新产业、新业态，推动经济提质增效升级、迈向中高端水平。未来我国将更好地利用互联网技术，提高科技创新能力，助推网络强国战略。在不同的创新阶段，政府和企业的作用与地位也不相同，政府和企业之间的作用不是一个此消彼长的关系，而是一种动态均衡关系。在引进创新阶段，由于企业的能力还不强大，还需要政府在其中起主导作用，而随着创新的深入，企业的能力逐步增强，政府的作用应逐步从微观协调转向宏观环境优化、政策完善、机制建设等方面，充分发挥企业创新主体的积极性。同时，既要发挥国有企业作用，也要发挥民营企业作用，也可以两方面联手。

### 3. 技术创新与技术应用的关系

在很多领域，技术的创新和应用是"两张皮"，相互之间难以有机融合。在全球信息领域，创新链、产业链、价值链的整合能力越来越成为决定成败的关键。核心技术研发的最终结果，不应只是技术报告、科研论文、实验室样品，而应是市场产品、技术实力、产业实力。核心技术脱离了它的产业链、价值链、生态系统，上下游不衔接，就可能白忙活一场。科研和经济不能搞成"两张皮"，应着力推进核心技术成果转化和产业化。经过一定范围论证，该用的就要用。我们自己推出的新技术、新产品，在应用中出现一些问题是自然的。可以在用的过程中继续改进，不断提高质量。如果大家都不用，就是报一个课题完成报告，然后束之高阁，那永远发展不起来。

4. 独立自主与技术引进的关系

提到自主创新，很多人就认为一定要全部自主，从零开始都要自主可控，从而拒绝技术的引进和学习。其实，完全意义上的自主是不存在的，所有的创新都是要站在前人肩膀上实现的，如何平衡自主创新和"拿来主义"的关系是一种智慧，更是一种战略。在这方面，有企业管理者认为，在我们未进入的一个全新领域进行产品开发，公司已拥有的成熟技术与可以向社会采购的技术利用率低于 70%，新开发量高于 30%，不仅不是创新，反而是浪费，它只会提高开发成本，增加产品的不稳定性。因此，我们必须把独立自主和技术引进相结合，但根本目的只有一个，即把核心技术掌握在自己手中，为网络强国建设提供持久的驱动力量。

（四）加快自主创新抢占核心技术新高地

习近平指出："要准确把握重点领域科技发展的战略机遇，选准关系全局和长远发展的战略必争领域和优先方向，通过高效合理配置，深入推进协同创新和开放创新，构建高效强大的共性关键技术供给体系，努力实现关键技术重大突破，把关键技术掌握在自己手里。"在 G20 杭州峰会演讲中又指出："以互联网为核心的新一轮科技和产业革命蓄势待发，人工智能、虚拟现实等新技术日新月异，虚拟经济与实体经济的结合，将给人们的生产方式和生活方式带来革命性变化。"近年来，我国在云计算、大数据、物联网、移动互联网等新一代信息技术研发与应用上取得了显著成效，面临 5G 网络、人工智能、虚拟现实、金融科技等新技术的快速发展和日益显著的作用，应把握新技术发展趋势，加快抢占核心技术新高地。

1. 5G 网络

5G 网络已成为当前全球业界的研发重点。5G 在关键性能指标上比 4G 有重大突破，能支持 0.1-1Gbps 的用户体验速率，每平方千米 100 万的连接数密度，毫秒级的端到端时延，每平方千米数十 Tbps 的流量密度，每小时 500 千米以上的移动性和数十 Gbps 的峰值速率。近年来，全球移动数据流量的爆炸式增长势头持续增长，特别是超高清、3D 和浸入式视频的流行将会驱动数据速率大幅提升。例如，8K（3D）视频经过百倍压缩之后传输速率仍需要大约 1Gbps，只有 5G 网络才能满足用户超高流量密度、超高连接数密度、超高移动性等苛刻环境下的高品质通信要求。

5G 将会推动移动通信技术和产品的重大飞跃，并带动相关芯片、器件、材料、软件、应用等基础产业的同步快速发展。同时，5G 将与互联网、物联网更加紧密的融合，从而引发新一轮信息技术创新和产业革命。5G 网络一旦正式商用，除了会使通信业进入新一轮发展期外，还将带动多个规模达万亿级别的新兴产业。车联网、大数据、云计算、智能家居、无人机等典型的物联网细分行业，在技术和应用层面上已相当成熟，但现有 4G 网络的通信能力大大限制了上述产业的发展。随着 5G 的正式商用，上述产业将迎来快速发展期，人工智能、智能制造等产业也将随之崛起。此外，芯片、电子元器件、软件、智能硬件等产业链上下游也会进入升级期，其发展空间同样不可限量。

当前，全球对 5G 的研发正在逐渐升温，世界各国和各主流/权威标准化组织都已经看到了 5G 技术发展的迫切性，并制订了相应的研发推进计划。世界各国正就 5G 的发展愿景、应用需求、候选频段、关键技术指标及使能技术进行广泛的研讨，多个国家和地区对 5G 的研究和部署都初见端倪。美国运营商积极推进 5G 试验及商用进程，Verizon 联合多个厂商成立"Verizon5G 技术论坛"，并联合日韩运营商成立 5G 开放试验规范联盟。此外，北美移动通信行业组织 4G Americas 也将工作重心转向 5G，并更名为 5G Americas。2016 年 7 月，美国政府已正式为 5G 网络分配了大量频谱，而美国也就此成为全球第一个为 5G 应用确定并开放大量高频频谱的国家。日本在全球最早明确将在 2020 年实现 5G 商用，以支持 2020 年东京夏季奥运会及残奥会，并将重点解决超高清视频传输等移动宽带业务产生的海量数据需求。欧盟在第 7 期框架计划（The 7th Framework Programme，FP7）中部署 METIS、5GNOW、MCN 等多个 5G 研究项目，后续在 Horizon2020 计划中设立 5GPPP 项目，加大力度支持 5G 技术研发。欧盟委员会计划于 2018 年启动 5G 规模试验，力争在 2020 年之后实现 5G 商用，重点将推动 5G 与车联网等垂直行业结合。

根据工业和信息化部、中国 IMT-2020（5G）推进组的工作部署及三大运营商的 5G 商用计划，我国将于 2017 年展开 5G 网络第二阶段测试，2018 年进行大规模试验组网，在相关国际机构公布 5G 正式标准后，进入网络建设阶段，并于 2020 年实现 5G 网络正式商用。如果各项工作进展顺利，三大运营商有望于 2019

年启动 5G 网络建设，网络建设总规模将与现有 4G 网络规模相当，预计整体投入超过 5 000 亿元。目前国内的 5G 技术水平在多个领域和国外企业不相上下，甚至在一些关键技术上，还具有明显的优势，从此前国际组织的评估来看，我国企业已具备了 5G 标准制定的主导能力。

### 2. 人工智能

人工智能（artificial intelligence，AI）是应用计算机的软硬件来模拟人类智能行为的技术，其核心是全面实现智能感知、精确性计算、智能反馈控制。当前信息经济的重要主题和热点（如智能硬件、工业 4.0、机器人、无人机等）发展突破的关键环节都与人工智能有关。近年来，人工智能技术快速发展和广泛应用，对信息经济的驱动作用和巨大的商业价值日益显现。国际 IT 巨头纷纷抢占人工智能技术与产业制高点，人工智能领域的民间投资在过去 4 年平均每年增长 62%。例如，自动驾驶汽车、具有智能化的工业机器人和服务机器人都是国际上重点发展的智能产品。据波士顿咨询公司预测，2017 年自动驾驶汽车将大量投入市场，自动驾驶相关技术产业市场将在 2025 年超过 2 600 亿元，2035 年自动驾驶汽车将达到世界汽车销量的四分之一。

我国在部分人工智能产品上有较强竞争力，并开始涉足量子计算与量子通信等人工智能新兴产业，但技术研发与产业化总体水平还不高。要大力发展国际关注度高、系统集成能力和带动效应强的高端智能产品，重点发展智能机器人、智能汽车、智能家居（智能建筑），加强核心算法软件、控制系统和关键零部件自主研发，跟踪和赶超世界领先水平。同时大力推进人工智能在新兴产业上取得突破，引进和培育超大规模深度学习的新型计算集群、计算机视觉和智能语音处理等关键技术研发与产业化大项目，如人脑芯片、量子计算、仿生计算机等。

### 3. VR 与 AR

VR 技术是通过计算机软件、硬件及其他设备构成的模拟环境，与人的感知相互作用而实现人机交互的系统。AR 是一种实时地计算摄影机影像的位置及角度并加上相应图像、视频、3D 模型的技术，这种技术的目标是在屏幕上把虚拟世界套在现实世界并进行互动，完成真实世界信息和虚拟世界信息的"无缝"集成。这些新一代信息技术的发展及应用，将催生诸多新业态、新模式、新产业。

目前 VR/AR 产业虽处于起步阶段，但整个市场增长潜力巨大。市场研究机构 IDC（International Data Center，互联网数据中心）发布的最新报告预计，到 2020 年全球 VR/AR 产业市场营收将从当前的 52 亿美元扩张至 1 620 亿美元，而其中我国产业市场规模将超过 700 亿美元。这意味着未来五年全球 AR/VR 市场年增长率将高达 181.3%[①]。VR/AR 具有产业链长、辐射行业广、应用前景好的特点，得到了国际产业界和资本市场的高度关注，谷歌、微软、索尼、阿里巴巴、腾讯等国内外巨头纷纷通过投资、并购、孵化等方式介入 VR 产业。

VR/AR 技术和产品的发展已成为时代潮流。其产业链主要包括硬件设备、内容制作、分发平台和 B 端应用（"VR+"模式的商业端入口）等四个方面，目前在面向消费者的影视娱乐和直播领域应用较为广泛。目前 VR 技术日趋成熟，在教育、影视、制造业等行业已有应用，2016 年被称为"VR 元年"。例如，VR+培训，利用 VR 技术建立起来的虚拟场景，环境逼真、场景多变，具有培训针对性强、安全经济、可控性强等特点，特别适合模拟驾驶、应急演练等高危行业的培训。VR+直播，利用 360 度全景视频技术为观众带来交互式观赛体验，英国 BBC（British Broadcasting Corporation）、美国 NBC（National Broadcasting Company）、中国央视网等媒体都取得了里约奥运会 VR 转播权，提供 7 000 多个小时的 VR 直播服务。VR+制造，VR 技术在制造业研发、装配等各个环节均有应用，能提高产品设计加工、监测维修的精准性。波音公司已将 VR 技术应用于 777 型飞机设计上，缩短研发周期 50%、降低成本 60%；福特公司、雷诺、克莱斯勒等汽车公司也都在相关制造环节应用了 VR 技术。在未来的发展中，VR/AR 技术将在众多领域具有应用潜力。

4. 金融科技

金融科技（fintech）是利用大数据、区块链、人工智能等数字技术提升金融效率和优化金融服务的新技术。金融科技于 2011 年被正式提出，之前主要是美国硅谷和英国伦敦的互联网技术创业公司将一些信息技术用于非银行支付交易的流程改进、安全提升。金融科技涉及借贷、支付、财富管理、交易结算、零售银行、保险、众筹、征信等金融领域的各个方面，对金融创新、金融治理尤其对提供普惠金融服务有着重要作用。金融科技受到了 G20 国家及 IT 巨头、VC/PE 的高度关注，在美国和部分欧洲国家已经成为金融创新的热门话题，国内蚂蚁金服、京东金融、众安保险、宜信等几家巨头把自己重新定义为"金融科技"公司，以大数据风控、区块链应用等为代表的金融科技正在起步发展。

金融科技的特点主要表现在三个方面：一是主要通过技术的创新实现金融业务的创新，呈现"去中心化"和"定制化"等特征。二是金融科技通过提供创造性的解决方案，提高金融服务生产效率，降低金融服务成本。三是金融科技深入触及金融行业的本质，通过技术创新打破现有金融的边界，促进资金在资金短缺方与资金盈余方之间有效流通。金融科技的重点应用领域有以下几个。

---

① IDC 报告发布：预计 AR/VR 市场将现高速增长，http://www.chinairn.com/scfx/20160817.shtml，2016-08-17.

（1）互联网移动支付。自 2011 年推出第三方互联网支付以来，我国的互联网支付交易规模快速扩张，目前创新领域主要包括信息安全技术、支付与清算的实时性协议、综合类支付服务，如电子钱包、跨境支付平台等。

（2）网络信贷。利用投资资金和数据驱动的在线平台将资金直接或间接地借给用户和小企业。通过大数据资源和大数据风控能力，提供线上消费金融解决方案，从而为普罗大众提供信贷服务。目前创新领域主要包括提升传统银行运营效率和服务质量、信贷融资渠道的"脱媒"和虚拟化、信用评估的大数据分析。

（3）智能金融理财服务。这主要体现在信息收集、处理的进一步系统化、智能化和自动化趋势，既包括前台投资决策，也包括中后台的风险管理和运营管理。创新领域主要包括人工智能算法在投资决策中的运用、大数据和自动化技术在信息搜集与处理中的应用、人机交互技术在确定投资目标和风险控制过程中的应用、云计算等技术在提升运用管理和风险管理中的应用。

（4）区块链技术应用。区块链是一种分布式数据库，是利用分布式技术和共识算法重新构造的一种信任机制。其去中心化、开放性、自治性、信息不可篡改、匿名性等特性，使全球重要金融机构与交易所已经开始积极布局，以抢占先发优势，包括组建联盟制定行业标准，携手金融科技公司发展核心业务区块链应用等。

## 二、以基础设施和信息经济牢筑强国战略

### （一）加强基础设施建设打通信息"大动脉"

建设和普及信息基础设施是从网络大国迈向网络强国的基本前提，只有建好信息基础设施，才能形成实力雄厚的信息经济。正如习近平总书记所说："要有良好的信息基础设施，形成实力雄厚的信息经济。"当今，人类已经深入融入信息社会，信息网络和服务已逐步渗入经济、社会与生活的各个领域，成为全社会快捷高效运行的坚强支撑。对于进入全面建成小康社会决定性阶段的中国，信息基础设施已成为加快经济发展方式转变、促进经济结构战略性调整的关键要素和重要支撑。

#### 1. 网络基础设施建设的意义与目标

加快互联网基础设施建设，促进互联互通，是全面建成小康社会的必要基础。只有加强互联网基础设施建设，才能让信息资源充分涌流，利用互联网特别是移动互联网的科技手段，将信息资源有效地分配到各个环节和终端，形成信息的高速流动和反馈。信息网络是新时期我国经济社会发展的战略性公共基础设施，发

展信息网络对拉动有效投资和促进信息消费、推进发展方式转变和全面建成小康社会具有重要支撑作用。从全球范围看，信息网络正推动新一轮信息化发展浪潮，众多国家纷纷将发展下一代网络作为战略部署的优先行动领域，作为抢占新时期国际经济、科技和产业竞争制高点的重要举措。

习近平在"4.19"重要讲话中指出："我国经济发展进入新常态，新常态要有新动力，互联网在这方面可以大有作为。我们实施'互联网+'行动计划，带动全社会兴起了创新创业热潮，信息经济在我国国内生产总值中的占比不断攀升。当今世界，信息化发展很快，不进则退，慢进亦退。我们要加强信息基础设施建设，强化信息资源深度整合，打通经济社会发展的信息'大动脉'。"

国务院办公厅印发的《关于加快高速宽带网络建设推进网络提速降费的指导意见》中指出：宽带网络是国家战略性公共技术设施，建设高速畅通、覆盖城乡、质优价廉、服务便捷的宽带网络基础设施和服务体系一举多得。网络强国建设，必须深入推进"宽带中国"建设，只有修好了"网络高速公路"，网络经济才能得到快速发展，只有筑好了网络根基，网络强国才能更加牢固。

近年来，我国互联网基础设施覆盖范围不断扩大，传输和接入能力不断增强，宽带技术创新取得显著进展，完整产业链初步形成，应用服务水平不断提升，电子商务、软件外包、云计算和物联网等新兴业态蓬勃发展，网络信息安全保障逐步加强。截至2016年6月，我国宽带网络的光纤化改造工作取得快速进展，各地光纤网络覆盖家庭数已超过50%。但我国仍存在区域和城乡发展不平衡、应用服务不够丰富、技术原创能力不足、发展环境不完善等问题。

在网信工作座谈会上，习近平还指出："相比城市，农村互联网基础设施建设是我们的短板。要加大投入力度，加快农村互联网建设步伐，扩大光纤网、宽带网在农村的有效覆盖。"我国正在实施"宽带中国"战略，预计到2020年，我国宽带网络将基本覆盖所有行政村，打通网络基础设施"最后一公里"，让更多人用上互联网。这也意味着到2020年要实现约5万个未通宽带行政村通宽带与数千万农村家庭的宽带升级，这是一个巨大和艰难的挑战，也是光荣和重大的使命。不仅如此，铺就信息畅通之路，不断缩小不同地区、人群间的信息鸿沟，这意味着不仅要解决农村地区，也要解决城乡之间、不同区域之间、不同群体之间的宽带接入问题；不仅要打通"最后一公里"，也要同步打通从接入到骨干、从国内到国际的高速信息通道；不仅要缩小宽带网络基础设施从覆盖到质量的差距，也要缩小信息提供、信息利用和民众使用信息能力的差距，全面缩小信息鸿沟，让全体中国人民用上互联网、用好互联网。

到2020年，我国将基本建成覆盖城乡、服务便捷、高速畅通、技术先进的宽带网络基础设施。固定宽带用户达到4亿户，家庭普及率达到70%，光纤网络覆盖城市家庭。3G/LTE用户超过12亿户，用户普及率达到85%。行政村通宽带比例超过 98%，并采用多种技术方式向有条件的自然村延伸。城市和农村家庭宽带接入能力分别达到 50Mbps 和 12Mbps，50% 的城市家庭用户达到 100Mbps，发达城市部分家庭用户可达 1Gbps，LTE 基本覆盖城乡。互联网网民规模达到 11 亿，宽带应用服务水平和应用能力大幅提升。全国有线电视网络互联互通平台覆盖有线电视网络用户比例超过 95%。全面突破制约宽带产业发展的高端基础产业瓶颈，宽带技术研发达到国际先进水平，建成结构完善、具有国际竞争力的宽带产业链，形成一批世界领先的创新型企业①。

2. 加快网络基础设施建设的重点任务

推进区域网络基础设施协调发展。支持东部地区积极利用光纤和新一代移动通信技术、下一代广播电视网技术，全面提升宽带网络速度与性能，着力缩小与发达国家差距，加快部署基于 IPv6 的下一代互联网。支持中西部地区宽带网络建设，增加光缆路由，提升骨干网络容量，扩大接入网络覆盖范围。加快中西部地区信息内容和网站的建设，推进具有民族特色的信息资源开发和宽带应用服务。创造有利环境，引导大型云计算数据中心落户中西部条件适宜的地区。将宽带纳入电信普遍服务范围，重点解决宽带村村通问题。因地制宜采用光纤、铜线、同轴电缆、3G/LTE、微波、卫星等多种技术手段加快宽带网络从乡镇向行政村、自然村延伸。

加快网络基础设施优化升级。加快互联网骨干节点升级，推进下一代广播电视网宽带骨干网建设，提升网络流量疏通能力，全面支持 IPv6。优化互联网骨干网间互联架构，扩容网间带宽，保障连接性能。增加国际海陆缆通达方向，完善国际业务节点布局，提升国际互联带宽和流量转接能力。升级国家骨干传输网，提升业务承载能力，增强网络安全可靠性。加大无线宽带网络建设力度，扩大 3G、4G 网络覆盖范围，提高覆盖质量，协调推进 5G 试点发展。加快接入网、城域网 IPv6 升级改造。统筹互联网数据中心建设，利用云计算和绿色节能技术进行升级改造，提高能效和集约化水平。扩大内容分发网络容量和覆盖范围，提升服务能力和安全管理水平。

增强网络基础设施安全保障能力。加快形成与宽带网络发展相适应的安全保障能力，构建下一代网络信息安全防护体系，提高对网络和信息安全事件的监测、发现、预警、研判和应急处置能力，完善网络和重要信息系统的安全风险评估评测机制和手段，提升网络基础设施攻击防范、应急响应和灾难备份恢复能力。提高宽带网络基础设施的可靠性和抗毁性，逐步实现宽带网络的应急优先服务，提升宽带网络的应急通信保障能力。引导和规范新技术、新应用安全发展，构建安

---

① 《国务院关于印发"宽带中国"战略及实施方案的通知》（国发〔2013〕31 号）。

全评测评估体系，提高主动安全管理能力。

### 3. 以"互联网+"为基础推进新型智慧城市建设

以"互联网+"为基础推进新型城镇化建设。根据国家统计局数据，2015 年底我国常住城镇人口达到 7.7 亿，城镇化率为 56.1%，到 2030 年我国城镇化率将接近 70%，未来越来越多的人将生活在城市。新型城镇化除了要处理好以人为本、生态保护、城乡统筹、文化传承问题以外，最重要的还是要以科技为驱动，以创新为内涵，实现一场以"互联网+"为基础的城市发展革命，而在这场革命中，智慧城市建设无疑是一个重要的突破口，将对城市的生产方式、生活方式、交换方式、公共服务、政府决策、市政管理、社会民生等方面产生巨大而深远的变革。

以"互联网+"为基础的智慧城市是城市发展的新模式，是工业化、信息化和城镇化深度融合、良性互动的必由之路。它以科学治理理念为基础，以智慧型服务政府为主导，全面提升城市的规划、管理和运行的效率与水平，构建起新型城市发展模式。随着工业化的不断推进，我国可持续发展的各要素融合不足，城市基础设施不够完善，运行管理缺乏协同，城市交通拥堵、空气污染、食品安全等问题日益突出，节能减排和环境治理压力不断增大，工业化水平提升需要城镇化运行管理良性互动。通过智慧城市建设，促进城市管理和基础设施智能化，构建宽带、融合、安全、泛在的下一代信息基础设施，提高电力、燃气、交通、水务、物流等公用基础设施的智能化水平，实现精准化、协同化、一体化运行管理，既能破解城市发展难题，又能促进工业化和城镇化的良性互动。

以"互联网+"为基础的智慧城市是城市发展的新阶段，是新一轮技术革命促进城市智能化转型的阶段。通过智慧城市建设，能促进城市管理和服务体系智能化建设，统筹物质、信息和智力资源，推动新一代信息技术在教育文化、医疗卫生、劳动就业、社会保障、环境保护、交通出行、防灾减灾等公共服务领域创新应用，提供便捷、高效、低成本的社会服务，促进城市人居环境不断改善。以城市发展需求为导向，根据城市地理区位、历史文化、资源禀赋、产业特色、信息化基础等，通过智慧城市建设带动城市运行管理水平、经济发展水平、公共服务水平和居民生活品质提升。

以"互联网+"为基础的智慧城市是城市发展的新思维，是构建科学、智能、人本、协调的城市生态系统。智慧城市要求城市管理者和运营者把城市看做一个有机体，借助信息技术，将城市中的物理基础设施、信息基础设施、社会基础设施、商业基础设施和人连接起来，实现公共服务便捷化、城市管理精细化、生活环境宜居化、基础设施智能化、网络安全长效化，有利于建立一种互动、高效、人性化的城市治理机制，使城市的治理从"他治"向"自治"转变。智慧城市发展目标是提升民众幸福感和城市运行效率，通过智慧城市建设，可以整合和共享政府信息资源，为民众提供更充分、更便捷、更具个性化的信息服务，提高民生服务能力，进而为城市中的人创造更美好的生活，促进城市的和谐、可持续发展。

## （二）做大做强信息经济培育发展新动能

### 1. 新技术创新突破带动新产业新业态方兴未艾

除大数据、云计算、物联网、移动互联网等信息技术将继续加快创新突破并引领经济社会发展外，AI、VR/AR、区块链等新兴技术在信息经济发展中将发挥巨大作用，并对未来产生重大影响。数据特别是大数据正在成为一种新的资产、资源和生产要素。数据的及时性、完整性和准确性，数据开发利用的广度和深度，数据流、物质流和资金流的协同水平与集成能力，决定着资源配置的效率，将成为国家、地区和企业竞争力的重要因素。AI 技术快速发展和广泛应用，其对信息经济的驱动作用和巨大的商业价值，引起了国际 IT 巨头纷纷抢占 AI 技术与产业制高点，AI 领域的民间投资在过去 4 年里平均每年增长 62%。当前，欧美等发达国家纷纷从国家战略层面加紧布局 AI，如美国的"国家机器人计划"、欧盟的人脑工程、日本经济产业省的"新产业结构蓝图"。VR/AR 具有产业链长、辐射行业广、应用前景好的特点，得到了国际产业界和资本市场的高度关注。区块链技术由于其中心化、开放性、自治性、信息不可篡改、匿名性等特性，已在全球重要金融机构及交易所开始应用，今后将会影响数字货币、支付票据、保险、医疗、物流、制造等多个领域。

### 2. 平台经济在完善规制中加快发展

在未来的信息经济中，平台经济的作用会越来越重要。平台提供供需双方互动的机会，消除了信息的不对称性，打破了以往由信息不对称带来的商业壁垒，降低受众搜索有用信息所需的成本，提供双方实现价值交换、完成价值创造的场所。一个强大的平台，加上数量众多的第三方主体，共同形成一个有机共生的生态圈，正在成为当前新的竞争规则。目前全球范围内市值排名前十的公司中，平台型公司超过半数。电子商务平台集聚了买方和卖方，搜索引擎平台集聚了大众用户和广告商，如美国的亚马逊、脸谱、谷歌，我国的百度、阿里巴巴、腾讯，通过数以亿计的用户数量，以及在应用、社交、搜索、电子商务等领域的业务优势，确立了全球信息经济的领先地位。随着消费升级，IP（intellectual property，即知识产权）产业火爆、网红等泛娱乐崛起，互联网公司将越来越多地向上游发展参与内容制作，以网络平台支撑的数字内容产业将在满足人们特别是年轻一代精神文化需求中得到更快发展。同时，互联网平台将更多地承担起法律责任、社会责任和监管责任。随着信息经济的快速发展，平台规模越大，规则和责任担当就越重要，公众和监管者对平台的期望和要求也会越高。平台将进一步完善规制，加强管理，防止功利主义行为，保护消费者和供应商的利益，增强平台参与者的凝聚力。

### 3. 信息技术对实体经济的融合带动持续深入

以跨界融合为显著特征的"互联网+"时代已经到来，推动互联网与传统行业的横向整合与纵向重塑，互联网金融、工业互联网、农业物联网等新模式、新业态成为转变发展方式、促进产业升级的重要动力。新一代信息通信技术的广泛应用，推动着制造业产品、装备、工艺、管理、服务向数字化、网络化、智能化方向发展，柔性制造、协同制造、绿色制造、服务型制造、分享制造等日益成为生产方式变革的方向，跨领域、协同化、网络化创新平台正在重组传统制造业创新体系，推动技术创新和产业应用"无缝衔接"。"互联网+农业"通过便利化、实时化、物联化、智能化等手段，带动了智慧农业、精细农业、高效农业、绿色农业，提高了农业质量效益和竞争力。在服务业领域，"互联网+"金融、物流、旅游、设计、健康、教育、养老等更是日趋广泛。例如，人工智能+信贷/财富管理，包括智能风控、智能顾投、智能风投在内的各类产品，将改变金融行业内现有的资源配置并提高效率，降低金融风险。

### 4. 基于互联网的创新创业活力不断涌现

在互联网环境下，巨无霸的跨国垄断企业和小而美的小微企业共生共荣，相互作用形成创新创业生态。大企业拥有成熟的技术、领先的管理经验、多元化的人才、丰富的营销渠道、雄厚的资本力量，在推进创新创业中具有引领作用。在美国，小公司同样是创新主体，大公司认为收购小公司后能提高员工的活力水平，愿意通过收购获取创新基因，形成互相协作的良性循环，如苹果公司1988年以来至少收购了70多家公司。美国形成了有效的人才输送三角循环：高校—创业公司（小公司）—大公司，高校推动有技术的创业公司，创业公司发展成为大公司或被大公司收购，大公司反哺高校的实验室。在我国，大众创业万众创新在"互联网+"的各个领域都得到大力发展，尤其是智能硬件、在线教育、O2O（online to offline，线上到线下）等领域创业项目的火热，推动了新材料、传感器、集成电路、软件服务等行业的创业活动。基于互联网的创新创业的另一个趋势是社群，个体创新者通过线上互动形成创新社群，聚集了众多市场信息、专业知识和创意等创新要素，创新社群能够以低成本、高效率、实时沟通的方式将数量庞大的创新个体聚集起来成为企业协同创新生态系统的新型参与者，为个体创新者参与价值共创提供了新的途径。

### 5. 分享经济前景广阔尚需扶持与规范

基于互联网的分享经济具有低成本、轻资产、高度的灵活性及投资回报快等特点，成为新兴的创业领域和大众选择。它使个人参与到社会化大生产中，使各种闲置的资源都可以变现增值，变成兼职的合理收入，通过大规模盘活经济剩余而激发经济效益。在生活领域，移动互联网的广泛应用，分享经济实现了线上线下资源的有效对接，降低了生活资源分享的交易成本；在生产领域，分享经济通过市场需求与供给能力的优化配置，不断助力化解结构性产能过剩，加速落后产能退出。但分享经济在赋予人们更多自由的同时，也带来了很多的不确定性，需要理性对待、积极鼓励、正确引导、规范管理。分享经济不但使资源的支配权与使用权分离，而且其线上运行的特点使资源拥有者、资源使用者和管理者互不相识甚至互不见面，使传统的经济社会管理模式难以适应，监管的真空或漏洞可能引发安全、保险、税收和消费者权益等多方面的问题。不久前，欧盟委员会出台《分享经济指南》，意在破除分享经济所面临的法律政策等壁垒，并完善对经营分享经济公司的管理，支持发展分享经济。网约车是我国分享经济的先行者，经过最初快速爆发式的增长，因为"叫车难""叫车贵"等问题，在很大程度上背离了分享经济的初衷，网约车规范管理的政策还需要不断完善，使网约车行业步入健康规范的发展轨道。

### 6. 法律伦理和政府监管创新作用日益强化

以互联网为核心的信息通信技术快速发展和广泛应用，给人们的生产生活带来了极大的便利和效率提升，但也对相关法律、社会、伦理和政府监管方式带来了巨大的挑战。建立健全网络立法、加强网络伦理规范、创新政府监管方式，构建和完善信息经济健康发展的生态环境，已成为世界各国的共识与行动。随着人工智能、虚拟现实/增强现实等信息技术的快速发展，无人驾驶、无人机、智能机器人、可穿戴设备等智能产品的商业化步伐不断加快，加强对信息经济活动的法律调控、社会规范和伦理约束就显得更为重要。2016 年，美国政府连续发布三份人工智能报告，英国政府也发布了人工智能报告，凸显了两国政府对人工智能发展的重视程度，提出了支持人工智能发展的主要策略和政策，同时也都有大量关于重视伦理和法律的内容。2016 年 12 月，国际标准制定组织 IEEE（The Institute of Electrical and Electronics Engineers，即国际电气与电子工程师学会）更是发布了《合伦理设计：利用人工智能和自主系统（AI/AS）最大化人类福祉的愿景（第一版）》，鼓励科技人员在 AI 研发过程中，优先考虑伦理问题。在信息经济的政府监管方面，也正在经历理念、方式、手段、技术的变革与创新，实施政府监管与社会监管结合，利用大数据等网络技术和信息手段实施监管，充分发挥企业

（如互联网平台）、行业组织和社会组织（如消费者保护组织）等各自的优势与作用，构建和完善协作共生的公共治理体系。

### （三）把握信息经济创新发展的特征

#### 1. 面向市场引导需求的应用创新

信息经济的发展，归根结底是在应用上取得了成功，是应用赢得了市场，获得了持续发展的动力。无论是信息技术创新还是商业模式创新，都是实现以应用为方向、以市场为目标，持续不断开发出受用户欢迎的产品和服务，信息经济才能够保持快速发展。应用的需求刺激了技术发展，技术创新又引导了应用需求的创新。世界 IT 巨头的技术创新道路，正是沿着推广应用和扩大市场的方向不断推进。苹果公司是智能手机和平板电脑创新的领导者，还为医学研究人员和病人提供新的工具和平台，对材料科学和制造工艺也做出了重大贡献，苹果公司的技术创新不仅是增加新的功能和创造新的硬件，也是使所有硬件、软件、服务创造最好的用户体验。在我国，供给侧结构性改革是应对经济新常态的主攻方向，而信息经济在提升全要素生产率，提供优质信息产品和服务以满足人们不断增长的物质文化需求上起着至关重要的作用。互联网已经影响社交关系、文化体验，深刻改变着传统的生产和消费方式，培育了不同年龄结构的新需求新市场，特别是作为信息产品消费主体的"80后""90后""00后"，这些网络原住民构成的亚文化社群由小众到流行再到占据主流，信息技术带来的应用创新是信息经济强劲发展的根本动因。

#### 2. 平台化生态化组织结构优势凸显

建构在互联网基础上的信息经济业态大多都展现出"平台+生态"的组织结构，平台强化了在信息技术影响下组织模式的安排能力。一是平台提供供需双方互动的机会，强化信息流动，降低受众搜索有用信息所需的成本，提供双方实现价值交换、完成价值创造的场所，正因为如此，平台消除了信息的不对称性，打破了以往由信息不对称带来的商业壁垒，为跨界创造了条件，能够促进产业链条的扁平化，实现直接的供需对接，衍生出 C2C（customer to customer，消费者间）、B2C（business to customer，商对客）、B2B（business to business，企业对企业）等新商业模式。二是平台具有轻资产规模化优势，规模扩张的边际成本更低、网络效应显著，有利于建立制度，通过对平台的管理，防止功利主义行为，保护消费者和供应商的利益，使平台中参与者的凝聚力增强，往往呈现出爆发式增长。三是能够更好地应对长尾市场，在开放平台和数据驱动下实现个性化定制、快速创新等。因此，平台化和生态化几乎成为所有"互联网+"企业的共同选择，越来越多的垂直领域产生平台企业和生态系统。

### 3. 跨界融合发展形成倍增效应

线上线下融合、互联网企业与实体企业融合形成叠加效应、聚合效应、倍增效应，加快了新旧发展动能和生产体系转换，成为引领信息经济发展的主导力量。从信息经济发展史看，过去几十年主要是信息技术产业自身发展，而后面几十年将进入线上线下融合产业主导发展阶段。无论是传统 ICT（information communications technology，信息通信技术）巨头（如 IBM、英特尔、微软），还是新兴互联网巨头（如谷歌、苹果、Facebook），都是新兴信息技术产业自身崛起的典型代表。然而，近几年来，一方面互联网企业积极向线下渗透，如阿里巴巴和腾讯正在推动的"支付宝+"和"微信+"战略；另一方面传统企业积极向线上转型，如 GE、海尔、红领等智能制造战略，都凸显了线上线下融合发展的趋势。制造业与互联网的融合，加快推动"中国制造"提质增效升级，如浙江正泰电器、三花控股、西子航空等企业，利用"互联网+"变革生产方式，以智能制造为核心推进"两化"深度融合，实现了从"欧美设计，中国制造"向"中国设计，全球制造"的升级。

### 4. 用户体验与信任成为关键因素

互联网环境使满足用户的差异化、个性化需求成为企业的核心要义，因而用户参与、用户体验和用户信任已成为促进信息经济发展的关键因素。互联网带来了企业和用户直接交互的便捷性，在研发、生产、营销、服务等环节全面引入用户参与，以用户个性化需求为中心，开展按需定制快速响应用户需求，推动形成基于消费需求动态感知的研发、制造和产业组织方式。互联网搭建起企业与用户、合作伙伴等无缝对接的平台，为企业基于用户需求设计生产提供了支撑，生产设备网络化和生产系统智能化水平得到提升，使消费者需求在设计、生产领域能够得到迅速及时的响应，越来越多的企业探索"与用户交互、最终由用户定义"的发展模式，大大提升了价值创造空间。例如，浙江奥康鞋业启动了全国首家 O2O 无鞋体验店，顾客可在线下无鞋体验馆内通过屏幕实现 3D 智能选鞋，并在体感镜前"试穿"所选款式，在脚型测量仪上测出脚型的三维数据后下单，鞋子定制完成后可快递到家。这其中，对每位顾客脚型数据的采集为今后的奥康云店奠定了基础，线上线下一体化，使奥康成为"互联网+鞋业"的前行者。

## 三、以网络文化根植强国战略

### （一）繁荣发展网络文化的重大意义

随着网络技术的不断发展和广泛应用，网络文化已经深深注入人们的价值观念、人文精神和生活方式。文化强，国才强。网络强国同时也应该是网络文化强国。文化是一个民族的精神和灵魂，是国家发展和民族振兴的强大动力。文化与互联网有着天然的亲和力、强大的融合力。已经难以想象，文化新发展可以离开互联网；同样难以想象，互联网发展可以缺少文化的助力。实现中华民族伟大复兴，离不开中华文化繁荣兴盛，而网络文化作为一种全新的文化形态，其巨大的社会影响力正日益显现。

习近平指出："要有丰富全面的信息服务，繁荣发展的网络文化。"网络是思想文化传播的重要渠道，巩固壮大积极健康向上的主流舆论是社会主义文化建设的重要任务。提供各类信息服务和丰富的文化产品是互联网持续发展的生命力所在。互联网提供的不仅有新闻、娱乐等基本服务，还应有各类增值服务；不仅是产品信息，还是整体规划；不仅要面向大众，还要细分需求；不仅要着眼当前，也要筹划未来。作为一种软实力的标志，我们必须树立以中华文明为底蕴的网络文化意识，并切实发展和壮大我国网络文化产业，提升我国网络文化的影响力。让以中华文明为底蕴的网络文化根植网络强国。

（1）繁荣发展网络文化是培育和弘扬社会主义核心价值观、满足人民精神文化需求的迫切需要。

网络文化既是民族精神的传承，又是时代前进的创新。互联网日益成为人们精神生活的新空间、信息传播的新渠道、文化创作的新平台。截至 2016 年 6 月，我国网民规模约 7.10 亿，互联网普及率为 51.7%[①]（图 3-1）。越来越多的人把网络作为了解信息、浏览新闻、学习知识、休闲娱乐的主要渠道，越来越多的人借助互联网进行文化创造、参与文化建设。习近平强调："做好网上舆论工作是一项长期任务，要创新改进网上宣传，运用网络传播规律，弘扬主旋律，激发正能量，大力培育和践行社会主义核心价值观，把握好网上舆论引导的时、度、效，使网络空间清朗起来。"如果不注重引导这个庞大群体的文化价值取向，社会主义核心价值观就难以成为社会共识；如果不注重满足他们的精神文化需求，社会主义文化建设的目的就不能完全达到。目前，我国网上优秀文化产品供给不足、公共文化信息服务不到位的矛盾还较突出，与社会主义先进文化的发展要求不相适应，与人民群众日益增长的精神文化需求还有较大差距，繁荣发展丰富多彩、积极健康的网络文化的任务繁重而紧迫。

（2）繁荣发展网络文化是适应互联网快速发展、增强国家文化软实力的迫切需要。

文化发展与科技进步紧密相连，文化与互联网有着天然的亲和力、强大的融合力。近年来，随着互联网技术快速发展演变，我国互联网也在加快发展转型：

---

① 中国互联网络信息中心. 第 38 次中国互联网络发展状况统计报告[R]. 2016-08-05.

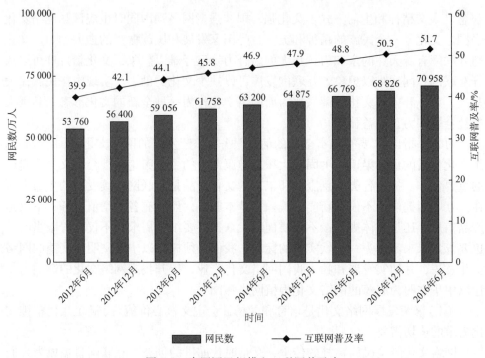

图 3-1　中国网民规模和互联网普及率

信息传播形式由文字为主向音频、视频、图片等多媒体形态延伸，应用领域由信息传播和娱乐消费为主向商务服务领域延伸，服务模式由提供信息服务向提供平台服务延伸，传播手段由传统互联网向移动互联网延伸。这些变化必将深刻影响我国网络文化发展进程。现在，世界各国都把互联网作为提高文化生产传播能力、提升国家文化软实力的重要手段和载体，采取各种措施谋求优势地位。我们要密切跟踪网络发展趋势，积极推进技术创新、业务创新、商业模式创新，抢占网络传播制高点，提升网络文化传播力，不断增强国家文化软实力，为改革开放和现代化建设营造良好的国际舆论环境。

（3）繁荣发展网络文化是净化网络文化环境、保护青少年身心健康的迫切需要。

我国网民中青少年占大多数，如何使他们具有良好的思想倾向、文化情趣、综合素养，关系到能否培养出合格的社会主义建设者和接班人。近年来，我国大力开展文明办网、文明上网活动，持续开展淫秽色情信息专项治理行动，取得了积极成效。但出于多方面复杂的原因，网络淫秽色情和低俗之风极易反弹，网络谣言、网络暴力等不文明现象时有反复，网络赌博、网络诈骗等违法犯罪活动不断改头换面，严重扰乱社会秩序、败坏社会风气、危害青少年身心健康，广大群众反映十分强烈。必须本着对党负责、对人民负责、对子孙后代负责的精神，坚持把发展健康向上的网络文化作为一项民心工程切实抓紧抓好，为青少年健康、快乐成长创造良好网络文化环境。

（4）繁荣发展网络文化是维护社会和谐稳定、确保国家信息安全的迫切需要。

互联网在促进社会文化创新发展的同时，加剧了世界范围内思想文化的相互激荡，使我国思想文化领域多元多样多变的特点更加凸显，网络文化带来的挑战也日益艰巨复杂。习近平指出："根据形势发展需要，我看要把网上舆论工作作为宣传思想工作的重中之重来抓。"随着网络新技术新业务快速发展，网上信息源头和传播渠道急剧增多，网络舆论规模与影响越来越大，互联网日益成为各种社会思潮、各种利益诉求汇聚的平台。一些不愿看到我国发展壮大的势力也利用互联网歪曲事实、恶意炒作，影响社会和谐稳定。互联网已经成为正确思想与错误思想交锋的平台，成为健康文化与腐朽文化较量的场所，成为意识形态领域渗透与反渗透的战场。必须坚持统筹国内国际两个大局，加大网络建设和管理力度，用先进文化占领网络阵地，确保国家信息安全。

## （二）网络文化发展迅速影响力不断扩大

近年来，我国网络文化发展迅速、成果显著，即网络文化产业高速增长，网络文化创作生产高度活跃，网络文化走出去步伐加快。网络文化产业近年呈高速增长，以网络音乐、网络游戏、网络演出、网络动漫、网络文学、网络视听等为代表的网络文化产业，已经成为推动文化产业快速发展的重要力量，也是文化消费中最有活力的领域。来自文化部的数字显示，网络游戏产业连续 8 年以每年约30%的速度增长，2014 年收入 1 069.2 亿元，2015 年达到 1 330.8 亿元，其中我国自主研发的网络游戏产品达到 945.4 亿元，占 70%以上。

据第 38 次中国互联网络发展状况统计报告[①]，截至 2016 年 6 月，我国网络游戏用户规模约达到 3.91 亿人，占网民的 55.1%。手机网络游戏用户规模约为3.02 亿人，较 2015 年底增长 2 311 万人，占手机网民的 46.1%（图 3-2）。数据显示，2016 年上半年网络游戏用户 PC 端设备使用率由 2015 年底的 67.7%下降至 61.4%，而手机端设备使用率由 2015 年底的 71.3%上升至 77.3%，网络游戏用户由 PC 端向移动端流转的态势明显。2016 年 6 月国家新闻出版广电总局发布《关于移动游戏出版服务管理的通知》，促进网络游戏版权的正规化进程，对行业树立知识产权保护意识、建立依法公平的竞争秩序起到推动性作用。网络游戏作为泛娱乐产业生态的重要组成部分，与其他网络文化娱乐形式加速融

---

① 中国互联网络信息中心. 第 38 次中国互联网络发展状况统计报告[R]. 2016-08-05.

合，网络游戏内容影视化成为趋势。

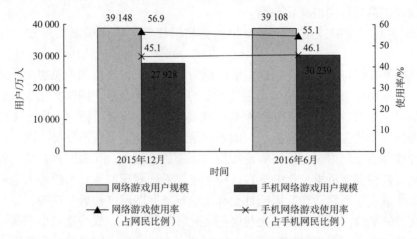

图 3-2　网络游戏/手机网络游戏用户规模及使用率

　　截至 2016 年 6 月，网络文学用户规模约达到 3.08 亿人，较 2015 年底增加 1 112 万人，自 2015 年 6 月以来连续两个半年增长率保持在 3.5%以上。手机网络文学用户规模约为 2.81 亿人，较 2015 年底增加 2 210 万人，增长率达到 8.5%（图 3-3）。以网络文学为核心 IP（知识产权）来源的产业生态逐渐形成，越来越多的网络文学作品开始进行影视和游戏改编。作为泛娱乐 IP（知识产权）产业链的最前端，网络文学作品依靠互联网低传播成本的优势积累了大量忠实读者，这部分用户使网络文学作品向电影、电视剧、游戏等领域的改编过程中体现了极大的商业价值。由于网络文学产业生态的逐渐形成，其盈利模式也突破了从前单纯依靠用户付费的发展瓶颈，转变为影视内容生产和用户付费并存的多元盈利模式。

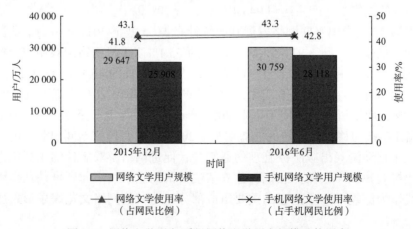

图 3-3　网络文学用户/手机网络文学用户规模及使用率

## 案例 3-3　成都市发起《繁荣发展网络文化成都倡议》

在 2016 年 7 月 26 日举行的成都市网络文化座谈会上，主办方成都市互联网文化协会向社会发出《繁荣发展网络文化成都倡议》，从"培育积极健康、向上向善的网络文化"等八个方面，倡导全社会充分利用成都丰富文化资源，创造更多优秀网络文化精品，见证成都经济建设、政治建设、文化建设、社会建设、生态文明建设宏阔历程，努力将成都市建设成为"中西部最具影响力、全国一流和国际知名的文化之都"。该倡议在起草过程中广泛征求了各方意见，并由相关行业代表和成都市互联网文化协会共同签署发表。

### 《繁荣发展网络文化成都倡议》

为充分利用成都丰富的文化资源，创造更多优秀的网络文化精品，推动成都网络文化事业大繁荣、产业大发展，见证成都经济建设、政治建设、文化建设、社会建设、生态文明建设的宏阔历程，努力建设"中西部最具影响力、全国一流和国际知名的文化之都"，特提出繁荣发展网络文化"成都倡议"，具体如下。

（1）培育积极健康、向上向善的网络文化，用社会主义核心价值观和优秀文明成果滋养人心、滋养社会。

（2）保护互联网知识产权，保护从事互联网文化产业的企业及个人的合法权益。

（3）网络文化建设者要坚持以人为本，把握人民需求，生产出人民喜闻乐见的优秀网络文化产品，推动人民群众精神文化生活不断迈上新台阶。

（4）打造具有时代精神、反映社会风貌的网络文化作品，让人们在优秀网络文化作品的熏陶中感悟认同社会主流价值。

（5）积极挖掘成都地域文化、精心打造以蜀文化为特色的文化品牌。

（6）加强与国内外其他地区间的网络文化交流，促进成都地区优秀网络文化作品"走出去"，实现互联互通、共同繁荣。

（7）扶持从事网络文化产业的中小微创企业，重点扶持优秀的网络文化人才及产品。

（8）加强互联网文化企业使命感、责任感，自觉维护主流思想、自觉传播先进文化、自觉抵制低俗之风、自觉维护公平竞争，构筑网络诚信，共同促进互联网持续健康发展。

## （三）网络文化产业的特征

网络文化是指网络上的具有网络社会特征的文化活动与文化产品，是以网络物质的创造发展为基础的网络精神。丰富信息服务、繁荣网络文化，必须以网络文化产业为支撑，不断提高网络文化产品和服务的供给能力。网络文化产业既不是传统意义上的信息产业，也不是传统意义上的文化产业，而是信息产业与文化产业融合渗透的结果。其发展过程，体现了信息技术与文化内容的相互融合。发展网络文化产业，既需要深刻把握互联网的内在规律，也需要尊重人类文化发展的一般规律。

### 1. 信息产业与文化产业融合发展

以传统媒介为载体的传统文化产业发展所面临的局限，随着以数字化和网络化为核心的信息产业的纵深发展，获得了实质性的突破。技术发展到一定程度，开始与内容相关联，数字化与网络化的技术，逐渐渗透到了文化产业。文化产品被数字化之后，产品本身成为一种信息，可以极其便利地大规模复制，文化产品的生产效率越来越高，使文化产品成为一种不可耗竭的资源。同时，网络媒介也开始走上历史舞台。通过网络媒介进行文化传播，超越了时空的限制，可以瞬时将数字化的文化传递到网络所能覆盖的任何区域，使文化传播力越来越强，文化覆盖面越来越广。

网络媒介的交互性，确立了文化消费者在文化活动中的主体地位。他们不再只是被动地接受传播者生产的文化产品，而是可以根据自己的需要进行主动选择，甚至参与文化产品的生产与创造过程。以技术为核心的信息产业与以内容为核心的文化产业的融合，水到渠成地形成了网络文化产业。

### 2. 网络信息技术与文化内容互动促进

网络文化产业形成之后，信息技术与文化内容在各自发展的同时，还融合成了推动彼此互动发展的重要元素。一方面，以网络化与数字化为特征的信息技术的发展，使文化的承载与传播都发生了革命性的变化，提高了文化内容的传播速度，拓展了文化内容的市场空间，从而有力地推动了文化内容的发展。信息技术给文化产业所带来的，不仅是传统文化产品成本的下降、数量和质量的提升，还促成了许多新型文化产品的出现，使文化产业萌发了新的经济增长点。另一方面，富有创意的文化，为互联网提供了丰富多彩的内容。其快速发展，带动了信息技术和产品的升级换代与不断更新。文化内容的提供，使网络有了生命力，成为满足人们精神文化需求的新手段。目前，网络文化产业可分为两部分：其一是传统文化产业的网络化和数字化，如数字图书馆、数字电影等；其二是以信息网络为载体，形式和内容都有别于传统文化的新型文化产品，如网络游戏、手机视频等。

### 3. 经济规模效应显著

边际成本接近于零。由于网络文化产业的特殊性，厂商所提供的都是数字化的产品和服务，能够以接近于零的成本被复制生产。网络本身就是进行数字化产品和服务交易的渠道，这就使交易突破了时空限制。在网络所覆盖的任何区域和任何时间，都可以进行即时交易，交易成本同样接近于零。接近于零的复制生产成本和交易成本，意味着市场可以用接近于零的成本提供新增单位的产品和服务，即在技术允许的条件下，提供网络文化产品和服务的边际成本接近于零。

平均成本递减。原创成本高，而边际成本接近于零，在技术允许的范围内，边际成本曲线必然在平均成本曲线的下方，意味着平均成本始终处于下降趋势。当成本增加低于产出增加的比例时，边际成本就会低于平均成本，因而存在规模经济。显然，当网络信息技术的进步，把信息的生产、存储和交易空间拓展到无限后，网络文化产业便具有显著的规模经济效应。

### 4. 市场呈非垄断性

消费者选择的非垄断性。网络文化产业直接面对的是个体消费者。作为一个社会人和有独立思考能力的个人，个体消费者对产品和服务的需求，既有共性，又有千差万别的个性。个体消费者的需求，不仅是个性化的，一般也是独立决策，是出于使个人满足程度最大化而主动进行的理性选择。个性化需求与独立决策，决定了个体消费者的选择一定是非垄断性的。

创新的非垄断性。网络文化产业形成本身就是技术创新与文化创新相结合的结果。网络文化产业的创新，既包括技术创新，又包括内容创新，技术创新是基础，内容创新是核心。无论是技术上的创新，还是内容上的创新，都具有随机性。网络文化产业在信息技术与文化内容的互相促进中不断发展，对创新的需求也是无止境的。今天正在应用的技术，或今天在市场上有竞争力的文化内容，很有可能在明天就被突破。必须进行不断的创新，才可能在网络文化行业始终立于不败之地。因此，网络文化产业的创新是不断进行的创造性过程，是无法被限制和约束的。

内容供给的非垄断性。消费者选择的非垄断性，客观上需要多样化的内容供给来满足差异化的需求。同时，在内容上进行创新的非垄断性，为内容供给的多样化提供了可能性。两者共同决定了内容供给必然也是非垄断的。对于网络文化产业来说，只要能开发出满足消费者个性化需求的内容，任何企业甚至个人都有可能成为内容供给者。网络不仅把人类带进一个新的传播时代，还把人类带进一个新的经济时代。在众多与网络相关的新兴产业中，网络文化产业是富有生气和价值的一部分。

### （四）繁荣发展网络文化的途径

#### 1. 坚持正确发展导向

网络已成为影响广泛、最具潜力的大众传媒，必须把坚持正确导向摆在突出位置，唱响网上思想文化主旋律。发展网络文化，必须始终坚持社会主义先进文化的前进方向，坚持以人民为中心的创作导向，大力弘扬社会主义核心价值观，大力弘扬以爱国主义为核心的民族精神和以改革创新为核心的时代精神，大力弘扬真善美。要处理好社会效益和经济效益的关系，把社会效益放在首位，实现社会效益和经济效益的统一。

要牢牢把握正确舆论导向，精心组织网上正面宣传，高扬主流舆论，唱响奋进凯歌，为协调推进"四个全面"战略布局提供强大的舆论支持。针对网上各种思想理论观点、各种社会热点、各种文化现象相互交织相互影响的特点，积极主动地加以引导，形成正面舆论强势。加强对网上各种思潮和模糊认识的引导，深入宣传党的理论创新成果，加大深层次理论和现实问题的阐释力度，化解思想困惑，辨明前进方向。

加强对网上社会热点问题的引导，运用翔实的数据和生动事例，阐明政策措施，反映党和政府所做的工作，把公众情绪引导到健康理性的轨道上来。加强对突发事件的网上引导，完善快速反应机制，第一时间发布权威信息，推动网下处置和网上引导相结合，用尊重民意的实际行动赢得民心，用改进工作的实际成效凝聚民心。深入研究网络传播的特点和规律，准确把握舆论引导的时机、节奏、力度和重点，善于利用各种网络传播手段，善于运用"网言网语"，在加强信息服务中开展思想教育，在与网民交流互动中传递主流价值，不断增强网上舆论引导的亲和力、感染力。

#### 2. 提高网络文化产品和服务供给能力

创造丰富多彩的网络文化产品，提供优质便捷的网络文化服务，是促进网络文化繁荣兴盛、满足人民精神文化需求的重要途径。实施网络文化精品创作和传播计划，鼓励广大网络文化企业和从业者创作更多传播当代中国价值观念、体现中华文化精神、反映中国人审美追求的网络文化精品力作。

实施网络内容建设工程，发挥全国文化信息资源共享、中国数字图书馆、国家知识资源数据库等重点项目示范性带动作用，推动网上图书馆、网上博物馆、网上展览馆等的建设，推动优秀传统文化瑰宝和当代文化精品网络传播。发挥公共文化服务机构的作用，利用城乡基层文化设施，加快互联网公共信息服务点建设，构建面向广大群众的网络公共文化服务平台。

利用互联网技术，引导数字化的文化资源转换为互联互通的数据资源，鼓励文化企业、博物馆、图书馆等文化服务主体利用互联网提供产品和服务，鼓励通过电商、社交媒体、微信、自媒体等网络渠道，打造文化产品信息发布及产销合作平台，鼓励消费者利用智能终端设备获取、分享、购买文化信息和服务。推进数字化、网络化融合，做大一批基于互联网的跨界文化产业。

3. 巩固壮大网络文化阵地

网站是重要的思想文化阵地，在网络文化建设中发挥着至关重要的作用。发展健康向上的网络文化，必须把加强阵地建设作为一项战略任务，努力形成以重点新闻网站为骨干、知名商业网站相配合、各类网站积极参与，共同推进网络文化建设的生动局面。推动重点新闻网站加快技术创新步伐，充分运用技术创新成果，以新技术新业务吸引网民、服务网民、赢得网民，打造一批在国内外有较强影响力的综合性网站和特色网站。注重发挥知名商业网站的积极作用，引导它们健全管理制度，依法诚信经营，多提供健康向上的网络文化产品，在繁荣发展网络文化中发挥建设性作用。

着眼满足不同网民群体精神文化需求，着力培育一批网络内容生产和服务骨干企业，使之成为网络文化建设不可或缺的力量。进一步提升互联网行业原始创新、集成创新和引进消化吸收再创新能力，抢占网络传播制高点，形成业务先发优势，培育新兴业态和新的市场需求，延伸拓展产业链，不断增强我国互联网行业的整体实力和核心竞争力。

搭建网络文化人才培养平台，加大文化产业创意人才扶持、艺术人才培训等文化人才培养计划在网络文化领域的实施力度，为青年创意人才在网络文化领域脱颖而出创造更好的条件。

4. 形成共建共享的网上精神家园

网络文化是面向最广大人民群众的文化，共建共享是其本质特征。广大网民既是网络文化的享用者，又是网络文化的创造者，网民中蕴藏着巨大的文化创造活力。论坛、博客、微信等网络应用，为网民施展才华提供了广阔的空间。坚持贴近实际、贴近生活、贴近群众，充分发挥网民参与网络文化建设的积极性、创造性，激发他们的文化创造潜能，鼓励他们创作格调健康的网络文化作品。需要指出的是，网络恶搞、网络暴力、网络水军等行为，损害网络和谐，侵犯他人权益，危害公共利益，应加以引导和制止。

深化文明办网、文明上网活动，广泛开展社会主义荣辱观教育，大力推进网络文明建设，积极倡导诚信守法经营、办文明网站，积极倡导文明上网、做文明网民，积极倡导网络道德法制、树文明新风，积极倡导群策群力、创文明环境。各类互联网运营服务企业都要认真落实社会责任，正确处理社会效益与经济效益的关系，始终把社会效益放在首位，加强自我管理、自我约束，切实把网络文明建设的要求落到实处。

要充分发挥网民在网络文明建设中的主体作用，大力提倡理性思考、文明创作，大力倡导积极健康有益的网络表达和文明互动，共同抵御网上低俗之风，共同建设文明诚信、安全有序的网络空间，使互联网真正成为共建共享的精神家园。

### 5. 优化网络文化发展环境

围绕"互联网+"行动计划等国家创新发展规划，鼓励网络文化与传统文化产业创新融合发展，拓宽网络文化产品传播渠道和落地空间，扩大和引导网络文化消费。

探索符合我国国情的网络文化管理路子，加强网络法制建设，坚持科学管理、依法管理、有效管理，加快形成法律规范、行政监管、行业自律、技术保障、公众监督、社会教育相结合的互联网管理体系，不断提高网络文化管理效能。

紧紧依靠人民群众的力量规范网络文化发展，强化舆论监督、群众监督、社会监督。广泛开展文明网站创建，深入开展网络法制道德教育，着力培育网上理性声音、健康声音、建设性声音，培育文明理性的网络环境。

加强网络文化市场事中事后监管，完善治理格局和监管模式，严禁含有法律法规禁止内容的网络文化产品生产传播，不断净化和规范网络文化环境，营造健康的网络文化空间。

## 四、以网络安全和网络治理护航强国战略

### （一）加强网络安全和网络治理的总体要求与基本原则

习近平总书记将网络视为联系群众的新纽带、维护社会稳定的新阵地、实现中国梦的新机遇及维护国家安全的新边疆。赋予网络"牵一网而动全局"的新的历史意义。要开启中国从网络大国走向网络强国的新历程，要实现"两个一百年"的宏伟目标和中华民族伟大复兴"中国梦"的伟大理想，就必须以更宽的视野、更大的胆识和更新的智慧，精心经略网络空间，就是要牢牢把握十八届三中全会改革开放的总目标和四中全会依法治国的大格局，聚焦国家总体安全，全面可持续提升网络空间蕴含的生产力、文化力、国防力，推动实现国家网络空间治理体系和治理能力现代化。

1. 网络安全观

习近平总书记在 2014 年 4 月召开的中央国家安全委员会第一次会议上明确提出了"总体国家安全观"的新思想，彰显了国家安全中传统安全与非传统安全的全域治理思想，显现了国家安全的宏观思考和顶层设计，提出了构建包括信息安全在内的 11 种安全于一体的国家安全体系，充分体现了国家安全治理深化改革的系统性、整体性和协同性。"总体国家安全观"是网络安全的新思想，来源于对网络安全的战略思考，在网络安全治理中具有纲领性和指导性的意义。

在 2014 年 2 月主持召开的中央网络安全和信息化领导小组第一次会议上，习近平总书记指出："网络安全和信息化是事关国家安全和国家发展、事关广大人民群众工作生活的重大战略问题，要从国际国内大势出发，总体布局，统筹各方，创新发展，努力把我国建设成为网络强国。"

习近平总书记在 2016 年 4 月 19 日主持召开的网信工作座谈会上专门强调了正确处理安全和发展的关系，指出：面对复杂严峻的网络安全形势，我们要保持清醒头脑，各方面齐抓共管，切实维护网络安全。第一，树立正确的网络安全观；第二，加快构建关键信息基础设施安全保障体系；第三，全天候全方位感知网络安全态势；第四，增强网络安全防御能力和威慑能力。

习近平总书记的网络安全观体现了辩证思维、主要矛盾和矛盾的主要方面的哲学视野，深刻揭示了网络安全在国家总体安全中的重要作用，也揭示了网络安全具有渗透性、全域性的综合性安全特征，体现了在国家总体安全观下网络安全治理综合统筹的新思路，为我们认清网络安全的新特点和新趋势，有效解决当前网络安全管理统筹与集中问题指明了方向和途径。

2. 网络安全的基本原则

由全国人民代表大会常务委员会于 2016 年 11 月 7 日发布，自 2017 年 6 月 1 日起施行的《中华人民共和国网络安全法》是为保障网络安全，维护网络空间主权和国家安全、社会公共利益，保护公民、法人和其他组织的合法权益，促进经济社会信息化健康发展制定的。网络安全法是我国第一部全面规范网络空间安全管理方面问题的基础性法律，是我国网络空间法治建设的重要里程碑，是依法治网、化解网络风险的法律重器，是让互联网在法治轨道上健康运行的重要保障。网络安全法将近年来一些成熟的好做法制度化，并为将来可能的制度创新做了原则性规定，为网络安全工作提供切实的法律保障。

网络安全法明确了我国网络安全的基本原则。

第一，网络空间主权原则。网络安全法第 1 条"立法目的"开宗明义，明确规定要维护我国网络空间主权。网络空间主权是一国国家主权在网络空间中的自然延伸和表现。习近平总书记指出，《联合国宪章》确立的主权平等原则是当代国际关系的基本准则，覆盖国与国交往的各个领域，其原则和精神也应该适用于网络空间。各国自主选择网络发展道路、网络管理模式、互联网公共政策和平等参与国际网络空间治理的权利应当得到尊重。第 2 条明确规定，网络安全法适用于我国境内网络及网络安全的监督管理。这是我国网络空间主权对内最高管辖权的具体体现。

第二，网络安全与信息化发展并重原则。习近平总书记指出，安全是发展的前提，发展是安全的保障，安全和发展要同步推进。网络安全和信息化是一体之两翼、驱动之双轮，必须统一谋划、统一部署、统一推进、统一实施。网络安全法第 3 条明确规定，国家坚持网络安全与信息化并重，遵循积极利用、科学发展、依法管理、确保安全的方针；既要推进网络基础设施建设，鼓励网络技术创新和应用，又要建立健全网络安全保障体系，提高网络安全保护能力，做到"双轮驱动、两翼齐飞"。

第三，共同治理原则。网络空间安全仅仅依靠政府是无法实现的，需要政府、企业、社会组织、技术社群和公民等网络利益相关者的共同参与。网络安全法坚持共同治理原则，要求采取措施鼓励全社会共同参与，政府部门、网络建设者、网络运营者、网络服务提供者、网络行业相关组织、高等院校、职业学校、社会公众等都应根据各自的角色参与网络安全治理工作。

### （二）我国网络安全和网络治理的态势

党的十八大以来，以习近平同志为核心的党中央高度重视网络安全，我国不断完善网络安全保障措施，网络安全防护水平进一步提升。我国网络空间法制化进程不断加快，网络安全人才培养机制逐步完善，围绕网络安全的活动蓬勃发展。我国新国家安全法和网络安全法正式颁布，明确提出国家建设网络与信息安全保障体系，加大打击网络犯罪力度；高校设立网络空间安全一级学科，加快网络空间安全高层次人才培养；政府部门或行业组织围绕网络安全举办的会议、赛事、宣传活动等丰富多样。然而，层出不穷的网络安全问题仍然难以避免。基础网络设备、域名系统、工业互联网等我国基础网络和关键基础设施依然面临着较大安全风险，网络安全事件多有发生[①]。

1. 基础网络和关键基础设施

基础通信网络安全防护水平进一步提升。基础电信企业逐年增加网络安全投

---

① 2015 中国互联网网络安全态势综述. it168 网，http://sec.chinabyte.com/486/13763486.shtml，2016-04-27.

入，加强通信网络安全防护工作的体系、制度和手段建设，推动相关工作系统化、规范化和常态化。2015 年，工业和信息化部以网络安全管理、技术防护、用户个人电子信息和数据安全保护、应急工作、网络安全问题整改等为检查重点，对电信和互联网行业落实网络安全防护工作进行抽查。根据抽查结果，各基础电信企业符合性测评平均得分均达到 90 分以上，风险评估检查发现的单个网络或系统的安全漏洞数量较 2014 年下降 20.5%。

我国域名系统抗拒绝服务攻击能力显著提升。国家互联网应急中心（National Internet Emergency Center，CNCERT）监测发现，2015 年针对我国域名系统的 DDoS 攻击流量进一步增大。2015 年发生的多起针对重要域名系统的 DDoS 攻击均未对相关系统的域名解析服务造成严重影响，反映出我国重要域名系统普遍加强了安全防护措施，抗 DDoS 攻击能力显著提升。

工业互联网面临的网络安全威胁加剧。新一代信息技术与制造业深度融合，工业互联网成为推动制造业向智能化发展的重要支撑。近年来，国内外已发生多起针对工业控制系统的网络攻击，攻击手段也更加专业化、组织化和精确化。2015 年，国家信息安全漏洞共享平台（China National Vulnerability Database，CNVD）共收录工控漏洞 125 个，发现多个国内外工控厂商的多款产品普遍存在缓冲区溢出、缺乏访问控制机制、弱口令、目录遍历等漏洞风险，可被攻击者利用实现远程访问。

针对我国重要信息系统被有组织的、高强度的攻击威胁且形势严峻。2015 年我国境内有近 5 000 个 IP（Internet protocol，互联网协议）地址感染了窃密木马，存在失泄密和运行安全风险。针对我国实施的 APT（advanced persistent threat，即高级持续性威胁）攻击事件也在不断曝光，如境外"海莲花"黑客组织多年来针对我国海事机构实施 APT 攻击。例如，2015 年 7 月发生的 Hacking Team 公司信息泄露事件，揭露了部分国家相关机构雇佣专业公司对我国重要信息系统目标实施网络攻击的情况。

### 2. 公共互联网网络安全环境

根据 CNCERT 自主监测数据，我国公共互联网网络安全状况总体平稳，位于境内的木马和僵尸网络控制端数量保持下降趋势、主流移动应用商店安全状况明显好转，但个人信息泄露、网络钓鱼等方面的安全事件数量呈上升趋势。

我国境内木马和僵尸网络控制端数量不断下降。据抽样监测，2015 年共发现 10.5 万余个木马和僵尸网络控制端，控制了我国境内 1 978 万余台主机。其中，位于我国境内的控制端近 4.1 万个，较 2014 年下降 34.1%，继续保持下降趋势。在工业和信息化部指导下，按照《木马和僵尸网络监测与处置机制》的有关规定，CNCERT 组织基础电信企业、域名服务机构等成功关闭 678 个控制规模较大的僵尸网络，累计处置 690 个恶意控制服务器和恶意域名，成功切断黑客对 154 万余台感染主机的控制。随着我国境内持续开展木马和僵尸网络治理工作，大量木马和僵尸网络控制端向境外迁移。

个人信息泄露事件频发。2015 年我国发生多起危害严重的个人信息泄露事件，如某应用商店用户信息泄露事件、约 10 万条应届高考考生信息泄露事件、酒店入住信息泄露事件、某票务系统近 600 万用户信息泄露事件等。针对安卓平台的窃取用户短信、通讯录、微信聊天记录等信息的恶意程序爆发。安卓平台感染此类恶意程序后，大量涉及个人隐私的信息被通过邮件发送到指定邮箱。犯罪分子利用网购订单信息中遭泄露的收件地址和联系方式等用户购物信息，向用户发送虚假退款操作信息，迷惑性很强，造成财产损失。由于许多网民习惯在不同网站使用相同账号和密码，个人隐私信息易被"撞库"等黑客行为窃取，进而威胁到网民财产安全。

移动互联网恶意程序数量大幅增长但主流移动应用商店安全状况明显好转。2015 年，CNCERT 通过自主捕获和厂商交换获得的移动互联网恶意程序数量近 148 万个（图 3-4），较 2014 年增长 55.3%，主要针对安卓平台。按恶意行为进行分类，排名前三位的恶意行为分别是恶意扣费类、流氓行为类和远程控制类，占比分别为 23.6%、22.2% 和 15.1%（图 3-5）。经过连续多年的治理，国内主流应用商店积极落实安全责任，不断完善安全检测、安全审核、社会监督举报、恶意程序下架等制度，积极参与处置响应与反馈，恶意 APP 下架数量连续保持下降趋势。

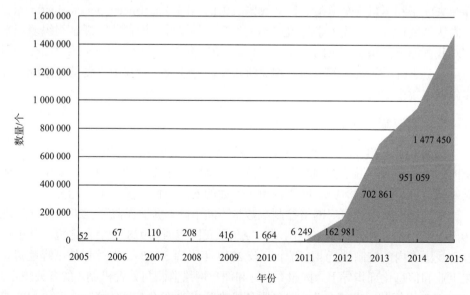

图 3-4　2005~2015 年我国移动互联网恶意程序数量变化

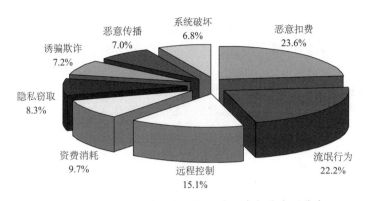

图 3-5　2015 年我国移动互联网恶意程序行为类型分布

　　网络安全高危漏洞频发。基础软件广泛应用在我国基础应用和通用软硬件产品中，若不及时修复，容易被批量利用，造成严重危害。从 CNVD 行业漏洞收录数量统计分析发现，电信行业漏洞库收录漏洞数量为 657 个，其中网络设备（如路由器、交换机等）漏洞占 54.3%，可见网络设备安全风险依然较大。值得注意的是，如果骨干路由器等关键节点网络设备的漏洞被攻击利用，可能导致网络设备或节点被操控、破坏网络稳定运行、窃取用户信息、传播恶意代码、实施网络攻击等问题，需引起高度重视。乘着"互联网+"的新机遇，各行业与互联网深度融合，智能联网设备也逐渐在各行业广泛使用，漏洞威胁也在逐步增加。2015年，CNVD 共收录了 739 个移动互联网设备或软件产品漏洞；通报了多款智能监控设备、路由器等存在被远程控制高危风险漏洞的安全事件（图 3-6）。

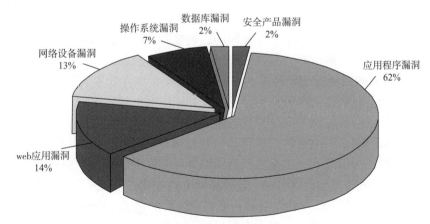

图 3-6　2015 年我国互联网收录漏洞按影响对象类型分布

　　网页仿冒与网页篡改事件数量明显上升。2015 年针对我国境内网站的仿冒页面数量达 18 万余个，较 2014 年增长 85.7%。大量仿冒银行（图 3-7）或基础电信企业积分兑换的仿冒网站链接由伪基站发送。由于我国加大了对网页仿冒的打击力度，大量的网页仿冒站点迁移到境外。在针对我国境内网站的仿冒站点中，83.2%位于境外，其中前 5 位分别为中国香港地区、美国、韩国、中国台湾地区和日本，香港 IP 地址承载的仿冒页面最多，达 6 万余个。从网页篡改的方式来看，我国被植入暗链的网站占全部被篡改网站的比例高达 83%，在被篡改的政府网站中，超过 85%的网页篡改方式是植入暗链，植入暗链已成为黑客地下产业链牟利方式之一。

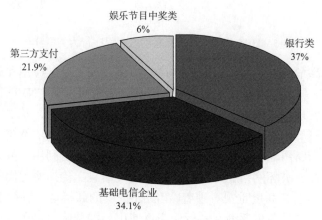

图 3-7　2015 年我国互联网境内网站按仿冒对象分布

### 3. 公共互联网网络安全合作

网络空间具有开放互联等特性，网络安全问题涉及面广。首先，网络安全威胁往往是涉及多行业、多领域的交叉问题，需要跨部门、跨行业、跨地域的多方力量共同协作才能有效应对。其次，跨境网络安全事件频发，需要加强国际对话合作，建立高效的网络安全信息共享和跨境网络安全事件处置协作机制。在国内，电信和互联网行业积极发挥行业自律作用，共同应对网络安全威胁；在国际合作方面，协作处置的跨境网络安全事件数量显著增加。

开展互联网网络安全威胁治理行动。2015 年 7 月 31 日，CNCERT 联合中国互联网协会网络与信息安全工作委员会组织开展互联网网络安全威胁治理行动。共 56 家企业与机构参与此次行动，包括基础电信企业、互联网企业、域名注册服务机构、应用商店等。该行动以加强行业自律为目的，通过投诉举报、信息共享、威胁认定、协同处置、信息发布等多项措施环环相扣，取得了显著治理效果。此次行动重点针对 DDoS 攻击、网页篡改等与互联网黑客密切相关的事件进行处置。

实施安全漏洞披露和规范化处置。为方便涉事单位在漏洞披露前得到通知并及时修复漏洞、避免漏洞信息描述不准确或漏洞披露信息夸大其词造成社会恐慌、漏洞披露信息过于详细而被黑客利用等，CNCERT 与乌云、补天、漏洞盒子等多家民间漏洞平台建立了工作联系，并于 2015 年 6 月，组织国内 32 家单位在北京共同签署了《中国互联网协会漏洞信息披露和处置自律公约》，首次以行业自律的方式共同规范漏洞信息的接收、处置和发布方面的行为。协议签署后，相关单位漏洞披露、处置方式的规范性得到了有效提升。

加强网络安全国际合作。我国与国际网络安全组织加强合作，完善跨境网络安全事件协作处置机制。截止到 2015 年底，CNCERT 已与 66 个国家和地区的165 个组织建立了联系机制，与其中的 16 个国家或地区的 CERT 组织、7 个网络安全组织签署了《网络安全合作谅解备忘录》。CNCERT 还推动落实中国–东盟国家计算机应急响应组织合作机制的行动计划，加强中日韩区域网络安全协作，积极发挥在 FIRST（For Inspiration and Recognition Of Science and Technology）、APCERT（Asia Pacific Computer Emergency Response Team，亚太地区计算机应急响应组）等国际组织中的作用，并支撑开展上海合作组织、APEC-TEL、ITU 以及双边网络安全对话国际合作活动。

## （三）加强网络安全和网络治理的对策途径

### 1. 加强网络空间法治建设

以法治破解网络治理面临的各种难题，既是必经之途，也是必由之路。随着互联网技术与应用的快速发展，迫切需要完善互联网法律法规，实行依法治网、依法管网、依法办网、依法上网，以法治保障网络空间的长治久安。这些年来，我国制定颁布了一系列互联网法律法规和部门规章，确立了我国网络管理的基础性制度，在实践中发挥了重要作用。要加快互联网立法进程，组织有关力量，区分轻重缓急，抓紧制定和完善最急需最迫切的法律法规，加强对现有法律法规适用网络管理的延伸和司法解释工作。

同时，加大执法力度，壮大执法队伍，健全执法体系，落实执法责任，真正做到有法必依、执法必严、违法必究。随着互联网站投资主体和网上信息发布主体日益多元化及互联网新兴业态的快速发展，网络消费和网络服务急需规范化、法治化，提高治理能力。例如，作为一种互联网环境下分享经济的形态，网约车正在快速发展，2016 年上半年，网络预约出租车用户规模为 1.59 亿人，在网民中占比 22.3%。7 月 28 日，作为我国首部网约车监管法规《网络预约出租车经营服务管理暂行办法》出炉，从法律层面为网约车身份正名；也在考验政府监管能力，国家将网约车车辆和驾驶员的监管责任下放到网约车平台，监管部门直接监管网约车平台，更多体现市场经营主体的活力。

2. 把握内容安全与技术安全两大重点①

当前面临的网络安全挑战既有全球共性问题，如系统漏洞、网络窃密、计算机病毒、网络攻击、垃圾邮件、虚假有害信息和网络违法犯罪等，也有意识形态渗透、社会文化冲击和技术受制受控等特殊具体问题。在网络颠覆与技术控制并存、网络博弈日趋激烈的情况下，必须以"两手抓，两手都要硬"的原则，抓好内容安全和技术安全。

信息内容安全事关政治安全和政权安全，不能有丝毫松懈。在意识形态和网络内容领域，我们长期面临一场看不见又极端尖锐的斗争。近年来，网络舆情持续高发、网络群体性事件接连不断、网络乱象势头猛增，网上多元思潮交锋对抗，网络成为滋生传播负能量的集散地。同时，反动势力利用网络煽动闹事，宣扬极端恐怖主义。"我们能否顶得住、打得赢，直接关系我国意识形态安全和政权安全。"

信息技术安全事关经济发展和社会稳定，不能有半点马虎。我国的关键信息基础设施和重要网络系统，自身漏洞风险和安全隐患重重，又身处在国际网络攻击对抗的风口浪尖。目前，大量在用的芯片、操作系统、数据库、路由器、交换机等核心产品依赖进口，短期内仍难以根本改变。电子政务系统、金融系统、能源供应和大量工业控制系统均存在程度不一的安全隐患和技术风险，国家信息安全保障体系亟待加固和升级。

3. 构建三大核心能力

防御保障能力，即要确保国家重要的网络系统安全、高效的运行。这需要政府、企业、社会方方面面齐心协力，通过技术与管理手段，不断强化信息安全保障体系，构筑坚固的网络长城。

预警感知能力，即要预知、预防、预止网络上的各种风险，防止误解、误判、误导，及时、全面掌握网络空间威胁和隐患，做到安全"胸中有数、心中有底"。发挥技术手段防范作用，健全有害信息预警、发现、处置机制。

反制打击能力。在网络霸权客观存在的情况下，为防止军事讹诈，必须要有网络反制能力。但网络空间的威慑能力宜少而精。一手构筑"防火墙"，一手打造"杀手锏"，是网络强国的应有之义。

4. 处理好四对"辩证关系"

（1）发展与安全的关系。21 世纪初的思路是"在发展中求安全"，而现在则强调"以安全保发展"。这一思维转变，诠释了网络安全与信息化建设"一体

---

① 吴世忠.强化网络信息安全掌控力　推进网络治理能力现代化. http://news.xinhuanet.com/politics/2014-12/01/c_1113473004.htm，2014-12-01.

之两翼，驱动之双轮"的辩证关系。安全问题不解决，发展必然会受到制约。

（2）技术与管理的关系。网络和信息安全问题的解决，需要技术和管理双管齐下，综合施策。有的管理难题，用技术的方式则能较好地解决；反之，有的技术困境，用管理的方法反而简捷有效。要克服技术万能或者一管就灵的偏颇思想。

（3）政府与市场的关系。明确政府与市场的责任分担，充分发挥政府的主导作用和市场的决定性作用，针对网络空间创新性强、参与方多和管控度低等特点，以"柔性监管"方式最大限度地激发技术创新和产业发展。

（4）独立自主与国际合作的关系。找准差距、加大投入，加强关键技术的自主可控，是实现网络强国的根本途径。同时扩大开放、合作，以安全审查制度和测试评估机制等确保供应链的安全可信是成为网络强国的必然选择。

5. 重点应对五大风险和威胁

网络空间的清朗和信息化发展的平安，有赖于有效管控各种风险和威胁。综合地看，目前我国需要高度关注的安全风险主要表现为以下五个方面：政治渗透是最大的风险，反映在内容安全上；窃密和泄密是最突出的风险，窃密和泄密案件逐年激增；网络犯罪是最现实的风险，金融诈骗、个人隐私泄露层出不穷；技术隐患是长期的风险，大量信息技术靠引进，脆弱性大量存在，被不法利用，损失巨大；军事威慑是潜在的风险，网络军备竞赛愈演愈烈，恐怖主义在网络空间抬头。

在网络空间的主要威胁源方面，应重点应对的也有五个：一是国家层面。"斯诺登"事件已向世人昭示，有些国家可以组织专门力量针对其他主权国家，长期进行渗透颠覆和窃密监控活动，破坏力很大，威慑性极强。二是恐怖组织。民族分裂分子和恐怖势力纷纷上网，他们的构成复杂，活动隐蔽，行动突发，防不胜防。三是犯罪团伙。此类威胁受高利益驱使，针对企业、团体和个人，攻击方式多，受害主体广，社会危害大。四是黑客团体。这是网络空间的一支新生力量，在各种复杂的社会经济关系与黑色产业链的影响下，良莠不齐，他们组织松散，目标随意，战法参差，很难防范。五是极端个人。他们能力强、掌握资源多，奉行自由主义、反对国家权威。阿桑奇、斯诺登等就是实例，个人利用网络挑战一个国家乃至世界的现象不容小视。

# 五、以网络空间国际合作提升强国战略

## （一）网络空间国际合作的意义与态势

互联网具有高度全球化的特征，推进网络强国建设，需要统筹国内、国际两个大局，团结一切可以团结的力量，深化网络合作意识，通过网络空间联通中国梦和世界梦，走出合作共赢强国之路。网络信息是跨国界流动的，建设网络强国，要积极开展双边、多边的互联网国际交流合作。习近平指出："中国愿意同世界各国携手努力，本着互相尊重、互相信任的原则，深化国际合作，尊重网络主权，维护网络安全，共同构建和平、安全、开放、合作的网络空间，建立多边、民主、透明的国际互联网治理体系。"

1. 国际网络空间面临的机遇与挑战

在世界多极化、经济全球化、文化多样化深入发展，全球治理体系深刻变革的背景下，人类迎来了信息革命的新时代。以互联网为代表的信息通信技术日新月异，深刻改变了人们的生产和生活方式，网络空间越来越成为信息传播的新渠道、生产生活的新空间、经济发展的新引擎、文化繁荣的新载体、社会治理的新平台、交流合作的新纽带、国家主权的新疆域。网络空间给人类带来巨大机遇，同时也带来了不少新的课题和挑战，网络空间的安全与稳定成为攸关各国主权、安全和发展利益的全球关切。互联网领域发展不平衡、规则不健全、秩序不合理等问题日益凸显。国家和地区间的"数字鸿沟"不断拉大。关键信息基础设施存在较大风险隐患。全球互联网基础资源管理体系难以反映大多数国家的意愿和利益。网络恐怖主义成为全球公害，网络犯罪呈蔓延之势。滥用信息通信技术干涉别国内政、从事大规模网络监控等活动时有发生。网络空间缺乏普遍有效规范各方行为的国际规则，自身发展受到制约。

面对问题和挑战，任何国家都难以独善其身，国际社会应本着相互尊重、互谅互让的精神，开展对话与合作，以规则为基础实现网络空间全球治理。以网络安全为例，黑客攻击常常是跨国界的，并且是难以追踪的。即使受害者可以追踪到恶意数据包的来源，也仍然难以确定数据包产生的源头、发送者等关键信息。退一步讲，即使受害者能够认定是谁发起了攻击，所能采取的防范措施仍然是相当有限并且缺乏效力的，在跨境攻击的情况下尤其如此。也就是说，黑客发动攻击的危害性与其可能要承担的责任是高度不匹配的。这种情况下，主权国家显然难以完全依靠自身力量解决网络安全问题。而网络安全问题又是如此普遍，普通用户由于专业知识的缺乏尤其容易暴露在风险之下，在技能娴熟的黑客面前毫无还手之力。在网络安全方面，主权国家唯有联起手来，分享信息、互鉴技术，"互联互通、共享共治"，才能保护它们的网民安全、金融系统安全和国家安全。网络主权保护、网络秩序维护等其他方面也是如此。

2. 开展网络空间国际合作的意义

国之交在民相亲，民相亲在网相连。网络空间的互联互通，为各国合作创造了基础，也将为各国人民带来更多福祉。习近平在西雅图微软公司会见出席中美互联网论坛的双方代表时指出："中美都是网络大国，双方拥有重要共同利益和合作空间。双方理应在互相尊重、相互信任的基础上，就网络问题开展建设性对话，打造中美合作的亮点，让网络空间更好造福两国人民和世界人民。"

"合则强，孤则弱。"交流与合作是互联网发展的双轮，合作才能共赢，但网络合作需要新思维。习近平指出："互联网发展对国家主权、安全、发展利益提出了新的挑战，迫切需要国际社会认真应对、谋求共治、实现共赢。""躲进小楼成一统"、闭门造车，建设不了"网络强国"。习近平指出："一个安全稳定繁荣的网络空间，对中国乃至世界和平发展都具有重大的意义，所以如何治理互联网、用好互联网都是各国的关注，各国也在研究这个问题，没有哪个国家能够置身事外。"习近平强调："要通过坦诚深入的对话沟通，增进战略互信、减少相互猜疑，求同化异、和睦相处。要着眼各国共同安全利益，从低敏感领域入手，积极培育合作应对安全挑战的意识，不断扩大合作领域、创新合作方式，以合作谋和平、以合作促安全。"相互借鉴、互相促进、互通有无，共同进步。

习近平指出，互联网真正让世界变成地球村，让国际社会越来越成为你中有我、我中有你的命运共同体。在这个开放的大格局中，"开放始终是发展的命根子"，也是网络空间安全战略的本质所在。在和平、发展、合作、共赢的世界潮流下，以促进多极化发展为目的，处理好中美新型大国关系，与世界其他国家相互包容，互惠互利，构建网络空间的"命运共同体"和"利益共同体"，营造和平与发展的国际网络大环境。举办二十国集团杭州峰会和乌镇世界互联网大会，都显示出中国的大国责任越来越多，话语权也越来越多。我们需要充分用好国际规则，主动平衡责权利关系，在确保国家主权和根本利益的前提下，积极主动地参与网络空间的国际共治，不断扩大话语权、参与权和主导权，为国际网络治理贡献中国力量和中国智慧，体现全球网络空间的中国担当。

3. 网络空间国际合作活动

近年来，世界各国已深刻认识到共同应对网络安全威胁的重要性，网络安全国际合作已成大趋势。2013 年 10 月，ICANN（The Internet Corporation for Assigned Names and Numbers，即互联网名称与数字地址分配机构）、IETF（The Internet Engineering Task Force，即国际互联网工程任务组）、W3C（World Wide Web Consortium，即万维网联盟）等国际互联网治理主要机构共同签署了"蒙得维得亚"声明，将所有的利益相关者平等参与视为未来互联网治理的发展方向。2014 年 4 月，巴西互联网大会发表《网络世界多利益攸关方声明》，提出未来互联网治理的"全球原则"和"路线图"。同月，日美进行了第二次网络安全综合对话，两国将进一步强化在网络防御领域的合作。10 月，中日韩签署《关于加强网络安全领域合作的谅解备忘录》，建立网络安全事务磋商机制，探讨共同打击网络犯罪和网络恐怖主义，在互联网应急响应方面建立合作。

2015 年 5 月，欧盟披露了 2015~2020 年强化打击网络恐怖犯罪的计划。同月，俄罗斯与中国签署了《国际信息安全保障领域政府间合作协议》，双方特别关注利用计算机技术破坏国家主权、安全及干涉内政方面的威胁。6 月，全球互联网治理联盟在巴西召开全球理事会，明确了合作的治理模式。7 月，中德互联网产业圆桌会议召开，深化在网络安全等方面的合作。8 月，联合国信息安全问题政府专家组召开会议，并向联合国秘书长提交报告，各国首次统一约束自身在网络空间中的活动，包括不能利用网络攻击他国核电站、银行、交通、供水系统等重要基础设施，以及不能在 IT 产品中植入"后门程序"等。9 月，中美就共同打击网络犯罪等执法安全领域的突出问题深入交换意见，达成重要共识；第八届"中美互联网论坛"在西雅图召开，旨在促进中美两国互联网业界的交流与合作，持续推动世界互联网和网络信息安全。10 月，上海合作组织成员方主管机关在福建省厦门市成功举行了"厦门-2015"网络反恐演习；第六届中英互联网圆桌会议在伦敦开幕，签署两国首个网络安全协议；中国军事科学学会和中国国际战略协会联合主办的第六届香山论坛在北京国家会议中心举行，其中一个重要议题是围绕"网络空间行为准则"的构建模式、路径、内涵等展开讨论。12 月 1 日，国务委员郭声琨与美国司法部部长林奇、国土安全部部长约翰逊共同主持首次中美打击网络犯罪及相关事项高级别联合对话。

2016 年，中俄两国元首签署协作推进信息网络空间发展的联合声明，包括：共同倡导推动尊重各国网络主权，反对侵犯他国网络主权的行为；反对通过信息网络空间干涉他国内政，破坏公共秩序，煽动民族间、种族间、教派间敌对情绪，破坏国家治理的行为；开展网络安全应急合作与网络安全威胁信息共享，加强跨境网络安全威胁治理等七条内容。数字经济合作成为国际合作新亮点，2016 年二十国集团杭州峰会制定了《二十国集团数字经济发展与合作倡议》，强调将促进成员之间以及成员之外的沟通与合作，确保强大、活跃、互联的信息通信技术，带动数字经济的繁荣和蓬勃发展，促进全球经济增长，并惠及世界人民。"一带一路"建设信息化发展进一步推进，统筹规划海底光缆和跨境陆地光缆建设，提高国际互联互通水平，打造网上丝绸之路。

## （二）构建网络空间命运共同体

2014 年 11 月，习近平总书记向首届互联网大会发去贺信，表达了与世界各国"共同构建和平、安全、开放、合作的网络空间，建立多边、民主、透明的国际互联网治理体系"的意愿。时隔一年，习近平总书记于 2015 年亲自出席第二届世界互联网大会并发表主旨演讲，指出"网络空间是人类共同的活动空间，网络空间前途命运应由世界各国共同掌握。各国应该加强沟通、扩大共识、深化合作，共同构建网络空间命运共同体"。他提出了全球互联网发展治理的"四项原则""五点主张"，得到国际社会积极响应。在第三届世界互联网大会上，他又发表视频讲话，再次指出："互联网发展是无国界、无边界的，利用好、发展好、治理好互联网必须深化网络空间国际合作，携手构建网络空间命运共同体。"

习近平为构建网络空间命运共同体的战略设想提出了四项原则，是全球互联网治理体系应有的价值准则。

（1）尊重网络主权。这是全球互联网治理体系的基础。习近平从两个角度有力地论证了其必要性。一是把网络定义为"国家治理新领域"。国家治理的领域从来不是一成不变的。近代以来，国家角色早已从"守夜人"扩展到"经济发展的综合协调者""公共服务的提供者""再分配的主持人""社会发展的引导者"等。在如今深度融入经济社会发展、融入人民生活的互联网面前，国家没有理由不履行治理职能。二是援引《联合国宪章》确立的主权平等原则论证网络主权的合法性。既然网络治理是国家治理的新领域，那么网络主权显然是国家主权的自然延伸。习近平指明，尊重网络主权包括两方面的内容：其一是尊重各国自主选择网络发展道路、网络管理模式、互联网公共政策。这是尊重各国的内政权。其二是尊重各国平等参与国际网络空间治理的权利。这是在国际层面上尊重各国平等的国际事务参与权。

（2）维护和平安全。这是全球互联网治理体系的底线。习近平指出，"网络空间，不应成为各国角力的战场，更不能成为违法犯罪的温床"。和平是各国人民共同的价值追求，是人类共同的美好愿望。互联网作为人类最伟大的技术发明，应当被用来促进人类的和平，而非加剧冲突甚至引发战争。在现实中，一些国家利用自身在互联网上的技术优势，对他国实施大规模网络监控和网络攻击，并通过网络传播干预他国舆论环境，这些行为已经造成国家间的严重不信任情绪，对国际局势的稳定带来不良影响。还有一些不法分子利用网络进行恐怖、邪教、淫秽、贩毒、洗钱、赌博等严重违背公序良俗、危害社会和谐安定的犯罪活动，成为全球公害。如果对这些行为听之任之或不予坚决打击，互联网就会走向人类的反面，变成违法犯罪的温床。

（3）促进开放合作。这是全球互联网治理体系变革的目标。互联网是代表合作和共赢价值观的技术。开放源代码、维基百科等"对等共创生产"的样本，是典型的互信互利、多赢博弈的合作模式。互联网治理体系理应发扬互联网技术代表的合作共赢精神。开放合作的目的是全球的共同发展、共同繁荣。习近平特别强调要让更多国家和人民搭乘信息时代快车，共享互联网发展成果，指明了开放不仅仅是网络强国之间互通互联、合作互利，更要包含网络强国对网络弱国自觉扶助，提供包括基础设施、技术、资金、人才各方面的支持。信息鸿沟是真实的存在，国际电信联盟的数据表明，欧美地区整体上网比例已经在60%以上，而非洲则不足10%。开放合作原则将大大有助于改善这个互联网发展不平衡的问题。

（4）构建良好秩序。这应当成为全球互联网治理体系的常态。键盘和鼠标给人们穿上了隐身衣，而慎独最难。互联网方便了人们发出自己的声音，少部分人回报它的却是言论的不负责任和语言的低俗恶意。近年来，中国政府以法治手段推进网络治理，取得了明显的成效，清朗了网络空间。网络生态对于网民的意义，与绿水青山对于居民的意义一样，并且网络生态相较自然生态，更是公众分散行为的直接结果。这就需要网民加强道德自我约束，自觉文明地利用网络，"戒慎乎其所不睹，恐惧乎其所不闻"。在网络治理中，法治起托底的作用，但健康的网络空间需要全球网络企业、网民以文明行动共同塑造。

习近平提出的"五点主张"，从理论和实践层面回答了构建网络空间命运共同体的具体路径。针对当前人类共同面临的重大问题，"五点主张"体现了鲜明的问题导向，深入探索其根源症结，有的放矢地做出如何利用互联网解决这些问题的建议。

关于如何利用网络促进世界和平。当前人类面临的首要安全问题是民族间、文明间的冲突不断的问题。近年来，作为文明冲突之极端表现的恐怖主义活动屡屡针对平民，给全世界爱好和平的人民带来了巨大的安全威胁，也加深了民族、文明间的猜疑与分歧。这与之前在全球层面上缺乏对网络内容的共同监管有很大关系。习近平指出，"互联网是传播人类优秀文化、弘扬正能量的重要载体"，指明了互联网内容引导和监管的必要性。习近平主张打造网上文化交流共享平台，借助互联网推动世界优秀文化交流互鉴，推动各国人民情感交流、心灵沟通，这是化解文明冲突、调和文明共存、增进文明合作、促进文明共同进步的治本之道。

关于如何运用互联网推进共同繁荣。人类面临的第二大问题是发展的不平衡、不稳定问题。发展不平衡问题既是族群冲突的物质根源，也与人类平等、公正的理念相悖。互联网经济兴起以来，发展的不平衡程度反而有加重的趋势。互联网改造了传统业态，带来部分行业失业增加，社会财富加速向网络新贵聚集。行业间、国家间的贫富分化也在扩大。对此，习近平提出"推动网络经济创新发展，促进共同繁荣"主张，倡导以"互联网蓬勃发展"为"各国企业和创业者提供了广阔市场空间"。这一主张是与"加快全球网络基础设施建设，促进互联互通"的结合，是引导全球经济走出低迷，促进共同繁荣的良方。

关于如何应对互联网发展带来的治理问题。由于当前存在的"互联网规则不健全、秩序不合理"等问题，互联网在给人们带来生产新变革和生活新空间的同时，也给人们带来了信息安全、财产安全等烦恼，给国家需要防御的疆域增添了新内容。对此，习近平在第四和第五点主张中提议各国要加强对话交流，共同确立各方普遍接受的规则，遏制信息技术滥用。

五点主张表达了积极行动的中国担当。前三点主张，均有相关政策承诺作为支撑。加强信息基础设施建设，促进互联互通的主张，落实为中国将加大资金投入，加强技术支持；促进文化交流互鉴的主张，落实为中国将同各国一道打造网上文化交流共享平台，推动世界优秀文化交流互鉴；推动网络经济创新发展，促进共同繁荣的主张，落实为发展跨境电子商务、促进世界范围内投资和贸易发展，推动全球数字经济发展。后两点主张，由于涉及国际合作，秉持尊重他国主权原则，习近平以提议形式表达了中国的良好意愿，针对保障网络安全，促进有序发展，提议推动制定各方接受的网络空间国际规则和反恐公约，健全打击网络犯罪司法协助机制；针对构建公平正义的互联网治理体系，提议完善网络空间对话协商机制，研究制定能够更加平衡地反映大多数国家意愿和利益的全球互联网治理规则。这些都表达了中国维护世界和平与安全、促进全球共同繁荣和发展的诚意，体现了中国作为负责任大国、愿意为世界贡献公共物品大国的责任担当。

## （三）网络空间国际合作的主要任务

### 1. 推动构建以规则为基础的网络空间秩序

发挥联合国在网络空间国际规则制定中的重要作用，支持并推动联合国大会通过信息和网络安全相关决议，积极推动并参与联合国信息安全问题政府专家组等进程。上海合作组织成员方于 2015 年 1 月向联合国大会提交了《信息安全国际行为准则》更新案文。该准则是方际上第一份全面系统阐述网络空间行为规范的文件，是上海合作组织成员方为推动国际社会制定网络空间行为准则提供的重要公共安全产品。中国将继续就该倡议加强国际对话，争取对该倡议提供广泛的国际理解与支持，支持国际社会在平等基础上普遍参与有关网络问题的国际讨论和磋商。

### 2. 不断拓展网络空间伙伴关系

中国致力于与国际社会各方建立广泛的合作伙伴关系，积极拓展与其他国家的网络事务对话机制，广泛开展双边网络外交政策交流和务实合作。举办世界互联网大会（乌镇峰会）等国际会议，与有关国家继续举行双边互联网论坛，在中日韩、东盟地区论坛、博鳌亚洲论坛等框架下举办网络议题研讨活动等，拓展网络对话合作平台。推动深化上海合作组织、金砖国家网络安全务实合作。促进东盟地区论坛网络安全进程平衡发展。积极推动和支持亚信会议、中非合作论坛、中阿合作论坛、中拉论坛、亚非法律协商组织等区域组织开展网络安全合作。推进亚太经济合作组织、二十国集团等组织在互联网和数字经济等领域合作的倡议。

探讨与其他地区组织在网络领域的交流对话。

### 3. 积极推进全球互联网治理体系改革

参与联合国信息社会世界峰会成果落实后续进程，推动国际社会巩固和落实峰会成果共识，公平分享信息社会发展成果，并将加强信息社会建设和互联网治理列为审议的重要议题。推进联合国互联网治理论坛机制改革，促进论坛在互联网治理中发挥更大的作用。加强论坛在互联网治理事务上的决策能力，推动论坛获得稳定的经费来源，在遴选相关成员、提交报告等方面制定公开透明的程序。参加旨在促进互联网关键资源公平分配和管理的国际讨论，积极推动互联网名称和数字地址分配机构国际化改革，使其成为具有真正独立性的国际机构，不断提高其代表性和决策、运行的公开透明。积极参与和推动世界经济论坛"互联网的未来"行动倡议等全球互联网治理平台活动。

### 4. 深化打击网络恐怖主义和网络犯罪国际合作

探讨国际社会合作打击网络恐怖主义的行为规范及具体措施，包括探讨制定网络空间国际反恐公约，增进国际社会在打击网络犯罪和网络恐怖主义问题上的共识，并为各国开展具体执法合作提供依据；支持并推动联合国安理会在打击网络恐怖主义国际合作问题上发挥重要作用；支持并推动联合国开展打击网络犯罪的工作，参与联合国预防犯罪和刑事司法委员会、联合国网络犯罪问题政府专家组等机制的工作，推动在联合国框架下讨论、制定打击网络犯罪的全球性国际法律文书。加强地区合作，依托亚太地区年度会晤协作机制开展打击信息技术犯罪合作，积极参加东盟地区论坛等区域组织相关合作，推进金砖国家打击网络犯罪和网络恐怖主义的机制安排。加强与各国打击网络犯罪和网络恐怖主义的政策交流与执法等务实合作。积极探索建立打击网络恐怖主义机制化对话交流平台，与其他国家警方建立双边警务合作机制，健全打击网络犯罪司法协助机制，加强打击网络犯罪技术经验交流。

### 5. 推动数字经济发展和数字红利普惠共享

推动落实联合国信息社会世界峰会确定的建设以人为本、面向发展、包容性的信息社会目标，以此推进落实 2030 年可持续发展议程。支持基于互联网的创新创业，促进工业、农业、服务业数字化转型，促进中小微企业信息化发展，促进信息通信技术领域投资。扩大宽带接入，提高宽带质量，提高公众的数字技能，提高数字包容性。增强在线交易的可用性、完整性、保密性和可靠性，发展可信、稳定和可靠的互联网应用。支持向广大发展中国家提供网络安全能力建设援助，包括技术转让、关键信息基础设施建设和人员培训等，将"数字鸿沟"转化为数字机遇，让更多发展中国家和人民共享互联网带来的发展机遇。推动制定完善的网络空间贸易规则，促进各国相关政策的有效协调。开展电子商务国际合作，提高通关、物流等便利化水平。保护知识产权，反对贸易保护主义，形成世界网络大市场，促进全球网络经济的繁荣发展。加强互联网技术合作共享，推动各国在网络通信、移动互联网、云计算、物联网、大数据等领域的技术合作，共同解决互联网技术发展难题，共同促进新产业、新业态的发展。加强人才交流，联合培养创新型网络人才。紧密结合"一带一路"建设，推动并支持中国的互联网企业联合制造、金融、信息通信等领域企业率先走出去，按照公平原则参与国际竞争，共同开拓国际市场，构建跨境产业链体系。鼓励中国企业积极参与他国能力建设，帮助发展中国家发展远程教育、远程医疗、电子商务等行业，促进这些国家的社会发展。

6. 加强全球信息基础设施建设和保护

共同推动全球信息基础设施建设，铺就信息畅通之路。推动与周边及其他国家信息基础设施互联互通和"一带一路"建设，让更多国家和人民共享互联网带来的发展机遇。加强国际合作，提升保护关键信息基础设施的意识，推动建立政府、行业与企业的网络安全信息有序共享机制，加强关键信息基础设施及其重要数据的安全防护。推动各国就关键信息基础设施保护达成共识，制定关键信息基础设施保护的合作措施，加强关键信息基础设施保护的立法、经验和技术交流。推动加强各国在预警防范、应急响应、技术创新、标准规范、信息共享等方面的合作，提高网络风险的防范和应对能力。

7. 促进网络文化交流互鉴

推动各国开展网络文化合作，让互联网充分展示各国各民族的文明成果，成为文化交流、文化互鉴的平台，增进各国人民的情感交流、心灵沟通。以动漫游戏产业为重点领域之一，务实开展与"一带一路"沿线国家的文化合作，鼓励中国企业充分依托当地文化资源，提供差异化网络文化产品和服务。利用国内外网络文化博览交易平台，推动中国网络文化产品走出去，支持中国企业参加国际重要网络文化展会，推动网络文化企业在海外落地。

# 第四章 网络强国建设与"五位一体"总体布局

党的十八大以来，习近平总书记发表了一系列以信息化驱动现代化、建设网络强国的重要讲话，涉及互联网促进经济建设、政治建设、文化建设、社会建设、生态文明建设的各个方面，为利用互联网统筹推进"五位一体"总体布局指明了行动方向。"当今世界，信息技术革命日新月异，对国际政治、经济、文化、社会、军事等领域发展产生了深刻影响。信息化和经济全球化相互促进，互联网已经融入社会生活的方方面面，深刻改变了人们的生产和生活方式。"我国网民数量、网络零售交易额、电子信息产品制造规模已居全球第一，一批信息技术企业和互联网企业进入世界前列，形成了较为完善的信息产业体系；信息技术应用不断深化，"互联网+"异军突起，经济社会数字化网络化转型步伐加快，网络空间正能量进一步汇聚增强，互联网对统筹推进"五位一体"总体布局的作用日益凸显。

## 一、网络强国与经济创新发展

### （一）互联网对经济发展带来的变革

#### 1. 互联网促进经济运行方式的变革

在全球新一轮科技革命和产业变革中，互联网与各领域的融合发展具有广阔前景和无限潜力，已成为不可阻挡的时代潮流，正对各国经济社会发展产生战略性和全局性的影响。以互联网引领驱动的新产业革命不仅仅在于主要产业领域的重大技术突破，还在于经济运行方式上的系统性变革。这个变革的动力除了来自网络信息技术创新，以及在此基础上工业化与信息化的融合，还来自服务部门专业化深化及其新领域的拓宽，两者的融合深刻地改变了经济运行方式，促进一系列的商业模式创新，不仅改变各个产业价值链的组织方式，也改变价值链各个环节的关联方式。

我国正在实施的"互联网+"行动，是推动技术进步、效率提升和经济运行方式变革的重大举措。"互联网+"是提升实体经济创新力和生产力，形成更广泛的以互联网为基础设施和创新要素的经济社会发展新形态。积极发挥我国互联网已经形成的比较优势，把握机遇，增强信心，加快推进"互联网+"发展，有利于重塑创新体系、激发创新活力、培育新兴业态和创新公共服务模式，对打造大众创业、万众创新和增加公共产品、公共服务"双引擎"，主动适应和引领经济发展新常态，形成经济发展新动能，实现中国经济提质增效升级具有重要意义。

互联网的广泛应用使知识的传递、分享、复制与模仿比以往任何时候都方便、快捷，企业很难再依赖专利而保持行业垄断地位，原先的竞争将日益为平等合作所取代。随着信息产品个性化需求不断涌现，多层次的需求成为引导驱使产品创新的主要力量，各种创新和创意通过分布在不同细分领域的企业共同完成，同时来自日趋个性化需求的定制化产品不断丰富，呈现超越大规模生产方式下标准化产品的势头，价值链日趋体现需求者驱动的形态。在这个进程中，越来越多的小型服务企业基于自身专业性较强的服务企业呈现竞争优势，整个产业的创新形态由原先大型企业主导发展为大型企业和中小型企业共同推进的分布式创新。

网络信息技术在各个产业领域的深入应用推动了产业的数字化、网络化与智能化，使信息化与工业化的融合达到一个新的阶段。与此同时，制造业和服务业越来越融合，将使规模化生产方式被改变：生产组织更加灵活、劳动投入更少。互联网促进了工业体系与现代服务业之间的高度融合。在业已成形的一系列新兴制造模式运作过程中，各类现代服务的支撑和"串联"作用至关重要。除了知识产权交易相关的服务与人力资源组织相关的中介服务这些传统的生产型服务业之外，诸多新的服务需求在孕育中，这些服务业以两种方式体现，一种是在企业内部强化，在企业自身的价值链中，新服务知识密集型服务在价值链中所占的地位越来越重要，制造业服务化可以说在一定程度上体现了这个趋势；另一种是相关服务需求从制造业价值链中独立出来，成为独立的行业，以更为专业化的方式服务于广泛的制造部门和服务部门。因此，制造业部门在微观业态和组织方式上的创新离不开发达的服务业，高度专业化的高质量服务及多元化的、灵活的服务供给方式构成了重要的支撑（王战等，2014）。

### 2. 互联网促进生产方式的变革

制造业与互联网融合发展，已成为当前生产方式变革的趋势与动因。20世纪末的信息技术革命实现了信息技术与制造业之间的初步融合，信息技术主要应用于产业价值链两端的研发设计和营销服务环节，以及在产业链中的专业化服务环节上实现数字化的信息处理和传播，由此推进的产业分工形态是处于中间环节的制造活动与处于两端环节的服务环节。而当前，信息化的手段更为多元化，以互联网为核心的新一代信息技术日趋成熟，形成了信息传输和互动形态更为便利和低成本的技术平台。在这个背景下，互联网技术全面渗透于价值链的全过程，在生产过程中本身也有信息技术的全面应用，使生产过程的智能化手段进一步提升，也使研发设计、加工制造、营销服务等供应链、价值链环节立足于一个共同的网络化信息平台，并依托移动互联网终端等智能硬件设备来实现一体化整合。

当前在世界范围内，制造业作为互联网应用的主阵地位置日益突显，从德国工业 4.0 到美国的工业互联网战略，大国间的角逐异常激烈。我国政府也提出了"互联网+"行动计划和"中国制造 2025"战略，其核心是加快推动制造业和互联网融合，大力发展互联网产业应用。在产业互联网的推动下，智能制造快速发展，以网络化协同制造、个性化定制、服务型制造、制造业分享经济为代表的智能制造新模式不断创新和成熟。

制造业和互联网融合，其关键是推进以智能制造为核心的生产方式变革。智能制造工程将紧密围绕重点制造领域关键环节，开展新一代信息技术与制造装备融合的集成创新和工程应用。支持政产学研用联合攻关，开发智能产品和自主可控的智能装置并实现产业化。依托优势企业，紧扣关键工序智能化、关键岗位机器人替代、生产过程智能优化控制、供应链优化，建设重点领域智能工厂/数字化车间。在基础条件好、需求迫切的重点地区、行业和企业中，分类实施流程制造、离散制造、智能装备和产品、新业态新模式、智能化管理、智能化服务等试点示范及应用推广。建立智能制造标准体系和信息安全保障系统，搭建智能制造网络系统平台。

2016 年 5 月，国务院出台了《关于深化制造业与互联网融合发展的指导意见》（国发〔2016〕28 号），通过推动制造业与互联网融合，形成叠加效应、聚合效应、倍增效应，加快新旧发展动能和生产体系的转换。明确了两个阶段的主要目标，到 2018 年底，制造业重点行业骨干企业互联网"双创"平台普及率达到 80%，相比 2015 年底，工业云企业用户翻一番，新产品研发周期缩短 12%，库存周转率提高 25%，能源利用率提高 5%。制造业互联网"双创"平台成为促进制造业转型升级的新动能来源，形成一批示范引领效应较强的制造新模式，初步形成跨界融合的制造业新生态，制造业数字化、网络化、智能化取得明显进展，成为巩固我国制造业大国地位、加快向制造强国迈进的核心驱动力。到 2025 年，制造业与互联网融合发展迈上新台阶，融合"双创"体系基本完备，融合发展新模式广泛普及，新型制造体系基本形成，制造业综合竞争实力大幅提升。

互联网和信息处理手段的日益进步也将进一步影响企业的微观决策机制，依托大数据和互联网技术的融合，企业的经营信息和数据的处理提升为智能化的信息管理，从而为企业的科学决策提供依据。这个变革将大大冲击现有企业的竞争方式。制造方式的智能化与产品定制化的日趋活跃对产业内的竞争格局也带来很大的冲击。小批量和定制化形态的高端生产在一些制成品行业中冲击着传统意义上的规模经济形态，由此深刻地改变了产业内大企业与中小企业的竞争关系。

### 3. 互联网促进产业国际竞争格局的变革

互联网产业应用掀起的新一轮的生产力革命，不仅成为经济转型升级的重要助推器，也导致"价值链分工"的全球分工体系出现大规模调整，促进发达国家重塑制造业优势。信息技术发展带来的渗透与衍生效应带动了一批知识密集型服务业的发展，传统产业以提升信息化程度为路径谋求新的增长方式和经营模式，其创新方式高度依赖于各类知识密集型服务业，因此，融合先进信息技术手段的先进制造业与知识密集型服务业成为新型制造体系的两大支柱，是各国推进国际竞争力的关键点，成为当前全球产业竞争的重心，也是推动新兴产业发展的主要动力。

互联网与制造业融合发展的突出影响是高度数字化、网络化、智能化的生产方式，这将直接导致相关产品价值链构成中劳动力成本的重要性下降，简单劳动所需的成本在产品价格中的比例仅占很小的部分，而资本和围绕着数字化模具和生产过程的技术成为产品投入的最大成分。由于生产制造主要由高效率、高智能的新型装备完成，制造业企业的核心要素将是研发设计、品牌标准、信息系统和营销渠道等，而且为了及时对市场需求迅速做出反应，制造业和服务业在空间上也将更为集中。在这种情况下，发达国家跨国公司转移生产环节到海外的动力将大大减弱。随着个性化需求的不断增长，灵活智能的新型制造设备的应用推广，更具有个性化、具有更高附加值的产品将以相对较低的价格生产出来，发展中国家基于低要素成本、大规模生产同质产品的既有比较优势正在逐渐弱化。这将使目前我国低劳动力成本的优势逐步萎缩，创意类产品和个性化产品制造中相关经济体无法依赖低劳动成本而取胜，导致竞争优势逐步被弱化，部分产业将从新兴经济体回流至发达国家。

随着国家间比较优势的变化，世界产业模式、分工布局也将随之改变。在传统产业方面，传统产业的数字化和智能化将提高资本和技术对于制造环节的重要性，发达国家重新获得比较优势，曾经为寻找更低成本要素从发达国家转出的生产活动可能重新回流至发达国家，制造业重心向发达国家偏移。在新兴产业方面，发达国家拥有技术、资本和市场等先发优势，将更有可能成为新型设备、新材料的主要提供商。在此趋势下，发达国家有可能成为未来全球高附加值终端产品、主要新型装备产品和新材料的主要生产国和控制国，发达国家的实体经济进一步增强。在服务业方面，由于制造业对服务业依赖程度的提高，发达国家在高端服务业领域内的领先优势将得到进一步加强。

（二）互联网成为经济发展新常态的新动力

当前，以信息技术为代表的新一轮科技革命和产业变革方兴未艾，互联网推动产业变革、促进工业经济向信息经济转型，日益成为创新驱动发展的先导力量。能否抓住信息化机遇、实现经济转型发展，已经成为各主要国家抢占未来全球竞争制高点的核心内容。对我国而言，经济发展进入新常态，面临着跨越"中等收入陷阱"的艰巨任务，把握好互联网推动经济创新发展的机遇，不仅可以培育壮大新动能，加快发展新经济，还可能实现针对发达国家的"弯道超车"，具有重大的战略意义。"互联网+"通过新技术优势、体制机制优势和广泛的社会支持，正在成为新常态下我国经济发展的新动能。

1. 互联网创造信息经济新业态新产业新模式

互联网诞生以来，经历了信息互联和消费互联阶段，当前正在大步进入产业互联的阶段。随着物联网、云计算、大数据等的出现，网络化进程正在从个人转向企业，互联网已从单一的技术工具和沟通平台演进到提升产业价值、重构产业生态、调整产业结构、转变发展方式的新资源和新动能。互联网全面渗透到传统产业价值链，并对其生产、交易、融资、流通等环节进行改造升级，有效促进传统产业生产、交易和资源配置效率的不断提高，催生全新商业模式和产业形态。"互联网+"风起云涌，互联网日益与诸多行业、领域、业态融合，成为我国经济增长、结构优化的新动力，不仅改变各个产业价值链的组织方式，也改变价值链各个环节的关联方式。基于互联网的服务业专业化分工的深化、新业态的持续涌现、新领域的不断拓宽和商业模式的创新，实现了经济运行方式的系统性变革。

当前，中国经济的增长重心正在从投资和制造转向消费和服务，而网络消费和网络服务激发了巨大需求。互联网带来了消费需求多样化、个性化及复杂化，使供给与需求的方式发生了重大变化，互联网的去中介化，让供给直接对接消费者需求，也更能满足消费者的需求。"互联网+"行动计划推动了云计算、物联网、大数据等新一代信息技术的创新和信息经济的发展，推动了互联网与现代制造业、生产性服务业等的融合创新。互联网与服务业各领域的融合，促进了服务业的社会化分工重组，催生出网络购物、网络游戏、网约租车等大批新兴行业和新型业态，娱乐、金融、交通、旅游、医疗、教育等行业都在被互联网化。在互联网和商业模式创新的推动下，网络批发和零售的水平与效率得到显著提升，释放了巨大的内需消费潜力。第 38 期《中国互联网络发展状况统计报告》<sup>①</sup>显示：截至 2016 年 6 月（表 4-1），中国网民规模达 7.10 亿人，手机网民达 6.56 亿人；中国网民网络购物习惯已经养成，网络购物用户已经达到约 4.48 亿，平均每位网络购物用户每年网购 62 次，网上支付用户更是达到约 4.45 亿。阿里巴巴与消费者联合创造出了连续 8 年"双 11"奇迹，2016 财年电商交易额（gross merchandise volume，GMV）正式突破 3 万亿元，超越沃尔玛成为全球最大的零售平台。

表4-1 中国网民各类互联网应用使用率

| 应用 | 2016年6月 | | 2015年12月 | | 半年增长率/% |
|---|---|---|---|---|---|
| | 用户规模/万人 | 网民使用率/% | 用户规模/万人 | 网民使用率/% | |
| 即时通信 | 64 177 | 90.4 | 62 408 | 90.7 | 2.8 |
| 搜索引擎 | 59 258 | 83.5 | 56 623 | 82.3 | 4.7 |
| 网络新闻 | 57 927 | 81.6 | 55 440 | 82.0 | 4.5 |
| 网络视频 | 51 391 | 72.4 | 50 391 | 73.2 | 2.0 |
| 网络音乐 | 50 214 | 70.8 | 50 137 | 72.8 | 0.2 |
| 网上支付 | 45 476 | 64.1 | 41 618 | 60.5 | 9.3 |
| 网络购物 | 44 772 | 63.1 | 41 325 | 60.0 | 8.3 |
| 网络游戏 | 39 108 | 55.1 | 39 148 | 56.9 | −0.1 |
| 网上银行 | 34 057 | 48.0 | 33 639 | 48.9 | 1.2 |
| 网络文学 | 30 759 | 43.3 | 29 674 | 43.1 | 3.7 |
| 旅行预订 | 26 364 | 37.1 | 25 955 | 37.7 | 1.6 |
| 电子邮件 | 26 143 | 36.8 | 25 847 | 37.6 | 1.1 |

2. 互联网推动信息化和工业化深度融合

在经济发展阶段上，我国总体上还处在工业化中后期，基于互联网的信息化与工业化的深度融合正在成为顺应新一轮科技革命和产业革命趋势，实施创新驱动战略和加快工业化进程的关键途径。互联网实现工业生产的自动化、智能化和网络化，在衍生出大量新兴业态的同时，显著提升了传统工业水平。"互联网+"传统行业驱动生产和流通方式变革，成为推动供给侧结构性改革的新动力。"互联网+"是一种颠覆性创新，加速新一代信息技术与传统产业跨界融合，变革实体经济传统发展模式，推进供给结构的不断优化升级，智能制造、工业互联网等相关领域呈现出蓬勃发展的趋势。

---

① 中国互联网络信息中心. 第 38 次中国互联网络发展状况统计报告[R]. 2016-08-05.

互联网推进制造业向个性化、网络化、柔性化制造模式和服务化转型。"互联网+"极大地缩短了从生产到销售的时间，节省交易成本，推动了传统生产制造模式的变革。面对制造业成本上升、效益下降的"双头挤压"，互联网应用加快了落后过剩产能的淘汰，减少无效供给。数字化生产、个性化定制、网络化协同、服务化制造等"互联网+"协同制造新模式正在取得明显进展，拓展产品全生命周期管理服务，促进消费品行业产品创新和质量追溯保证，推动装备制造业从生产型制造向服务型制造迈进，完善原材料制造业供应链管理，提升制造业企业价值链。三一重工集团就是信息化与工业化深度融合的典型，自1994年成立以来，以年均50%以上的速度增长，已经发展为中国最大、全球第五的工程机械制造商，也是全球最大的混凝土机械制造商，其业务和产业基地遍布全球，在印度、美国、德国、巴西建有海外研发和制造基地。在坚守"品质改变世界"信念的同时，三一重工的信息化起了至关重要的作用，实现了研发过程"数字化"、制造过程"智能化"、产品与服务"智慧化"及运营管理"卓越化"。

"互联网+"带动服务业创新发展。互联网使生活性服务业从满足物质生活需求更多地向满足精神生活需求转变，即以信息资源的内容和传播为特色的数字化、网络化文化娱乐、教育、休闲，以及通过线上线下的餐饮、教育、健康、休闲、娱乐、购物多平台的信息服务及互动，正在成为提供多平台的系列增值内容服务的知识密集型服务业。互联网对生产性服务业的影响和作用更为显著。在互联网的驱动下，传统生产方式发生变革，研发设计、第三方物流、商业咨询等生产性服务业获得加速发展。互联网将信息流、物流、资金流、技术流有机地融为一体，贯穿从用户需求分析、服务准备到服务改进的整个业务流程，衍生出大量生产性服务业需求。阿里巴巴通过构筑电子商务平台、智能物流骨干网、蚂蚁金融服务三大支柱，并以阿里云和大数据平台为支撑，成功地营造出信息流、物流、资金流、技术流高度融合的产业生态。过去，我国互联网发展主要在消费领域，中小企业运营中互联网的使用率远低于美国，近年来，在"互联网+"行动、"中国制造2025"战略等推动下，这种状况已开始明显转变。百度、阿里巴巴、腾讯三大互联网巨头，通过开放式的平台聚拢大批的中小创业企业，在助其实现梦想的同时壮大自身力量，在各种互联网平台的支撑下，中小生产性服务业企业正在大量涌现。

互联网为实现农业现代化提供了方向与出路。一方面，互联网分享、远程、快捷的特点，使其在社会资源配置中能够有效发挥优化和集成作用，通过网络可以让更多农副产品走向大市场，带来了农产品经营方式的变革，有效推动了农业集约化、规模化、品牌化发展，带动了农产品加工业的发展，对农业提升生产管理水平、扩大销售渠道、提高物流效率和农产品安全等诸多方面都有重要的推动作用，将有效推动农业的智能化运营发展、农业现代化进程。另一方面，随着农业现代化进程的推进，围绕农产品生产、交易、流通、管理等环节的信息需求将会快速增长，刺激互联网经济的需求。电子商务带来了产品流通的扁平化、农村与城市交易方式的趋同化和公平化、农产品产销衔接的新秩序。

### 3. 互联网提高资源配置效率

互联网既是优化资源配置的技术与工具，本身也是一种新型资源。互联网与机器和电力等类似，是人类有史以来对经济社会发展影响最为广泛的人造资源，这种资源全面融入经济社会系统运行的全过程，广泛渗透到生产生活的各方面，促进线上线下资源的融合与重构，推动生产和生活方式变革（杨善林等，2016）。基于互联网的大数据，更被广泛理解为重要的战略资源，将为企业带来巨大的商业价值。互联网和大数据分析使企业有机会把价值链上更多的环节转化为新的战略优势，加快基于互联网资源的技术创新、商业模式创新和服务体系创新。"互联网+"变革了传统行业的生产（服务）方式、组织形态和思维理念，拓宽了产品与服务的渠道，使其更好地满足市场需求。例如，百度拥有全国最大的消费者行为数据库，基于这些用户行为数据和多维分析工具，百度可以帮助企业准确定位消费者的地域分布、消费偏好等，从而开辟新的业务增长点。

互联网影响着政府的决策手段和决策方式，是政府更好发挥资源配置作用的政策工具。政府可以利用互联网突破空间限制的优势，更准确地通过大数据发现经济社会发展需求，从而保障决策的科学性、及时性和有效性，推动经济稳步增长和结构不断优化，缓解经济资源向中心城市过度集中的趋势，推动区域协调发展。通过"互联网+"行动计划的实施，以互联网优质的服务平台带动传统实体市场经营实现线上线下互动，缓解房地产等资产泡沫对经济和人民生活的不良影响。通过"互联网+"带动区域间协调发展。例如，贵州利用自身资源优势，建立大数据和云计算中心，向全国提供云计算、云存储和宽带资源等服务，通过投资建设数据中心，大大提升贵州大数据相关产业的规模，有利于完善大数据产业体系；又如，重庆开通互联网骨干直联点，加快西部地区互联网基础设施建设，有助于中西部地区吸引集聚新兴产业。

### 4. 互联网促进创新创业

我国经济社会发展正从"要素驱动"转向"创新驱动"，习近平总书记在首届世界互联网大会的贺词中指出：当今时代，以信息技术为核心的新一轮科技革命正在日益掀起，互联网日益成为创新驱动发展的先导力量，深刻改变着人们的生产生活，有力地推动着社会的发展。互联网不但创造日益庞大的市场消费需求，为消费市场开辟出广泛的前景，而且互联网创新推动着经济发展方式转变，倒逼传统产业实现产业结构调整升级。互联网作为创新最快的领域，新一轮科技革命和产业变革最核心的驱动力量，不仅是落实创新驱动发展战略的重要支撑，更是推动大众创业、万众创新的关键平台，打造实力雄厚的现代互联网产业体系，对引领新常态、打造新动能、拓展经济发展新空间，具有重大的战略意义[①]。以华为、BAT、三一重工等为代表的一批企业，通过技术创新和商业模式创新，已经快速走向世界，从全球信息经济的"跟跑者"变为"并跑者"，甚至"领跑者"。2013年以来，全球通信行业呈现出一种萎缩、低迷的状态，但华为销售收入3 950亿元，同比增长37%，净利润达369亿元，同比增长33%，华为已经全面进入包括西方发达国家市场在内的全球各大市场，65%以上的销售收入来自中国的海外市场，业务遍及全球170多个国家和地区。华为能够在28年内快速成长为全球通信行业的领导者，主要依靠的是技术创新驱动，创新促使华为从一个弱小的民营企业快速地成长、扩张为全球通信行业的领导者、信息技术创新的"领跑者"。

互联网创造了就业新空间，造就了高质量的就业机遇。"互联网+"大众创业、万众创新的局面已经形成，大大推动了就业结构与就业方式的变革。一是"互联网+"创造的新产业、新业态日益成为新增就业的"吸纳器"。二是由"互联网+"带来的各类产业的公开化、网络化、信息化和大众化，颠覆了众多传统行业的商业和经营模式，降低了创业的门槛。在互联网平台的支持下，"互联网+"的新业态新产业吸纳了大量剩余和新增劳动力，有利于经济平稳健康发展。阿里巴巴不仅是平台经济和商业模式创新的"领跑者"，也是通过赋能帮助中小企业成为创新创业的主力，在阿里平台，无论淘宝、天猫，还是云计算平台，核心思路都是赋能，为卖家提供营销、支付、物流方案，为创业者提供云计算基础设施解决方案。

## （三）以互联网促进经济创新发展的典型模式

### 1. 技术创新驱动模式

习近平总书记"4.19"重要讲话中指出："我们要掌握我国互联网发展主动权，保障互联网安全、国家安全，就必须突破核心技术这个难题，争取在某些领域、某些方面实现'弯道超车'。"在主持中共中央政治局第三十六次集体学习时又强调："要紧紧牵住核心技术自主创新这个'牛鼻子'，抓紧突破网络发展的前沿技术和具有国际竞争力的关键核心技术，加快推进国产自主可控替代计划，构建安全可控的信息技术体系。"当前，信息通信技术进入加速发展和跨界融合的爆发期，成为新一轮科技革命和产业变革的主导力量。技术创新驱动模式是信息

---

① 陈肇雄. 加快构建现代互联网服务体系. 在第二届世界互联网大会"互联网创新与经济发展"论坛上的演讲，2015-12-17.

技术创新突破活动引致新产品新服务新应用不断涌现的发展模式。在技术创新驱动模式中，信息技术企业的发展壮大历程远远短于以往的传统企业，谷歌在 20 年左右的时间内成长为世界领先的科技型企业，其创新产品不仅包括谷歌搜索，还包括谷歌地图、Chrome 浏览器和手机安卓系统等。华为能够在 28 年内快速成长为全球通信行业的领导者，主要依靠的是技术创新驱动，创新使华为从一个弱小的民营企业快速地成长、扩张成为全球通信行业的领导者。阿里云独立研发的 Apsara，将数以千计甚至万计的服务器联成一台"超级计算机"，八年"双 11"交易额的飞速增长，阿里打造了全球最复杂的交易、支付、物流系统，背后是强大的计算平台、海量数据、智能算法的支撑，见证了中国互联网技术从追随到引领的历程。不但这些世界顶级的 IT 企业依靠技术创新引领潮流，而且大量初创型企业依靠技术创新做大做强，近年来一大批小型创业公司成长为独角兽公司，主要依赖于互联网技术的颠覆式创新。

2. 平台生态引领模式

平台生态引领（或催生、衍生）模式是充分利用互联网技术优势、传播优势和规模优势，将相互依赖的不同群体集聚在一起，通过促进群体之间的互动创造独有价值的发展模式。平台之上，独立的市场主体实时匹配，完成交易。媒体平台、社交平台、电商平台、外卖平台、打车平台、内容分发平台纷纷涌现。阿里巴巴作为全球数字经济商业模式创新的"领跑者"成为全球最大的网络零售平台，在其电商平台上活跃着超过 1 000 万户的商家。海尔开放创新平台 HOPE（Haier open partnership ecosystem）由海尔开放式创新中心开发并运营，是中国最大的开放创新平台，平台于 2014 年 6 月底正式上线后，已经吸引了 10 万多名用户的注册，其中核心用户包括技术创新领域的专家、高校研究机构人员、极客、创客等，构成了海尔内部员工、外部合作方、资源提供方及平台每位用户组成的生态圈。

3. 跨界融合协同模式

跨界融合协同模式是信息技术和信息设备融入传统产业的生产、销售、流通、服务等各个环节形成新的生产组织方式和经营模式。德国的工业 4.0、美国的工业互联网、我国正在推进的智能制造，都是制造业与互联网跨界融合的产物，实现研发、制造过程的数字化、网络化、智能化。例如，海尔集团就是以积极姿态拥抱互联网的典范，作为传统家电制造企业，海尔集团一方面通过推出智能电器产品介入互联网，另一方面通过着力建设智能家居平台系统 U+，实现与互联网深度融入。这个平台已成为一个开放、成熟的商业生态系统，已具备从芯片、模组、电控、厂商、开发者、投资者、电子商务、云服务平台和跨平台合作的支持与服务,可以让用户与各种资源在系统上进行交互，通过 U+ 可以提供满足用户不同需求的智慧生活解决方案。海尔联合知名的创投机构赛富基金共同融资 3.2 亿元，为 U+平台上的众多中小开发者创业提供资金、平台扶持等服务。除制造领域，"互联网+农业""互联网+能源""互联网+金融""互联网+旅游""互联网+医疗"等，正在加快推动互联网与各领域深入融合和协同发展。

### 4. 分享经济带动模式

分享经济是在互联网技术快速发展和广泛应用背景下诞生的一种新商业模式，是通过供给和需求的信息响应，进行高效按需匹配并实现规模化，以低于专业性组织者的边际成本提供服务并获得收入，从而创造新的经济与社会价值的经济现象。分享经济能够激发网络化社会中个人的创造力、增加有效供给，改善供给结构，刺激新的消费需求。在欧洲，以民宿出租平台"空中食宿"和汽车分享平台 BlaBlaCar 等为代表的分享经济正在迅速发展。2016 年，"分享经济"第一次被写入《政府工作报告》，明确提出"支持分享经济发展，提高资源利用效率，让更多人参与进来、富裕起来"。目前我国采用分享模式的各类打车、专车、代驾、租车、拼车等"网约车"服务提供商，提供短租房的在线平台等生活服务平台，"WiFi 万能钥匙""阿里巴巴淘工厂"等生产能力分享平台，还有分享知识的大量网络教育和在线咨询平台、二手交易、众创空间、P2P（peer to peer）"共享金融"和众筹等，知识付费、网络直播、单车分享呈现爆发式增长，同时拥有分享基因的各类众创平台大量涌现，经过政府部门认定的"众创空间"超过 4 000 个。

## 二、网络强国与民主政治建设

### （一）以互联网提升政府治理能力现代化

习近平总书记在"4.19"重要讲话中指出，"加快推进电子政务，鼓励各级政府部门打破信息壁垒、提升服务效率，让百姓少跑腿、信息多跑路，解决办事难、办事慢、办事繁的问题"，"让互联网成为我们同群众交流沟通的新平台，成为了解群众、贴近群众、为群众排忧解难的新途径，成为发扬人民民主、接受人民监督的新渠道"。总书记的讲话，生动阐明了互联网促进民主政治建设的根本目的和行动要求。

### 1. 以互联网优化政府职能

电子政务是信息化时代体现治理能力现代化的行政方式，是建设为民、务实、清廉的服务型政府的有效途径。推行电子政务，不仅可以提高政府部门的办事效率，降低行政成本，提高行政效能，还可以增强政府部门的市场监管和社会管理能力，提升经济调节和公共服务水平。提供高质量的一体化在线公共服务，直接关乎人民群众生活品质的提升，积极发展在线公共服务，是政府对其本质和职能的有力呼应，也能大大增加人民群众共享发展成果的"获得感"。《2016中国城市电子政务调查报告》显示，我国在线服务覆盖的领域与在线办事事项数量都得到了较大幅度的提升，与民生紧密相关的不同领域间在线服务差距在逐渐缩小。与此同时，基于互联网的在线公共服务内容不再仅限于信息公开、信息查询等基本的在线服务功能，能够实现在线服务全流程办理，达到整体政府阶段已经成为政府新的目标和要求，包括在线申请、预约、提交、审核、缴费、进度查询等。在拓宽在线服务广度的基础上，挖掘了在线服务的深度，进一步提高了政府公共服务的质量。

2. 以互联网促进政务服务改革

"互联网+政务服务"是推动简政放权、放管结合、优化服务改革向纵深发展的重要举措，是"互联网+"在政府治理中的有效实践。2016年4月，经国务院批准，国家发展和改革委员会等10部门部署推进"互联网+政务服务"，进一步推动部门间政务服务相互衔接，协同联动，打破"信息孤岛"，变"群众跑腿"为"信息跑路"，变"群众来回跑"为"部门协同办"，变被动服务为主动服务。近年来，各地涌现出了一批应用互联网促进政务服务改革的创新典型，为进一步推进"互联网+政务服务"奠定了良好基础。各地在电子参与、在线服务、移动政务等不同领域扬长避短、精准发力。福建省建成了电子证照库，推动了跨部门证件、证照、证明的互认共享，初步实现了基于公民身份证号码的"一号式"服务；广州市的"一窗式"和佛山市的"一门式"服务改革，大大简化了群众办事环节，优化了服务流程，提升了群众办事效率；上海市、深圳市通过建设社区公共服务综合信息平台和数据共享平台，基本实现了政务服务事项的网上综合受理和全程协同办理，广受当地群众好评，成为引领政务服务创新改革、先行先试的典范。《2016中国城市电子政务调查报告》显示，一些中西部城市凭借对新技术新媒体的应用与新的发展理念，发挥了后发优势，电子政务取得了很大进展。

3. 以互联网推进公开透明的政治决策

互联网的发展，冲破了传统社会架构下的信息沟通和交流的樊篱，使各级官员与百姓之间、百姓与百姓之间直接沟通、平等交流更加便利，从而为民主切磋、民主协商形成公开透明的政治决策创造了有利条件。2016年11月，国务院办公厅印发《〈关于全面推进政务公开工作的意见〉实施细则》，对全面推进政务公开工作做出具体部署。该细则提出，涉及重大公共利益和公众权益的重要决策，除依法应当保密的外，须通过征求意见、听证座谈、咨询协商、列席会议等方式扩大公众参与。探索公众参与新模式，不断拓展政府网站的民意征集、网民留言办理等互动功能，积极利用新媒体搭建公众参与新平台。从中央到地方，各级政府都纷纷通过网站、微博、微信、APP 等多种形式推进政务公开。在中央层面，国务院客户端的诞生是标志性的举动。2016 年 2 月，国务院客户端上线，发布重大政策并与网民互动。国务院客户端上线 10 个月以来，累计下载量超过 2 000 万，在苹果应用商店免费 APP 产品中多次单日下载量排名第一。随着互联网的不断发展和完善，这一沟通和交流机制将会日臻成熟，对我国社会主义民主政治建设的现代化发展必然起到更加积极的推动作用。

## （二）让互联网成为发扬人民民主的新途径

### 1. 互联网成为了解民意信息的有效通道

在"4.19"重要讲话中，习近平总书记提出一个重要概念"通过网络走群众路线"，这是党的根本工作路线在新形势下的发扬光大。老百姓上了网，民意也就上了网。互联网是了解民意信息的重要通道，利用互联网采集数据，探查社会的内部属性、状态、结构、相互联系，以及与外部环境的互动关系，汇总与提炼社会情绪，了解社会的舆情传播路径，体会人民大众的精神需求，才能真正使互联网起到反映民意的作用。我国在依托网络平台，推动政府职能下移，支持社区自治，加强政民互动，保障公民知情权、参与权、表达权、监督权方面，已经取得了明显成效。2016 年 9 月 23 日，人民网"地方领导留言板"10 周年研讨会在北京召开。10 年来，网民累计留言 93 万条，获得领导干部回复数超过 57 万条。在互联网改变生活的今天，网络问政已然成为社会大众反映问题、解决问题的重要途径。对于身处网络时代的党政机关和领导干部而言，脱离网络就意味着脱离群众，面对新挑战，迫切需要他们在思想上、实际工作中转变观念、改进方法、提升服务①。

### 2. 互联网成为促进社情民意表达的广阔平台

互联网正以前所未有的方式和力度改变着现代社会的方方面面，已经成为我国社会生活的有机组成部分，更成为具有广泛代表性的民意聚集地，成为社情民意表达的无形场所。在互联网环境下，每个人都有相对平等的表达机会，任何一个事件或者价值判断，无论它正确与否，都有可能被快速地传播，使民众广泛参

---

① 人民网评：汇聚社情民意应该发挥互联网优势. http://opinion.people.com.cn/nl/2016/0926/c1003-28741750. html，2016-09-26.

与，并被放大为舆论，甚至最终成为公共问题。正是因为这样的表达机制，才让政府管理与引导其走上正轨变得尤为重要。任何人都可以接入网络发表意见、发布信息。这极大地加大了政府所要面临的网络舆论管理环境的复杂度。利用日益发达的互联网搜集大众意见，不但方便、广泛、快捷，而且具有低成本、高效率的优势。通过网络这种无形的虚拟广场，现实生活中的社情民意能比较充分地反映出来。例如，武汉实现网络监测文明行为"负面清单"，就是一个政民互动的案例。武汉在全市打造"负面清单"网络管理平台，以"大数据"技术为支撑，一方面从网络等渠道即时抓取收集各区、各公共场所相关负面信息，对哪个区域被投诉的不文明负面问题最多，哪个问题被市民投诉、吐槽最集中，以数据的表现形式一目了然地反映；另一方面开设"不文明行为随手传"栏目，设置市民投诉（举报）和建言献策、问题分析转办、办理反馈和评价、考核和公示等功能，将文明创建的评判权交给市民群众，引导各方面实时抓好监管和问题整改，使文明创建工作更接地气、顺民意。

3. 互联网成为群众利益维护和诉求的重要空间

互联网的发展不仅提供了普通公民民主意愿表达的场所，创造了民主权利实施的环境，也提供了广大群众对个人、政府、团体利益诉求的空间。在互联网广泛普及的情况下，群众的一些利益问题反映到网上，相关部门给予重视和解决，能够有效地减轻由利益矛盾引发的社会压力。减轻社会利益类矛盾积蓄和激化的程度，为我国民主政治建设提供稳定的社会环境是一项艰巨的任务，互联网在这方面正在发挥越来越大的作用。社会主义民主政治建设也应该越来越多地利用互联网提供的这一平台，关注群众诉求，维护群众利益，解决民生问题。2013 年 8 月 19 日，习近平总书记在全国宣传思想工作会议上提出，在当今社会关系重构的社交媒体时代，要建构我国科学有效的社会舆情管理体系，必须正视舆论生态新变化，树立大数据观念，善用大数据技术预测和引导社会舆论。2013 年 10 月 1 日，国务院办公厅印发《关于进一步加强政府信息公开回应社会关切提升政府公信力的意见》，鼓励各地区、各部门积极探索利用新媒体，及时发布各类权威政务信息。2014 年 9 月，国家互联网信息办公室下发通知，要求全国各地网信部门推动党政机关、企事业单位和人民团体积极运用即时通信工具开展政务信息服务工作。

4. 互联网提供公民参与社会政治生活的平等机会

由于互联网的发展和普及，人们在业余时间就可以足不出户地进入这个场所，向社会表达自己的观念。这种表达还不受时间、地点、距离，以及名气、地位、财富、学历、出身、阶层等背景因素的限制，能畅所欲言地发表意见、交流看法、提出建议，让人们获得一种平等、全新的民主体验。广大公民能有平等参与社会政治生活的机会，参与到社会主义民主政治建设的进程中来，说明他们的民主政治地位已经得到大大提升。目前，网络已经深刻介入中国的许多公共事件，公民通过互联网平等参与社会政治生活的机会越来越多，对社会政治生活的影响"权重"越来越大。网络已成为人民代表大会、政治协商会议、听证等制度之外的民主参政议政新形式，是人民群众更广泛、更便捷、更灵活地关心国家大事、建言献策的新途径。当前，通过网络了解世界、参与社会已然成为社会大众的习惯，党政机关和领导干部要贴近群众，迎合大众习惯是必然选择。要想让网络问政成为网民的习惯选择，需要党政机关和领导干部有激情、有诚意、能办事、办成事。截至 2016 年 9 月，"地方领导留言板"成立 10 年来，共有 2 000 多位各地各级领导干部通过"地方领导留言板"回复网友留言。其中，先后有 56 位省委书记、省长公开与网友互动，几乎每位都为人民网网友留言板做过批示、提过要求。正是他们的为民意识、公仆情怀，使"地方领导留言板"树立了"有求必应、有问必答"的形象，汇聚了上百万的网民。民心是最大的政治，在互联网时代，汇聚社情民意应该发挥互联网优势，在网络空间塑造起政府与网民互动的窗口，是赢得民心的重要途径①。

## （三）让互联网成为接受人民监督的新渠道

### 1. 互联网增强社会民主政治活动的开放性

互联网带来了人类传播方式的深刻变革，打破了传统媒介的时空界限，日益成为覆盖广泛、快捷高效、影响巨大、发展势头强劲的大众媒介。这种大众媒介一旦与政治联系在一起，就使社会民主政治活动拓展了时空界限，带来日益突出的开放性。通过互联网，公民的知情范围和深度在不断加深，过去许多封锁信息的办法，在网络发达的今天已经不能奏效，推进了对重大事件的及时披露，减少了因信息不透明引起的社会恐慌和谣言传播。在国际上，通过互联网发出响亮的中国声音，让世界了解中国的政治主张和民主进程，也越来越体现了中国的民主开放性。习近平总书记在 "4.19"重要讲话中指出，各级党政机关和领导干部要学会通过网络走群众路线，经常上网看看，了解群众所思所愿，收集好想法好建议，积极回应网民关切、解疑释惑。显然，网络在今天的社会生活、政治生活中的渠道作用和反映民意的价值越来越大。网络虚拟、便捷与自由的属性，使其拥有"最少过滤"的信息，成为"最少修饰"的意见平台，是领导干部了解百姓、

---

① 人民网评：汇聚社情民意应该发挥互联网优势. http://opinion.people.com.cn/nl/2016/0926/c1003-28741750.html，2016-09-26.

融入群众的重要渠道。对于各级领导干部而言，若还是持有不闻不问、装聋作哑的"鸵鸟心态"，就会在联系服务群众上留下不应该有的"盲区"。

2. 互联网促进民主政治建设中的舆论监督

互联网所具有的开放性和便利性，也注定了它在政治信息公开、决策民主、阳光行政等方面能起到更好的监督作用，其中舆论监督的作用尤为明显。网络与政治的联姻正逐步从虚拟空间走上现实舞台，互联网舆论作为承载民众表达权的一种新方式，发挥着对各种社会不良现象进行监督的作用，也充分演示了民主和正义的力量。公众依靠网络掌握各方动态，了解公共事务、参政议政、反映自己的意见和愿望，媒体将政治、经济、社会生活的各种问题公之于众，以公众舆论的形式，代表民众与行政、立法、司法等国家权力机构进行沟通、对话，可以督促国家机关切实兑现为公民服务、尊重和保障公民权利的承诺，对国家公职人员进行评议和监督，对公职人员的腐败行为进行揭露、谴责和控诉，对关涉国计民生的公共事务发表意见，进行监督，从而实现公众与政府之间的良性互动。腐败的贪官怕被上网成"明星"，各种造假者怕被上网"现眼"，赖账者怕被上网"曝光"，行政不作为者怕被上网"晒黑"，有损公德者怕被"人肉搜索"等，互联网让数据的搜集和获取更加便捷，大数据思维使政府利用庞大的舆情数据进行舆论监督成为可能。网民诟病各种不良社会现象，既体现了网上舆论监督的民主公开性，也体现了公民对所赋民主监督权的积极运用。

# 三、网络强国与先进文化建设

## （一）把握网络文化发展的正确方向

### 1. 以网络文化弘扬社会正能量

习近平总书记在"4.19"重要讲话中指出，"依法加强网络空间治理，加强网络内容建设，做强网上正面宣传，培育积极健康、向上向善的网络文化，用社会主义核心价值观和人类优秀文明成果滋养人心、滋养社会，做到正能量充沛、主旋律高昂，为广大网民特别是青少年营造一个风清气正的网络空间"。总书记的讲话，指明了以互联网促进先进文化繁荣发展的方向和准则。互联网已日益成为人们精神生活的新空间、信息传播的新载体、文化创作的新平台。在这种新形势、新变化下，必须高度重视网民这一庞大群体的文化价值走向，充分发挥其积极性、创造性；必须始终坚持为人民服务、为社会主义服务的方向，把保障人民文化权益、满足人民精神文化需求作为一切工作的出发点和落脚点；必须准确把握社会文化生活的新特点，关注人民群众对网络文化的新期待，更多采用人民群众喜闻乐见的网络形式，提供广大群众需要的网络文化产品，真正使网络文化建设与人民群众需求相一致，更好地满足人民群众求知求美求乐的文化追求。网络文化发展，要以弘扬社会正能量为己任，保持崇高的精神价值和精神追求，打造网上时代最强音。

2. 以数字化和网络化推进公共文化建设

互联网是培育和弘扬社会主义核心价值观、建设社会主义文化强国的重要手段。公共文化建设在传播社会主义先进文化，提升全民文化素质等方面发挥着关键作用，数字化和网络化已是当下公共文化建设的潮流和未来的发展趋势。例如，在作为公共文化设施的博物馆（科技馆）建设和使用中，数字化和信息技术应用范围越来越广。全国各地不但积极推进信息技术在博物馆（科技馆）中的应用，而且借助互联网、移动通信等手段，将博物馆（科技馆）服务推送到公众工作、学习和生活之中。在 2015 年北京数字博物馆推动公共文化服务成果展中，汇集了近年来北京地区相关博物馆及数字博物馆建设的成果，集中呈现了"紫禁城天子的宫殿—倦勤斋""数字圆明园""数字三山五园""漫游大觉寺"等数字化创意点亮文化遗产的案例，现场不仅可以体验微故宫、微导览、微视频的 Wi-Fi 技术的应用，还可以尝试可见光通信技术的智能应用。

## （二）以互联网促进文化产业繁荣发展

1. 积极培育健康向上的互联网+文化产业

"互联网+文化"既要繁荣发展，又需要加强引导，唱响主旋律，弘扬正能量。培育积极健康、向上向善的互联网+文化，是建设网络强国和文化强国的重要内容。信息技术与文化融合是当前文化产业发展的重要趋势，数字化可以提升文化产品的制作水平和展示效果，网络化可以促进文化产品的传播，催生出丰富多彩的文化产品与服务新业态。要科学规划网络文化产业结构和布局，大力加强网上内容建设，实施网络内容建设工程，推动优秀传统文化瑰宝和当代文化精品网络传播；要推动网络文化企业加强资源整合和相互合作，延伸拓展产业链，打造综合实力强、影响力大、覆盖广泛的网络文化平台；要推动广大网络文化工作者自觉做时代风气的先觉者、先行者、先倡者，拒绝低俗、肤浅，追求思想深度、艺术高度，彰显信仰之美、崇高之美，使网络文化在更长久的时间中赢得历史的掌声。

2. 以互联网增强文化产品的感染力、吸引力

信息技术对增强文化产品的表现力、感染力、传播力、吸引力有着重要作用，

动漫游戏、视听新媒体、虚拟现实等融合信息技术的新兴文化业态正在快速壮大。虽然网络游戏用户已占网民总数的半壁江山,但依然呈现快速增长势头。随着网络游戏向影视剧等娱乐领域扩展,游戏用户规模进一步扩张。近几年快速兴起的IP(知识产权)产业链,已成为文化和信息融合的载体,文学、动漫、音乐等提供丰富的原创IP(知识产权)资源,影视、游戏、衍生品等手段实现IP(知识产权)的变现,产生深度跨界合作,在嫁接互联网之后更将迸发出广阔前景。

3. 发展壮大网络文学及IP(知识产权)产业

网络文学今天已经成为文学艺术原创力和想象力的重要来源,网络文学的主流化意味着越来越强的责任感和担当意识,既要求网络文学作家在艺术上精益求精,也要求各方共同推动形成有助于网络文学健康发展的环境。网络文学及其IP(知识产权)延伸产业,在我国文化事业和文化产业中的地位越来越凸显,份额越来越大。网络文学用户规模稳定增长,移动端增速较快。最走红的网络作家拥有数百万粉丝。很多网络文学作品被改编成影视剧、动画片和电子游戏。截至2015年底,由网络文学作品转化出版的图书5 002部、改编电影515部、电视剧568部、游戏201部和动漫130部。同时,中国网络文学的海外影响力也日益扩大,正如美国《华尔街日报》网站文章标题所言,"网络小说成为中国的文化力量"。2016年7月,中国作家协会网络文学委员会和中国音像与数字出版协会数字阅读工作委员会共同发起了《网络文学行业自律倡议书》,提出要坚持以人民为中心的创作导向,坚持把创新精神贯穿于创作生产过程等多项倡议。起点中文网、创世中文网、红袖添香、晋江文学城、掌阅文化、大佳网等全国50余家重点文学网站共同签署了倡议书。《网络文学行业自律倡议书》的发布,既是网络文学自身发展的内在需求,也是信息化背景下文化领域治理能力现代化的新要求。

(三)营造风清气正的网络文化空间

1. 构建网络文化精神家园

以互联网促进文化事业和文化产业发展,既需要加强网络内容和网络平台建设,也需要依法加强网络空间治理,为广大网民特别是青少年营造一个风清气正的网络文化空间。网络作品不应仅是休闲娱乐的消遣,而更应是人民群众重要的精神栖息地,表达百姓的追求与向往。要坚决抵制攻击诋毁、传谣信谣、低俗恶搞等网络不文明行为,努力创作生产精品佳作,使网络文化真正成为向上、向真、向善、向美的文化;广大网络文化工作者要充分利用网络优势,运用各种传播手段,大力宣传科学理论,传递美好情感,守护道德良知,真正使社会主义核心价值观深入人心，使网上正能量广泛汇聚、涤荡人心。

### 2. 依法加强网络直播规范治理

网络直播作为互联网与文化传播结合的新业态，近年来取得了飞速发展，截至 2016 年 6 月，我国网络直播用户规模达到 3.25 亿，占网民总体的 45.8%。其中，真人聊天秀直播和游戏直播在资本的推动下得到快速发展，网民使用这两类直播的比例分别为 19.2% 和 16.5%[①]，体育赛事直播和演唱会直播等形态也处于快速成长期。与此同时，网络直播平台传播色情低俗信息等现象泛滥的状况也亟待整治。2016 年以来，全国各地各级组织开展"净网 2016"专项行动，持续深入打击网上淫秽色情信息，分别以网络视频、网络直播、云盘、微领域为重点，进行了多项集中整治，依法依规严厉查处案件，持续形成监管合力，并积极推进行业自律、落实企业主体责任，同时大力开展宣传。随着对网络直播市场做出规范治理，网络空间日益清朗，社会反响积极良好，未来将有望更加健康快速地发展。

## 四、网络强国与社会和谐发展

### （一）以互联网保障和改善民生

让互联网更好造福人民，是网络强国建设的出发点和落脚点。习近平总书记在"4.19"重要讲话中指出："要适应人民期待和需求，加快信息化服务普及，降低应用成本，为老百姓提供用得上、用得起、用得好的信息服务，让亿万人民在共享互联网发展成果上有更多获得感。"总书记的讲话，充满了对人民群众的关爱，深刻指明了以互联网促进社会公平和谐的目标和任务。

### 1. 让亿万人民在共享互联网发展成果上有更多获得感

保障和改善民生是信息化促进社会事业发展的核心要义。这就需要全面推进民生领域信息化深度应用，加快建设方便快捷、公平普惠、优质高效的公共服务信息体系，使信息惠民建设全面提升政府公共服务和社会管理能力，增强民众安全感和幸福感。2014 年初，国家发展和改革委员会、财政部、中央机构编制委员会办公室等 12 部门联合部署开展信息惠民试点建设，这项工作旨在加快提升公共服务水平和均等普惠程度，推动城市各政务部门的互联互通、信息共享和业务协同，探索信息化优化公共资源配置、创新社会管理和公共服务的新机制新模式，将深圳市等 80 个城市列为信息惠民国家试点城市。两年多来的实践，各地通过基

---

① 中国互联网络信息中心. 第 38 次中国互联网络发展状况统计报告[R]. 2016-08-05.

于统一的信息惠民公共服务平台，逐步实现公共服务事项和社会信息服务的全人群覆盖、全天候受理和"一站式"办理，创新社会管理和公共服务的工作机制与政策环境，为解决制约信息惠民服务的关键问题探索了经验。

2. "互联网+精准扶贫"

当前我国已经进入全面建成小康社会的决定性阶段，打赢脱贫攻坚战已经成为全面建成小康社会的底线目标。"互联网+精准扶贫"是习近平总书记十分关心的民生工程，他明确指出："可以发挥互联网在助推脱贫攻坚中的作用，推进精准扶贫、精准脱贫。"互联网分享、远程、快捷的特点，使其在社会资源配置中能够有效发挥优化和集成作用，通过网络可以让更多农副产品走向大市场，也可以让山沟里的孩子接受优质教育，已成贫困地区后发赶超的重要抓手。"互联网+精准扶贫"的关键是加强贫困地区的信息基础设施建设，加强扶贫帮困数据库建设，发展大数据及多媒体通信网络，有效地为贫困人口提供各种信息服务。同时，要大力普及互联网知识，加强信息技术、信息开发、信息利用的培训工作，提高贫困者的信息素质和应用能力。由中共中央网络安全和信息化领导小组办公室提倡，中国互联网发展基金会、新浪微博联合发起的"9+1 我们一起过大年"精准扶贫公益活动，就曾让贫困群众猴年春节充满了暖意。苏宁和国务院扶贫开发领导小组办公室共同打造的"电商扶贫双百示范行动"，定点扶贫全国约 104 个贫困区县，让互联网发展红利惠及 1 万余个贫困村。以阿里巴巴、苏宁、京东为代表的电商企业，帮助农民把农产品通过互联网卖出去，让贫困群众享受到了互联网发展带来的红利。

3. 以互联网促进农业转移人口市民化

有序推进农业转移人口市民化是以人为核心的新型城镇化的核心任务之一，也是让亿万人民共享互联网发展成果的重要着力点。通过大力发展基于互联网的新产业新服务，如共享经济、快递配送、智慧养老等民生领域的信息产品与信息服务，带来城市经济的新增长点，既为农业转移人口提供了就业机会，也满足了新型城镇化的人力资源需求。互联网是整合职业教育和培训资源，加强农民工职业技能培训，提高就业创业能力和职业素质的重要途径。尤其是 20 世纪 70 年代中后期至 90 年代的"新生代"已经构成了农业转移人口的主体，他们也是信息服务的主体，除了应用互联网手段进行就业、培训和维权服务外，更想寻求的是互联网时代的平等权利，通过各类信息渠道融入和享受城市生活。同时，通过电子政务、智慧政务等手段推进政务信息公开和联网共享，是政府提供义务教育、就业服务、基本养老、基本医疗卫生、保障性住房等城镇基本公共服务覆盖全部常住人口的有效途径，也是农业转移人口获得这些服务的重要渠道。

（二）以互联网提升公共服务水平

1. "互联网+教育"

习近平总书记在"4.19"重要讲话中指出："可以发挥互联网优势，实施'互联网+教育'、'互联网+医疗'、'互联网+文化'等，促进基本公共服务均等化。"互联网打破了权威对知识的垄断，让教育从封闭走向开放，人人能够创造知识，人人能够共享知识，人人也都能获取和使用知识。互联网放大了优质教育资源的作用和价值，从传统的一个优秀老师只能服务几十个学生扩大到能服务几千个甚至数万个学生，互联网联通一切的特性使传统的地域、时间和师资力量导致的教育鸿沟将逐步被缩小。近年来，随着"三通两平台"（宽带网络校校通、优质资源班班通、网络学习空间人人通和教育资源公共服务平台、教育管理公共服务平台）的大力推进建设，我国教育信息化取得了显著成效。例如，国家教育资源公共服务平台自 2012 年底开始试运行以来，2016 年 3 月底已实现与 18 个省级平台互联互通，截至 2016 年 6 月底，共开通教师空间 568 万个、学生空间 397 万个、家长空间 340 万个，云服务体系服务注册用户 4 555 万人，教育资源逐渐以云服务的形式运行在智能手机、平板电脑、电子书包等云端个人学习环境与设备中，为云环境的下一步数字化教育活动开展奠定了基础。

2. "互联网+医疗"

充分发挥互联网在医疗资源配置中的优化作用，提升公共服务的创新力和覆盖力，有利于解决我国医疗资源不平衡和人们日益增加的健康医疗需求之间的矛盾。通过互联网发挥优质医疗资源的引领作用，运用信息化、智能化的技术装备，面向基层、偏远和欠发达地区，开展远程病理诊断、影像诊断、专家会诊、监护指导、手术指导等远程医疗服务，不但有利于解决现在医院的挂号难、看病难等各种现实问题，而且有利于改变人们的健康生活理念和看病就诊方式，呈现出发展速度快、受资本青睐、对传统医疗服务模式产生颠覆性影响的趋势。在近期，重点推进网上预约分诊、检查检验结果共享互认、医保异地结算等群众迫切所望的工作。挂号网（微医）是国家卫生和计划生育委员会批准的全国健康咨询及就医指导平台官方网站，聚合了全国 3 900 余家医院、600 家重点三级以上医院的预约挂号资源，在帮助患者找对医生挂号上发挥了快捷方便的作用。为了解决大医院人满为患的就医状况，分级诊疗制度是科学合理利用现有医疗资源、有效分流就医人群的举措，而互联网能实现医疗数据共享、信息互联互通，有助于推动分级诊疗制度的建立。在世界互联网大会的所在地——浙江乌镇，乌镇互联网医院作为全国互联网分级诊疗创新平台，通过互联网连接全国的医生和患者，成为大规模实现在线复诊、电子病历共享、在线医嘱与在线处方的互联网医疗服务平台，开启了"互联网+医疗"的新模式探索。

3. "互联网+就业"

互联网可以创造大量新的就业机会。互联网对我国的就业格局产生了深刻影响，互联网"平台型就业"和"创业式就业"大量涌现。互联网变革了就业方式和就业能力，这对包括求职者、用人单位和政府在内的各相关方都产生了影响。互联网正在以颠覆性的思维重塑整个经济社会的结构，改变人们的生活方式和思维习惯，促进商业模式的转型升级，推动就业结构和企业对人才素质的要求发生改变。波士顿咨询公司发布的《互联网时代的就业重构：互联网对中国社会就业影响的三大趋势》报告指出，在互联网时代，行业的平台效应愈加明显，在其生态圈内创造了更多的就业机会，2014 年互联网行业在中国直接创造了约 170 万个就业机会，并呈现出三个新的发展趋势：第一，互联网行业的平台效应明显，在其生态圈内创造了更多的就业机会；第二，"平台型就业"浮现，"创业式就业"热潮快速发展；第三，互联网行业人才的就业面有别于传统行业，呈现出年龄低、工龄短、学历高的"两低一高"特征，互联网与传统行业人才跨界流动[①]。

互联网创新了就业途径和服务手段，大数据平台是支撑"互联网+就业"的重要基础。四川省内江市建立了 4 个就业大数据平台，其数据量已达到 170.79 万条，其中农民工综合信息查询系统数据量达 119.23 万条；就业失业登记系统数据量达 45.53 万条；失业动态监测系统数据量达 27 481 条；人力资源市场数据采集系统数据量达 32 845 条。为让求职者和用工单位在线上线下均能享受到方便快捷的就业创业服务，建立了具有内江特色的电子商务 O2O 就业新模式，已建立起 PC 平台——内江就业网、中国·内江农民工之家网、内江市就业服务管理局门户网等多个线上虚拟平台，也构建了实体的线下平台，如与天坤集团合作，共享天坤旗下的全国上百家就业平台"实体店"资源[②]。

### （三）以互联网缩小城乡差距

1. 互联网缩小城乡之间的信息鸿沟

牵手"互联网+"建设新农村是缩小城乡之间的信息鸿沟、化解城乡二元结构的有效途径。据中国互联网络信息中心发布的《2015 年农村互联网发展状况研

---

① 互联网行业给中国就业带来哪些影响. 中国青年报，2015-08-13，（06）.
② 内江市努力构建"互联网+就业"新模式. http://www.scnjnews.com/news/content/2015-06/26/content_13291 86.htm，2015-06-26.

究报告》①，截至 2015 年 12 月，62.3%的非网民为农村人口，占我国农村人口总数的 68.4%，而城镇地区非网民比例为 34.2%，中国城乡互联网普及率，如图 4-1 所示，城乡差异明显。随着农村地区网民规模和互联网普及率的不断增长，城乡互联网普及率差异正在逐步出现缩小趋势，随着农村地区互联网普及工作力度加大，城乡差异正在逐步缩减，但普及率差异仍超过 30%。城乡间存在差距一方面是由城镇化进程在一定程度上影响了农村互联网普及推进工作的成果造成；另一方面则是由地区经济发展不平衡造成，这也是城乡差距的主要原因，如何解决城乡数字鸿沟需要继续探索。重视和加强农村互联网发展，不仅能有效地缩小城乡"数字鸿沟"、消除城乡之间的信息壁垒、化解二元结构的诸多矛盾，也是建设社会主义新农村、构建社会主义和谐社会的重要组成部分。

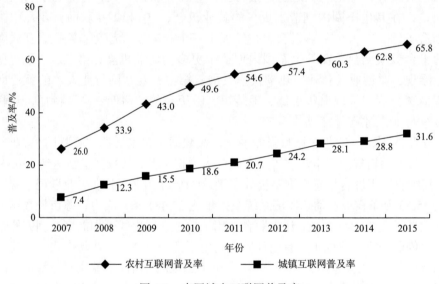

图 4-1　中国城乡互联网普及率

　　随着宽带中国战略的推进，以及在电信普遍服务试点等项目的支持下，加强农村网络基础设施建设，提升农村宽带网络覆盖水平，将让广大农民分享宽带红利。互联网为城乡之间的交流提供了桥梁，大大压缩了商业流通的中间环节，农产品直通城市变得越来越方便，中间环节的省略能够让生产者和消费者更直接地对话，也让双方都能获益。政府推动和社会资本的引入带动了农村电商迅猛发展，一方面，多项政策出台支持农村电商发展，中央一号文件从农产品电商、涉农电商平台建设、电子商务进农村三个方面进行了重点部署；国务院办公厅下发《关于促进农村电子商务加快发展的指导意见》，推动农村电商与农村一二三产业的

① 中国互联网络信息中心. 2015 年农村互联网发展状况研究报告[R]. 2016-09-02.

深度融合。另一方面，电商下乡加速。以阿里巴巴为例，截至 2015 年底已在全国 20 个县建设了 1 万个农村淘宝服务站，加快农村地区电商基础服务点建设。2015 年农村网民网络购物用户规模为 9 239 万（图 4-2），年增长率达 19.8%，超过城镇网民网络购物用户 12.9%的增幅①。

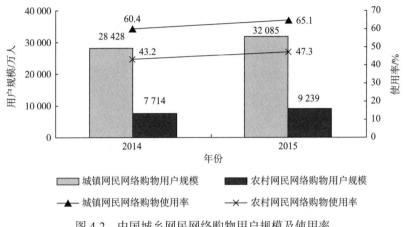

图 4-2　中国城乡网民网络购物用户规模及使用率

2. 互联网促进城乡公共服务均等化

随着民生需求不断增强，公共教育、就业创业、社会保险、医疗卫生、社会服务、住房保障、文化体育、残疾人服务等领域公共服务能力的城乡差距与矛盾日益突出。无论是劳动力、土地等资源要素的供求、配置信息，还是食品安全、医疗、水务、安防及社会管理系统，广大农村都存在着公共服务不足的突出问题。需要形成统一、协调、互通互联的网络体系使信息化惠及城乡广大居民。互联网将大大提升城乡协同发展的智能、顺畅程度，提升农村现代化水平。例如，"互联网+教育"，通过探索网络化教育新模式，对接线上线下教育资源，加快推进"三通两平台"建设与应用，提升农村中小学信息化水平，通过政府购买服务等方式支持国家级优质教育资源平台建设，有效扩大了优质教育资源覆盖面。

3. 互联网加快普惠金融发展

近年来，互联网金融蓬勃发展，方兴未艾。普惠性是互联网金融的本质特征，它改变了传统金融只针对有钱人进行服务的特点，使社会中下层人群享受到金融服务。特别对于我国来讲，农村地区虽然经济相对落后，但有一定的互联网等信息技术的基础。发展互联网金融适合我国的基本国情，互联网的普惠性将从金融服务层面降低城乡差距。对于我国这样一个二元结构严重、城乡差距较大的社会，

① 中国互联网络信息中心. 2015 年农村互联网发展状况研究报告[R]. 2016-09-02.

其意义更为重大。贫困人口也只有享受到优质的金融服务，才能更快的摆脱贫困，进而实现共同富裕。实现普惠金融的途径是降低金融服务的成本，进而降低门槛，使原本不能享受金融服务的人群也能享受到金融服务。作为信息技术的核心，互联网有其独特的优势，大大降低金融服务的成本。余额宝是利用互联网平台汇集资金进而达到规模效应的产品。它的诞生使原本的低收入家庭可以购买货币基金，并实现相比活期存款更高的投资收益。一方面，互联网巨头纷纷进军金融服务领域；包括传统商业银行在内的各种金融机构，也都加快了与互联网融合的脚步。互联网金融正以其简单、便捷、门槛低的优势，让更广泛的人群尤其是弱势群体，能有机会享受种类更多、更优质的金融服务。手机与互联网的成功嫁接使居民在没有金融机构的偏远山区也可以通过手机享受到金融服务。借鉴世界扶贫组织的经验，我国目前已有多家银行推行手机银行等服务。过去在农村很少有购买理财产品的机会，现在只要与支付宝或者微信绑定，就可以购买理财产品从而获得比存款多的收益。

## 五、网络强国与生态文明建设

### （一）以互联网推进绿色发展

习近平总书记在"4.19"重要讲话中指出："党的十八届五中全会、'十三五'规划纲要都对实施网络强国战略、'互联网+'行动计划、大数据战略等作了部署，要切实贯彻落实好，要着力推动互联网和实体经济深度融合发展，以信息流带动技术流、资金流、人才流、物资流，促进资源配置优化，促进全要素生产率提升，为推动创新发展、转变经济发展方式、调整经济结构发挥积极作用。"生态文明的实现需要切实转变经济发展发式、优化调整产业结构，这些都要以不断发展的信息科技为支撑，从而实现更透彻的感知、更全面的互联、更深入的智能、更智慧的决策，带动绿色经济和生态环境的整体发展。总书记的这一指示，不仅是经济创新发展的要求，也是对生态文明建设的要求。

互联网对生态文明建设的作用，正在经历从助力、支撑、保障到融合创新，最终引领发展的提升过程。随着信息技术的不断发展，人类借助其应对生态危机的能力不断增强，在理念、设施、手段和模式等方面为建设生态文明提供了可能和便利。目前，相对于经济发展、社会民生等领域，信息化在节能降耗、减排治污、安全生产、资源再生等领域中的应用相对滞后、短板突出。全面推进生态文明建设，需要互联网发挥更大的作用。

适应21世纪绿色文明的基本趋势是生态环保效益型的绿色经济发展，信息化和生态化是绿色发展理念的基础支撑。习近平总书记指出"绿水青山就是金山银山",生动阐释了生态环境在经济社会发展中的重要价值。在经济结构上,为促进传统经济的软化和绿化,就要培育信息化和生态化的新技术、新产业、新业态;在产业布局上,通过产业内部和产业之间能源、物资、信息的优化配置,根据信息化和生态化要求,使产业发展和环境保护动态和谐;在企业发展上,为在生产上实现增效减耗和节能减排的目标,要应用以信息化和生态化为导向的技术增强创新能力。近年来,我国中西部不少地区正在注重走以信息化和生态化促进绿色经济发展的道路。贵州针对自身山清水秀、资源丰富但传统产业的结构性矛盾突出的状况,把发展大数据产业作为后发赶超的战略举措,依托国家大数据贵州综合试验区,重点培育以大数据为引领的电子信息产业,力促试验区变成示范区、大数据变成大产业、大机遇变成大红利,发展势头良好。

多规融合信息化建设是贯彻绿色发展理念的有效探索,是在数字化转型背景下运用信息系统提高政府空间管控能力的重要举措。规划,是对未来发展愿景及其实现路径的全盘考量与行动方案,政府编制的各类规划,是体现国家和地方未来发展意图的蓝图,是我国国家和地方治理体系的重要内容。长期以来,地方规划编制管理体系部门分治、集权管理,国民经济和社会发展规划、城乡总体规划、土地利用规划和生态环境功能区规划之间,以及四大规划与其他各类基础设施规划之间存在许多不一致、不协调的现象,不能有效起到空间统筹、优化开发、耕地保护和环境保护的作用。目前,已经有不少地区通过建设多规融合信息平台,打破各部门业务壁垒,建立统一的空间规划体系,实现区域统筹发展。建立开放、共享、统一、高效、动态更新的多规融合信息平台,以盘活土地资源、优化空间布局、明确增长方向、保护生态安全格局为出发点和落脚点,在"一张图"内形成统一的建设用地规模控制线、建设用地增长边界控制线、生态控制线、产业区块控制线、基本农田控制线等"控制线"管理体系,提高信息共享质量,实现规划资源利用最大化。

## (二)以互联网促进环境保护

"互联网+环境保护"实现生态环境数据互联互通和开放共享,在环境监测、评价和预测预警等多个方面深化大数据在生态发展领域的应用,是互联网与生态文明建设深度融合的重要途径。从发达国家的环保实践来看,它们在付出了惨痛的环境代价后,都逐步转向了通过全过程控制,即结构调整、技术进步和末端治理来减少污染物排放。近年来,我国在环保监控领域投入了大量的人力物力,各级环保部门都在集中力量抓污染物减排,互联网等高科技监控手段在环保管理中逐步得到应用,积极推动"环境大数据"的发展,通过数据的多元化采集、主体化汇聚和知识化应用,完善污染物监测及信息发布系统,取得了较明显的成效。

浙江把"五水共治"（治污水、防洪水、排涝水、保供水、抓节水）作为绿色发展优化生态环境和可持续发展的重要举措，而信息化在"五水共治"中发挥了重要作用。通过构建省、市、县三级"五水共治"信息化平台，实现横向打通、分级管理、数据共享和互联互通，帮助第一时间掌握信息，将污染源、河长信息、项目信息、交接断面考核信息录入数据库，实施动态更新、实时监测，有效配合应急指挥，提供决策支持。

　　智慧互联、绿色安全、低碳环保已成为当今世界发展的历史潮流，是我国转变发展模式、促进可持续发展的重要战略，也是生态文明建设的有效途径。智慧环保利用现在先进的物联网技术、云计算技术、遥感技术和业务模型技术，把数据的获取、传输、处理、分析、决策、服务形成一个一体化的创新、智慧模式，让环境管理、环境监测、环境应急、环境执法和科学决策更加有效，更加准确，通过"智在管理，慧在应用"，为环境管理和环境保护提供全方位的智慧管理与服务支持。为实现对环境管理测得准、说得清、看得见、管得住的显著成效，中国电信"智慧环保系统"建成了环境监控平台，以及污染源在线自动监测监控、重点区域高空瞭望、环境质量在线自动监测、环境地理信息、环境事故应急处置指挥、环境教育与公众参与和环保政务七大系统。系统基于环保数据中心、应用支撑平台和众多环保云服务应用，依托"全面感知、准确感知、实时感知"的环境监测数据，借助大数据、云计算、移动互联网等新技术，整合多系统平台的海量数据应用，打造了"用户统一、管理统一、服务统一"的智慧环保平台架构，实现了各应用系统的信息共享，目前该系统还打通了在线监测—自动报警—移动执法—行政处罚为主要环节的智慧环保执法链。

## 案例 4-1　浙江省衢州市智慧环保成效明显

　　精准执法。浙江省衢州市对全市所有环境质量在线数据、重点污染源在线数据和视频、危险废物全过程视频监控开展巡检，优化智慧环保监控平台在线监测异常数据、超标数据处理的流程，当排污企业出现连续超标或超标数值较大时，平台自动将信息推送到属地环保执法人员终端，触发环境执法指令，所有业务流程进入平台流转，执法人员在现场将执法数据实时上传至智慧环保平台。智慧中心通过终端下达审批意见，实现执法文书现场下达，比使用移动执法系统前缩短7个工作日。同时，当排污企业出现瞬时超标情况，智慧平台将自动提示企业主或者运维单位去核实设备问题，并将超标信息通过短信发送给企业法人等。

　　大众参与。依托智慧环保项目实时发布全市环境空气质量指标、饮用水源质量、出境水质量、交接断面水质情况，同时开设污染源环境监管专栏，对46家重点污染源基本信息、污染源监测、总量控制、污染防治、排污费征收、监察执法、行政处罚和环境应急的 8 大方面 30 项内容实施信息公开,促进群众参与和监督治水。开发智慧环保手机 APP"爱环保",在应用市场上供公众下载。通过该手机应用,公众可实时查询全市环境信息,了解环境新闻和环境事件,报名参加环保公益活动,还可通过留言、上传找、上传录音等方式对环境违法行为进行实时举报,有效增加全民治水参与度。

　　协同共享。环境保护局内部消灭了信息"孤岛",将环境自动监测与信息管理系统,污染源综合管理系统、环境综合执法与监察管理系统和电子处罚平台等系统进行有效整合,实现环境执法监管的一体化闭环融合,将及时预警、及时反应、及时查处的模式进行全程信息化闭环管理。实现与衢州市智慧城市大平台的信息共享,将环境质量数据和污染源数据实时推送"智慧衢州"APP,方便市民查询相关环境数据。积极打造智慧安监、环保一体化,实现双方信息、视频的共享访问和交互。依托政务服务网,在线整合规划局地理信息服务和市场监管局法人登记注册信息,实现部门间信息的有效共享,避免重复建设造成资源浪费。

# 第二篇 实 践 篇

# 第五章　浙江发展信息经济
# 实践研究

　　浙江贯彻落实习近平总书记系列重要讲话精神，把握世界经济加速向以网络信息技术产业为重要内容的经济活动转变这一历史契机，在全国各省区市中率先做出大力发展信息经济的决策部署，充分释放数字红利，以互联网为核心的信息经济形成了新动能新优势。2016 年 11 月，中共中央网络安全和信息化领导小组办公室、国家发展和改革委员会批复浙江省建设首个国家信息经济示范区。

## 一、浙江发展信息经济的主要成效

### （一）信息经济成为浙江经济发展的新引擎新蓝海

　　当前，以互联网为依托、数据资源为核心要素、信息技术为内生动力、融合创新为典型特征的信息经济，无论其自身发展还是对经济辐射带动作用都呈现爆发式增长态势。近年来，浙江围绕"七中心一示范区"建设全国信息经济发展的先行区，信息经济已成为经济的重要增长极和新引擎。2015 年浙江省信息经济发展指数为 125.6%，其中，基础设施、核心产业、个人应用和企业应用发展指数分别为 151.1%、111.9%、137.8% 和 103.8%[1]。《中国信息经济发展白皮书（2016 年）》显示[2]，2015 年浙江信息经济总量（包括基础部分和融合部分）达到 23 291 亿元，列全国第一位。2015 年浙江省信息经济主要指标完成情况如表 5-1 所示。

---

　① 浙江省经济和信息化委员会，浙江省统计局.2015 年浙江省信息化发展指数评价报告[R]，2016.
　② 中国信息通信研究院.中国信息经济发展白皮书（2016 年）[R]，2016.

**表5-1　　2015年浙江省信息经济主要指标完成情况**

| 类别 | 一级指标 | 二级指标 | 单位 | 2014年 | 2015年 |
|------|---------|---------|------|--------|--------|
| 基础设施类 | 基础设施 | 1. 城域网出口带宽 | Gbps | 11 939 | 23 286 |
| | | 2. 固定宽带段口平均速度 | Mbps | 10.5 | 30.9 |
| | | 3. 每平方千米拥有移动电话基站数量 | 个 | 1.5 | 2.0 |
| | | 4. 固定互联网普及率 | 户/百人 | 31.1 | 34.7 |
| | | 5. 移动互联网普及率 | 户/百人 | 89.8 | 102.9 |
| | | 6. 付费数字电视普及率（含IPTV） | 户/百人 | 44.3 | 53.1 |
| 产业发展类 | 核心产业 | 1. 信息经济核心产业增加值占地区生产总值的比例 | % | 7.1 | 7.9 |
| | | 2. 信息经济核心产业劳动生产率 | 万元/人 | 25.0 | 28.3 |
| | | 3. 信息制造业新产品产值率 | % | 46.1 | 52.2 |
| 融合应用类 | 个人应用 | 1. 人均移动互联网接入流量 | G | 2.5 | 6.2 |
| | | 2. 全体居民人均通信支出 | 元 | 879.0 | 956.5 |
| | | 3. 人均电子商务销售额 | 元 | 8 723 | 10 255 |
| | | 4. 网络零售额相当于社会消费品零售总额比例 | % | 31.6 | 38.5 |
| | 企业应用 | 1. 工业企业信息化投入相当于主营业务收入比例 | % | 0.2 | 0.4 |
| | | 2. 工业企业电子商务销售额占主营业务收入的比重 | % | 3.6 | 3.7 |
| | | 3. 工业企业每百名员工拥有的计算机数 | 台 | 24.0 | 25.1 |
| | | 4. 工业企业从事信息技术工作人员的比例 | % | 1.7 | 2.0 |
| | | 5. 工业企业应用信息化进行购销存管理普及率 | % | 56.5 | 55.7 |
| | | 6. 工业企业应用信息化进行生产制造管理普及率 | % | 38.7 | 36.8 |
| | | 7. 工业企业应用信息化进行物流配送管理普及率 | % | 12.5 | 11.8 |
| | 政府应用 | 该项指标暂不参与评价 | | | |

### 1. 信息经济核心产业持续发力

信息经济核心产业是信息经济发展的技术和支撑，近年来浙江逐步形成数字视频监控、IP网络设备、集成电路设计、光纤通信器件、磁性材料等电子信息制造业等多个特色优势领域，电子商务、云计算服务、互联网金融、数字内容等软件与信息服务业领域，更是在国内外具有领先地位。2015年，浙江省信息经济核心产业增加值3 373亿元，按现价计算，比2014年增长18.2%，增幅比2014年提高3.8个百分点，占浙江省地区生产总值的比重为7.9%，比2014年提高0.8个百分点。信息经济核心产业劳动生产率为28.3万元/人，是全社会劳动生产率的2.5倍，比2014年增长13.2%。作为"新经济"的基础，信息经济核心产业已经成为浙江省重要的支柱产业。2015年，信息制造业新产品产值率达52.2%，高出浙江省规模以上工业20.3个百分点，信息制造业已成为浙江省工业新产品的高产区；信息服务业营业收入 3 615 亿元，增长 39.4%，增幅高于规模以上服务业营业收入 19.3 个百分点，对规模以上服务业增长的贡献率达 66.7%[①]。

### 2. 国际电子商务中心建设不断取得新突破

2015 年，浙江网络零售额 7 611 亿元，比上年增长 49.9%，省内居民网络消费 4 012 亿元，比上年增长 39.6%。人均电子商务销售额 10 255 元，比上年增长 17.6%。网络零售额相当于社会消费品零售总额的 38.5%，比 2014 年提高 6.9 个百分点[②]。浙江发挥杭州、宁波先后成为国家跨境电商综合试验区的作用，改革完善适应跨境电商特点的政策体系和监管体系，不断扩大可交易商品范围，拓展海外营销渠道，推动开放型经济形成新优势。浙江跨境电商进出口额约占全国的四分之一，仅次于广东，位居全国第二；跨境电商出口超 40 亿美元，约占全国的 16%。据阿里研究院发布的数据，2015 年全国电商百佳县中浙江占 42 席，全国 780 个淘宝村中浙江占 280 席，均位居全国第一。阿里巴巴集团创造了超过 3 000 万个就业机会；连续 8 年与消费者联合创造出"双 11"奇迹，2016 年"双 11"总交易额达到 1 207 亿元，同比增加 32%；该集团牵头倡议成立世界电子贸易平台（electronic world trade platform，eWTP）受到了 G20 峰会的高度关注，已经开始在全球电子商务规则体系中赢得更多话语权。

### 3. 互联网经济新业态新模式方兴未艾

浙江基于大数据、云计算、物联网和移动互联网的服务应用与创业创新日益活跃，创意设计、网络约车、在线医疗、远程教育、网上银行等新业态新模式大大改变了人们的生产生活方式。浙江基于互联网的个人信息消费活力不断激发，成为消费增长的重要引擎，居民个人信息消费额大幅增长，信息消费的领域不断拓宽，消费方式和消费习惯也发生了巨大的变化。2015 年人均通信支出 956 元，增长 8.8%。全年人均移动互联网接入流量 6.2G，比上年增加 3.7G，增长 148%，呈高速增长态势。第三方互联网移动支付、P2P 网络借贷、股权众筹、智能金融理财等互联网新金融业态快速兴起，创建全国首家网商银行，仅开业一年就服务了 170 万家小微企业，贷款资金余额达到 230 亿元。2016 年 7 月发布的《北京大学数字普惠金融指数》显示，上海、北京、浙江位列前三，杭州在 337 座城市中排名第一。"互联网+医疗健康"领先全国，推动卫生信息平台之间的互联互通和信息共享，方便老百姓就医看病增强了获得感，乌镇互联网医院、微医（原挂号网）成为丰富远程医疗服务、网络医院、智慧医疗应用的典型代表。

---

[①] 浙江省经济和信息化委员会，浙江省统计局.2016 年浙江省信息经济发展综合评价报告[R]，2016.
[②] 浙江省统计局.2015 年浙江省国民经济和社会发展统计公报[R]，2016.

### （二）信息经济对浙江转型升级的新动能作用日益显著

浙江信息经济不但在需求侧和消费端发力，而且在促进供给侧结构性改革、变革实体经济传统发展模式上正在积极发挥驱动作用。2015 年浙江"两化"融合发展指数上升到 98.15，跃居全国第二位[①]。浙江是全国首个建设"两化"深度融合的国家示范区，杭州成为全国首个跨境电子商务综合试验区，宁波成为全国首个"中国制造 2025"试点示范城市，众多"首个"反映了浙江在信息经济领域创新实践的成效与样板作用。

1. 制造业与互联网深度融合发挥乘数效应

面对制造业成本上升、利润趋薄的"双头挤压"，浙江加速新一代信息技术与传统产业跨界融合，淘汰落后过剩产能，减少无效供给，智能制造、工业互联网等促进了供给结构的不断优化升级。机器换人、装备智能化开发、绿色安全制造、电商换市、云服务产业培训、骨干企业信息化提升和中小微企业信息化服务等 7 个"两化"融合专项行动取得明显成效。2015 年浙江在持续全面推动以机器换人和机器联网为代表的智能制造工程的同时，进一步实施开展了"十行百企"数字工厂示范工程、工业信息工程公司培育工程、企业信息化登高计划等工作。从企业数控化率指标来看，2015 年浙江企业数控化率达到 40%以上的地区有 55个；从机器联网指标来看，2015 年全省机器联网率达到 27.79%，比 2014 年增加9.87 个百分点，智能制造模式不断得到深化应用。万向集团、娃哈哈等企业打造区块链实验室和创新城、智能机器人；正泰电器、三花控股、西子航空等企业，实现从"欧美设计，中国制造"向"中国设计，全球制造"的升级；雅戈尔、报喜鸟等企业，应用基于互联网的个性化定制、众包设计、云制造等新型制造模式实现转型发展……。这些实体企业利用"互联网+"变革生产方式，以智能制造为核心推进"两化"深度融合，有效提升了市场需求响应能力和国际竞争优势。

2. "互联网+"带动现代服务业创新发展

互联网的便利性大大提升了浙江服务业的市场竞争力，研发设计、第三方物流、商务咨询等生产性服务业获得加速发展，文化、旅游、教育等领域通过融入互联网成为浙江新经济的重要增长极。浙江积极构建智慧物流体系，以国家交通运输物流公共信息平台为基础，推进港口、铁路、机场、货运站场等交通枢纽和仓储基础设施智能化，在推进宁波、舟山大宗商品物流枢纽建设中发挥了重要作用，杭州空港小镇以"智慧"为主导的航空物流、保税物流，以及延伸的跨境电

---

① 浙江省经济和信息化委员会. 2015 年浙江省区域两化融合发展水平评估报告[R]，2016.

商与先进装备制造业生态链体系已粗具雏形，成为全国"智慧物流"的样板区。浙江通过启动"文化+互联网"产业推进工程，把推进文化产业与互联网深度融合作为打造全省重点发展的"八大万亿产业"之一的文化产业的关键举措，以数字内容为特色的新闻出版、广播影视、动漫游戏、文化演艺、文化信息传输和软件服务等领域处于全国优势地位，目前浙江电视剧、动画片产量和文化服务出口总量均居全国第二位。

### 3. "互联网+"促进农业现代化加快步伐

互联网分享、远程、快捷的特点，使其在社会资源配置中能够有效发挥优化和集成作用，网络可以让更多农副产品走向大市场，带来了农产品经营方式的变革，而且有效推动了农业集约化、规模化、品牌化发展，带动了农产品加工业的发展。浙江"电子商务进万村"工程的实施，以及农村电商服务点的有序建设，带动了农村网络消费比重迅速提升。浙江依托阿里巴巴在农产品电子商务方面开展了大量的创新探索，涌现出绿健网、农民巴巴网等一批专业特色的农产品电子商务平台，通过线上线下的紧密衔接，结合当地的资源条件和特色，充分挖掘农业的生态价值、旅游价值、文化价值，释放农业资源，推动农产品增值，涌现出一批诸如观光农业、休闲农业、采摘农业等新业态。浙江丽水市推广农村电商"遂昌赶街模式"，有效地解决了农村青年创业、生态农产品销售等"两难"，实现了就业和增收的"双赢"。温州市构建了政府主导、社会参与、网上网下互动、大数据储存和分析的新平台，实现"互联网+政府+乡村+项目+公众参与"的精准扶贫。

## （三）信息经济成为浙江创新创业的主战场

浙江紧紧把握新一代信息技术突破发展带来的创新创业机遇，以"互联网+"创新创业为动力，着力推进技术创新、商业模式创新和体制机制创新，涌现出一批网络通信、数字安防、电子商务、互联网金融等领域的领军企业，成为全国创新创业活力最强、转型升级步伐最快的省份之一。

### 1. 信息技术自主创新创造商业奇迹

习近平总书记指出，"要紧紧牵住核心技术自主创新这个'牛鼻子'，抓紧突破网络发展的前沿技术和具有国际竞争力的关键核心技术"。浙江加快创新型省份建设步伐，大力推进以企业为主体的创新体系建设，信息技术创新水平显著提高，大大增强了浙江信息产品和信息服务的市场竞争力。阿里云以独立研发的飞天开放平台为基础的大规模分布式高可用电子商务交易处理平台，被第三届世界互联网大会首次评选为 15 项世界互联网领先科技成果之一。连续五年蝉联全球视频监控市场占有率第一位的海康威视，以超过 25% 的增速持续发展，这源于始终以技术创新优势参与全球市场竞争，每年在科技创新方面的直接投入一直占销售收入的 8% 左右，几乎每年坚持推出一代新产品满足和引领市场需求。在阿里巴巴、海康威视、网易、新华三、吉利控股等企业的引领下，浙江基于自主创新的信息经济国际竞争力显著提升。

2. "云上浙江" "数据强省" 建设呈现新气象

浙江将 "云上浙江" 和 "数据强省" 两大战略目标作为信息经济未来的主攻方向。近年来，以阿里云等为代表的浙江云计算、大数据产业发展风起云涌，正在逐步向制造、金融、交通、医疗健康等各个行业和政府应用延伸拓展，形成了适合不同场景的云计算、大数据解决方案。连续两届云栖大会已成为全球云计算技术与产业的顶级盛会，2016 年第二届云栖大会达到 4 万多人参会，充分展示了浙江云计算领域的全球影响力。2016 年 10 月杭州联手阿里云发布 "城市大脑"，人工智能 ET 帮助治理交通，阿里云打破了 CloudSort 世界纪录，将 100TB 数据排序的计算成本降低到 1/3；网易云已服务于光大银行、浙大网新、小牛在线、网贷之家等 10 多万家企业客户。浙江提出打造成全国大数据产业中心，2016 年 5 月 31 日和 9 月 26 日，全国首个 "工业大数据" 应用和交易平台与浙江大数据交易中心先后在杭州萧山区和桐乡乌镇正式上线，成为大数据存储、清洗、分析、发掘和交易的重要机构。

3. 互联网创业活力持续涌现

互联网创业创新，形成了浙江经济新旧动能转换的加速度。以浙江大学为代表的高校系，从阿里巴巴出来创业的阿里系，以 "千人计划" 人才为代表的海归系，以 "创二代" "新生代" 为代表的新浙商系，形成了浙江创业创新的 "四方面军"。杭州以打造具有全球影响力的 "互联网+" 创新创业中心为目标，已成为互联网大众创业的集聚区，全国四大未来科技城之一的杭州未来科技城（浙江海外高层次人才创新园）既是 "科技新城"，也是信息经济 "人才特区"。梦想小镇、云栖小镇、基金小镇等一批具有互联网基因的特色小镇成为高端引领、集聚融合人才、创新要素的创业平台。金华把信息经济作为新常态下实现赶超发展的 "一号产业"，着力打造 "互联网乐乐小镇" 等特色小镇，2015 年网络零售额达到 1 344 亿元，同比增长 58.43%，稳居全省第二位，金华发展信息经济的模式，已成为中国中小城市实现互联网跨越式发展的样板。

## 二、浙江信息经济的主要特点

### （一）引力场：互联网经济引领消费升级

浙江信息经济充分利用了互联网实时交互、资源共享、超越时空、公平自由的特点，着力构建互联网基础上的"平台+生态"的新业态新模式，满足和引领互联网时代消费者不断追求高端化、个性化、人性化物质文化生活的需求。浙江的互联网平台经济模式，充分利用互联网技术优势、传播优势、规模优势，将相互依赖的不同群体集聚在一起，通过促进群体之间的互动创造独有价值。媒体平台、社交平台、电商平台、外卖平台、打车平台、内容分发平台在浙江纷纷涌现，与此对应的移动支付等智能终端服务高度活跃。阿里巴巴作为全球数字经济商业模式创新的"领跑者"，成为全球最大的零售平台，在其电商平台上活跃着超过1 000万户商家。2016年3月21日，阿里巴巴宣布2016财年电商交易额突破3万亿元人民币，沃尔玛用220万人54年的时间成为世界第一零售平台，而阿里巴巴只用了8 000名"小二"和13年便高效率地达到这一商业体量。

以互联网为核心、以平台化和生态化为主要形态的浙江信息经济，适应了世界经济持续低迷外需不足、国内消费个性化体验式消费革命与消费总量不足并存的趋势变化，构建了绿色低碳、公平分配、永续发展的消费经济模式，具有显著的特征与优势。一是互联网平台提供供需双方互动的机会，强化用户体验和信息流动，降低受众搜索有用信息所需的成本，提供双方实现价值交换、完成价值创造的场所，打破了以往由信息不对称带来的商业壁垒，为跨界创造了条件，能够促进产业链条的扁平化，实现直接的供需对接，衍生出 C2C、B2C、B2B、O2O、C2M（customer to manufactory，即顾客对工厂）等新商业模式。二是能够更好地应对长尾市场，在开放平台和数据驱动下实现个性化定制、快速响应等。三是具有轻资产规模化优势，规模扩张的边际成本更低、网络效应显著，有利于建立制度，通过对平台的管理，防止功利主义行为，保护消费者和供应商的利益，平台参与者的凝聚力增强，可以呈现爆发式增长。

### （二）主引擎：技术创新推动供给侧结构性改革

信息经济本身是供给侧改革，更是推动供给侧结构性改革的新动力。当前，信息通信技术进入加速发展和跨界融合的爆发期，成为新一轮科技革命和产业变革的主导力量。信息技术创新突破活动引致新产品、新服务、新应用不断涌现，是浙江信息经济快速发展的主要动力。阿里云独立研发的飞天开放平台，将数以千计甚至万计的服务器联成一台"超级计算机"，到 2016 年连续八年"双 11"交易额的飞速增长，阿里巴巴打造了全球最复杂的交易、支付、物流系统，背后是强大的计算平台、海量数据、智能算法的支撑，见证了中国互联网技术从追随到引领的历程。不仅是阿里巴巴、网易等大型互联网公司依靠技术创新引领潮流，大量创业企业依靠技术创新做大做强，近年来数梦工场、泰一指尚、米趣网络等一大批小型创业公司依靠互联网技术的颠覆式创新得到了快速成长。

运用新一代信息技术创新提高生产要素使用效率，增强产品和服务的品质与附加值，是浙江信息经济带动供给侧结构性改革的重要途径。例如，浙江近几年以数字内容为重点的文化创意产业得到快速发展，就是充分发挥了信息技术对增强文化产品的表现力、感染力、传播力、吸引力。浙江在动漫游戏、网络文学、网络音乐等数字内容产业中，着力以数字化提升文化产品制作水平和展示效果，在网络媒体、视频网站、互联网电视等文化信息传输行业中，着力以网络化促进文化产品的传播，催生出丰富多彩的文化产品与服务新业态。随着人工智能、虚拟现实/增强现实等新技术的深入应用，浙江"文化+互联网"的特色将越来越凸显。

### （三）加速器："互联网+"跨界融合带动实体经济发展

德国工业 4.0、美国工业互联网与我国正在推进的智能制造，都是制造业与互联网跨界融合的产物，实现了研发、制造过程的数字化、网络化、智能化。浙江充分发挥互联网的规模优势和应用优势，推动互联网由消费领域向生产领域拓展，增强各行业创新能力，提升实体经济竞争力。在汽车市场竞争高度激烈的背景下，2015 年吉利汽车控股有限公司净利润增长 6 成，2016 年业绩更加显著，精品 SUV 吉利博越上市后供不应求，正是吉利应用信息技术加强产品研发和推进智能制造的结果。以海康威视、大华股份为代表的安防产业是"互联网+"跨界融合带动实体经济发展的典型领域，海康威视推出"萤石云开放平台"，打通行业市场和消费者市场，连接线上、线下市场，逐渐延伸成为全球领先的视频产品和内容服务提供商。可见，浙江积极推动互联网与实体经济融合，正在引发实体经济发展理念、用户服务、业务流程、组织方式和管理模式的深刻变革。

浙江不但发挥互联网在生产要素配置中的优化和集成作用，降低实体经济生产经营成本，提升传统产业发展水平，而且以信息流带动技术流、资金流、人才流、物资流，最大限度地挖掘各类消费和投资需求，加快形成新实体经济。阿里巴巴集团正是这样的典型代表，通过构筑电子商务集团、智能物流骨干网、蚂蚁金融服务集团三大支柱，并以阿里云和大数据平台为支撑，成功地营造出信息流、物流、资金流"三流合一"的产业生态。阿里巴巴旗下的蚂蚁金服已为数千万小微企业和 6

亿全球消费者提供了平等的金融服务，成为新实体经济的造血之源。在浙江，既有阿里巴巴这样的新实体经济龙头，更有大量基于互联网的中小新实体经济企业茁壮成长，构成了互联网创新成果与实体经济各领域融合发展的良好生态。

### （四）催化剂：草根创业精神与互联网基因叠加产生倍增效应

浙江市场化改革先行先试并卓有成效，很大程度在于浙江人敢为人先，特别能创业的草根创业精神，一旦植入了"互联网基因"，就成为发展信息经济的催化剂。熊彼特创新理论认为，企业家和企业家精神是创新的核心，是激发经济活力的根本动因。在浙江，无论是叱咤风云的浙商企业家，还是有"新四军"之称的创业新锐，都成为信息经济新蓝海中的"弄潮儿"。前者，鲁冠球、宗庆后等宝刀不老的翘楚和马云、李书福、南存辉、王水福等一大批杰出代表，正在转型为叱咤风云的世界浙商；后者，更有一大批青春创新力量活跃在互联网创业舞台上。浙江积极鼓励发展创客平台，以众包众创等形式吸引大众参与创业创新。以"梦想小镇""云栖小镇""云制造小镇""基金小镇""天使投资小镇"等特色小镇建设为载体，打造创业集聚地和孵化平台，营造了浓厚的信息经济创业氛围。

在浙江信息经济中，不仅有数不胜数的互联网创业新兴企业，还有大量传统企业利用互联网转型的二次创业、三次创业。浙江作为实体经济大省，粗放经营发展中的问题日益凸显，迫切需要为转型升级提供新动能。可喜的是，一大批传统企业已经走出了一条与信息经济融合发展的道路。传化集团是浙江民营企业的典型代表之一，从化工起家，到物流、农业与投资等领域的多元化拓展，又聚焦到智慧物流、互联网金融的跨界与升级，是持续不断创业创新的探索历程。横店东磁以"两化"融合贯标工作为抓手，加快以生产自动化、控制智能化、管理网络化为方向推进企业技术改造，建设"智慧企业"，实现了制造企业的现代化、自动化、大数据化。报喜鸟作为一家具有品牌优势的民营服装企业，面临激烈的市场竞争，通过大力实施"云翼互联"大规模个性化定制，把基于云工厂、云平台、云数据上的智能化制造与柔性化生产融为一体，成功从传统服装企业转型为智能制造企业。这些案例，为实体经济互联网转型和创新创业树立了样板。

## 三、浙江发展信息经济的经验与做法

### （一）与时俱进勇立潮头是浙江发展信息经济的不懈动力

1. 发展信息经济是浙江进入后工业化时期重塑新优势的历史选择

一方面，2015 年浙江人均地区生产总值达到 77 644 元（按年平均汇率折算为 12 466 美元），服务业占地区生产总值的比重达到了 49.8%，接近第一产业和第二产业的总和，表明浙江经济正在步入后工业化时期，但浙江人多地少、自然资源匮乏、环境承载量受限，传统产业粗放型发展方式所带来的结构性、素质性矛盾更为突出。另一方面，作为沿海经济发达地区，浙江较早感受到增速换挡、结构调整、动能转换的经济新常态，全球金融危机发生后，产业结构偏轻、外向度较高的浙江经济，承受了经济发展的持续压力，亟须增加发展新动能新要素。浙江省委省政府和各地党委政府积极利用世界经济加速向以网络信息技术产业为重要内容的经济活动转变的历史契机，审时度势、因势利导、顺势而为，把积极发展信息经济作为适应新常态、谋求新发展、重塑新优势的历史选择，着力推动信息化与工业化深度融合国家示范区建设，着力做强做大信息经济，在破解发展困境转变发展方式上迈出了可喜的一步。

### 2. 发展信息经济是浙江顺应新一轮科技革命和产业变革的战略举措

在"互联网+"的时代，以互联网为代表的信息技术加速各行各业渗透、融合、发展，通过改造传统产业实现存量提升，并催生新兴产业实现增量发展。浙江把发展信息经济作为深入实施"八八战略"与习近平总书记系列重要讲话精神的题中之义，抢占未来发展制高点的战略选择。在 2013 年 12 月的省经济工作会议又明确提出大力发展信息经济，在 2014 年省政府先后出台了《关于建设信息化和工业化深度融合国家示范区的实施意见》和《关于加快发展信息经济的指导意见》，发布实施《浙江省信息经济发展规划（2014—2020 年）》，把信息经济列为重点发展的七大（现为八大）万亿产业之首加以推进。2016 年 1 月和 3 月，省政府先后发布了《浙江省"互联网+"行动计划》《浙江省促进大数据发展实施计划》等文件，并出台了一系列政策举措，把发展信息经济作为培育新动能、拓展新空间的战略途径。

### 3. 发展信息经济是浙江适应新常态加快新旧动能转换的必由之路

浙江发展信息经济，既体现了政府的引导、推动和激励作用，也反映了市场主体的决定性作用。浙江坚持以信息化和工业化深度融合为抓手，开展了 7 个专项行动，即机器换人、装备智能化开发、绿色安全制造、电商换市、云服务产业培训、骨干企业信息化提升和中小微企业信息化服务。在政府着力推动下，企业强烈的内在需求和内生动力对市场信号和压力的快速灵活反应得到了充分释放。浙江企业积极适应和主动引领经济新常态，抢抓互联网快速发展带来的机遇，实施线上线下融合、互联网企业与实体企业融合，加快了新旧发展动能和生产体系转换，成为引领信息经济发展的主导力量。既有阿里巴巴、网易等平台龙头老大，又有大批互联网创业新军；既有海康威视、新华三等信息产业优势明星，又有正泰电器、西子航空、浙江物产等传统制造业与服务业典型，都能以"弄潮儿向涛头立，手把红旗旗不湿"的勇气和智慧，闯出了一片信息经济的新蓝海、新天地。

## （二）改革创新体制机制是浙江发展信息经济的先决条件

### 1. 转型升级系列组合拳为发展信息经济创造倒逼机制

改革开放 30 多年来浙江经济社会健康发展是依靠体制机制改革创新的强劲推动，以互联网为核心的信息经济快速发展，更是深化改革和制度创新起着关键作用。从提出和坚持实施"八八战略"总纲，到近年来浙江强化顶层设计，实施"拆治归""四换三名"等转型升级系列组合拳，为信息经济的发展提供了制度和环境保障。面对市场需求不振特别是外需长期低迷，"机器换人"倒逼企业应用数字化、网络化、智能化提高技术结构、产品结构、产业结构；面对实体经济要素成本特别是劳动力成本的快速上涨，"腾笼换鸟"激励倒逼便捷高效的要素交易机制，倒逼企业推进以智能制造为重点的"两化"深度融合，提高劳动生产率、降低要素成本；面对市场的寒意、转型的压力，"五水共治"以环保治理强化倒逼转型，为企业融入互联网变革生产方式增加了外在压力与内生动力。

### 2. 政策扶持激发信息经济发展活力

浙江体制机制创新为信息经济发展保驾护航，既体现在倒逼机制和压力传递上，也体现在政策激励和扶持机制上。创新互联网创业的各项优惠政策，激发企业创新创业活力，引导社会资金加大对互联网领域创新创业的投入。专门设立信息经济创业投资基金，规模达到 50 亿元，加大对信息经济领域创新型中小企业资金支持，扶持中小企业发展。创新人才引进、使用和激励的政策环境，把信息化应用人才团队纳入各级"千人计划"与"引才计划"，设立引才基地、建设"人才特区"，强化人才引进与使用工作。出台政策，引导各高校尤其是计算机学院、软件学院、信息工程学院，加强信息化应用创新人才的培养工作，支持高校院所青年科研人员到企业研究院工作，支持企业研究院引进海外工程师。充分利用世界互联网大会这个世界级平台和宁波智慧城市博览会，吸引一批技术水平高、带动性强、市场前景好的重大项目入驻浙江，提升信息经济对外开放合作水平。

### 3. 工作机制和模式创新开辟信息经济发展新路子

建立目标责任及绩效考核机制，明确各地、各部门工作职责，形成牵头部门负责总落实、相关部门分工协作，共同推进信息经济快速发展的工作格局。从2012 年开始，每年对 11 个设区市和 99 个县（市、区）进行信息化、区域"两化"

融合进行评估，评估指标主要集中在信息化发展水平、区域"两化"融合发展水平和信息经济发展水平三个方面，细化了 12 个具体指标进行考核。评估结果纳入省政府对各地的目标责任制考核，加大分值权重，成为推动"两化"融合、信息经济等工作的有效抓手。成立省"两化"深度融合国家示范区建设领导小组，由省长任组长、分管省长任副组长，形成上下协同、各负其责的省市县三级联动体系，发挥总揽全局、协调各方的核心领导作用。作为"两化"深度融合国家示范区建设的重要载体，分别于 2014 年和 2015 年分两批设立了省"两化"融合示范区 26 个，各示范区纷纷加大了对两化深度融合的政策扶持力度，引导企业加大机器换人、机器联网、管理信息化、电子商务、"两化"融合管理体系贯标、互联网与工业融合创新等工作力度。积极推进国家农村信息化示范省建设，设立了11 个省农业农村信息化示范区。26 个示范区中有杭州市滨江区、海宁市等 14 个地区两化融合发展总指数增长超过 10，不仅"两化"融合发展水平提升明显，还创新形成了具有推广价值的发展模式。新昌县（2016 年全国科技创新大会上介绍经验的唯一县级政府），主要采取的就是政府、信息化专业机构、工业信息工程公司（即方案提供商）、银行四方合作的 PPP 方式，政府出台支持政策、推荐龙头企业，予以智能制造专项资金支持；信息化专业机构（主要是协会等专业化中介机构）走访调研并筛选工业信息工程公司（方案提供商）；工业信息工程公司精准对接企业需求，提供智能制造提升方案；银行通过授信放款、融资租赁等提供服务和支持。

### （三）供给侧和需求侧双向发力是浙江发展信息经济的主攻方向

#### 1. 供给侧改革引致信息经济发展着力点

浙江发展信息经济，既有激励供给侧的倒逼机制与扶持政策，又有引导需求侧的推动应用与培育市场。供给侧结构性改革是应对经济"新常态"的主攻方向，而信息经济在促进供给侧改革、满足人们不断增长的物质文化需求上起着至关重要的作用。浙江把提升全要素生产率、持续不断开发出受市场欢迎的信息产品和服务作为供给侧结构性改革的重要着力点。着力推进的机器换人专项，围绕生产线自动化改造、机联网、厂联网等形式，组织实施支柱或特色行业的"机器换人"综合试点示范项目 200 多个，覆盖光通信、船舶、汽摩配、家具、电梯等几十个行业。通过此专项，浙江工业每年新增工业机器人超过 1 万台，在役机器人总量达到 3.2 万台，占全国在役机器人的 15%，居全国第一位。重点制造行业典型企业装备数控化率、机联网率分别达到 43.7%、27.8%。企业的智能化改造，一方面显著提高了劳动生产率，2013~2015 年劳动生产率分别提高了 9.9%、9.4%、8.1%；另一方面带动了工业有效投资，2015 年，以"机器换人"为主要内容的技术改造投资占限额以上工业投资的 76.6%。

2. 应用需求拓展信息经济发展新市场

浙江信息经济的发展，以提高人民群众获得感和满意度为出发点与落脚点，作为推动应用、培育市场、激励创新的目标与抓手。应用的需求刺激了信息技术与产业发展，技术创新与产业发展又引导了应用需求的创新。针对互联网广泛影响社交关系、文化体验，深刻改变着传统的生产和消费方式的现实，以技术创新和商业模式创新着力培育信息消费新需求新市场，同时大力发展以应用为方向、以市场为目标的新产品、新服务、新业态。浙江开展智慧城市建设试点作为发展信息经济、优化城市管理、改善民生服务的重要途径，2013 年 5 月在全省范围内先后启动了 20 个智慧城市建设示范试点项目，瞄准智慧健康、智慧旅游、智慧安居、智慧交通等民生领域，着力加强智慧基础设施建设和基础资源的整合共享，提高智慧应用水平，培育智慧产业，取得了明显的成效。浙江全面推进民生领域信息化深度应用，通过信息惠民公共服务平台，加快建设方便快捷、公平普惠、优质高效的公共服务信息体系，在满足教育、医疗、就业、扶贫、社会保障、养老服务等民生领域信息化需求的同时，为信息经济发展不断开拓应用市场。杭州市把大力发展信息经济、智慧应用作为"一号工程"，正是体现了供给侧、需求侧两侧双向发力的战略举措。

## （四）营造产业生态环境是浙江发展信息经济的坚实基础

### 1. 搭建促进资源集聚的平台载体

信息经济是互联网与实体经济融合的产物，特别需要培育产业化生态。浙江采取了一系列举措打造良好的生态环境，支撑信息经济做大做强。浙江打造信息经济发展大平台大项目，以杭州城西科创大走廊、钱塘江金融港湾、各类特色小镇等为载体，打造全球领先的信息经济科创中心。构建"互联网+"特色小镇，以互联网平台为基础，利用信息技术，实现产业跨界融合，创造新产品、新业务与新模式，推动产业转型升级。梦想小镇作为互联网创新创业的梦想家园，以"众创空间"、O2O 服务体系、"创业苗圃+孵化器+加速器"孵化链条为纽带，已成为智慧与资本交融、科技与金融结合的信息经济集聚高地，现在已经引进的孵化平台有 15 家，落户的项目有 500 多个，创客有 4 500 多名，金融机构有 176 家，管理资本 368 亿元。积极构建"互联网+"双创平台，支持基于互联网的大众创业万众创新。注重发挥龙头企业的作用，作为平台公司的阿里巴巴，搭建的双创平台形成了强大的资源集结力；2016 年的云栖大会，吸引了全国和 27 个国家（地区）的 4 万名创客，盛况空前。

### 2. 加快完善信息基础设施建设

浙江不断加大力度，打造全方位互联互通格局，建设高速畅通、覆盖城乡、质优价廉、服务便捷的宽带网络基础设施和服务体系，网络覆盖和保障能力不断提升，各项指标均处于全国前列。浙江固定互联网普及率和移动互联网普及率分别达34.7户/百人和102.9户/百人，固网带宽普及率全国第一，移动互联网带宽普及率全国第三，主要工业企业带宽超过100M，杭州市为国家级互联网骨干直联点。至2015年，全省城域网出口宽带达22.7Tbps，固定宽带端口平均速率达30.9Mbps，全省累计建成4G基站数约10万个，每平方千米拥有移动电话基站数量2.0个，TD-LTE/FDD已完成全省商用覆盖，4G+/pre5G启动试验网建设与应用。全省广播电视有线网络"一省一网"整合基本完成，"三网融合"取得重大进展[①]。

### 3. 加强信息经济法治和安全环境建设

生态环境既包括硬环境，也包括软环境。浙江制定电子商务、互联网金融、信用信息管理等相关政策法规和规章制度，出台政府与公共信息资源开放共享的管理办法，引导互联网新业态新模式规范发展，规范网络市场秩序。同心聚力齐抓共管打造网络空间治理新模式，围绕提高网络治理能力、完善网络治理体系、建设清朗网络空间这一主线，加快打造职责明晰、协调顺畅、管控有效的互联网属地治理模式。持续深入防范打击通信信息诈骗，打击网上淫秽色情信息，分别以网络视频、网络直播、云盘、微领域为重点，进行了多项集中整治，依法依规严厉查处案件，持续形成监管合力，并积极推进行业自律、落实企业主体责任，网络空间日益清朗，社会反响积极良好。加强信息安全建设，强化互联网信息安全管控，健全网络安全体系，加强关键信息基础设施保护，落实企业网络安全责任，提升应对网络攻击威胁的能力，加大网络数据资源和用户信息安全防护力度。

## （五）优化政府服务是浙江发展信息经济的有效保障

### 1. "放管服"改革降低信息经济创业创新成本

浙江信息经济的发展，政府的"放管服"起到了有效的保障支撑作用。浙江各级政府争当"店小二"，优化制度供给与服务方式，让信息经济的产业链、资金链、创新链、服务链"无缝对接"，使创业创新的门槛更低、成本最小、环境更优。在省、市、县三级政府全面推行了政府权力清单制度，形成了"权界清晰、分工合理、权责一致、运转高效、法治保障"的政府职责体系和组织体系，政务

---

① 浙江省经济和信息化委员会，浙江省统计局.2016年浙江省信息经济发展综合评价报告[R]，2016.

环境日趋优化。近年来浙江搭建起省、市、县三级一体化模式的网上政务服务平台，电子政务服务不断向基层政府延伸，政务公开、网上办事和政民互动水平显著提高。实施"互联网+政务服务"，用"一张网"网罗全方位政务服务，让群众、企业办事上"一张网"，进"一个门"，大大提高了为民服务的质量。加快推进"最多跑一次"改革，更是从服务、政策、制度、环境多方面优化政府供给。

2. 以互联网思维与手段推进信息资源开放共享

浙江信息经济的发展，不仅体现在政府各级部门提升政务服务水平作为保障，也体现在发挥互联网和大数据作为重要资源加以开放与共享利用。浙江强化部门协同、数据开放，有效衔接政府数据与信息经济市场数据运作，加快推进政务和公共信息资源开放应用。在全国率先公布省级行政部门"权力清单"，涵盖42个省级部门的4 200余项具体行政权力，任何人只要登录浙江政务服务网，都可以查看包括权力实施主体、实施依据、行使层级等详细信息。着力推动部门间政务服务相互衔接，协同联动，打破信息孤岛，变"群众跑腿"为"信息跑路"，变"群众来回跑"为"部门协同办"，变被动服务为主动服务上做出了有效的探索。

# 四、浙江发展信息经济的示范案例

案例 5-1　阿里巴巴打造新经济生态体系

阿里巴巴已不是一般意义上的电子商务公司，而是涉及电商、金融、物流、云计算、大数据、IP（知识产权）等多领域多业态的新经济生态体系。以阿里巴巴为代表的互联网新经济，正在成为推动中国经济创新发展和持续增长不可或缺的重要力量，并加速释放经济转型升级的新动能。

1. 构建起全球领先的电子商务平台生态

阿里巴巴从电子商务起家，到马云在2016年杭州云栖大会演讲中提出的新零售，阿里巴巴已经成为线上线下、物流、支付和大数据完美结合的电商平台生态。阿里巴巴集团2016财年电商交易额突破3万亿元人民币，从2003年淘宝网诞生，用了13年时间超越沃尔玛成为全世界最大的零售平台。2016年"双11"一天，全球消费者贡献了1 207亿元成交额，保持了连续8年的高速增长。2015年度中国电子商务服务业规模已达到12 665亿元，增速由2012年的61.9%提升至2015年的78.8%，连续4年实现了超过60%的增长，这其中阿里巴巴做了巨大贡献。

2016年1~11月，全国快递业务量同比增长52.8%；业务收入累计完成3 544.1

亿元，同比增长 44.3%，其中阿里投资的菜鸟网络以大数据技术重塑物流运行模式。"双 11"当天，菜鸟网络平台物流订单量超过 6.57 亿，其中菜鸟联盟经过这次"双 11"已经成为中国最大的开放仓配网络。菜鸟网络的仓配、农村、跨境、城市末端等物流网络，通过大数据协同快递企业，开始了打破世界纪录的包裹大派送；菜鸟联盟、智能分单、聚单直发、"黑科技"机器人、云客服智能服务宝等一系列的产品和服务将助力商家，帮助消费者获得更好的物流体验。

新零售背后是蓬勃发展的新金融。"双 11"期间，强大的支付系统不但保障了支付峰值，支付宝支付笔数达到了 10.5 亿笔，同比增长 48%，同时消费信贷、消费理财、消费保险等新金融消费也激发了消费活力，成为驱动零售的新引擎。

而且，阿里巴巴致力于网上信用体系建设，一套由用户信息认证体系、信用等级评价体系、业务流程保障体系、惩恶体系、扬善体系、平台外开放合作体系及大数据底层信息体系等组成的阿里诚信体系，成为阿里巴巴各项业务能够持续高速发展的基本因素。

2. 以新技术新业态塑造新优势

阿里巴巴不但在电商生态上取得了巨大成就，而且不断以新技术拓展未来布局。阿里云计算业务已经连续 6 个季度保持了三位数增速，不仅占据了中国公共云市场绝对领导地位，更与美国亚马逊 AWS、微软 A-zure 并驾齐驱，鼎立全球云计算三强——这是中国企业在技术研发领域领跑全球的难得案例，背后则是阿里巴巴近十年对云计算技术不计成本的投入。

人工智能、虚拟现实、量子通信，这些新一代信息技术的着力点和制高点，都有阿里巴巴抢占的身影。阿里巴巴在人工智能技术研发与应用场景方面进行了大量的实践，2015 年 7 月推出的人工智能购物助理虚拟机器人"阿里小蜜"，在每天应对百万级服务量的情况下，智能解决率达到了接近 80%。2016 年 8 月阿里云推出了具备智能语音交互、图像视频识别、交通预测、情感分析等技能的人工智能 ET。2016 年 3 月，阿里巴巴宣布成立 VR 实验室，第一个项目是"造物神"计划，目标是联合商家建立世界上最大的 3D 商品库，加速实现虚拟世界的购物体验，启动"Buy+"计划帮助商家创造未来购物体验。

阿里巴巴在云计算和电子商务领域持续快速增长，以及在数字娱乐、生活服务等领域的投资提升，是其受到全球投资者热捧的重要原因。近年来，阿里巴巴的产业生态正在加快文化领域的拓展，从小说到电影再到游戏，已呈多元化发展趋势。阿里以 IP（知识产权）资源开发为中心已完成了多次重大收购和布局，包括小说（阿里文学）、影业（阿里影业、光线传媒）、游戏（阿里游戏）等。2016 年，阿里游戏与阿里云、阿里影业、阿里文学和汇川平台联手推出"T 计划"，在云服务、大数据、IP（知识产权）、流量等方面，为开发者提供全产业链服务。

3. 为实体经济和中小企业赋能

为中小企业创新创业和实体经济转型提供服务是阿里巴巴始终不渝的追求。电子商务背后，是对传统实体经济的反哺。基于数据技术和思想重构的普惠金融、绿色金融产品和服务，蚂蚁金服已为全球 6 亿全球消费者带来平等的金融服务，成为新实体经济的造血之源。其作为第一大股东的浙江网商银行自 2015 年 6 月 25 日开业以来，已经先后上线推出了面向中小创业网站的流量贷、面向淘宝天猫商家的淘宝天猫贷、主要面向线下餐饮商户的口碑贷与面向农村地区的旺农贷等信贷产品。旺农贷业务开业一年已经覆盖了全国 25 个省份 234 个县市的 4 852 个村庄，农户户均支用金额为 4.7 万元，支持了农村地区种养殖户、小微经营者的发展。网商银行（包括之前的蚂蚁小贷）已经累计服务了 100 万农村地区的小微用户，累计提供信贷支持超过 1 400 亿元。

阿里巴巴生态建立的小企业工作平台，用马云的话，就是用最便宜的共享平台为所有小企业服务，用互联网技术去武装他们。除了直接投资于传统产业之外，更为关键的是，阿里巴巴改变了传统产业的运作逻辑，将传统厂商主导的 B2C 模式向消费者驱动的 C2B 模式转变，实现传统产业向新零售和新制造升级。阿里生态体系还催生了新的社会服务产业，在淘宝天猫平台服务市场上，仅客服外包、摄影、咨询服务、招聘、培训、质检品控及定制类设计，已聚集超 4.5 万家服务商，为千万淘宝及天猫卖家提供服务，成为新的业态增长点。2016 年杭州 G20 峰会由阿里巴巴倡导的 eWTP，支持占比 80%的小企业进入全球市场并让消费者受益，是以中小企业和年轻人为代表推动世界经济转型的中国方案，得到了许多国家领导人和企业家的赞赏。

## 案例 5-2　数字安防产业集群从跟跑并跑到领跑并跑

在杭州高新区（滨江），有着海康威视、大华技术、宇视科技等一批数字安防企业，并连续多年入围全球安防 50 强和中国十大安防品牌等榜单，视频监控产品，如 DVR（digital video recorder，即硬盘录像机）、NVR（network video recorder，即网络硬盘录像机）、摄像机等长期占据全球市场的前几位，领军企业行业地位持续稳固，视频监控业务的全球市场份额已位居世界前列。

1. 稳据全国视频监控前三甲

海康威视连年位列中国安防百强榜首，连续九年（2007~2015 年）以中国安防第一位的身份入选 A&S（《安全自动化》）"全球安防 50 强"，2015 年列全球第 2 位、亚洲第 1 位；连续五年（2011~2015 年）蝉联世界权威市场调研机构

HIS（Information Handlings Service）发布的全球视频监控市场占有率第 1 位，硬盘录像机、网络硬盘录像机、监控摄像机第 1 位。海康威视产品和解决方案应用在 100 多个国家和地区，在北京奥运会、上海世博会、"60 年国庆大阅兵"、美国费城平安社区、韩国首尔平安城市、巴西世界杯场馆、意大利米兰国际机场等重大安保项目中发挥了极其重要的作用。

同样，大华技术是一家以音视频技术研发为核心，集调度通信、安防监控、智能交通开发和数字大屏显示等产品格局于一体的民营企业，位列 *A&S* 全球安防第 4，IHS 报告全球安防视频监控市场占有率第 2。以宇视科技为代表的瞪羚类企业同样发展迅速，宇视科技定位于数字安防产品及解决方案提供商，致力于实现标准化、IT 化的视频监控基础架构平台，2015 年进入全球市场前 8 位（IHS 报告数据）、中国视频监控前三。这三家安防企业已占到全国视频监控领域的五成以上市场份额。

2. 数字安防形成完整产业链

在杭州高新区（滨江），从上游关键控制芯片设计、研发，到中游 RFID（radio frequency indentification，射频识别技术）、传感器和终端设备制造，到下游物联网系统集成及相关运营业务的产业链体系已经基本形成，集聚了百余家数字安防企业，形成了集科研开发、制造生产、集成应用、运维服务等各环节为一体的完整产业链体系。海康威视拥有视频图像处理、视音频编解码、视频分析与模式识别、流媒体网络传输与控制、嵌入式系统开发、视音频数据存储、专用集成电路应用等核心技术，并掌握了云计算、视频大数据、人脸大库检索、实时透雾、畅显引擎、H.265、浓缩播放、高清拼接等前瞻技术，是视频监控数字化、网络化、高清化、智能化的见证者、践行者和重要推动者。

大华技术营销和服务网络覆盖全球，在国内 32 个省市，海外亚太、北美、欧洲、非洲等地建立 35 个分制机构及 10 余个服务站，为客户提供端对端快速、优质服务，产品覆盖全球 180 个国家和地区。此外，从事民用红外热像仪制造的大立科技、从事数字视频光纤传输技术领域的领先者中威电子，从事安防软件和产品研发生产的银江股份、巨峰科技、天视智能，具有安防芯片生产线的士兰微电子，从事生物识别领域研发生产的中正生物、维尔生物，从事安防系统集成和设计施工的建达科技、浙大快威、金程科技等各类专业化的安防产品生产商和集成商，正在这片创业热土上不断发展壮大。

3. 布局"互联网+"打造创新集群示范区

近年来，随着安防与互联网、物联网、云计算等技术融合，视频监控高清摄像机的出现，安防产业正向数字化、集成化、网络化、智能化、民用化发展，各行业对安防产品的应用需求已经从单纯的安全防范向高清、智能、智慧的远程可视化管理发展。

在安防技术与互联网、物联网、云计算、大数据技术快速融合的跨界发展过程中，海康威视继续围绕 IP 化，提供更加贴近行业用户使用需求的解决方案，在互联网视频业务方面，围绕产品、云平台和内容服务方面持续完善和加强，进一步加强"萤石云平台"建设并推出了云存储服务，创造性地提出 iVM（智能可视化管理）新安防理念，将技术、产品、行业需求三者有机结合，推进安防与行业业务管理快速融合，大幅提升安防行业智能可视化管理的核心价值，引领行业发展。宇视科技每年将营收的 15% 投入研发，研发人员占总人数的 50%，在杭州、深圳、西安设有研发机构，每天新增 1 件发明专利申请，涵盖了光机电、图像处理、机器视觉、大数据、云存储等各个维度。

杭州高新区（滨江）政府给予数字安防产业积极支持，专门出台实施了《专利导航杭州高新区数字安防产业创新发展规划》，要将"互联网+"的基因引入数字安防产业高端发展中。

### 案例 5-3　云栖小镇构筑信息经济创新创业高地

特色小镇是浙江顺应产业结构演化规律，促进业态创新，加快经济转型升级的重要抓手。在"互联网+大众创业、万众创新"时代，以云栖小镇、梦想小镇等为代表的一批特色小镇，通过搭建低成本创新创业平台，集聚创业者、风投资本、孵化器等高端要素，促进产业链、创新链、人才链等耦合，成为信息经济快速发展的有效载体。

#### 1. 发展背景与基础

2014 年 10 月，浙江省长的李强参观基于"阿里云"系统之上的云栖小镇，指出"让杭州多一个美丽的特色小镇，天上多飘几朵创新'彩云'"。而在随后首届世界互联网大会上，云栖小镇先后被阿里巴巴首席技术官王坚、总裁金建杭甚至马云等在多个场合作为主旨演讲案例。李强省长在同期的新闻发布会上表示"浙江省将通过系列小镇建设，打造更有激情的创业生态系统"。

云栖小镇位于杭州市西湖区之江新城的中部、杭州之江国家旅游度假区核心地块，在原来转塘科技经济园基础上，通过"腾笼换鸟、筑巢引凤"打造而成（表 5-2）。总体提出了由"云服务区""就业创业区""就业创业服务区""创业成功发展区"四区组成的一个云计算产业生态体系。在规划区大部分用地已出让的情况下，规划采取的是一种渐进式的、有机更新的调整方式，实现规划区从"传统工业园区"到"云栖小镇"的转型提升。可以说，云栖小镇是浙江特色小镇的发源地，也是区域经济从传统工业到信息经济转型的一个缩影。

**表5-2　西湖云栖小镇发展沿革**

| 时间 | 功能定位 | 主导产业 |
|---|---|---|
| 2002年8月 | 由杭州市政府批复成立转塘科技经济园区 | 传统工业 |
| 2005年 | 定位为高科技产业和企业总部型产业 | 生物医药、电子信息、机电一体化、新能源等 |
| 2011年10月 | 挂牌杭州云计算产业园 | 全省首个云计算产业专业园区 |
| 2012年12月 | 西湖区政府发布《关于促进杭州云计算产业园发展的政策扶持意见（试行）》 | 发展信息软件、电子商务、软件开发等新兴产业，首次引进华中云数据IDC |
| 2013年10月 | 阿里云计算公司与西湖区合作共建阿里云计算创业创新基地 | 成立了全国首个云产业生态联盟，即"云栖小镇"联盟，并召开首届阿里云开发者大会 |
| 2014年10月 | 浙江省长李强参观云栖小镇，发表主题演讲，成为全省特色小镇发源地 | 打造云计算产业链 |

2. 功能定位与运营模式

中国首个富有科技人文特色的云计算产业生态小镇，致力于建设成为中国物联网产业示范区、长三角物联网产业中心区、浙江省物联网产业核心区。计划以云计算为科技核心，以阿里云计算为龙头，打造云生态，产业覆盖大数据、APP开发、游戏、互联网金融、智能硬件等多个领域，已初步形成较为完善的云计算产业生态。2016年，小镇已累计引进包括阿里云、富士康科技、英特尔、中航工业、银杏谷资本、华通云数据、数梦工场、洛可可设计集团在内的各类企业433家，其中涉云企业321家。特别是阿里巴巴开放了世界级的设计和制造的能力、阿里云的计算与操作系统服务、阿里电商的营销资源，以支持创客创业。

按照"政府主导、名企引领、创业者为主体"建设方式。"政府主导"是指以转塘科技经济园区为引导，通过制定总体空间利用规划，确定置换用地优化方案，通过"腾笼换鸟"，采用政府统一返租的"轻资产"运作方式，用于产业项目落户，同时为企业提供项目申报、工商注册、政策申报、政策优惠等综合服务，实现优质企业拎包入驻。"民企引领"是指以富士康、阿里云、英特尔、中航工业等各个领域的知名龙头企业为主导，主导参与技术孵化、人才培训、市场营销、信息交流、投融资等产业发展环节，决定小镇的产业选择和创新生态营建。

3. 创业生态

"创新牧场"——草根创业者的创新平台。凭借阿里巴巴、富士康等大企业的核心能力，多方协作整合世界一流的设计、研发、制造、检测、电商、融资等基础服务，为中小微创业者服务。其中包括"淘富成真"创客平台。

　　"产业黑土"——助力传统产业转型升级的技术平台。建设西湖创新研究院、互联网工程中心，如阿里巴巴&富士康联合实验室的"高效能计算设计中心"、"云端 SoC 设计中心"、云栖小镇硬件开放实验室——Intel maker zone 等。

　　"科技蓝天"——科技和人才的制高点。成立西湖大学，建设国际一流的民办研究型大学。

　　4. 建设成果

　　集聚了一批创新创业的顶尖人才，如阿里巴巴集团首席技术官王坚博士，清华大学副校长施一公，"千人计划"联谊会副会长张辉博士，阿里云总裁胡晓明，银杏谷资本总裁陈向明等顶尖人才。

　　创立了良好的创新生态圈，孵化出众多成果。例如，"淘富成真"平台，成功孵化的项目有 MOOV——会说话的贴身私家教练，已获得 3 000 万美元融资，萝卜车 swan 在淘宝众筹，以 2 360 万元的总价值成为"众筹之王"等。

　　连续举办了 6 届"云栖大会"（包括 2011~2014 年的四届阿里云开发者大会），2016 年来自全球 58 个国家和地区的 4 万名科技精英现场参会，超过 700 万人在线观看大会直播，成为全球规模最大的科技盛会之一。

# 第六章 浙江"互联网+政务服务"实践研究①

推进"互联网+政务服务",是贯彻落实党中央、国务院决策部署,把简政放权、放管结合、优化服务改革推向纵深的关键环节,对加快转变政府职能,提高政府服务效率和透明度,便利群众办事创业,进一步激发市场活力和社会创造力具有重要意义。党的十八大以来,浙江省积极运用互联网思维和现代信息技术推动政府自身改革,合全省之力打造集行政管理、便民服务、政务公开、数据开放及互动交流等功能于一体,省市县统一架构、多级联动的网上政务平台——浙江政务服务网,有力地推动了服务型政府、透明政府、法治政府建设,初步探索形成了"互联网+政务服务"的浙江模式。

## 一、浙江"互联网+政务服务"亮点与成效

### (一)推动阳光政府建设运行

浙江在全国率先启动、大力推进以"四张清单一张网"为重点的政府自身改革,以简政放权为核心构建政务生态系统,打造审批事项最少、办事效率最高、投资环境最优的省份。通过浙江政务服务网建设,浙江在全国率先实现了省市县行政审批的"一站式"网上办理与电子监察,率先建设全省统一的公共支付平台和政务云计算平台,在各省区率先推出政府数据统一开放平台,"互联网+政务服务"应用效益逐步显现。

通过政务服务网,浙江在全国率先晒出行政权力清单和部门责任清单。所谓"四张清单",即行政权力清单、政府责任清单、企业投资负面清单和财政专项资金管理清单;"一张网"即浙江政务服务网。"四张清单"是政府的履职清单、施政清单、服务清单,而"一张网"是它的实现载体。

---

① 本章部分内容参考引用了陈立三《"互联网+政务服务"——浙江实践》一文,谨此致谢。

通过在互联网上公告全省政府部门每一笔审批业务的办理流程、时效、结果，实现全程透明运行。全面及时地公布地方性法规、政府规章、行政规范性文件和部门文件，做好政策解读工作。围绕"三公经费"、考试招生、征地拆迁、工程建设等群众关心、社会关注的领域，推出多个重点事项予以公示。例如，开辟"城乡居民补助查询"专栏，向享受各类财政补助的实名用户推送每一笔财政补助资金的发放情况，实现阳光补助。同时，积极开展网上政民互动，推出 88808880 政务服务热线，开辟全省统一的网上咨询、投诉等渠道。围绕省政府为民办实事项目、简政放权、交通治堵、污水治理等话题开展网上调查、意见征集、网上投票，广泛征求网民对政府工作的意见建议。

浙江政务服务网推进了行政审批等权力运行流程的再造，许多省级部门和地市已经进行了探索。省建设厅依托浙江政务服务网平台，探索政务办理"机器换人"模式；衢州市推进商事登记网上并联审批试点，将工商营业执照、税务登记证、组织机构代码证等按"一窗收件、内部流转、统一发证"方式联办。

## （二）促进行政权力规范透明

从 2013 年底开始，浙江全面梳理省级部门行政权力，历经清权、减权、制权 3 个环节，最终保留 4 236 项列入清单，精简幅度超过六成。2014 年，浙江除了完成制定"权力清单""责任清单"，还将企业投资负面清单、财政专项资金管理清单纷纷制定出来。

2014 年 6 月 25 日，伴随浙江政务服务网的开通，浙江省在全国率先公布省级行政部门"权力清单"，涵盖 42 个省级部门的 4 236 项具体行政权力，任何人只要登录浙江政务服务网，都可以查看包括权力实施主体、实施依据、行使层级等详细信息。

依托浙江政务服务网初步建立了覆盖全省的行政权力网上运行体系，通过网上晒权、行权、制权，形成事前、事中、事后的闭环管理，实现权力运行和监督方式的"机器换人"。通过全省一体化的行政权力事项库建设，为权力配置编织制度的"笼子"，实现省、市、县三级 4 000 余个政府部门在用行政权力事项的规范比对和动态管理。通过推行标准化的行政权力网上运行系统，为审批服务行为设定了"尺子"，用信息化手段固化审批服务流程，减少审批、执法行为中的自由裁量。目前，除涉密和国家部委系统运行事项外，省市县行政审批事项已全面纳入"一张网"运行。省级行政执法平台也加紧推进建设，接入 31 个主要执法部门的 1 800 余项行政处罚事项，覆盖率达 68%以上。电子监察通过深化全省统一的电子监察系统建设，对审批、执法过程进行全程监督、网上公开，为权力行使装上一面"镜子"。对所有办件进行全流程公开，在全国率先推出行政处罚结果信息公开平台，并通过网络和短信提请办事对象进行满意度评价，总体办理满意度达到 99%。

政务服务网的核心功能是记录权力运行轨迹、公开权力运行流程、确保权力的正确行使。基于行政权力清单，浙江构建了全省一体化的行政权力事项库，将每个事项的基本信息和详细流程录入数据库，还就权力名称、事项类型、法定依据、裁量权等进行规范比对，形成基本目录并逐项编号，实行动态管理。同时，全省统一的行政权力运行系统也正在加紧建设，根据网上办理的便捷化程度，网站设计团队还对服务事项进行了星级评定。例如，省财政厅、司法厅的相关事项，实行"网上申报、信任在先、办结核验"，先在线将事办好，再让当事人到实体窗口核验取件，凡采用这一方式的，标注为四星级。五星级就要求全程在线，基本实现办理"零登门"。这样的举措大大有利于规范执法环节和步骤，形成全过程的闭环管理，将行政权力纳入法治化轨道，就是信息化手段让"四张清单"落地生根，切实将该管的、该服务的做到位。

### （三）提升政府公共服务能力

大力推行网上审批，全省各级政府部门依托政务服务网运行的审批办件中，通过互联网申报的比例已经超过 20%；适宜上网的 690 余项省级审批服务事项中，实现"四星级"（网上申报、办结核验）和"五星级"（全流程网上服务）的比例达到 42%。

在面向互联网提供办理指南、表格下载、投诉评价等服务的同时，浙江政务服务网还要实现一站式运行，其基本要求是"三统一"，即统一认证、统一申报、统一查询。以统一认证为例，过去各地也设立集中性的网上政务平台，但部门之间仅仅是浅层次的网络链接关系，各业务系统都有独立的用户体系，互不认账，现在只要是政务服务网的注册用户，到任何部门办事都不必二次登录。

不断深化便民服务，通过全口径汇聚网上服务资源，以公众需求为导向，推出婚育收养、教育培训、求职执业、纳税缴费及就医保健等 15 类 400 余项网上便民服务。积极拓展移动端政务服务，搭建全省一体化的移动端应用汇聚平台，推出教育考试、诊疗挂号、违章处理、出入境业务办理等三十余项网上便民应用，为群众提供触手可及的便利。此外，建设政务服务网统一公共支付平台，将逐步对全省政府性收入实现一站式缴纳，高速公路违法缴费是首个应用项目，还将扩展到公务员招考、会计资格考试、高等教育、出入境管理等方面，最终目标是凡缴费事项，只要在网上、在手机上轻轻一点，就可以轻松搞定。

促进浙江政务服务网平台向基层延伸。在省市县三级网络服务平台的基础上，全面推进浙江政务服务网向乡镇（街道）和村（社区）延伸。截止到 2016 年底，浙江省 1 300 余个乡镇（街道）开通网上服务站点，基本实现乡镇（街道）行政权力和服务事项一站式网上运行。支持和推动村（社区）服务平台建设，通过加强与各地智慧社区平台、基层网格化服务平台、农村信息化平台的融合，依托浙江政务服务网创新基层政务服务模式，大部分村（社区）已基本实现基层便民服务平台"一张网"。

### （四）深化公共数据资源共享

通过数据进云，政府公共治理能力全面提升。2015 年 9 月 23 日，浙江政务服务网"数据开放"专题网站正式上线，原本藏在政府机关"抽屉"里的数据，都将通过互联网开放，供访问、下载。这些数据包括身份户籍、社会保障、婚育、纳税等与浙江百姓生老病死、衣食住行攸关的基础信息，企业、组织机构的登记、资质、信用信息，以及政府部门在行政执法、社会管理中积累的信息。这些数据从 50 多个孤立的省级机关大楼机房出发，通过一条层层加密设防的管道专线，被悄悄转移到省政府部署在浙江电信和华数集团的专用数据中心，"入住"阿里云。这场数据大迁徙，背后实际是一场打破部门数据壁垒、实现政府治理能力全面提升的"互联网+政务服务"革命。

早在 2013 年 11 月，根据省委省政府的统一部署，省级部门带头，一律不再保留原先的网上办事窗口，切实打造全省政务服务"单一入口"，消除"信息孤岛""信息烟囱"等弊端，让老百姓像在淘宝网购那样，享有越来越多的政务服务。2014 年 6 月 25 日，"云"上的浙江政府数据完成首次整合，以"浙江政务服务网"的面貌问世，是省市县所有政府部门大汇聚的服务门户。依托这张网，实现了"四个集中"，即权力事项集中进驻，网上服务集中提供，政务信息集中公开和数据资源集中共享。一体化平台所积累的海量数据资源，将有力地破除长期以来的"信息孤岛"，推进政府治理现代化。浙江省规定，今后凡新建的政府信息化项目，只要不涉密，都应当在统一的政务云平台部署，数据资源都要汇聚到浙江政务服务网，否则不予立项。

建立统一的政务信息资源共享交换体系，完成省级政务信息资源目录梳理工作，在全国各省区率先推出政府数据统一开放平台。基于政务服务网深化基础数据库和专业数据库建设，2016 年浙江省已形成涵盖 5 896 万人的实有人口库和 249 万家各类法人的法人基础库，建设集成 6.9 万个办事机构和公共场馆的空间地理位置信息平台，形成便民服务"一张图"。完善社会信用数据库，打造统一的社会信用信息公示平台。建设全省统一的电子证照库，集纳 37 个省级部门、860 万条电子证照数据，为跨部门业务协同提供数据比对、查询等服务。例如，省司法厅、省民政厅、省公安厅、省高级人民法院等单位依托电子证照库，实现婚姻登记状况等证明信息跨部门查验和共享使用；又如，省建设厅资质审批过程中通过电子证照库共享社保参保信息，让办事企业和群众免于多部门查验。

## 二、浙江"互联网+政务服务"建设的做法与经验

### （一）顶层设计打造"互联网+政务服务"统一平台

按照"整体政府""协同政府"的理念高起点谋划政务服务"一张网"建设框架，切实破除信息孤岛和条块分割，强化浙江省电子政务的统筹规划和顶层设计，浙江政务服务网已成为简政放权、放管结合、优化服务改革的关键环节和重要载体，已实现群众、企业办事上"一张网"，进"一个门"。浙江政务服务网已实现省市县三级大统一，具有 512 项服务能力、218 项缴费能力，实现"一点接入、服务全省"，并全部承载于云计算平台上。

在前端，打造建设集约、服务集聚的网上"政务超市"。建成涵盖全省 101个市县政府、31 个开发区和 43 个省级部门的统一网上政务服务平台，以用户需求为导向，建立标准化服务体系，设置行政审批、便民服务、政务公开、数据开放四个板块，一站式汇聚全省政府部门网上服务资源。

在后台，打造数据集中、管理集成的"智慧政府"。建设省市县一体化的信息资源共享平台，打造统一的人口、法人基础数据库、电子证照库和社会信用信息公示平台。在海量数据汇聚融通的基础上，开展公共数据挖掘，为实现办事对象精准画像，推动网上政务服务精细化、个性化奠定基础。建设涵盖社会综合治理、综合执法、市场监管等功能的业务协同信息平台，构建"无缝隙"的政府监管和协同治理体系。

### （二）集约共享夯实"互联网+政务服务"工作基础

多年来，浙江各地、各部门电子政务建设取得了长足进展，但也存在重复浪费、服务碎片化等问题，根源在于条块分割、分散粗放的建设模式。浙江省政府提出，浙江政务服务网建设必须大力推进资源整合，实现电子政务集约化、协同化、高绩效发展。技术层面，围绕"一张网"建设应用目标，浙江省构建统一的电子政务高速网络体系，基本按需覆盖各级政务服务机构。建设省市两级架构的"电子政务云"，有效支撑全省统一的政务服务门户、行政权力运行系统等重要信息系统和数据库运行。

构建覆盖全省"一张网"的实名用户可信身份管理平台，实现网上办事"一次注册，一证通行"。制度层面，出台浙江版"互联网+"行动计划和促进大数

据发展实施计划，强化对"互联网+政务服务"工作的统筹规划和顶层设计。浙江省制定出台政务云平台管理办法、信息资源共享管理暂行办法等规范性文件，建立电子政务项目审核管理机制，从财政资金源头推动网络互联互通、数据整合共享、平台集约建设。组建省数据管理中心，不断扩大电子政务运维专业队伍，积极吸纳第三方专业力量，提升政务服务网运营支撑能力，促进"互联网+政务"工作健康有序发展。

推进各领域信息共享利用，是实现数据"多跑路"、群众和企业少跑腿甚至不跑腿的重要一环，也是推进各级行政服务中心"一窗受理、集成服务"的基础保障。为突破数据壁垒这一政府信息化的"老大难"问题，浙江省自 2014 年启动省市县一体架构的浙江政务服务网建设以来，大力推动部门信息系统集约化建设，畅通全省政务数据共享交换体系，逐步推动公共数据归集、整合和共享、开放。2015 年 10 月，省政府决定成立省数据管理中心，大力统筹公共数据资源整合规划、共享开放和基础设施建设等工作。2016 年下半年，在国务院印发《政务信息资源共享管理暂行办法》后，浙江省率先发布省级公共数据资源目录，涵盖 66个省级单位 17 000 余项数据。

## （三）深化应用提升"互联网+政务服务"工作实效

按照"用户至上"的理念，充分发挥互联网平台开放性、交互性优势，不断吸收公众的需求，并以此为信号推进服务优化、功能迭代。浙江政务服务网上线第二天即推出"大家来找茬"活动，请广大网民提意见、出点子。构建全省统一的网上办事评价体系，通过网络和短信提请服务对象对每一个服务项目、每一件审批办件开展满意度评价，并在网上公开评价内容，倒逼政府部门优化服务流程，提升服务水平。依托实体办事窗口、新媒体渠道加大网上办事推广力度，建立浙江政务服务微信公众号，并依托全省政务新媒体矩阵，结合政务服务网推出新服务进行常态化宣传，吸引更多用户体验，根据用户反馈不断改进平台功能。

积极推进行政权力"一站式"网上运行。建设全省统一的行政权力事项库，实现省市县三级 4 000 余个政府部门用行政权力事项的规范比对和动态管理。按照统一认证、统一申报、统一查询的要求，实现全省行政审批等权力事项"一站式"办理，2016 年以来全省各级政府部门在"一张网"日均办理事项达到 6.7 万余件。建设全省统一的电子监察系统，对行政审批办件进行全过程监督，通过短信提请办事对象开展满意度评价，并在网上公开评价结果。

积极拓展网上便民服务功能。通过"一张网"全口径汇聚网上服务资源，推出婚育、教育、纳税及就医等 15 类 400 余项网上便民服务。搭建全省一体化的移动端应用汇聚平台，推出预约诊疗挂号、交通事故违章处理、个人社保公积金查询、房屋权属证明等 70 余项热点服务。建设全省统一的公共支付平台，累计为 750 万人次提供网上交通违章罚款、执业考试报名缴费、学费和社保费服务。

不断深化阳光政务建设。在网上全面公开行政审批和行政处罚结果信息，动态公布 56 个省级专项资金的分配、执行信息。围绕市场监管、减税降费、社会救助、食品药品安全、公共资源配置等重点领域，深化网上信息公开。依托政务服务网整合建设以"12345"热线电话号码为统一接入口的政务咨询投诉举报平台，围绕省政府为民办实事项目、交通治堵、污水治理等开展网上意见征集活动，推进决策公开、过程公开、结果公开。

### （四）创新引领探索"互联网 + 政务服务"发展模式

创新平台建设模式。围绕"一张网"建设应用目标，大力推动电子政务集约化建设。浙江省已建设统一规范、安全可靠、分域管理、多级应用的政务云平台，为 55 家省级单位的 160 余个业务系统提供基础设施服务，形成覆盖全省的统一数据共享交换体系，支撑各级各部门行政权力网上运行等重要业务的数据共享交换业务。建立全省统一的电子政务实名用户身份认证平台，实现 250 多个部门网上办事系统一次注册、全省漫游。

创新业务运行流程。以"互联网+"思维和手段推动行政服务流程优化再造，推行"网上申报、信任在先、办结核验"和全流程网上办事模式，推广证照网上申请、快递送达工作，适宜上网的 729 项省级审批服务事项中，实现四星级和五星级网上办理模式的比例已达 70%。依托统一的电子证照库和办件信息库实现审批业务信息共享，推进全省投资项目在线审批监管、商事登记"五证合一"，截止到 2016 年 10 月底已依托政务服务网办理"五证合一"执照达 104 万张。

创新管理运行机制。组建省数据管理中心，建立电子政务项目审核机制，强化对"互联网+政务服务"工作的统筹规划和顶层设计。推进《浙江省公共数据和电子政务管理办法》政府规章立法工作，制定出台政务云平台、信息资源共享管理等规范性文件，强化各级政府机构推行网上服务、促进数据共享开放的义务，进一步明确电子身份认证、电子文件、电子签名等的法律效力。积极吸纳第三方专业力量参与"一张网"建设，建立长效运营机制，打造"互联网+政务服务"生态体系。

通过融合共享推进办事流程再造。结合电子证照、电子签章、电子归档等技术体系和制度的完善，逐步推广全流程网上办事模式。依托统一的电子证照库和办件信息库，为各级政务服务中心窗口开展商事多证合一、投资项目联合审批，优化服务流程提供数据比对支撑；通过统一的数据交换和汇聚体系，打破垂直管理部门和市县行政服务中心的数据壁垒，将十余个省级部门的办件数据分发给各地，便于各地监管、协同。开展"证照网上申请、快递送达"工作，依托邮政快递解决办事过程中暂时无法规避的部分纸质材料要求和现场确认环节，较好地提升网上办理率和便捷化程度。

依托现场办事窗口延伸网上服务的触角。解决部分事项无法直接网上申报、不具备网上操作能力和条件的群众的需要，省建设厅、海洋渔业局依托政务服务网将省级办理的审批事项窗口延伸到乡镇、街道服务中心，几百千米外的海岛居民可以足不出镇，就近通过自助终端或请镇服务中心工作人员扫描提交相关资料，网上审批结束后，可以通过快递领取或去乡镇服务点打印领取证件，实现了就近服务，办事不出镇（村）。

## 三、浙江"互联网+政务服务"建设的典型案例

### 案例 6-1　政务地理信息资源采集共享新模式

随着城市的发展及各种功能的集聚，人们对城市的信息与服务功能有了越来越高的要求。如何有效整合各类政务地理信息资源，提供权威、统一的数据平台，使人们能通过一张地图，更方便、快捷、直观、精准地找到所需的服务？浙江通过构建"智慧地图"，依靠"一张网"、全省"一张图"，全面提升政务地理信息的服务水平，只要登录浙江政务服务网，轻点鼠标，各类政务便民服务信息都能在地图上一一展现。浙江政务服务网地图服务平台以地图为载体开展政务信息便民服务，让百姓通过地图搜索、数据关联和位置导航，就能轻松查询到教育、求职、旅游、就医保健、公共交通、场馆设施等与生活息息相关的信息。

地图服务平台并非仅仅是一张"电子地图"，而是一张集地理资源、政务信息于一体的"智慧地图"。平台内的政务地理信息资源，不仅涵盖了位置信息，还增加了公众关注的属性信息，如交通运输、医疗卫生、人力社保、文化教育、环境、金融、通信等各类民生保障及公共管理信息等，让老百姓少跑腿、好办事、不添堵，有效提升网上便民服务能力。

数据充满机遇，云端决定未来，建设"云上浙江、数据强省"，打造透明、智慧、负责任的政府，需要大数据的强有力支撑。作为大数据的组成部分，政务地理信息资源的重要性显而易见，而政务地理信息资源采集共享的模式，正为数据强省建设提供新抓手。通过由省市县三级、多部门联合采集报送，实现了政务地理信息资源从深度、广度上的丰富。此外，政务地理信息资源报送通过制定统一的政务地理信息资源整合、共享、开放标准，通过地理位置这个关键属性，将部门间多源、异构的信息集成、整合起来，不仅打破了省市县三级政府之间、部门与部门之间的壁垒，也实现了信息的共享和开放。

为了保障地图服务平台的长效运行和数据的鲜活性，政务地理信息资源报送的准确、实时十分重要。2015 年 12 月 8 日，浙江省政府办公厅正式启动政务地理信息资源报送试点工作。由省政府办公厅牵头，省测绘与地理信息局具体负责，在省内 5 个试点地区开展实施。通过政务地理信息资源共享服务平台，实现政务地理信息的分散产生、集中共享。

通过试点，政务地理信息资源"政府组织、部门采集、测绘校核"的分工协作机制得以建立，各部门按照"谁产生、谁管理，谁提供、谁更新"的原则进行采集，有效地提升了信息采集的时效性和准确性。通过全省统一的平台报送、汇聚政务地理信息，打通了数据采集、报送、整合、服务、更新的全环节，构建了政务地理信息资源共享服务平台。随着报送工作在全省的推开，一张基于地理位置的横向到边、纵向到底的政务地理信息汇聚、交换、共享大网络，已初具雏形。通过政务地理信息资源采集共享，政府部门原本分散、碎片化的信息资源得到了整合汇聚。这已成为政府宏观决策、科学治理的最坚实、有效的数据支撑之一，是浙江省大数据示范工程可以充分利用的基础之一。

### 案例 6-2　富阳用好"一张网"创新审批流程

富阳是浙江省最先开始权力清单制度试点的地方。在推动"四张清单一张网"落实的过程中，富阳区围绕打造"审批最快，服务最优"的行政审批服务体系目标过程中积极探索。截止到 2016 年 5 月底，富阳区行政许可入省权力库事项 417 项（以子项计算），接入办件库事项 381 项，占比 91.36%。富阳区 45% 的行政许可事项已实现"网上申报、信任在先、办结核验"四星级服务模式，相对人通过网上提交材料，部门采取"信任在先、审核在后"的做法，全程网上办理，累计共受理办结商品房预售许可等 1 149 件，投资项目审批全流程可减少业主单位重复提供各类审批材料 300 件次以上。截止到 2016 年 5 月底，共计入库共享项目 492 个，共计入库共享项目 779 个，共计可减少 233 700 份材料。

业务处理实现综合进件、统一编码、全程监督。办证千辛万苦、四处奔走求告的事情不少见，一份证书到手就是"苦尽甘来"，为了改变这一状况，富阳在这几年进行了一番大动作。2016 年 2 月，富阳区 A 公司申请网上施工图联审，办事人员张先生到办事大厅办事前，先通过浙江政务服务网富阳站点的页面查询好办理施工图所需资料，材料齐全之后，他赶到综合进件窗口一次性递交了规划、住房和城乡建设、消防、人防、气象五个部门的审批材料，经工作人员电子化扫描入网。同一时间，扫描入网的电子版资料也在被标记了统一注册编码，后通过统一审批平台将办件发送至各对应审批部门，并对投资项目办理各个环节实行实时监督、到期提醒、全程督办，确保项目审批在部门规定的承诺时间内办结。按照以前，张先生可能需要准备多份资料向五个窗口递交。根据富阳区项目启动对应部门并联审批，结合住房和城乡建设局统一督促施工图设计中介限时完成图纸变更过程，A公司的批复最终由综合进件窗口统一代发。

各部门打破"信息孤岛"实现资料共享。统一窗口递交资料后，各部门之间又是怎样各司其职分工运行行政审批过程？富阳区先给企业须递交的资料做了减法，将固定资产投资项目审批流程划分为立项、用地审批、施工图联审、施工许可、竣工验收五个阶段，审批部门收取材料从原来的56件次减少为13件次，群众从原来平均跑6个窗口减少到只要跑1个即可，审批时也从原来串联的20个工作日减少到5个工作日。做完减法以后继续做除法，经由综合进件窗口电子化后的审批资料实现了资料跨部门共享，每个部门在处理审批过程中，可随时调取办事人提交的资料信息。例如，办事人在富阳道路运输管理所行政许可窗口联合市场监管局窗口提交了法人身份证、产权证明、租赁协议等，通过数据共享平台，办事人到交通运输局窗口办理业务时就不再递交，只需工作人员在行政服务中心系统申报审批项目时对收取材料的方式选择"来自共享库"，就能下载已扫描上传的申请材料，既环保又节省办事时间。截至2016年5月底，富阳区已经累计办理这样的"综合进件、统一编码、全程监督"项目1 658个，累计综合进件7 985件次。

"服务零距离，办事一站通"一直是浙江政务服务网的宗旨，能够通过减法实现"办事一站通"，通过除法用资料跨部门共享来演绎"服务零距离"。除了富阳，浙江省宁波、金华等地也已经实施统一进件、资料共享。

### 案例6-3　海宁"一张网"实现并联审批"一条龙"

推进信息互联互通，市场准入更高效。海宁市从2015年起全面推进并联审批新机制，这一机制以浙江政务服务网为载体，以服务群众和企业为核心，探索审批信息共享，实行同类关联审批事项模块化办理，让信息多跑路，让群众少跑腿、少重复提交资料，给群众提供更便捷、贴心的服务。

海宁市2015年5月30日起推行的市场准入审批"一条龙"服务，它依托浙江政务服务网，建立在嘉兴市政务服务平台与各部门原有审批系统的互联互通基础上，申请人"一站式"填写表格、提交材料，审批材料电子化流转，相关部门信息共享，同时在线对材料进行审核，形成"一站办理、同步审批、信息互通、统一发证、档案共享"的市场准入集中审批运行机制。

市场准入"一条龙"审批流程解决了企业注册设立过程中手续烦琐的难题。来办理新设企业证照的申请人，只要登录浙江政务服务网海宁市站点，进入审批业务平台进行个体工商户开业登记在线办理，并根据指导填写提交申请表格、上传申报材料。系统便会将申请信息录入市市场监管局审批系统，在线推送共享给各部门窗口同时审核、审批。随后，后续环节审批意见、时间节点等信息又会自动推送至浙江政务服务网业务平台，并告知申请人，最后由市场监管窗口（综合窗口）向申请人一次性发放证照。

依托系统联审联办，项目审批更快捷。通过全面梳理工业投资项目备案类审批服务事项，海宁将审批全过程分为土地取得、项目立项、规划设计、施工许可和产权办理等五个阶段，建立并联审批链条。申请人申请工业投资项目备案类审批后，发改或经信窗口会将项目基本信息录入工程建设并联审批平台，系统自动生成项目终身编号并纳入项目库。项目审批正式启动后，申请人按不同阶段向综合窗口提交申报材料。综合窗口采集项目信息，相关部门实行一次性查验、审核，共同出具审批意见。同时，开展施工图联审，实现一个窗口受理，一套图纸送审、成果统一口径反馈。对企业办理生产用房施工许可业务，现在实行施工图联审，这些部门的意见统一由住房和城乡建设局汇总梳理，然后反馈给企业，原先要三个多月才能完成的施工图审查，现在不到 10 天就能完成。

落实一窗受理发证，便民事项更简易。窗口单位是联系民生最紧密、服务群众最直接的单位。依托浙江政务服务网的平台作用，海宁从 2015 年起通过行政审批制度改革，开辟越来越多的便民服务窗口，一切从方便群众办事出发，不断提升服务水平。对于产权办理并联审批，海宁将民政局门牌证、地税局契证、房管局房产证和国土局土地证相关事项进行关联，精简材料，由房管窗口统一收件，系统自动分发申请材料给相关部门，各部门同时审批，同时打印证照，最后一个窗口发证，由原来至少跑中心 3 次减少到 2 次，实现提速 3 倍以上。

对于社会组织登记，海宁则是借助浙江政务服务网，由民政部门将民办非企业设立信息录入浙江政务服务网业务平台，自动分发给后续相关部门审核，一次领取全部证照。在一照一码政策实施后，则是由市场监管局将社会统一信用代码预赋给民政局，由民政局录入申请人信息，并对电子档案进行统一管理。

变企业跑为部门跑，变群众跑为信息跑，实现内部流转，"一窗受理"真正方便了企业办事，有效提升了政府服务品质，让市民能享受更高质量的服务。

### 案例 6-4　湖州政务服务"一张网"向镇村延伸

为进一步提升政府公共服务水平，打造规范、透明、便捷的基层网上服务体系，湖州市积极推进浙江政务服务网向镇村延伸。2015 年底，长兴县利用原三级联动便民服务系统已经实现了县、镇、村便民服务全覆盖的优势，按照浙江政务服务网统一标准，对原三级联动便民服务系统进行升级改造，使系统中的行政权力及公共服务事项的基本信息、运行信息、办件数据与省统一权力事项库及办件信息库实时同步，率先实现了省、市、县、镇、村政务服务五级联动。

2016年，湖州市全面推动这项工作。南浔区、长兴县作为全市政务服务网向乡镇（街道）、村（社区）延伸试点示范县区，已经实现了全覆盖，吴兴区、德清县、安吉县及湖州经济技术开发区、太湖旅游度假区也在力推这项工作。

随着这项工作的展开，镇村政务服务效率大大提高。以前办理业务，办理者只能带着一大堆资料到镇便民服务中心窗口，有时还得跑好几趟。现在只要把相关资料上传到浙江政务服务网镇村服务站，鼠标一点就可以解决，既省时又省心。上线事项包含卫生计生、助残扶残、人力社保、税收征收、居家养老、农牧渔业、党团组织、国土城建、综治维稳、安全监管等重点代办事项，村民可在村级代办点直接办理，无须再往镇上和县区两头跑。2016年上半年，湖州市依托浙江政务服务网统一平台，全面规范镇村政务服务事项库，健全镇村网上服务站，全面公开镇村政务服务事项办理指南，逐步增加网上申报事项，全面完善省、市、县（区）、乡镇（街道）、村（社区）五级联动的政务服务网络。

### 案例6-5　宁波检验检疫实现"互联网+政务服务"

近年来，宁波检验检疫局积极构建互联网政务服务平台，优化服务流程，创新服务方式，最大限度利企便民，让企业和群众更有获得感。

2016年11月初，宁波检验检疫局对主页进行了一次大刀阔斧的改版，对原有的网站栏目体系进行系统整合，力求做到简洁易用，层次清晰，界面人性化，内容版块化。同时坚持"应上尽上"，不断丰富政务服务在线办理事项，打造对外查询、网上办事一站式服务，对企业提供检验检疫流程信息、计收费信息、通关单信息、查验信息、签证放行信息等查询服务，提供更改撤销申请、预约查验、3C目录外确认等网上办事功能，优化咨询及投诉功能，解决了网上政务的碎片化问题，实现权力事项集中进驻、网上服务集中提供、政务信息集中公开、数据资源集中共享。

宁波检验检疫局推出的"互联网+政务服务"借鉴电子商务的O2O模式，找准具体切入点，积极探索网上平台、实体大厅、自动终端、服务热线等良性互动的模式，使网上办事与网下办事相辅相成、相互促进，实现线上线下一体化。

2015年7月，宁波检验检疫局全面实施无纸化报检工作，结合互联网优势开发的无纸化报检管理系统，使宁波地区出入境货物报检等业务实现了网上申报，解决了区域一体化进程中单证流转等瓶颈问题，打通了大通关链条中最便捷的一环。在实现线上无纸化报检的同时，宁波检验检疫局也同步在线下16个报检窗口逐步实现"自助式报检"全覆盖。进出口企业通过自助服务电脑终端，可以自主完成报检操作，真正实现进出口申报过程"零等待"。

随着智能手机的流行，移动端成为在线政务服务主要发展方向，宁波检验检疫局在推进"互联网+政务服务"的进程中，依托政务微博、微信公众号等新媒体，积极开展在线政务方面的探索和完善，近年来先后推出了"报检通"、甬检微语、WTO 检验检疫信息网、检验检疫产地证等微信公众号，不断丰富各类移动场景化应用，提升用户的认同感和参与度。

"报检通"是一个集业务查询、政务公开、检企互动等功能于一体的微信服务号。通过信息化手段整合报检人常用的九项查询，帮助报检人随时随地获取检验检疫流程信息和物流信息，实现"一机在手，报检无忧"。自 2016 年 8 月正式运营以来，吸引了近千名相关企业人员关注，日均业务查询点击 50 多人次，文章阅读 160 多人次，便利企业成效显著。

# 第七章 浙江信息惠民实践研究

随着"互联网+"战略的提出,国家推进信息惠民系列措施不断出台,以网络为基础的公共服务方式改进受到全社会更广泛的关注,倒逼各政务部门大力提升互联互通、信息共享和业务协同水平。近年来,浙江结合"四张清单一张网",稳步推进以"一号一窗一网"为核心的"互联网+政务服务",推动信息惠民各项政策落实,进一步深化"放管服"改革,构建方便快捷、公平普惠、优质高效的政务服务体系,提高政府服务效率和透明度,在优化社会资源配置、创新公共服务供给模式、提升均等化普惠化水平方面发挥了示范表率作用。

## 一、浙江信息惠民的亮点与成效

### (一)信息化促进教育公平和创新

信息技术对教育改革和发展具有革命性影响,以信息技术推进教育公平和创新,构建网络化、数字化、个性化、终身化的教育体系,是全面实现教育现代化的重要内容。浙江坚持以信息化促进教育现代化的发展战略,以《浙江省中长期教育改革和发展规划纲要(2010—2020年)》为指导,以"一网二库三平台四体系"建设为重点,以促进信息技术与教育教学的融合为核心,加快教育信息化步伐。学校信息化环境不断优化,建成浙江省教育计算机网,全省中小学校全面普及班级多媒体,99%以上的中小学校实现千兆到校、百兆到教室和教师办公室。建成浙江教育资源公共服务平台,开发千余门普通高中选修课网络课程和 7 500余个优质微课,建成 20 个网络学科协作组和 150 个省级名师网络工作室,全省73%的中小学教师开通个人网络空间,基本形成覆盖各级各类教育的数字资源体系。完成全省中小学教师教育技术能力全员培训,启动教师信息技术应用能力提升工程,开展数字校园示范建设和创新实验室建设,形成国家、省、市、县(市、区)、校五级示范建设体系。教育信息化管理体制进一步完善,建立省、市、县(市、区)、校教育信息化组织机构,基本建成浙江教育管理公共服务平台、省级教育数据中心和全省教育基础数据库。教育信息化为浙江省率先实现教育现代化构建了强有力的支撑基础。

一网。建成高速安全的浙江省教育计算机网，实现省、市、县（市、区）、校四级高速互联互通。各设区市和高校以 1G 以上的带宽接入浙江教育计算机网，全省普通中小学的校园网普及率由超过 90%，普通高校和职业学校校园网普及率达到 100%，大部分学校建成无线校园网；中小学实现"班班通"，幼儿园实现"园园通"；教育城域网和高校校园网全部接入 CERNET。

二库。建立浙江省教育信息基础数据库，覆盖全省各级教育部门和各级各类学校、学生、教师等基础信息。建立浙江省数字化教育教学资源库，以浙江教育资源网为核心，以浙江省基础教育资源库、中职教育特色课程资源库、职业教育专业教学资源库、高等教育精品课程资源库、数字化实验室、浙江省高校数字图书馆文献资源保障体系和终身学习资源建设为主要内容，开发千余门普通高中选修课网络课程和 7 500 余个优质微课，建成 20 个网络学科协作组和 150 个省级名师网络工作室，基本形成覆盖各级各类教育的数字资源体系，为教学改革与创新提供重要基础资源。

三平台。建立教育管理平台、政务公共服务平台，形成覆盖全省各级教育部门和各级各类学校的教育管理信息化支撑系统和电子政务系统，加强数据统计分析、综合利用和数据共享，为教育管理和宏观决策提供准确的数据支持，提高教育管理效率，提升教育管理公共服务能力。建立涵盖基础教育、职业教育、高等教育、继续教育和社区教育等内容丰富、多层次、智能化、开放式的浙江省数字化终身学习支持服务平台，实现优质教育资源的开放共享。

四体系。建立开放、多层次的教师教育技术能力培养培训体系；建成教育信息化标准与规范体系；建成教育技术支持服务体系，构建省、市、县（市、区）、校四级教育技术支持服务体系，加强教育技术的应用指导；建立浙江省教育信息化公共服务体系，由省、市、县（市、区）教育行政部门和学校共同参与，做到网络、资源和服务全覆盖。

### （二）智慧医疗全国领先

"十二五"时期，浙江省医疗健康领域通过信息化建设拓展行业应用，充分利用大数据、移动互联网、云计算等多种信息技术，打造省级健康信息平台和三大数据库，促进医疗资源信息互连互通，力推智慧医疗模式探索服务和管理创新，全方位帮助百姓"轻松看病"。

智慧医疗基础建设扎实推进。建立浙江省健康信息平台，以居民电子健康档案和电子病历为核心，提供数据采集、传输、存储、共享、索引、交换和业务协同服务，实现省市县三级卫生信息平台互联，并向上连接国家卫生信息平台。通过全省卫生虚拟专网为纽带，社区全科医生在线使用，各级卫生管理部门分级管理的"健康云"，广大居民得到更为便捷、全人全程的健康服务。截至 2016 年 6 月，省级人口健康信息平台应用成效初显，市级平台建设全面开展，80%县级平台投入运行。居民电子健康档案、电子病历、全员人口三大数据库基本建成，居民电子健康档案建档率达到 90%，电子病历在二级及以上医疗机构的应用率超过 85%，全员人口信息入库率达到 95%。卫生业务虚拟专网覆盖全省，人口健康信息标准不断完善，网络信息安全制度逐步健全。

信息化应用水平明显提升。医院管理和临床医疗服务信息化建设水平不断提高，部分医院的电子病历应用水平达到国家四级以上标准。疾控信息化在全国率先建立了国家—省—市—区域的公共卫生数据采集交换模式，实现了试点地区医疗机构传染病诊疗数据的自动采集。集公众服务、智能移动执法和决策管理服务为一体的浙江省卫生监督管理平台建成应用。血液信息系统实现全省各血站血液采集、供应、库存等信息实时共享。基层医疗卫生机构管理信息系统实现全覆盖，63%的县（市、区）建立集约化的区域 HIS（hospital information system，医院信息系统）。全员人口管理信息系统基本建成。药械采购综合平台基本满足药品耗材招标、交易和监管等业务需求。

智慧应用服务不断拓展。全省各地积极开展智慧医疗，运用互联网、大数据等新兴技术开展便民惠民创新服务。浙江省预约诊疗服务平台提供 254 家医院的统一、便捷的预约挂号服务。"诊间结算""床边结算""移动支付"等服务有效地缓解看病难、看病烦。区域医疗服务协作和远程医疗服务为推进"双下沉、两提升"提供有力保障。区域公众健康服务门户逐步建立，探索居民健康管理新模式。网络医院等互联网医疗创新服务模式不断涌现。

## （三）"互联网+"就业与社会保障亮点纷呈

"十二五"期间，浙江省人力资源和社会保障信息化工作围绕金保工程总体部署，在推进省集中社保卡发行和应用、业务系统建设、数据资源整合等方面全面发力，亮点纷呈。

建设全省统一的人力资源社会保障信息化管理系统。整合资源，构建统一的技术支持平台，加强各级数据中心建设，促进全省人力资源与社会保障信息化系统与全国的衔接互联，实现信息化系统对业务工作、服务人群、服务区域和服务机构的全覆盖。推进互联网服务渠道和基层信息平台建设，构建多层次、全方位的人力资源社会保障公共服务信息系统，促进社会保障相关部门信息共享。

实现覆盖全省的社会保障"一卡通"。以社会保障卡和跨地区社会保障业务服务为抓手，构建社会保障"一卡通"异地应用平台和专网系统。建立覆盖全省的社会保障卡档案管理信息系统，推动社会保障卡的发放，推进社会保障卡的应用，拓展社会保障卡的功能，实现对全体劳动者"记录一生、管理一生、服务一生"。

完善业务领域信息支持系统建设。建设统一、规范、标准的人力资源社会保障应用系统，推动城乡各类社会保险、人力资源管理业务的协同办理。建设全省统一的跨地区信息交换与结算平台，为就业公共服务、异地就医结算、异地居住退休人员社会化服务、社会保险关系转移接续等各项跨地区业务的开展提供有力支撑。完善联网数据采集系统、基金监督应用系统、宏观决策支持系统，大力推进市场动态监测信息系统和失业预警信息系统建设。推进 12333 电话咨询服务信息平台建设，实现全省各级电话咨询服务联动。

### （四）智慧交通助力出行安全畅通

智能交通是当今国际交通领域发展的前沿，它不仅有助于提高产业竞争力，也是城市合理规划和发展、解决民生交通问题的重要领域。近年来，浙江交通运输部门用互联网思维探索行业转型发展新模式，积极应用新技术为行业管理和公众出行服务。通过大数据、云计算应用，及时发布高速公路绕行及通阻信息，合理分流、积极疏导，2015 年以来实现高速公路交通事故和伤亡人数同比双双减半。浙江在全国首创通过移动基站大数据分析结果实时监控高速公路拥堵状态，这种方式相对原有传统的监控布控建设方式节约直接投资 80%~90%。此外，浙江成立综合交通应急指挥部，整合公路、铁路、水运、航空等方面的视频达 8 300 多路，促进了信息流在各种运输方式间的无缝衔接，实现海陆空大交通的监管格局。自智慧高速 APP 投入运营以来，累计发布路况信息 15 余万条；智慧高速微信粉丝数累计接受信息查询 500 余万人次；12122 客服电话累计接听 200 余万通，终端效应逐步显现。在路网应用方面，浙江智慧高速已实现全省 3 200 千米路段信息共享，占全省高速公路通车总里程 85% 以上，初步实现多源数据之间的融合，有效开展了路网运行协同。

推动交通运输资源在线集成。构建交通云网合一架构，整合基础业务平台和信息系统，加快交通业务骨干网优化改造。积极推进电子路单制度，建立多式联运机制，推动多式联运的信息服务。整合公路地理信息与港航地理信息，形成全省交通运输"一张图"，推进省级交通系统信息资源互联互通和信息共享，完善全省综合交通应急指挥信息平台。

构建交通智能感知体系。加快交通传感网升级改造，优化调整网络架构，提升桥隧公路、工程检测、移动执法、航道、物流等网络覆盖率，形成全省统一的交通物联网管理平台。深化手机信号大数据在高速公路车辆通行情况监测中的应用，实现全省高速公路易拥堵路段通行状况动态监测全覆盖。

建设综合交通信息交换与融合平台。利用互联网思维和模式，整合交通相关各部门之间的数据，探索数据分享共建的新模式，制定交通运输行业公共数据资源开放机制、开放计划和开放目录，明确公共数据共享开放责任、开放范围、边界和使用方式。创新综合交通大数据应用服务项目，开展政企合作，对公众提供以"时间+地理位置+交通事件"为基础数据，展开对拥堵情况、流量情况、发生地区等多维度的综合交通数据分析服务。

创新交通运输服务新模式。推广客运交通联网售票服务，推进省内各地公交地铁"一卡通"联网，推动交通运输行业向社会开放服务性数据，引导互联网平台为社会公众提供实时交通运行状态查询、出行路线规划、网上购票、智能停车等服务。推进基于互联网的多种出行方式信息服务对接和一站式服务，以桐乡和云栖小镇的国家级 5G 车辆网试点示范项目为依托，积极推进基于宽带移动网络的智能汽车、智能交通应用示范。

## 二、浙江信息惠民的做法与经验

### （一）强化信息基础设施集约化建设

推进网络整合。围绕"一张网"建设应用目标，大力推动电子政务集约化建设，已完成全省电子政务外网主网和备网融合工作，全面实现网络业务的负载均衡和备份功能。在合理分类评估的基础上，加快省级单位专网业务向省电子政务网络迁移，已建设统一规范、安全可靠、分域管理、多级应用的政务云平台，为55家省级单位的 160 余个业务系统提供基础设施服务，形成覆盖全省的统一数据共享交换体系，支撑各级各部门行政权力网上运行等重要业务的数据共享交换业务。

深化政务云平台建设应用。依托省电子政务网络和省政务云平台，大力整合各单位现有分散的数据中心，制订各级数据中心整合方案，积极推动各单位新建、存量电子政务系统向政务云平台集中部署、迁移。完善政务云平台安全防护体系，启动建设省政务云的异地灾备平台。

打造全省一体化的移动政务服务平台。不断优化浙江政务服务移动客户端平台功能，支撑各地、各部门基于统一平台开展个性化应用开发，在行政审批、城市管理、交通、社保、医疗、教育、就业、市民卡等领域推出一批用户覆盖广、体验好的移动应用服务，并与浙江政务服务移动客户端实现无缝整合。

### （二）提升信息网络惠民服务功能

推进公共服务事项一站式网上运行。建立网上审批负面清单制度和月度通报机制，除公文、资料涉密的审批事项和需要专家论证、技术评审、公开听证、集体研究、政府批准的复杂事项外，全面推动审批事项依托浙江政务服务网开展在线办理，实现全流程网上咨询、申报、受理、审批、公示、查询、反馈、投诉、评价。加大省市间、单位间统建系统对接力度，切实减少系统使用中的"二次录入"问题，2016 年底已基本实现省市县三级行政处罚一站式网上运行。不断深化统一行政权力系统开发和应用，提升行政审批及其他行政权力、公共服务事项网上运行比例。

依托"互联网+"优化办事服务流程。运用"互联网+"思维和手段，以数据资源共享互通为支撑，全面开展政务服务流程优化工作，切实减少申报材料、前置条件和办理环节。创新网上服务模式，健全网上预审机制，加快推广证照网上申请、快递送达服务模式，推动电子证照、电子文件、电子印章在网上政务服务中的应用，对适宜网上申报的证照初次申领、变更、补办、年检、延续等事务，积极创造条件实现全流程网上办理。推动线上线下业务流程融合，推动网上服务与实体服务中心、窗口联动，积极开展网上并联审批。

拓展网上便民服务功能。在教育、医疗、社保、户籍、养老、住房、交通、环保、食品安全和公共安全等重点民生领域推进网上公共服务应用开发，实现各类服务事项网上查询、网上申请、网上办理、网上反馈。推进公共安全、综合治理、行政执法、市场监管、社会信用、经济运行监测、社会保障、健康服务、教育服务、文化服务、交通服务、旅游服务及档案服务等领域的大数据应用示范。深化政府非税收入电子化收缴改革，拓展统一网上公共支付平台应用，全面推进政府非税收入线上线下一体化收缴。在公安交警违法罚款、出入境办证收费、公务员考试报名收费、教育收费等重点项目深化统一公共支付平台应用。浙江省统一公共支付平台为缴款人提供开放便捷安全的缴款渠道，接入该平台的包括公安部门的高速公路交通违法罚款、财政部门的会计考试收费、人力资源和社会保障部门的公务员考试收费、教育部门的自学考试收费等。截止到 2016 年 5 月，通过浙江统一公共支付平台受理收缴业务突破 239 万笔、收缴资金 4.8 亿元。

## （三）优化"一号一窗一网"建设

浙江省以"四张清单一张网"为抓手，率先探索"一号一窗一网"模式下的互联网+政务服务，在全省范围内实现政务服务"纵向全贯通、横向全覆盖、业务全流程、部门全协同、效能全监督"。以"一号一窗一网"为核心的"互联网+政务服务"以省政府政务服务网为基础，整合全省政务数据资源，将行政审批事项统一受理、统一反馈，不但推动了信息惠民各项政策落实，而且极大地方便了百姓办事，降低了行政成本。2016 年上半年国家发展和改革委员会等中央部委领导同志专程赴浙江调研，充分肯定以"一号一窗一网"为核心的"互联网+政务服务"的实践和成效，认为很有推广借鉴价值。

"一号"申请简化优化群众办事流程。依托统一的浙江政务服务网数据共享交换平台，以公民身份号码为唯一标识，构建电子证照库，实现涉及政务服务事项的证件数据，相关证明信息等跨部门、跨区域、跨行业互认共享。在群众办事过程中，通过公民身份号码，直接查询所需的电子证照和相关信息，作为群众办事的依据，避免重复提交，实现以"一号"为标识，为居民"记录一生，管理一生，服务一生"的目标。

"一窗"受理改革创新政务服务模式。浙江政务服务网在前端整合构建综合政务服务窗口和统一的政务服务信息系统，后端建设完善统一的分层管理的数据共享交换平台体系，推动涉及政务服务事项的信息跨部门、跨区域、跨行业互通共享、校验核对，建立高效便民的新型"互联网+政务服务"体系，推进网上网下一体化管理，实现"一窗口受理、一平台共享、一站式服务"。

"一网"通办，通政务服务方式渠道。以建设群众办事统一身份认证体系为抓手，逐步构建多渠道多形式相结合、相统一的便民服务"一张网"，实现群众网上办事一次认证、多点互联、"一网"通办。运用"互联网+"思维和大数据手段，做好政务服务个性化精准推送，为公众提供多渠道、无差别、全业务、全过程的便捷服务。

## （四）完善公共数据的整合与管理

加快推进浙江省信息资源的整合开放。浙江省自 2014 年启动省市县一体架构的浙江政务服务网建设以来，大力推动部门信息系统集约化建设，畅通全省政务数据共享交换体系，逐步推动公共数据归集、整合和共享、开放。2015 年 11 月浙江省政府成立了浙江省数据管理中心，负责拟订并组织实施大数据发展规划和政策措施，研究制定数据资源采集、应用、共享等标准规范，统筹推进大数据基础设施建设、管理，组织协调大数据资源归集整合、共享开放，推进大数据应用；加快完善全省人口、法人单位、自然资源和空间地理、宏观经济等基础信息数据库建设，依托省政务云平台集中汇聚、存储数据库资源，推进各领域信息的共享和利用。推进政务地理信息资源报送工作，建立健全省市县三级联动的政务地理信息资源更新、发布和共享机制。

搭建政务数据资源共享交换体系。建设全省统一标准的政务信息资源管理服务系统，已完成省级单位和设区市政府部门目录体系梳理工作。优化浙江政务服务网统一数据交换平台，整合省级已有各类跨部门数据交换系统，2016 年底已实现省级重要信息系统通过统一交换平台进行数据交换和共享。确定省大数据应用平台基础架构，完成省级大数据汇聚物理平台布局方案，建立大数据存储、清洗、转换、应用支撑平台，完善数据安全管理的技术手段和策略。完善公共数据统一开放平台，建立数据开放更新常态机制，依托浙江政务服务网推动各市、县（市、区）数据开放工作，2016 年底前已实现数据开放平台设区市全覆盖。

浙江省政府印发《浙江省公共数据和电子政务管理办法》，专门就电子申请、电子签名、电子证照、电子归档等做了一系列规定，对公共数据获取、归集、共享、开放、应用等各个环节的管理做了规范；明确以公共数据统一编目、逐级归集的要求，形成公共数据资源目录，并将目录中的数据归集到公共数据平台，实施人口、法人单位、公共信用等综合数据信息资源库建设；明确以公共数据共享为原则，明确公共数据开放实行目录管理，通过建立统一的公共数据平台打破以往各级部门之间的数据壁垒，各级行政部门可以在这个平台上提取证明材料。这是国内首个省级公共数据和电子政务管理办法，解决了网上申请和电子归档的效率问题，使全流程在线办理可以在法律层面上迎刃而解，对促进"最多跑一次"改革的落实，对浙江"互联网+政务服务"建设有重大推动作用。

## （五）推进惠民服务的延伸化拓展

浙江政务服务网按照"服务零距离、办事一站通"的要求，推进权力事项集中进驻、网上服务集中提供、政务信息集中公开、数据资源集中共享，实现建设和运行维护常态化、规范化、长效化，逐步打造省市区统一架构、多级联动的在线智慧政府。在此基础上，进一步在完善功能、延伸服务、深化应用上下功夫，推进浙江政务服务网向乡镇（街道）、村（社区）延伸实施工作。通过以乡镇（街道）为实施单位，依托浙江政务服务网统一平台，建立乡镇（街道）、村（社区）政务服务事项库，建设乡镇（街道）网上服务站，全面公开乡镇（街道）、村（社区）政务服务事项的办理指南，推动适宜上网运行的事项实现网上申报、网上办理，打造规范、透明、便捷的基层网上服务体系，实现政务服务五级联动。截止到 2016 年底，已基本完成浙江政务服务网向乡镇（街道）、村（社区）的延伸工作。

建立基层事项库。根据全省三级目录范围集合各地实际，建立区乡镇（街道）、村（社区）政务服务事项基本目录，并对每个事项的基本信息（包括名称、类型、依据等）、办理指南信息（包括办理时限、办理条件、所需材料、收费情况等）、运行信息（包括办理流程、裁量标准等）进行标准化梳理。在此基础上，各乡镇（街道）、村（社区）确定具体开展的服务事项，并分别补充完善办理时间、地点、电话及岗位人员等个性化信息，录入浙江政务服务网行政权力事项库各乡镇（街道）、村（社区）节点，实现统一管理。

建设站点。在浙江政务服务网本地平台上，为辖区内各乡镇（街道）建设网上服务站，全面公开乡镇（街道）、村（社区）政务服务事项，提供规范、准确的办事指引。村（社区）在所属乡镇（街道）网上服务站中设置栏目，不单独建设服务站点。在浙江政务服务网基本框架内，各乡镇（街道）自行设计网上服务站的展现样式，并增设其他政务（村务、居务等）公开内容。

上网运行。各乡镇（街道）以群众需求为导向，确定适宜上网运行的乡镇（街道）政务服务事项，基于县（区、市）级行政权力运行系统，推进"一站式"网上运行，并向有条件的村（社区）延伸。基层单位依托乡镇（街道）行政服务中心和村（社区）便民服务中心，探索网上代办、多级联动办理等服务模式，打造网上网下结合的服务体系。

## 三、浙江信息惠民的示范案例

### 案例 7-1　乌镇互联网医院

乌镇互联网医院是桐乡市人民政府与微医集团响应党中央和国务院大力倡导的"互联网+医疗"改革精神，在乌镇互联网创新发展试验区创建的"全国互联网分级诊疗创新平台"。乌镇互联网医院开创了在线电子处方、延伸医嘱、电子病历共享等先河，致力于通过互联网信息技术优化医疗资源配置、提升医疗服务体系效率，包括偏远山区在内的老百姓都能享受到互联网发展带来的红利。

2015年12月7日，乌镇互联网医院正式发布，开启了"互联网+医疗"全新模式的探索。经过发展，乌镇互联网医院让优质医疗资源辐射全国，微医互联网医院在广州、海南、江苏、北京、上海、广西、甘肃、云南、河南、安徽、山东、天津、四川、黑龙江、贵州、陕西等17个省市落地。在这一年里，乌镇互联网医院吸引了院士、医学泰斗、学科带头人在内的专家纷纷加入，胰腺癌远程会诊中心、皮肤病远程会诊中心等8大专病诊治中心，成为普通患者与顶级专家亲密接触的"纽带"。

乌镇互联网医院连接微医平台上全国29个省份2 400多家重点医院的信息系统；连接了重点医院医生26万名，专家团队7 200多组；拥有实名注册用户1.5亿人；设立家庭健康中心1万个，日均接诊量突破3.1万人次，远超一家三甲医院的规模。通过乌镇互联网医院，边远山区和发达城市的患者可以享受同等质量的大医院、大专家资源和就医服务。

互联网医院不仅是患者和医生之间的连接器，也是医生和医生之间的协作平台。乌镇互联网医院以团队医疗为载体，将三级医院的专科医生和基层医疗机构的全科医生组织起来，以团队医疗的协作方式，为患者提供"全科+专科"的医疗服务。全科医生有了专科医生做后盾，临床技能和专业知识可以得到显著提升，这也越来越得到基层患者的认可。

乌镇互联网医院目前已与 2 400 多家医院实现数据连接,并通过落地分院的方式连接区域三甲医院和基层医疗机构。例如,甘肃互联网医院连接省、市、县、乡、村五级医疗机构,实现数据互联互通、三甲基层协作的服务网络。在互联网医院服务网络中,三甲医院获得了更多对症病例,基层医疗机构得到了三甲医院的专业支持,患者可以享受电子病历共享、检查检验报告互认、双向绿色转诊通道等服务,实现了多方合作共赢。

实现全民健康,还要通过互联网有效提高基层全科医生的服务效率。2016 年6 月,由国家卫生和计划生育委员会指导,乌镇互联网医院承建的"全国家庭健康服务平台"上线。作为全国家庭健康服务平台的核心内容,家庭医生签约服务平台是全国家庭医生的签约和服务平台。家庭医生团队可以在平台上为签约对象提供移动签约、在线咨询、健康管理等服务,并实现居民健康档案管理、签约居民分类管理,还可以申请区域内专科医生和微医乌镇互联网医院平台上的 7 200 组专家团队进行转诊和会诊,极大地提高了工作效率。由一名全科医生带领的团队可以服务的家庭从最初的 300 多家提升到 500 多家。

乌镇互联网医院致力实现健康方式从"被动医疗"转向"主动健康"。乌镇互联网医院的业务链已完成从医疗服务(远程会诊、远程复诊、精准预约等)到主动、连续、一站式健康服务的蜕变。通过全国家庭健康服务平台、健康卡云卡、全科中心等业务方面的探索,乌镇互联网医院正在成为中国亿万家庭的"健康守门人"。值得一提的是,健康卡云卡,是指在国家居民健康卡规范标准的基础上,借助互联网创新技术,通过移动端 APP 加载具备密钥、安全加固的虚拟卡片(云卡)来替代实体芯片卡,实现了居民健康卡互联网化,为居民健康卡提供灵活多样的开卡方式和安全便捷的支付功能。健康卡云卡提供预约挂号、诊间支付、分级诊疗、双向转诊、患者健康管理、在线统一支付、商保社保适时赔付、金融理财等多样化便捷就医服务,对于优化居民就医和健康管理方式、改善"看病难"困境、推进深化医改都有着重要意义。

乌镇互联网医院也是专业的全国互联网分级诊疗平台。互联网医院主要通过互联网平台开展三个方面的核心业务。首先,精准预约为大医院输送对症患者,乌镇互联医院连接医患供需双方,直击医患信息不对称的"择医"痛点,为医患进行精准匹配,充分发挥微医集团专家资源和分诊团队的专业优势,依据病情优先的原则为患者就近匹配对症专家,旨在对既有医疗资源进行合理配置,实现医生资源合理化利用。其次,在线复诊让用户足不出户看专家,针对复诊患者(常见病和慢性病患者居多),乌镇互联网医院通过应用电子病历共享、远程高清音视频通信等技术,直接帮助医患完成在线复诊和远程会诊。最后,团队协作把大医院、大专家能力下沉到广阔的基层医疗机构,利用互联网技术为学科带头人组建同学科、跨区域的线上医生协作组织，将专家的技术经验和基层医生的时间进行有效结合，让基层医生共享专家的经验及品牌，获得优先会诊、便捷转诊等资源，形成真正高效的线上团队医疗模式。

乌镇互联网医院的建成与上线是浙江省及乌镇互联网创新发展试验区在国家相应政策下做出的积极尝试。2015 年下半年，国务院出台的《关于积极推进"互联网+"行动的指导意见》和《关于推进分级诊疗制度建设的指导意见》中，均明确提出发展基于互联网的医疗卫生服务，积极探索互联网延伸医嘱、电子处方等网络医疗健康服务应用。未来，乌镇互联网医院以乌镇为中心，通过互联网连接全国的医院、医生、老百姓、药品体系和医保，建立起一个新型的智慧健康医疗服务平台。

### 案例 7-2　嘉兴市政务服务流程再造

近年来，嘉兴先后被确立为国家信息惠民试点城市和国家智慧城市标杆市。借助世界互联网大会的春风，互联网时代为政务服务插上双翼，生活在这座城市里的人们，正在越来越强烈地感受到政府服务信息化建设带来的实惠和便利。

智慧生活"一卡通"便民服务"一站式"。2011 年，社保参保登记工作迎来颠覆性的变革，企业参保登记告别了"纸质时代"，迈进网上办理阶段。在"纸质时代"，企业办理员工参保登记全部要人工输入电脑，"无论新参保、中断缴费还是信息变更，工作人员都要根据企业经办人员需求将业务一项项输入电脑，业务量大"。现在通过网上申报系统，企业可以自助办理单位人员新参保、续保、中断、信息变更、待遇支付查询、市民卡制卡申报等近 20 项业务，基本实现企业参保登记的"全业务"办理。社保管理人员只需要打开社保网上申报系统，点击申报事项，进行逐条审核，一旦有未通过审核的提示，通过记录企业信息，并及时与经办人员沟通就能解决。

一卡通行方便市民。既是医保卡，又是借书卡、购物卡、公交卡……整合"七卡八卡"功能于一身的市民卡让许多市民的卡包完成了"瘦身"。只要一张市民卡在手，就可以出行无忧。如果说"一卡通"在便民服务载体数量上"做减法"，那么 2015 年 6 月上线运行的"市民之家"APP 就是在载体功能上"做加法"，其共同目的是让嘉兴的普通百姓办事时更省心省力。在第二届世界互联网大会召开的同年，"市民之家"APP 正式上线，"市民之家"打造了一个集政务信息查询、网上公共事务办理、生活便民服务为一体的"掌上服务平台"，以市民卡为唯一登录载体，无须注册，凭个人身份证号码和市民卡服务密码即可直接登录。市民只需滑动手机屏幕，即可获得社保待遇咨询及查询、公积金查询及缴存、机动车违章查询及缴费等 10 多项个人公共信息服务。此外，"市民之家"APP 以社保业务经办为核心，开始探索社会公共事务在网上办理，已相继开通了手机医保购药、市民卡自助服务、自谋职业者参保等服务功能。

个人信用"一步查"经办平台"一体化"。2014 年第一届世界互联网大会召开，嘉兴打造的多维度个人信用评价体系在国内率先建成。系统通过政府共享交换平台获取个人信用信息，利用大数据挖掘分析技术建立个人信用评价模型和信用评价规则库，按照定量分析和定性分析相结合原则，对个人信用进行多维度、全方位评价，同时依托互联网技术，构建网站、手机、自助终端等多渠道查询服务体系，为市民提供便捷服务。公共事务信息资源共享服务平台建设方便了工作人员，依托平台建立的个人信用系统让市民有了证明自己的利器，在求职、商务谈判、评先选优时，可以用实打实的数据"说话"。

"互联网+政务服务"，让信息惠民在嘉兴从萌芽走向成熟。两者的"碰撞"，一方面，能够降低办事成本，提高办事效率，是加强城市管理的有效抓手；另一方面，逐步打破政府部门间的"信息孤岛"，实现信息的互联互通。下一步，嘉兴将依托公共事务信息资源共享服务平台和市民卡，建设全市统一的"公共事务一体化经办平台"，对公共事务服务流程进行"柜员制"改造，通过网上和窗口两类服务渠道，为市民提供"全天候不间断服务"和"公共服务一窗式经办"。同时，充分发挥公共事务信息资源共享优势开展大数据挖掘分析工作，为各级政府和部门科学决策提供数据和技术支撑。

### 案例 7-3　浙江教育数据开放创新应用

2015 年 9 月 23 日，浙江政务服务网"数据开放"专题网站( http: //data.zjzwfw. gov.cn/ ) 正式上线，这是浙江省级单位首次面向社会公众集中、免费开放政府数据资源，也是国家《促进大数据发展行动纲要》发布后，全国第一个推出的政府数据统一开放平台的省份。

2015 年 11 月和 2016 年 4 月，浙江 59 万高中学子在经历学考、选考之后，都拿到了一份个性化定制的成绩诊断报告。这是浙江省高考新政颁布后实施的高中学考和选考，参加考试的对象大多数为 2014 级普通高中在校、在籍的高二学生，其中选考科目成绩可直接用于 2017 年高考成绩，而学考等第也将作为高中毕业和高校自主招生的重要参考依据。

参加完学考、选考后，每位学生都拿到了一份个性化成绩单。一部分是成绩，与以往不同的是这部分成绩精确到每种大题型，另一部分是浙江省教育考试院根据大数据开出的成绩"诊断"信息，成绩层级一共分为五级。例如，某考生地理考试第 27 大题 5 小题的层级为Ⅲ，表示考生该次考试在全体学生中处于中间 20%的水平，也就是说他的前方还有 40%的同学可以学习和赶超；在"综合应用"这个考核目标上，若考生层级为 V，则已经处于考生最后 20% 的阵营。如此一来，根据试题考查的知识、能力和学生的考试结果，学生可以进一步审视自己的知识结构，查漏补缺。如果考生想继续参加第二次学考、选考，则要好好对症下药，对自己不擅长的学科知识点多加努力。

每年都会有不少家长中了野鸡大学录取通知书的圈套，给孩子交了学费也不能拿到毕业证、学历学位证书，低分但很想上大学的高考生及其家长、因学历门槛在报考、职称、升迁、待遇等方面受限的在职或求职者、能力不够学历来凑、心存侥幸的低学历人员常常成为受害者。每次新闻曝光时，大众舆论都会最终落到怎么才能避免这样的陷阱。在浙江政务服务网"数据开放"专题网站，数据包下载量位列第一名的是浙江省教育厅所提供的全省学校信息，浙江省教育厅采用"负面清单"管理方式，首次集中公开了全省学校信息。截止到 2016 年 6 月，学校信息中包含省内从幼儿园到大学的所有信息共计 15 307 条，内容涵盖学校标准全称、地址、邮编、区号、联系电话等，并在浙江政务服务网公共数据开放平台以 Excel 方式提供下载。考生参加完高考后要想避免野鸡学校的陷阱，轻松一点下载键，只要在学校信息中查不到的都是"黑户"，避免"野鸡大学"的坑。

浙江政务服务网"数据开放"专题网站开放数据资源总共包括 68 个省级单位提供的 350 项数据类目，除了上述的教育信息，还涵盖工商、税务、司法、交通、医疗等多个民生领域。大数据时代，加快推动公共数据资源的开发利用是顺应发展的必然趋势。浙江省数据开放之后的化学反应，能将每一项都落到普通群众身上，作为公共产品和服务的一部分，让更多的社会成员有权利获取和使用，这是政府信息资源实现最大社会使用价值的最好方式。

### 案例 7-4　杭州市"互联网+"公共就业服务模式

杭州打造智慧就业信息系统，通过全面应用开源软件、云计算技术、互联网、移动终端、大数据、电子影像、工作流管理等信息化技术，在技术手段提升、业务流程再造、精准服务提供、四级经办联动、数据共享开放等方面均实现了突破性进展，为杭州市公共就业服务工作从传统模式向新模式转变，提升业务管理服务水平提供了有力的技术支撑。在公共就业领域率先基本完成了人力资源和社会保障部下达的"互联网+人社"行动主题任务部分内容，用实际行动落实人力资源和社会保障部《"互联网+人社"2020 行动计划》精神。杭州智慧就业信息系统具有六大特点。

（1）云平台+就业，应用云计算提升开放度。杭州智慧就业信息系统运行于浙江政务云资源平台，数据库采用了开源软件，应用服务器和存储均采用了虚拟化技术，摆脱了对传统数据库和数据存储的依赖，不仅节省了费用，也为信息共享公开、业务协同等应用等提供了坚强保障，为大数据分析、对接互联网应用等奠定了坚实基础。

（2）工作流+就业，权力阳光化，经办规范化。首次应用"工作流"模式应用于 287 个就业业务事项，涉及 1 131 个业务环节，包括失业管理、就业管理、就业援助、创业管理、大学生就创管理等所有核心业务。

（3）一体化+就业，实现"基本不要跑，最多跑一次"。打造"多位一体"的智慧服务平台，将杭州就业网、"杭州就业"APP、"杭州就业"微信公众号、人力资源市场、短信平台、各级公共就业服务平台等有机整合，提供全面高效便捷的智慧就业服务，进一步提升杭州公共就业服务的质量。除政策规定的需要进行失业登记报到等情形外，多数业务实现了网上办理，努力实现"基本不要跑，最多跑一次"的服务经办目标。

（4）精准化+就业，围绕"人"圆心，做足"精"文章。系统紧紧围绕"人"这个根本，梳理"人"这个主体在就业领域的相关属性，以及与其他公共服务之间的关系，创建以"人"为中心的精准的网络型数字化公共就业信息体系。坚持以人为本，强化数据信息的关联和搜索，从业务线、时间线、空间线等不同维度和节点创建个人画像，通过公共就业服务网络，提供精准化服务。

（5）无纸化+就业，多让数据跑路，少让人跑路。为适应就业业务涉及市、区、街道、社区四级经办网点，业务联动要求高，材料流转频繁的特点，系统全面采用无纸化技术，并实现档案电子化、认证电子化。

（6）大数据+就业，共享加开放，电脑助人脑。杭州智慧就业信息系统基于"互联网+"思维设计和开发，充分落实融合开放的思想。建立了与工商、公安、民政、财政、联合征信等外部政府部门，以及社保、劳动保障监察、培训等内部业务部门的数据共享机制。通过开发统一接口，分别与支付宝、微信，以及部分区就业部门应用系统进行对接，服务对象可以及时查询本人的就业信息、参保信息。建立了大数据平台，实现了初步的失业预警预测、人员一站式查询、业务即席查询等功能。

## 案例 7-5　开通生育登记审批"网上直通车"

"二孩"政策的全面放开，又唤起不少育龄女性做母亲的想法。然而，办理再生育证总让人觉得"有些麻烦"，尤其是那些在外务工的，或身处偏远地区的小夫妻们，"跑断了腿"不说，有时几个月都难以办妥。

办理一张再生育证，需要的材料不少，而且总免不了要来回跑几趟。常山县于 2015 年 6 月开通的生育登记审批"网上直通车"，在"个人办事""生育收养"事项中选择"再生育审批"在线办理，然后根据自身情况勾选审批条件并填写个人基本信息，直接上传所需申报材料的扫描件就完成了申请，不到半个月，就可以领取再生育证，方便又快捷。

全程网办，办理再生育审批更快捷。常山县地处衢州西部，农村偏远山区较多，全县为33.4万户籍人口中，农村人口达29万人，外出流动人员达9.2万人，且80%以上为育龄人群，"全面二孩"政策放开后，"办证难"的问题日益突显。依托浙江政务服务网，2015年，常山县开始推行人口计生再生育网上审批及办证。通过"外网+内网申请、内网审批"的模式，申请人只要在浙江省政务服务网常山县站点提交下载、填写、上传相关材料，办理成功后，可在生育管理地领到证件或选择免费快递方式送达，实现了"足不出户"即可办证领证。

生育登记审批"网上直通车"开通后，再生育证审批时限由原来的50个工作日，压缩至8~10个工作日（含公示7个工作日），计生办证时间缩短80%以上。2015年度，常山县完成网上审批办理再生育证2 596本，独生子女证1 520本，流动人口婚育证明1 722本，生殖健康服务证3 101本。2016年度已审批办理再生育证109本，独生子女证115本，流动人口婚育证明245本，生育登记服务卡2 364本。"办小事不出村、办大事不出镇"，在家门口就能办好事、办成事，不仅是群众心中的愿望，也是职能部门改革的方向。通过网上代办，打通数据，办事不再费时费力。

除了开通生育登记审批"网上直通车"，针对所需材料繁多、信息难以共享等群众反映强烈的问题，常山县还对生育服务相关工作制度进行了改革。为了让群众"少跑路"，借助浙江政务服务网，常山县计生部门开通网上代办服务，将审批服务搬到群众家门口，切实打通服务群众"最后一公里"。为了简化办事流程，让群众办事不再费时费力，县计生部门将浙江政务服务统一行政权力运行系统与浙江省育龄妇女信息系统联通，实现育龄妇女信息的同步共享，大大减少了工作人员录入和申请对象等待的时间。此外，通过强化计划生育办证审批部门协作机制，卫生计生部门与民政、公安、社保等部门的对接也进一步增强，定期交换出生、婚姻、怀孕、迁移、医保或死亡等动态信息，使群众"一次办证、资料共享"。

# 第八章 浙江智慧城市建设实践研究

智慧城市是当前全球范围内出现的关于未来城市发展的新理念和新实践，是以物联网、云计算和大数据为代表的新一代信息技术革命与城市发展需求相结合的必然产物。党中央、国务院部署在"十三五"期间开展新型智慧城市建设，这是推进"以人为中心"的新型城镇化的重大举措，是信息化创新发展与城市治理和服务深度融合的必由之路。自2012年5月以来，浙江省先后分三个批次共启动了20个智慧城市建设的示范试点工作，智慧城市建设的信息基础设施和公共服务平台不断完善，以互联网为核心的新一代信息技术广泛应用于城市管理、经济发展、公共服务、市民生活等多个领域，民众获得感明显提升。

## 一、浙江省智慧城市建设的亮点与成效

### （一）智慧服务提高民众获得感和满意度

在新常态下，作为"互联网+"普及度最高的省份之一，浙江在交通、城管、医疗、旅游、安防等领域开展了智慧城市试点项目，已经取得了良好的社会反响，部分项目在国内处于领先水平。智慧城市建设使浙江在教育、医疗、社会保障、交通等方面的信息化应用水平显著提高，城市运行、管理、服务等功能的智能化程度明显提高。信息化的公共服务进入社区和家庭，使民众能充分享受信息化发展带来的便利和实惠。

围绕"就医难、出行难、就学难"等民生热点、难点问题，着力推进智慧民生应用体系建设。智慧医疗有效缓解居民就医难。浙江智慧医疗旨在以信息化推进医疗资源的优化流动，助力新医改扎实起程，从而构建"人人享有基本医疗卫生服务"的智慧医疗体系。2016年浙江省、市、县三级人口健康信息平台的架构已基本形成，省级平台联通16家省级医院，并采集涵盖门诊、住院、检验检查等诊疗数据1.5亿余条；11个市级平台建设全面开展，80%县级平台投入运行，70%县级平台实现与上级平台的互联互通；全员人口、电子健康档案和电子病历三大数据库建设正有序推进，居民电子健康档案建档率达到90%，电子病历在二级及

以上医疗机构的应用率超过 85%，全员人口信息入库率达到 95%。

近年来，浙江省智慧交通网络不断完善，特别是智慧高速试点项目成效显著。2014~2016 年运行了两年多的浙江智慧高速在路网车量年均增长 8.4% 的情况下，因拥堵封道而引起分流的情况年均下降 6.69%，拥堵 3 千米以上时间年均下降 15%，成功跨路段协调 3 千米以上拥堵 4 465 起。每年可降低燃油消耗约 7 000 万升，降低燃油费用约 3.85 亿元，减少碳排放量达 17.3 万吨。

以城市公共服务普惠化、便捷化为目标提高政务服务水平。依托浙江政务服务网，全面整合城市政务服务事项。统一公共支付平台，全面推进政府非税收入线上线下一体化收缴，将公安交警违法罚款、出入境办证收费、公务员考试报名收费、教育收费、城乡居民医疗保险缴费等纳入统一公共支付平台应用。宁波打造了统一的政务服务平台，涵盖宁波政务服务网、"宁波政务"公众号和"宁波城市统一"APP，实现网站、微信和 APP 多渠道协同联动的政务服务体系。平台已接入民政、教育、安监等 43 个政府部门，实现交通违法罚没款收缴、个人社保信息查询、房屋权属证明、公积金账户信息查询、纳税证明等重点事项便民服务全覆盖，初步形成"上连省厅、下至乡镇"的四级联动综合网上服务体系，切实缩短居民和企业办事时间，提高了政务服务效率和水平。

### （二）智慧治理促进城市建设管理水平提升

浙江以智慧城市建设项目为抓手，持续推进新一代信息技术在社会治理、城市管理、环境监管和能源等领域的深度融合应用，大大提高了城市管理效能和水平。杭州"智慧城管"通过移动终端应用实现政府与公众协同互动，初步形成"全民共管"的城市治理新模式，并圆满地完成了 G20 峰会保障任务，2016 年采集交办问题 1 923 341 件，问题解决率和及时解决率分别达到了 99.80% 和 99.38%。宁波基本完成一体化智慧城管平台建设，实现"大城管"多渠道信息采集、多部门联动处置和智能预警决策分析，提升城市管理问题主动发现率和解决处置率，平台已实现全市近 200 类城市管理问题可跨层级、跨部门的有效处置，平台问题解决（处置）率达 99.94%。

气候变化和能源环境问题是当今社会共同面临的巨大挑战，节能减排已经成为越来越多人的共识。浙江省在智慧新能源和节能减排方面的发展迅速，新增能源的需求空间很大，新能源汽车的发展日新月异。到 2015 年底，全省推广新能源汽车 28 475 辆，由杭州、湖州、绍兴、金华组成的试点城市群共推广 24 337 辆，其中杭州 22 011 辆、湖州 230 辆、绍兴 904 辆、金华 1 192 辆，名列全国第三。

在省级智慧环保示范项目建设方面，衢州市依托智慧环保平台，实现对大气污染源和空气质量的全方位监控，2015 年新建空气质量自动监测站 8 个，新增污染源自动监测设施 62 套、污染源视频监控设施 120 套。浙江省致力于开发和利用清洁能源，使其成为世界各国保障能源供应、保护生态环境、应对气候变化的共同选择。

国家电网浙江公司近年来积极推进智能电网建设，推广、落实大数据、云计算、物联网、移动互联行动计划，在配电自动化、多端柔性直流输电、可再生能源并网、智能变电站、设备状态检测等技术领域开展了广泛的试点和应用，积极为电网更大范围的互联互通、新能源更大规模的接入和消纳提供技术支撑，也使浙江能源互联网构建具备了优势。2014 年，杭州公司已建设完毕自动化开闭所 1 771 座、线路 876 条，所有改造完成线路及设备中主干线均实现了三遥，部分分支线也实现了三遥，有效缩短了故障处理时间，大大减少了一线职工的工作量同时减轻了工作强度。

## （三）智慧应用拉动信息经济融合发展

软件和信息服务业等核心产业做大做强。2013 年开始大力推进全省智慧城市大型专用软件产业技术创新综合试点，在推进智慧城市建设项目试点过程中，建立了 15 家相关智慧城市建设试点项目的省级重点软件企业研究所，从事智慧城市业务专有云平台与系统软件的开发。2016 年浙江软件收入占全国的 7.4%，实现利润占全国的 17.1%，行业盈利能力继续保持全国领先；龙头企业持续引领增长，软件收入过亿元企业 135 家，过 10 亿元企业 21 家。2016 年 1~10 月，信息服务业利润总额为 864 亿元，增长 37.5%，对信息经济核心产业利润增长的贡献率达 83.6%，主营业务利润率为 25.3%，比信息经济核心产业和制造业分别高 11.3 个百分点和 18.1 个百分点。

智慧应用带动新产业新业态方兴未艾。通过智慧城市建设，实现示范应用、核心产业、关键技术、公共平台协同突破，通过需求牵引、技术推动，物联网、云计算、互联网金融、数字内容、智慧物流等新产业新业态快速发展，七中心一示范区建设成效明显。近年来涌现出一批诸如阿里云、海康威视、大华等全国领军企业。物联网设备与终端制造业、基础支撑产业、物联网软件开发与应用集成服务业快速发展，推动以物联网（如智慧交通）为重点的城市基础设施承载能力大幅提升。2014 年以来浙江省陆续颁发《关于启动云工程与云服务产业培育工作的若干意见》等文件，支持云计算产业的发展，初步形成了"云上浙江"系统平台。2016 年 10 月，浙江省经济和信息化委员会印发《浙江省物联网产业"十三五"发展规划》，提出打造"一核三区多点"的物联网产业发展格局。通过智慧城市建设，浙江省进一步推进了云计算服务平台的建设，发展基于云计算的专用云终端产业、应用软件业和通信增值服务业。

"两化"深度融合持续推进。浙江是全国首个建设的"两化"深度融合国家示范区，2015年浙江"两化"融合发展指数上升到98.15，跃居全国第二位。杭州成为全国首个跨境电子商务综合试验区，宁波成为全国首个"中国制造2025"试点示范城市。机器换人、装备智能化开发、绿色安全制造、电商换市、云服务产业培训、骨干企业信息化提升和中小微企业信息化服务等七个"两化"融合专项行动取得明显成效。尤其是"机器换人"工程成效显著，一大批企业向服务型制造业、大规模个性化定制、智慧工厂等方向成功转型。传统商贸向电商不断转型，带动电子商务高速发展，2015年浙江省实现网络零售额7 610亿元，占全国网络零售总额的19.6%，仅次于广东，居全国第二。以数字内容为特色的新闻出版、广播影视、动漫游戏、文化演艺、文化信息传输和软件服务等领域处于全国优势地位，2016年浙江电视剧、动画片产量和文化服务出口总量均居全国第二位。

### （四）信息网络基础设施建设加快步伐

智慧城市建设支撑能力大大增强。以提升服务水平和承载能力为核心，坚持"基础先行、适度超前"原则，大力实施"光网城市""无线城市"等专项行动，全面推进政务云计算中心建设和数据资源整合，为城市智慧化转型发展夯实了基础支撑。信息基础设施指数达到0.686，仅次于北京和上海，已成为国民经济和社会发展的重要支撑。结合新型城市化的实际需要，浙江对内构建跨区域接口互通、城乡一体覆盖全省的智慧城市信息互通共享网络，对外延伸智慧城市项目服务接口，实现与周边省份甚至全国的信息共享互通。

信息网络基础设施建设跨越式发展。持续推进高速、宽带的信息基础设施建设，加快推进城乡宽带普及和提速，加强高速光纤网络、宽带无线网络建设，大力推行下一道互联网和 TD-LTE 规模商用。中国电信在浙江的光网覆盖率已从2011年的不足50%提升到了99.5%，光宽带用户占比达95%，平均带宽达37.6M，实现全省全光覆盖。浙江省先后出台了《关于推进全省无线局域网（WiFi）建设和免费开放的指导意见》和《关于加快推进无线宽带网络建设的实施意见》，实现主要公共场所基本覆盖，注册认证互联互通，实现"一次注册、全省漫游"。4G 网络基本实现行政村全覆盖，建成 WiFi 热点 30 余万个，其中免费热点 7.5 万个，实现所有市区、县城、郊区、重要乡镇和高速、高铁、风景区等区域的良好覆盖。

## 二、浙江智慧城市建设的做法与经验

### （一）强化统筹协调，凝聚建设合力

加强组织领导和统筹管理。杭州、宁波、衢州、金华等在示范试点项目的组织管理实施方面进行了广泛的探索。杭州市政府为智慧安监、智慧城管试点项目的顺利实施不断完善组织机构。杭州市非常重视智慧城市建设示范试点工作，为推动智慧城市示范试点工作，在市信息化工作领导小组的统一领导下，成立智慧城市试点项目建设领导小组和相关项目组、专家组、标准组。宁波市将智慧城市建设确立为"十二五"期间"六个加快"重大战略之一，成立了以市长为组长的宁波市智慧城市建设工作领导小组。为推进智慧物流、智慧医疗试点项目的开展，在组织保障措施上推出具体的政策措施，根据省统一部署，成立了由分管副市长为组长的十点工作推进协调小组，明确下设办公室，并成立项目组、专家组和标准组；同时建立项目协同机制，不定期召开项目通报会、协调会，推进试点项目建设。衢州市政府建立衢州智慧环保建设领导小组和智慧环保项目，积极推进智慧环保项目建设。金华市政府成立智慧城市建设试点工作领导小组，建立智慧城市试点项目建设组织保障体系，成立项目指导组、项目组、专家组和标准组，并签订了智慧城市建设试点项目责任书，层层落实建设责任，使各项目标任务清晰明确，责任到人，保证各项工作落实。

持续推进智慧城市建设的政策扶持。杭州市把信息经济智慧应用作为"一号工程"加以推进，为智慧城市建设项目专门出台扶持政策，相关的信息化产业扶持政策中也对智慧城市示范试点项目进行了专门扶持。宁波市设立了智慧城市建设专项资金，并研究出台了相关管理办法，为智慧物流、智慧医疗试点项目的开展制定了明确的政策保障措施。金华市政府对智慧车联网试点项目和大型专用软件产业技术创新综合试点项目给予财政资金补助，为项目建设提供较好的资金保障，也充分发挥引导资金的作用，拉动各类建设资金参与项目建设。诸暨市政府在枫桥镇开展"智慧安居"建设试点工作过程中，出台了鼓励企业、村（居）、家庭等参与"智慧安居"建设的财政补贴办法。

不断完善智慧城市项目建设的考核机制。在模式创新、标准建设、产业带动等方面确定分阶段、可量化的绩效考核目标，定期对各试点项目进行考核，有效推动试点项目的建设。省交通集团联合嘉兴交投集团、绍兴交投集团成立浙江智慧高速公路服务有限公司，在其他高速公路业主未出资前由省交通集团先行垫资，以有效推进项目建设。衢州市拟成立智慧环保公司，负责衢州智慧环保建设、服务、运维及项目衍生的环保业务。省公安厅研究编制试点建设方案，与"智慧织

里"等试点项目联合探索横向资源整合与云平台涉及工作。落实每周例会制度，总队与中通服等咨询单位加强沟通，促进"智慧消防"项目前期工作的顺利推进。金华市政府出台智慧城市建设项目管理办法，使项目实施纳入规范运作轨道。

### （二）加强信息平台建设，推进资源共建共享

强化政府信息资源整合。2014 年 5 月浙江省人民政府办公厅发布《关于启动云工程与云服务产业培育工作的若干意见》，通过智慧城市示范试点项目，开展首购云服务的改革探索，与支持 20 个智慧城市建设示范试点的云工程和服务企业签订承包合同，开展购买云服务或云工程与服务的示范试点，力求为成功开发云服务市场提供样本。2015 年 1 月浙江省人民政府办公厅印发《浙江省电子政务云计算平台管理办法》，要求各级行政机关应当充分利用全省统一的政务云平台开展电子政务应用，不再新建独立的机房或数据中心，不另行采购硬件、数据库、支撑软件、云计算和信息安全等基础设施，法律法规、政府规章，国家有关文件明确规定的除外。新的应用系统依托政务云平台建设，现有应用系统逐步迁移到政务云平台。

推进数据资源共享开放。各地政府行政服务中心逐步实行"统一平台、统一标准、数据共享、一门受理、电子监察"运行机制，为网上审批、并联审批、效能监察、开放数据等改革提供载体。浙江省政务服务网"数据开放"板块于 2015 年 9 月正式上线，这是自国家发布《促进大数据发展行动纲要》后，全国各省份中推出的第一个政府数据统一开放平台。2014 年，宁波正式启动市政务云计算中心项目。目前已入驻的市政务云计算中心的单位有 30 个，其中市级部门 19 个，县（市）区政务服务网平台 11 个，云资源使用率已超过 85%，并且在不断快速增长中。因为节省了各部门自建信息数据的费用，市政务云计算中心的建设间接节约了约 5 000 万元的市财政建设资金和每年 1 000 万元的运行维护经费。依托云计算平台打造数据开放平台，建立政府和社会互动的大数据采集形成机制，通过政务数据公开共享，引导企业、行业协会、科研机构、公共组织等主动采集并开放数据，构建具有浙江特色的数据开放生态系统。

建立完善示范试点项目的合作共享机制。省公安厅结合消防部队行政审批制度改革，做好相关工作的衔接，研究改革过程中智慧消防的市场化运作和建设。省交通集团主动协调集团外路公司及相关行业主管部门，以尽快实现信息共享。杭州、温州等的各部门在示范试点项目的合作与资源共享机制方面进行了广泛的探索。杭州市人民政府出台政策措施促进项目所需的资源共享，2015 年 2 月，杭州市人民政府办公厅专门印发《杭州市政务数据资源共享管理暂行办法》。在对智慧城管建设所需共享的相关部门数据资源进行梳理的基础上，杭州市充分利

用现有抓手,从 2013 年开始,将数据资源的提供纳入市政府对相关部门城市管理目标的考核体系中,以此促进资源共享。温州市政府分别与中国电信、中国联通、中国移动等运营商签订战略合作协议,形成紧密合作机制,共建智慧旅游,并联合国内领先旅游信息化集成商、IT 企业、北京大学、浙江大学等专业机构组成温州智慧旅游协作联盟,确定专门的信息化建设前期咨询和项目建设监理机构,为温州智慧旅游建设提供技术咨询和信息化支撑服务。

### (三)发挥市场主体作用,创新建设运行模式

建立智慧城市建设的市场化运营机制。坚持财政支持、税收扶持、服务收费、门票提成相结合的原则,鼓励社会资本设立第三方的智慧城市运营公司。鼓励国有企业与电子设备制造、系统集成、数据采集分析、电信运营商和数据服务等企业共同投资设立智慧城市运营公司,支持项目运营单位合理收取服务费,支持第三方运营公司实现可持续市场化运营。之后,以项目载体组建专业化公司作为切入点,在企业运营管理等方面进行创新突破。截至 2015 年,已有 12 个项目组建了专业化的运营公司。例如,智慧安居由浙江航天长峰科技发展有限公司投资成立诸暨分公司,推进工程本地化服务,鼓励和引导在政府部门和重点公共服务企业设立专职 CIO,选择部分基础较好的街镇、园区及国有企业为试点,设立信息化专职管理部门,建立双重管理或集中派驻的政府 CIO 的运作机制,有效整合试点项目的信息资源。通过市场化的推进模式,优化智慧城市推动的路径,在发挥政府引导作用的同时,广泛带动企事业单位、高校等建设主体的参与,大幅度提升智慧城市建设的效率与效果。

探索智慧城市建设的专业化运营模式。建立完善"政府买服务、企业做运营"的投资运营机制。省级智慧城市试点项目吸引了诸多知名企业,如中国电科集团、国家电网、阿里巴巴等投资合作,形成了政府主导投资、政府运营,政府主导规划委托电信运营,政府和企业共同出资建立合资公司,由专业性强、有雄厚基础的企业建设运营、政府和公众购买服务等多种运营模式。建立服务外包机制,制定政府购买服务指导性目录,明确政府购买智慧城市服务的种类、性质和内容,鼓励社会资本设立专业运营公司或参股方式承接项目管理外包和系统运维外包,通过委托、承包、采购、租赁等方式购买政府服务。严格政府购买服务资金管理,全面公开政府购买服务信息,建立由购买主体、服务对象及第三方组成的评审机制,动态调整购买服务项目,提高智慧城市服务质量。

发挥社会力量多主体积极性。2012 年成立了"浙江省智慧城市促进会",是我国首个省级层面推动智慧城市建设的联合性社团组织,截至 2016 年 10 月,促进会已拥有 170 家会员理事单位,包括智慧城市建设相关工作的各政府部门、

企事业单位、大专院校、科研院所等各行各业的组织机构，形成了一支推动浙江智慧城市建设工作的强大队伍。2016 年 7 月，浙江省智慧交通产业联盟在杭州成立，该联盟围绕国家综合运输发展规划，打破交通、电子、通信、金融、物流、信息等行业壁垒，建立以企业为主体的智能交通发展新模式。在加强信息基础设施建设中，浙江采取合作共建、项目补助、购买服务等多种方式，鼓励中国电信、中国移动、中国联通等电信运营商及国内外大中型 IT 企业等运营商投资、承建、运维智慧城市项目建设，大幅夯实省内信息化基础。优先支持科技研发、产业布局和城市管理等公共财政资源，优先支持基础性、关键性、先导性的智慧城市设施建设和设备设施智能化改造升级。

### （四）着力推进标准建设，放大示范项目成效

智慧城市建设标准全国领先。2013 年 5 月浙江省成立了智慧城市标准化技术委员会，它是我国首个省级智慧城市标准化技术组织，承担全省智慧城市建设和物联网产业等领域相关的标准化技术工作，以标准化建设促进信息资源共享。依托省智慧城市标准化技术委员会和各试点项目标准组，加强部省合作，积极开展智慧城市相关产业数据标准、接口标准、基础设施标准、安全标准等的研究，形成以试点项目应用示范带动标准研制和推广的机制。2015 年，浙江省信息化工作领导小组办公室联合浙江省质量技术监督局、浙江省经济和信息化委员会，编制了《浙江省智慧城市标准化建设五年行动计划（2015 年—2019 年）》。2015 年，全省已经形成了 20 余项智慧城市标准规范，2016 年继续启动了《智慧城市基础评价体系》《智慧安居信息资源分类与编码规范》等 11 项智慧城市试点项目相关国家标准制定工作。

促进智慧城市需求与产业对接应用。省经济和信息化委员会搭建了示范试点的现场和网络对接平台，建设对接成果库，促进产业链上下游企业之间以及相关产业部门、金融机构与政企之间的对接。成立智慧城市技术创新与应用推进中心，搭建包括产品展示、应用技术方案展示、科技成果展示、示范应用等内容的智慧城市应用与产业推广平台。面向重点行业需求，采取试点首购和产业链联动应用，将电动汽车等智慧城市产品列入政府车辆采购范围，并明确在政府机关、邮政、出租车等单位的最低配置比例，推动核心技术产业化和应用试点示范。依托重点领域应用示范工程，对已经成型应用树立典型，组织示范推广。

拓展示范试点的应用领域。开展"智慧城市"的应用试点和认证，推动建设一批"智慧城市"体验中心、示范社区（村）、示范企业和示范园区，引导企业在特定领域或方向上开展试点，支持国家重点行业、领域的改革创新和试验示范在智慧城市示范基地内先行先试。深入推进政务公开，积极开展政府部门数据开

放试点，通过数据中心网站向社会开放包括企业信用、产品质量、食品安全、综合交通、公用设施和场所、环境质量等密切关系城市生产、生活的信息资源。进一步扩大无线城市示范试点工程，免费提供主要城市城域网网络资源服务。引导电信运营商、互联网信息服务和内容服务企业，通过技术创新和服务创新，向企业和社会公众提供云服务。

# 三、浙江省推进智慧城市建设案例

案例 8-1　杭州智慧城管示范项目建设

自 2012 年杭州启动智慧城管建设以来，按照"覆盖最广、速度最快、功能最优、全国领先"的总体目标，努力打造"服务型、开放型、效能型、智能型"智慧城管，注重从社会需求和市民需求出发，加强应急管理常态化建设，已逐步建成技术先进、标准统一、管理规范、保障有力的智慧城管市域网络平台，智慧城管实施的范围进一步扩大，运行实效持续提升，运行体制和机制更加顺畅，服务范围不断拓展延伸，基本实现了运行高效、服务最优、开放互动、市民满意的智慧城管，形成了特有的"杭州模式"。

搭建智慧城管运行管理平台提高城市管理发现和解决问题的效率。杭州市充分运用现代信息技术，完成智能化数字城管系统、智慧停车、智慧排水、智慧街面管控及智慧亮灯五个重点服务项目的建设，提升了城市的管理科技化水平和日常运行管理能力。通过建立智慧城管运行管理的平台，提高了发现问题和解决问题的效率。建立城市管理指挥中心工作平台，搭建以街道所辖社区的行政区域为基础网格的"管理信息平台"；建立数字市政管理系统，搭建数字市政平台整体框架，健全市政管理资源数据库，引进市政管理新模式，使市政日常管理实现可视化管理；建立城市家具电子信息化的立体管理模式，利用物联网传感技术及无线传输技术通过数据的自动采集、监测、报警，实现对市政城市家具的精细化的统一数字管理，以建立电子代码身份唯一数据库，实现随时了解全区城市家具巡查和事件报告情况。智慧城管综合指挥系统系统整合了 96310 服务热线、手机客户端、微信、微博等即时通信工具、数字城管、行业监管等十余套城管委现有的管理信息系统，由主流媒体服务平台、智慧城管 GIS（geographic information system，即地理信息系统）服务中心、信息上报、指挥调度、应急管理和综合指挥终端等六个主要的子系统组成，实现了日常管理和应急状态下的联动指挥。2016 年杭州 G20 峰会期间，杭州市城市管理委员会将智慧城管立结案规范提升为"美丽杭州"城市长效管理标准，落实重点区域"全覆盖"，每日发现问题 1 万件以上，有力地保障了峰会有序进行。

　　优化信息采集机制提升城管公共服务水平。杭州市重点完善城市管理公共服务平台功能，拓展公共自行车诱导服务、停车诱导服务、在线互动投票等便民服务功能，引导市民和游客积极参与杭州城市管理工作。针对市民对参与城市管理的意愿和获取政府服务的诉求日益增长的情况，杭州市建立并不断完善互动服务机制，以"贴心城管"APP 为载体，打造全方位互动和交流平台，畅通参与渠道。"贴心城管"APP 自 2014 年 4 月上线到 2016 年 11 月底，共发布城管机构 394个、公厕 1 464 处、便民服务点 590 处、停车泊位 1 404 处，受理市民上报信息16 772 件，响应服务请求 2 204 万次。与此同时，智慧城管融入社区自治管理，依托全市 568 个社区城管服务室，利用智慧城管系统建立社、街、区、市"自下而上"的矛盾纠纷化解机制，引导社区城管服务室通过智慧城管系统发现和处置社区存在的问题，努力实现"小事不出社区"。智慧停车是更加高效便民的停车服务，杭州市全面推广使用支付宝自助付费和当面付服务，自 2015 年 8 月起，为减少车主等待时间、加快泊位周转，杭州约 1.5 万个道路停车收费泊位全面推广使用支付宝的自助付费服务。

　　搭建智慧城管应急指挥平台提升城市管理的智慧化水平。在城区防汛抗台、防冻抗雪及重大活动保障期间，借助视频监控及融合通信等技术，实现在紧急状态下实时掌握现场情况，实施有效的指挥与调度。重点建成智慧城管综合指挥系统，将各区及治安、交警部门视频监控信息接入该指挥系统，在部分重点区域新建视频监控点，实现对城市日常管理、突发事件应对、防汛抗台、抗雪防冻等的综合协调和指挥应对。通过智慧设施管理、智能决策支持、便民利民服务"三位一体"建设，推进城市管理行业监管的智慧升级，全面提升了城市管理的智慧化水平。例如，上城区城市管理局建设了数字环卫监管平台，利用 GPS 定位器、电子标签等技术对环卫作业人员与环卫基础设施进行管理；拱墅区城市管理局建成了智慧河道项目，利用传感器实时监控河道排放口情况，建成市政绿化网格化系统、拱墅山洪灾害非工程措施监测预警系统建设。

　　构建数字城管大平台促进信息资源的共享与开放。坚持资源整合共享，建设"横向到边、纵向到底、覆盖城乡"的市辖域数字城管统一平台，搭建起覆盖"市、区、街、社"的城市管理协同工作网络，实现与 867 家城市管理网络单位和 468个社区的互联互通，全面建成覆盖 13 个区、县（市）和 2 个市级管委会的市辖域数字城管统一平台，并向市辖 27 个中心镇拓展（目前已建成 12 个），覆盖面积达 438.99 平方千米。同时以数字城管系统平台为基础，建成了包括数字执法、地下管线、桥隧监管、节水监管、环卫作业 GPS 监管等子系统构成的行业信息化大平台，为强化专业管理提供了有力支撑。

　　建立多元化的问题发现机制有力保障城市管理决策。杭州市通过分析城市管理信息资源，挖掘城市运行的内在规律和特征，实现提前预警，提前发现问题，推进城市顽症治理。重点充实集约化信息展示平台功能，强化平台推广应用，完善行业分析评价和城市管理数据挖掘功能，为城市管理决策提供了有力的科学依据。首创信息采集市场化机制。杭州市在全国首创信息采集市场化机制，政府引进和培育具有良好社会信誉和人力资源管理能力的第三方公司（信息采集公司）从事信息采集，提高了城市管理效率。从目前掌握的情况看，之后推行数字城管的城市（区）政府均采取市场化采集的做法，杭州已成为全国数字城管信息采集市场化的"孵化器"。建立"平急"转换机制。"平"即日常状态下，围绕城市的"洁化、绿化、亮化、序化"，做好城市常态管理；"急"是指一旦防汛、防雪等预警信号发布，在第一时间由日常的街面采集转换为应急状态下的采集模式，全面、及时地发现和解决街面道路积水、树木倒伏和道路积雪等问题，为城市正常运行和市民群众出行安全提供有力保障。

制定数字城管信息采集市场化管理标准规范。杭州市城市管理委员会联合质监部门制定《数字城管信息采集市场化管理规范》，修订《杭州市数字城管部件和事件立案结案规范》《杭州市数字城管受理派遣工作规范》《杭州市数字城管工作考核实施细则》等规章制度，提高数字城管标准化、精细化和规范化水平。目前，杭州数字城管涵盖了城市管理领域 12 个大类、220 个小类问题，基本实现城市管理行业的全覆盖。2015 年 8 月，杭州市负责编修的《数字化城市管理部件和事件信息采集标准》获国家标准化管理委员会立项，升级为数字城管信息采集的"国标"。在数据标准化建设方面，杭州市城市管理委员会重点梳理形成了一套元数据管理标准及接口规范，包括人员组织元数据、事件对象元数据、流程元数据、基础设施元数据、装备元数据、实时信息元数据、消息接口元数据、环境元数据、文件元数据等，接口规范包括了现有及将来信息化建设的系统接口标准和扩展性保障。

### 案例 8-2　宁波智慧健康示范项目建设

宁波市以全城共享的智慧医疗健康网为基础，着力构建"横向+纵向"的立体式智慧医疗健康网络。横向是从大医院、社区医院到疾控、妇保、急救等公共卫生单位，纵向是从市下沉到各县（市）区，集合了市民从出生到死亡的所有保健、诊断、用药和检查检验数据，通过电子健康档案的方式实时管理共享。

提升医疗服务的智能化水平。智慧健康是指通过信息化手段，把各类医疗机构和妇保、疾控等公共卫生机构的诊疗与健康信息整合起来，形成覆盖全体居民、全生命周期、所有健康问题的信息网络，实现个体化医疗和防治结合的新型医疗卫生服务模式。宁波智慧健康工程一期的建设内容为"五个统一、六项任务"，一期建设任务已经完成，数字化医院包括移动医疗、远程会诊、院前急救、数字化病理、预约自助服务等应用系统陆续上线，数字化社区卫生服务中心，公共卫生信息化建设和区域医疗卫生信息化建设等项目也在如火如荼地进行当中。二期规划将利用云计算、物联网、移动互联及大数据分析技术，打造"智慧医疗云"，提供"云、管、端"一体化健康服务，将医疗服务向前、向后延伸至院外，进一步提升智慧健康服务的主动化、智能化水平。

整合全市优质医疗资源提升公众服务效率。2014 年 7 月，宁波移动联合宁波市卫生和计划生育委员会共同推出全国首个智慧健康手机客户端"医院通"，截至 2016 年 7 月累计下载量已突破 30 万人次，注册用户达 5 万，可预约医院及社区服务中心增至 53 个。除了实现智能导诊、预约挂号、化验取单等基本就医功能外，还开发了在线专家问诊、在线队列提醒、智能健康管家、智能趋势分析等拓展性服务，大大优化了就诊流程，方便了患者。利用信息化手段，有效整合了全市优质医疗资源，建成了区域病理、区域心电、区域影像、区域临检中心，有利于实现优质卫生资源的共享和优质服务的下沉。2016 年 7 月，智慧健康公共服务平台已累计服务 570 余万人次，其中智慧健康"医院通"手机客户端、有线电视客户端已相继上线运行，每天有 10%的患者通过手机挂号。

推进健康医疗信息共采共享。2014 年，宁波市智慧健康完成了区域卫生信息平台，实现了全市范围的信息共享目标，"宁波市区域卫生信息平台建设与应用"被评为国家智慧城市应用成果奖。在此基础上，积极推进县（市）区区域卫生信息平台建设，9 个县（市）区与市区域卫生信息平台实现了数据交换和共享，8 家市级医院和疾控、妇幼等公共卫生机构与市区域卫生信息平台也实现了系统对接。截至 2016 年 9 月，宁波公众健康服务平台健康门户（http://gzjk.nbws.gov.cn）的注册用户数突破 400 万人，累计服务超过 1 000 万人次。2016 年宁波市初步建成区域医疗诊断中心，包括区域影像中心 10 家、区域临检中心 6 家、区域心电中心 5 家、区域病理中心 3 家。截至 2016 年 7 月，宁波市卫生平台共采集患者基本信息 1 亿条，挂号信息 1.4 亿条，处方信息 1.3 亿条，收费信息 1.7 亿条，住院登记 200 万次，检查报告 7 000 万条，建立居民电子健康档案 683 万份。2016 年 9 月，宁波市健康医疗大数据研究中心正式成立，该中心是全国第一个城市级健康医疗大数据研究中心，将统筹推进健康医疗大数据的共享开放、挖掘利用和产业合作。

开创"互联网+健康医疗"的宁波模式。宁波把云医院建设打造为"互联网+健康医疗"的宁波模式，可以提供两类服务：一是特定病种的签约患者直接通过"掌上云医院"APP 网上问诊，医生在线下处方，患者到合作药店取药或享受送药上门服务；二是患者在社区问诊，社区医生通过云医院平台与大医院专科医生互动，在其指导下对患者进行诊断治疗。到 2016 年 7 月宁波已开设高血压、糖尿病、心理咨询等 25 个专业"云诊室"，已建成 41 个远程医疗服务中心、250 个基层云诊室，签约医生 2 000 多名。各级医院利用云医院线上云诊室搭建"网上医院"，开展在线医疗服务，完善和提升了协同医疗服务，在市属医院利用云医院平台开设远程会诊中心，在社区、乡镇拓展云诊室站点，理顺服务流程，打造"网上医联体"。截至 2016 年 8 月，宁波市二甲以上医院已建成远程医疗服务中心 15 家，开设在线诊疗云诊室 24 个。宁波市基层医疗卫生机构建成基层云诊室 72 个，江东区 32 个社区卫生服务中心（站）实现了基层云诊室全覆盖，一批海岛、山区也建成基层云诊室。

### 案例 8-3　绍兴智慧安居示范项目建设

绍兴诸暨市与中国航天科工集团合作启动了市级社会管理服务信息中心和智慧管理体系、智慧服务体系、智慧应急体系、智慧防控体系的"一中心四体系"建设，并确定在城区、店口和枫桥开展"智慧安居"的建设试点。其中，枫桥"智慧安居"建设以信息化应用为主要载体，包括信息指挥服务中心、智慧防控体系、智慧服务体系、智慧应急体系等 16 项内容。智慧服务延伸到镇、村，建设便民服务平台、流动警务站，开展居家养老服务等，全面构建完善信息化、立体化、动态化的治安防控大体系和智能化服务系统。

政府主导构建幸福安居之城。绍兴市、诸暨市各级党委、政府高度重视智慧安居示范项目建设，并以"领导负责制、专班落实制、工作例会制"三大机制为抓手，高效推进智慧安居示范项目建设。完善领导负责制。诸暨市政府成立了由市长任组长，常务副市长为副组长，市政府办公室、公安局、经济和信息化局等 18 个部门主要负责人为成员的领导小组，统一部署试点建设工作；明确专班落实制。诸暨市抽调了公安、教育、民政、交通、卫生、公共服务中心等部门业务骨干组成试点工作专门班子，集中精力推进项目建设。2013 年以来，绍兴市在诸暨枫桥镇实施了先期试点工程的建设，智能火灾预警系统、车载式流动服务站、平安物联网等系统应用进行了成果演示。枫桥经验得到了时任浙江省委书记夏宝龙的充分肯定，该示范项目的应用成果和成功经验正逐步向全市推广。

建设"智慧安居"公共支撑平台。智慧安居是新一代信息技术支撑、知识社会创新环境下的城市居民新的生活形态。"智慧安居"公共支撑平台包括基础信息管理、数据交换与共享、综合信息存储、空间信息服务等内容。绍兴市着力搭建开放、互动、参与、融合的公共新型智慧安居服务云平台，加强"互联网+"与智慧安居建设的深度融合发展，将互联网的创新效果融合于智慧安居建设的各个领域。2012 年由绍兴市政府和中国电信浙江公司合作开发建设的"智慧绍兴综合信息门户"上线发布，中国电信绍兴电信作为"智慧安居"领导小组成员单位之一，成为浙江省首个智慧城市综合门户。"智慧绍兴综合信息门户"是市政府

"智慧安居"项目建设的重要补充，集政务、交通、民生、医疗、就业、教育等十多种公共服务信息和资源于一体，通过手机、电脑、电视等多种接入方式，以统一的门户向公众提供全方位、便捷的信息服务，有利于提升政府服务民生的能力，推进信息资源的利用和共享。通过智慧安居平台，市民可以轻松在网上查路况、查违章，预订酒店、机票，查询中、高考成绩等，随时随地与政府各部门互联互通，享受各项"智慧城市"的建设成果。

　　加强智能系统的建设和运行。诸暨将街面应急力量指挥系统应用在公安业务中。2013 年 9 月开始，"平安通"街面应急力量指挥系统在枫桥镇试点使用，该软件集监督警力巡逻、分派接警警单、车辆和人员识别等多种功能于一体，使警情能够从市局直接传达到一线，更进一步实现了公安部门扁平化指挥、精确打击业务目标的预想。例如，警单直达，每个警单都能传到民警手机，警单签收确认后会由红色变成黄色，民警到达现场后，用手机进行取景，并进行录像。又如，人口核查功能，民警使用移动终端扫描身份证，系统会自动弹出身份证号码的身份信息，同时显示此人"刑嫌指数"色块，红、黄、蓝、绿四色，大大提高民警办案效率。智能火灾预警系统在枫桥镇进行了广泛部署，办公大楼的大量烟雾可被系统精确地嗅到，并及时发出报警，从而有助于及时采取措施避免火灾的发生，保护市民财物和市民的生命安全。完成诸暨市智能公交系统的建设，安装及搭建了 261 辆公交车智能调度终端及调度平台。诸暨实时公交手机 APP 已上线运行，市民只要拥有可上网的手机即可掌握实时的公交服务信息。

# 第九章 浙江网络文化发展实践研究

实现中华民族伟大复兴，离不开中华文化繁荣兴盛，而网络文化作为一种全新的文化形态，其巨大社会影响力正日益显现，网络文化既是民族精神的传承，又是时代前进的创新。党的十八大以来，浙江以"八八战略"为总纲，加快文化大省向文化强省迈进。2016 年中国省市文化产业发展指数显示，浙江文化产业的综合指数和生产力指数均位列全国第 4，影响力指数位列全国第 3，特别是浙江网络文化呈兴旺发展之势。情怀似风，效益似帆，在浙江，经济大省与文化强省并行，网络文化繁荣发展之势背后体现的是坚实的软硬实力。

## 一、浙江网络文化发展亮点与成效

### （一）网络文化成为提高全民文明素质的新载体

互联网是思想文化传播的重要渠道，网络文化正在加快影响人们特别是青少年的价值观念、人文精神和生活方式，培育壮大积极健康向上的网络文化是社会主义文化建设的重要任务。浙江充分发挥互联网传播优势，通过"最美浙江人""最美浙江现象"等的推荐、宣传活动，大力宣传普及以务实、守信、崇学、向善为内涵的当代浙江人共同价值观。

利用互联网发现"美"、传播"美"。近年来，浙江在全省范围广泛开展"发现'最美浙江人'、争做'最美浙江人'"主题实践活动，让社会主义核心价值观有了鲜活的载体，而互联网传播在其中发挥了重要作用。有一首名叫《最美杭州》的 MV 成为"网红"。这首歌的演唱者是 99 位杭州市民，年龄最小的 6 岁、最大的 72 岁，其中有教师、民警、空姐、主播等，都是从网上征集来的。到 2016年 8 月，《最美杭州》的网络点击量已超过 1 000 万人次，还被瑞典、美国的朋友转发到了当地的华人网络社区。在绍兴，全国首家网上爱心博物馆展示了 200余位绍兴市道德模范、爱心人物的风采，同时设立了志愿服务爱心对接平台，推出"爱心专题""爱心访谈"等特色频道，打造公益慈善的"快车道"。

由省委宣传部、省互联网信息办公室、省公安厅、省通信管理局、省网络文化协会等单位主办的浙江网络文化活动季已连续 7 年举行，充分发挥互联网站和广大网民参与网络文化建设的积极性、创造性。从 2010 年主题为"创意浙江，缤纷 E 季"的首届，到 2016 年主题为"网络好家园　浙里好故事"的第七届，发挥了互联网与新媒体的双重传播优势，引导动员广大网民积极参与，通过创作、传播短信、微信、照片、视频等作品，展示浙江良好形象，反映浙江经济社会发展、人民品质生活、精神文明建设、生态文明进步，活动精彩纷呈，取得了良好成效。2016 年，为有效实现校内外教育统筹，充分发挥网络阵地作用，丰富全省中小学生的优质网络供给，有效引导中小学生的健康网络行为，从小培育"中国好网民"，由共青团浙江省委、浙江省教育厅、浙江省互联网信息办公室共同主办了第一届"我参与、我成长"浙江省中小学生网络文化节。

传统媒体与网络媒体融合发展。"浙江发布""浙江新闻"客户端、浙江手机报、"中国蓝 TV"客户端位居全国第一方阵，用户数分别突破 600 万、1 300 万、1 000 万和 2 800 万。这些互联网新媒体引导了浙江省互联网主动发挥网络文化建设生力军作用，积极运用新技术、新业务，不断创新文化传播的内容、形式、手段、渠道，切实提高社会主义先进网络文化的传播能力和水平，以优质、健康的网络文化产品和服务努力满足人民群众日益增长的精神文化需求。

一大批谱写"真善美"的时代精品力作不断涌现。2015 年，全省电视剧、动画片、电影产量分别居全国第 1、第 2 和第 3 位，浙江出版联合集团、宋城演艺、华策影视等 3 家企业入选全国文化企业 30 强；全省涌现出《温州一家人》《国家命运》《大圣归来》《主义之花》等一大批文化精品，荣获全国"五个一工程"等各类国家级奖项的精品数量位居全国前列。

## （二）打造公共文化"互联网+"特色品牌

"互联网+"给浙江的现代公共文化服务体系建设插上的坚实有力的翅膀，既能实时发布各种文化资源和活动信息，引导大众积极参与和互动，又能增强政府的公共文化服务效能，让公共文化实现更好发展，让服务更加高效，让群众更加满意。

杭州智慧文化服务平台经试运行后于 2016 年 12 月正式上线，该平台整合各区、县（市）公共文化服务资源，建立统一高效、方便快捷、共建共享的一站式服务平台，市民可通过手机、电脑等终端获取文娱资讯、图书借阅、活动报名、在线学习、咨询解答等多元文化服务，启动村村相接、镇镇相连、城乡互通的智慧文化建设，有效统筹开发各级文化服务机构资源，缩小乡镇与城市间的文化鸿沟。借助互联网与物联网技术打造借阅 O2O 平台，市民可在线完成图书借阅、快递上门。与阿里巴巴旗下的"蚂蚁金服"达成合作，引进智能机器人咨询项目，探索图书馆智慧服务新形态，利用大数据技术采取自动采集与人工录入相结合的方式，实现全天候实时在线智能咨询。

湖州市"文化有请专家有约"公共文化服务网于 2016 年 4 月正式上线，为市民开启全新的城市文化生活方式。该平台分为文化有请、专家有约、点餐服务和县区联动四大版块，使大众可以在一个网站上浏览市县两级所有公共文化服务产品、项目，实现文化产品共享。网上公共文化服务平台在公共文化活动和市民之间搭建起一座桥，让文化资源的供应向"智慧"转型，整合湖州公共文化资源，为市民提供公共文化服务。市民只要在手机、电脑上浏览官方网站，便可随时随地了解文化活动信息，享受文化服务。

舟山"淘文化"公共文化网购平台于 2014 年开通，是舟山打造的将公共文化产品通过社会化运作的平台，从"送戏下乡"转为"群众点戏"，实现百姓看戏，政府买单。衢州流动文化加油站的网络平台也于 2014 年 4 月上线，开启了全新的网络互动新模式，网络平台点餐，文化部门按需配送服务，群众在网上做出满意度评价，管理部门对文化单位开展的服务进行绩效评估。嘉兴"互联网+"公共文化云平台、绍兴"百姓有约"网络平台、金华"金华文化"移动发布平台、台州"公共阅读+"等，都有效地实现了各类公共文化资源的联动共享，体现了网络化、社会化、便捷化的特色。

### （三）文化产业与互联网融合发展形成新蓝海

信息技术对增强文化产品的表现力、感染力、传播力、吸引力有着重要作用，数字化可以提升文化产品制作水平和展示效果，网络化可以促进文化产品的传播，催生出丰富多彩的文化产品与服务新业态。浙江是全国互联网强省，发达的信息经济为网络文化发展创造了优越的条件。浙江通过启动"文化+互联网"产业推进工程，把推进文化产业与互联网深度融合作为文化产业发展的重点内容，将其作为打造全省重点发展的"八大万亿产业"之一的文化产业的关键举措。数字内容产业及一批龙头企业在全国产生较大影响力，新闻出版、广播影视、动漫游戏、文化演艺、文化信息传输和软件服务等领域处于全国优势地位，2016 年浙江电视剧、动画片产量和文化服务出口总量均居全国第 2 位。杭州市重点发展的数字内容产业持续多年快速发展，2015 年实现增加值 1 234.45 亿元，增长 35.5%，实现利税 771.5 亿元，增长 27.7%。

文化企业与互联网企业深度融合探索新模式。浙江出版联合集团、华策影视、网易、掌维科技、浙朵云、猪八戒网、二更网络、天格信息、阿里巴巴等企业展示其"文化+互联网"的探索与布局，呈现文化产业与互联网深度融合之后，在教育、泛娱乐生态、网络内容定制开发、数据服务应用、社交直播平台、短视频内容等多个领域不断创新的多种可能。阿里巴巴集团在文娱领域的布局已近 10 年，2013 年阿里巴巴将音乐、视频、读书、家庭娱乐、原创等业务整合，升级为数字娱乐事业群，2016 年阿里巴巴成立文娱集团，计划募集超百亿元基金，在文娱领域开启"买买买"模式，阿里的"大文娱"将成为继电商、云计算之后的新主营业务。作为浙江省"文化+互联网"产业推进工程中的一项重要内容，一批优秀影视浙企与全球华语影视公司及资深电影制作人联合发起了"影视浙军新力量"计划，三年"投资 50 亿元，拍摄制作 100 部电影"，推动浙产电影"量质齐升"。

## 二、浙江网络文化发展的特色与经验

### （一）创新网络文化发展体制机制

突破文化市场壁垒，实现提供主体多元化。公共文化服务和产品交易平台的建立，打破了长期以来公共文化服务和产品供给由政府垄断的局面，降低了公共文化市场的门槛，所有有资质的专业、非专业、官方、非官方的文化团体都能参与公共文化供给的竞标，引入竞争机制，倒逼专业团队、扶持业余团队。浙江的网络文化平台除为公共文化服务外，积极探索市场化运作，有条件的团体和个人可以将需求的文化产品在平台进行招标，那些相对小众的文化团体也可以在平台，如"淘文化"网上开起自己的店铺，从而实现文化产品的多样化，提高公共文化供给效率，促进了文化市场有序繁荣。

突破公共文化服务产品需求表达瓶颈，实现供给与需求对接化。长期以来，公共文化供给是自上而下的单向模式，群众"被文化"多，"点文化"少。群众在文化上的需求、决策、管理、评价等方面缺少参与权、表达权和监督权，导致政府提供的文化产品和服务与群众的需求不匹配。推行公共文化服务和产品社会化运作，将原来由政府主导内容的投送方式转变为由民众自我选择的模式，基层民众可以在网上自主选择想看的节目，表达其对公共文化服务的需求和认定，以群众文化需求为核心的表达机制建立，解决了公共文化供给和群众需求'脱节'、沟通不畅的问题，满足了多层次群多样化的文化需求。

突破公共文化服务传统供给载体，实现供给载体透明化。为确保社会化运作的公平公开透明，浙江文化部门打破"线下"交易可能存在的暗箱操作、权力寻租等问题，在网络文化平台上，文化产品和服务的买卖、售后服务、评价等一系列操作程序都可以通过互联网完成，利用互联网架构起文化产品服务供需双方的信息互通平台和群众反馈机制，实现了文化项目与群众文化需求的有效对接，确保了公共文化买卖的公开透明。

突破政府职能转变，实现公共文化供给绩效最大化。通过网络文化平台，由政府购买公共文化服务，推行公共文体服务和产品社会化运作，解决了政府因对个人偏好认知的局限性而造成的供给效率低下、财政负担过重的问题。政府从"办文化"向"管文化"转变，政府主要扮演政策制度制定、资金供应等角色，是公共资金使用效益最大化和公共利益最大化为导向的财政供给方式的一项有益探索。

### （二）发挥网络文化企业主体作用

培育网络文化产业优势龙头企业。优势龙头企业是文化内涵的缩影，不仅对上下游产业起到带动作用，还为地区精神文化生活注入了无尽活力。培育一批文化科技领先企业一直是浙江推进坚持企业为主体，引导网络文化产业发展的最重要举措：支持文化企业跨地区、跨行业、跨所有制兼并重组，培育一批具有强大实力和竞争力、影响力的现代文化企业集团；落实鼓励和引导民间资本进入文化领域的政策，鼓励社会资本投资、兴办文化企业；支持文化企业上市融资、到全国中小企业股份转让系统和区域性股权交易市场挂牌交易。截至2016年，浙江已有36家上市文化企业，80家挂牌新三板融资文化企业，这些企业横跨新闻出版、广播影视、文化演艺和文化旅游等多个领域。例如，国内A股主板独立IPO（initial public offerings，即首次公开募股）游戏第一股电魂网络、中国演艺第一股宋城演艺及在文娱领域开启"买买买"模式的阿里巴巴等。

扶持小微网络文化企业创业成长。指导小微文化企业以创意创新为驱动，走"专、精、特、新"和与大企业协作配套发展的道路。鼓励小微文化企业依托电子商务、第三方支付平台拓展经营领域，利用互联网创业平台、交易平台等载体拓宽发展渠道。改善发展环境，完善基础设施，提供配套服务，支持小微文化企业集聚形成特色文化产业集群。鼓励省内综合性展会和各类文化产业展会面向小微文化企业提供有针对性的服务。积极发展文化中介服务组织，加快培育文化营销、技术评审、信息咨询、服务外包、资产评估、法务代理等一批文化中介机构。

### （三）加强网络文化生态系统建设

推动网络文化企业与资本对接。鼓励互联网文化产业与文化事业、社会公共服务的有机结合，以多形式吸纳社会资本、商业资本进入公共网络文化服务体系建设，加大网络文化产业在文化信息资源共享工程、公共网络信息库和数据库中的合作力度。建立省级部门文化金融服务工作协调机制，加强各部门之间的政策协调和信息共享，定期发布文化产业投资目录指引，通过举办银企洽谈会、融资推进会等，促进银企对接。运用文化资源项目收益权质押、银团贷款等方式支持文化产业重点园区、重点项目建设，运用并购贷款等方式支持文化企业兼并重组。鼓励金融机构与电子商务平台等机构开展合作，运用互联网技术提升文化企业融资效率。鼓励银行、保险、证券、股权投资基金等采取投贷联动、股债结合等方式，为文化企业提供多元化融资支持。

发挥行业协会的协调性、自治性、中介性作用。浙江省网络文化协会是在省委宣传部、省互联网信息办公室的指导下，由全省从事网络文化信息服务的企事业单位自愿组成的非营利性社会团体。该协会自 2011 年 3 月成立以来，始终秉持为会员单位服务、为行业发展服务和为政府监管服务的宗旨，在各会员单位的共同参与和大力支持下，积极开展网上正面宣传、加强网络文化阵地建设、策划特色鲜明的网络文化活动、加强网络文明建设，各项工作都取得了新突破新进展，呈现出新亮点新成效。

## 三、浙江网络文化发展的示范案例

案例 9-1　杭州着力打造全国数字内容产业中心

杭州依托国家级文化和科技融合示范基地建设全国数字内容产业中心，大力发展数字文化创意产业，通过打造全国一流的数字媒体基地、数字阅读基地和数字出版基地，带动千万级终端服务，实现数字内容、技术、产品、服务和运营全产业链一体化发展。2015 年，全市文创产业实现增加值 2 232.1 亿元，占全市生产总值比重达 22.2%；其中数字内容产业实现增加值 1 234.45 亿元，增长 35.5%，实现利税 771.5 亿元，增长 27.7%。杭州数字出版基地集聚数字出版企业近 200 家，实现营收 80 多亿元，中国移动、中国电信和华数等三大数字内容投送平台全面建成。中国移动手机阅读基地（咪咕数字传媒）汇聚了超过 46 万种正版图书内容，而且全站图书都可以使用"看听结合"功能，已经覆盖了近 5 亿用户，年收入超 65 亿元。

做大做强数字内容产业链。杭州通过文化与科技的融合，重点发展数字游戏业、数字动漫业、数字影视业、数字报业、移动通信媒体业等 10 个数字内容细分行业，着力打造数字娱乐、数字传媒和数字出版三大产业链。在数字娱乐领域，重点发展数字动漫业、数字游戏业、数字影视业、互动娱乐业等；在数字传媒领域，通过传统媒体与新兴媒体的相互融合，重点发展数字电视、数字报业、新媒体广告和移动通信媒体业；在数字出版领域，依托国家数字出版基地建设，加快数字阅读业、数字印刷业的发展，形成数字出版产业发展新优势。以数字影视业为例，这几年以华策影视、长城影视为代表的影视"杭"军不断崛起，"中国电视剧第一股""中国最大的纪录片生产制作基地和片库"等纷纷落户杭州，受到国内广泛关注。

培育一批数字内容领军企业。杭州市着力培育以科技创新为支撑的数字内容企业，扶植建立起全国在文化领域的优势龙头企业，依托龙头企业的带动作用，整合区域内文化产业资源，实现地域辐射。在第七届"全国文化企业 30 强"评选中，宋城演艺和华策影视再次入选。全市共有 23 家文创企业上市，42 家挂牌新三板，其中"中国数字电视内容综合平台第一股"华数传媒、"中国电视剧第一股"华策影视、"中国民营广告第一股"思美传媒、"中国网吧服务软件第一股"顺网科技、国内首家 A 股主板 IPO 上市的游戏公司电魂网络等龙头企业引领行业发展。杭州不仅会注重运用国际高新技术提升影视制作装备水平，加快提升影视内容创作及制作手段的国际化水平，还要继续扶持和培育一批影视领军企业，加快实现影视产业链的数字化和网络化。

强化数字内容产业集聚发展和政策扶持。以高新区（滨江）和西湖区为重点，其着力打造涵盖动漫游戏、数字电视、数字娱乐、手机阅读、影视产业、广告等内容的"6+X"园区（基地），将打造 10 个左右数字内容产业园区（基地）。杭州市以项目为抓手，排出了近百个重点项目，依托杭州银行文创支行、省建设银行文创支行，优化财政支持方式，加大对数字内容产业的财政间接资助力度和金融支持力度。通过搭建"杭州动漫游戏产业科技创新服务平台""浙江省可视媒体智能处理技术重点实验室"等科技创新公共服务平台，为行业发展提供平台保障，强化产业技术支撑，加大产权保护力度，促进数字内容产业的健康发展。

**案例 9-2　金华网络文化产业快速崛起**

金华网络文化产业起步早、发展快，已形成独具特色的块状发展模式。金华市文化产业 2015 年实现总收入 3 316.94 亿元，全省排名第 3，文化产业增加值在浙江省地区生产总值的占比达到了 6.97%，位列全省第 2。其中网络文化产业是金华文化产业中的一支主力军，2015 年全市共有网络文化企业 800 余家，营业收入 152.1 亿元，同比增长 12%。

有效利用互联网经济发展的区位优势。义乌是金华是浙江省互联网第二通信枢纽，已培育形成 4 个国家级、省级软件和信息服务业产业基地，并先后获得"中国电子商务创业示范城市""中国电子商务创业示范基地"称号。截至 2016 年 7 月，金华虽然在地域上属于三线城市，但是在数字社会已经跻身全国一线城市。金华已集聚软件和信息服务企业 400 多家，拥有"中国行业电子商务 100 强"网站企业 9 家，"中国商业网站 100 强"企业 3 家，已经聚集了天鸽互动、齐聚科技、长风信息、灰狼传媒等网络视听企业骨干，还有 5173.com（金华比奇网络科技有限公司）、亿博科技、磐古信息等网络游戏龙头企业，加上漂牛科技、唯见、"猪八戒网"纷纷落户入驻，已具备了把文化创意产业"线上"和"线下"融合的能力和实力。金华信息产业氛围浓厚，集聚效应显现，具备互联网企业发展所需政策、技术、人才等各种优越条件。

充分发挥横店影视文化产业实验区的辐射作用。横店影视文化产业已经走过了 20 个年头，横店已发展成为全球规模最大的影视实景拍摄基地，全国最为密集的影视产业集群、影视产业服务机制较为完善的产业集聚区。横店影视文化产业实验区的飞速发展，其辐射作用促进了金华网络文化产业的发展。实验区完善平台服务，实现线上线下全产业链无缝连接。2016 年实验区迎来了"大数据互联网时代"：腾讯众创空间落户横店，这不仅有效整合了线上线下资源，突破原有的影视产业格局，为影视文化产业的发展注入新的活力。2015 年，实验区成为金华市影视文化人才管理改革试验区，还与中国传媒大学、浙江传媒学院等大专院校全方位合作，强化人才培养，为金华发展网络文化产业提供了有力的人才支撑。

充分利用"网红经济"的先发优势。金华是"网红经济"的发源地之一，是互联网虚拟道具交易的发源地。金华在"网红经济"方面有得天独厚的优势，地处金华的浙江师范大学曾经出现了以《诛仙》《甄嬛传》为代表作的大批网络写手。2016 年被称为"网红经济元年"，金华市依托文创产业和互联网创业基础，积极发展"网红经济"。全国首个"网红大厦"——腾讯众创空间（金华）项目（大楼）是腾讯在全国布局的第 21 个创业基地，是金华市重点打造的众创空间平台项目，该项目建设目标是创建全国首个泛娱乐网络文艺产业园，以网红经济为核心带动金华全市网络文艺业态。"网红大厦"已经入驻的有微播科技的"娱乐+"网红竞技项目、华星璀璨影业的明星练习生项目、红诺影动的艺人经纪项目等 16家企业，涉及直播平台、网红孵化、影视制作、传媒广告、VR 等。网红大厦计划三年内引进、孵化 100 家泛娱乐企业，总产值超 10 亿元。金华完备的软硬件创业环境、全要素创业服务能满足创客的各种需求，"网红"如果往艺人表演方面发展，可以在横店影视基地找到各种机会和资源；如果往电商方向发展，全金华巨大的电商平台也可以提供强大的后方，各种优势在金华汇聚将形成"网红"经济的叠加效应、倍增效应。

积极发挥政策支持优势。与一线城市相比，金华发展网络文化产业在高端人才、融资等方面并不具备优势，但政府的扶持培育政策吸引了一大批网络文化企业安家落户。金华市委、市政府高度重视信息网络经济并将其作为"一号产业"进行扶持，成立了国内第一个"网络经济局"，出台了专项扶持政策，每年安排3 000 万~5 000 万元扶持资金，还专门制定了金融扶持网络经济指导意见。成立市文化产业发展基金，资金规模达 4 亿元。2001 年以来，金华市委、市政府连续出台 3 个扶持信息服务业的政策，从税收、科技、产业、孵化、人才等多方面予以扶持，一系列政策支持为网络文化产业发展提供了强大的推动力。

案例 9-3　嘉兴打造"文化有约"公共文化服务平台

"文化有约"作为嘉兴创建国家公共文化服务体系示范区的重点突破项目，正迎着"互联网+"的风口，演绎着属于它的独特风采。走过初生、成长、发展等各个时期，嘉兴"文化有约"已成为城乡居民共享公共文化服务的重要方式，成为长三角地区乃至全国范围内最有影响力的公共文化特色品牌之一。截至 2015 年 6 月，网站点击率突破 229 万，接受城乡居民预约服务 18 万多人次，举办免费公益展览 400 多场，各类讲座、培训、辅导 2 000 多场，组织开展活动及演出 800 多场，直接受益群众达 150 多万人次。

借助互联网让公共文化服务触手可及。2011 年 7 月，嘉兴"文化有约"公共文化服务平台诞生。该平台旨在移除公益性文化场馆门槛，培养群众主动走进文化场馆亲近文化、接纳文化的习惯。随着"文化休闲何处去，公益场馆零距离"口号的响亮喊出，展览、培训、演出等各类活动全方位、多层面供城乡居民自由选择。2013 年 7 月，嘉兴"文化有约"公共文化服务平台改版升级，融合现代信息技术成果，所有资源被包装成文化产品统一上架，让市民通过预约方式参与活动。如今的"文化有约"项目已形成了场馆定约、平台晒约、市民预约、反馈评约、政府购约的整套操作体系。在场馆定约上，各个场馆结合自身服务功能，深入挖掘场馆潜在资源、精心设计文化服务内容，确定可供市民预约参与的项目方案。在平台晒约上，"文化有约"网站平台、手机 APP 客户端和数字电视终端三大预约服务平台先后建立，三个平台实时同步晒出各场馆所有活动内容及动态进展。在市民预约上，城乡群众进行实名注册登录后，可按地区、类别、场馆等类别选择自己喜欢的项目进行预约登记。

"互联网+"提升公共文化服务的现代传播能力。"互联网"平台预约和"订单式"活动参与，实现服务与需求无缝对接，推动基本公共文化服务与多样化、个性化、优质化公共文化服务的有机统一；信息反馈工作机制、公民诉求表达机制及时吸收群众意见，问需于民、问约于民、问计于民，彰显了以群众为中心的服务理念；"互联网+公共文化服务"打破时空界限，有力地提升了公共文化服务的现代传播能力，促进了基本公共文化服务的标准化、均等化。嘉兴市制定《"文化有约"用户积分管理暂行办法》，建立积分激励机制，实现了群众的实时评价与反馈。经过 4 年来的探索和实践，"文化有约"项目早已走出了公益性文化场馆的局限，也走出了公共文化服务的狭义范畴。市民既可在履约结束后对服务项目进行网上评价和反馈，也可提出改进意见或发起新的项目。融合现代信息技术的服务模式，也得到了广大群众的认可和好评。

改革创新形成"互联网+"公共文化服务长效机制。"文化有约"在政府层面建立了统筹协调机制，公共文化供给实现了横向拓展，纵向延伸，形成了部门联动和跨领域合作的协作联盟，促进了区域内公共文化资源的共建共享，实现了供给与需求的有效对接。在政府的统一协调下，通过市场运行机制，采用政府采购和购买的形式，调动了社会力量参与公共文化服务的积极性，让隶属于不同部门文化资源和文化服务的内容得到更好的发挥。截至 2016 年 4 月，"文化有约"已吸纳了近 20 家民营文化机构加盟，推动了公共文化服务向优质服务转变，培育和促进了文化消费。为推动"文化有约"可持续发展，2014 年初各种完善和深化举措陆续推出，《嘉兴市全面推进"文化有约"项目实施意见》《嘉兴市"文化有约"项目资金补助暂行办法》接连下发，前者着眼于保障公民基本文化权益、发挥公共文化机构基本职能作用及增强公共文化服务能力和管理水平三方面，后者明确对公益性文化场馆"文化有约"项目进行补助，并探索以政府购买服务形式引进社会力量推出"文化有约"项目，参与公共文化服务。政府实现了由办文化向管文化的角色转变，强化了政府购买公共文化服务的理念；社会力量涌入公共文化服务，打破了原有的体制壁垒，最大程度保障了广大群众的基本文化权益。

## 案例 9-4　华策影视实施基于互联网的超级 IP 战略

IP（知识产权）是近年来文化产业界出现频率最高的词之一，高人气的文学作品、动漫、影视作品、游戏、综艺节目等都是优质 IP。一个优质的 IP 可以将单一的内容产品衍生出各类周边产品，实现多领域、跨平台的商业拓展，从而打通文化产业全产业链，实现价值最大化。

基于互联网的超级 IP 战略获得巨大成功。作为文娱产业龙头地位的浙江华策影视股份有限公司，在"互联网+"泛众化、"文化+"迎来巅峰开局的大环境下，实现了"互联网+"的二次创业，快速有效地推进"超级 IP（SIP）战略"和"全球娱乐合伙人联盟战略"，以全网剧、电影、综艺等打造全新内容的创意企业。华策影视荣获"2015 年度 iTV 最具业界口碑电视剧出品方"，电视剧《何以笙箫默》《家和万事兴》《明若晓溪》等收视口碑双丰收的优质剧获得了观众的喜爱与认可；青春电影《我的少女时代》席卷了亚洲各地年轻群体的观影热潮；好莱坞大片《007：幽灵党》和《饥饿游戏 3》在中国上演了以"自来水"口碑致胜的传奇；综艺节目《挑战者联盟》收视一路飙升，成为现象级综艺节目。用互联网思维来做电视剧，以互联网用户为导向，互联网渠道和传统渠道并行是华策在电视剧板块进行的战略升级。

借助 IP 资源布局全产业链内容板块。华策影视借助优质 IP，全产业链布局电影、电视剧、综艺、游戏等内容板块。2016 年电影板块包括与《微微一笑很倾城》（杨洋、郑爽领衔主演）电视剧同时开发的大电影项目；张嘉佳超人气小说《从你的全世界路过》中单篇的电影项目《末等生》；有望吸引"中国合伙人"黄晓明加盟的《创业时代》，并进行全产业链开发。在综艺方面，华策也推出中英联创的源于冬奥会项目的《冰上星舞》。此外，引进自韩国 JTBC 电视台的《隐藏的歌神》和韩国 KBS 电视台的《两天一夜》两档 IP 项目。从电视端和互联网播放量上来观察，华策影视以 15%的市场份额居市场第一位，同时"SIP 战略"有望成为华策电影和综艺项目的助燃器，成为未来两三年内业绩爆发的重要引擎。

　　华策"文化认同+大数据+IP 自孵+全网剧"的运营之道。华策的经营可以用"文化认同+大数据+IP 自孵+全网剧"来分解，这也是华策内容产业的生产标准，这个标准具体体现在以下四个方面：①文化认同是 SIP 大盘时代协同作业的前提。华策 SIP 经营无论是系列化的纵向，还是品牌化的横向，良好协同作业的根本就是合作伙伴之间存在相互价值肯定。华策除了在"策划+投拍+外购+发行+储备"的滚动式发展战略创新外，还与爱奇艺、小米等进行深度合作，建立海量娱乐内容的传播、体验平台，以使生产的内容最大限度地直达用户；与世界最大通信硬件服务商华为联合，为终端消费品领域提供海量的视频娱乐产品，共同促进视频业务在国内及海外的发展。②通过大数据研发量身定做产品。在国内一线影视公司中，华策及旗下克顿传媒率先投入 SIP 大数据技术研发。华策研究院与大数据应用平台"影视资源管理系统"自建立以来，其影视剧制作都是以数据来指导电视剧的制作、发行和宣传。③IP 自孵化是打造 SIP 的重要手段。随着越来越多影视公司争抢 IP 形势之发酵，华策希望打造长线的 IP，形成一个稳定持久的品牌，发挥 IP 长远的效益，并不寄希望于短时间内的爆火。华策推出的打造完整的造星产业流程，开发一个基于网络平台的"非虚构剧情类真人秀"，进行偶像化的打造和培养。④全网剧是构建 SIP 生态体系的关键环节。华策影视紧跟影视潮流，积极寻求着"互联网+"转型之路，提出"用互联网思维做电视剧"，并率先提出"全网剧"的概念，即先网后台模式，以互联网的渠道为先，以互联网的用户为先导者，以互联网作为主要发行渠道，之后反哺电视台等传统渠道。

# 第十章　浙江网络安全与网络治理实践研究

网络安全与网络治理相辅相成。网络安全属于非传统安全领域，其出发点和侧重点是信息安全，即国家、机构和个人的信息空间、信息载体和信息资源不受各种形式的危险、威胁、侵害和误导的外在状态及内在主体感受。网络治理是通过多主体的协同，运用一系列措施、手段对网络这一虚拟空间进行管理的活动。网络安全是一种状态，网络治理是一个过程。网络安全是网络治理的重要目标之一，而且是网络治理必须达到的底线目标，而有效的网络治理是实现网络安全的必要条件。总结浙江近年来的网络安全与治理实践，既成效显著，又有发展进步的空间。

## 一、浙江网络安全的成效与经验做法

### （一）强化网络安全工作的统筹协调

"三分技术，七分管理。"网络安全领域需要信息安全设备和技术保障，更多的则依靠治理模式与方式的更新和完善，而治理模式与方式的创新依赖于工作机构和职能的优化。浙江省网络安全领域不断加强统筹协调职能的发挥，通过下设和增加机构优化职能。由浙江省网络安全和信息化领导小组负责协调统筹，由公安厅、经济与信息化委员会等部门分类主管。

2014 年 2 月 27 日，中共中央网络安全和信息化领导小组成立，习近平总书记担任组长，这是落实党的十八届三中全会战略部署的又一重大举措，这一顶层设计，有利于确保国家网络和信息安全，是国家治理体系和治理能力现代化的必然要求。同年，浙江省网络安全和信息化领导小组成立，由省委书记夏宝龙担任组长。2015 年，省委网络安全和信息化领导小组召开会议，强调大力推动网络强国战略在浙江的实践，要全面提升信息系统的防护能力，加快构筑网络安全的钢铁长城；要主动迎接信息化发展带来的新挑战，拿出虎口夺食的勇气和智慧，抢占信息化发展战略制高点，把信息产业打造成为新常态下经济发展的新引擎；要把各方面力量和资源整合起来，统筹推进网络安全和信息化工作，形成统分结合、职责明确、协调顺畅的工作格局，形成网络安全和信息化工作的强大合力。

## （二）加强网络安全工作的制度建设与落实

### 1. 建立实施信息安全等级保护制度

信息安全等级保护是国家信息安全保障的基本制度、基本策略和基本方法。信息安全等级保护是指对国家重要信息、法人和其他组织及公民的专有信息，以及公开信息和存储、传输、处理这些信息的信息系统分等级实行安全保护，对信息系统中使用的信息安全产品实行按等级管理，对信息系统中发生的信息安全事件分等级响应、处置。开展信息安全等级保护工作是保护信息化发展、维护国家信息安全的根本保障，是信息安全保障工作中国家意志的体现。公安机关开展信息安全等级保护监管工作是代表国家履行对重要信息系统和基础信息网络的安全监督检查职能，是在市场经济条件下和信息网络领域开展的一项面向全社会、全新的专业化工作，是党中央、国务院交给公安机关的一项新的职责、任务。

浙江省为加强信息安全等级保护工作的领导，成立由省公安厅牵头，省国家保密局、省国家密码管理局和省互联网信息办公室等有关部门参加的浙江省信息安全等级保护工作协调小组，负责省内信息安全等级保护工作的组织协调，并在省公安厅下设办公室。浙江省基础信息网络和重要信息系统保护等级实行专家评审制度，设立了严格的评审流程和备案流程。同时，确立了等级保护相关标准和行业相关标准。

近年来，《浙江省信息安全等级保护备案工作细则》《浙江省信息安全等级评审实施细则》《浙江省信息安全等级保护管理办法》等文件出台，逐步规范信息安全等级保护工作。

### 2. 建立实施预警预测与事件通报制度

信息的共享和畅通是抵御风险的基础，预警预测和事件通报制度是其中的重要环节。网络安全预警，是指在网络威胁与其他需要提防的危险发生之前，根据以往总结的规律或观测到的可能性前兆，向相关部门发出紧急信号，报告危险情况，以避免危害在不知情或准备不足的情况下发生，从而最大限度减少危害所造成的损失。网络安全事件通报是传达网络安全重要情况与需要各单位知晓的事项，尤其是应引以为戒的网络安全恶性事故，主要起到交流经验、吸取教训的作用。浙江是经济大省，也是网络大省。互联网领域的发展机遇很多，问题和风险也不少。网络安全是技术防范与制度建设相结合的产物，只有技术与制度相得益彰，才能筑起网络安全的强大堡垒。

　　浙江省已经建立起网络安全事件和态势信息定期发布制度，其中，网络与信息安全信息通报中心网站是网络安全通报与预警的主要阵地。信息中心会对一定时期内可能出现的安全问题进行预测和预报，对可能存在的安全隐患和安全威胁及时公布，并给出相应的解决方案和系统升级方法。预警预测的主要内容是病毒通报，网络安全事件通报的内容涉及广泛，包括国际事件和地方性事件。从事件通报次数和预警次数来看，近十年来，中心对预警与通报工作的重视不断提升。（图 10-1、图 10-2）。

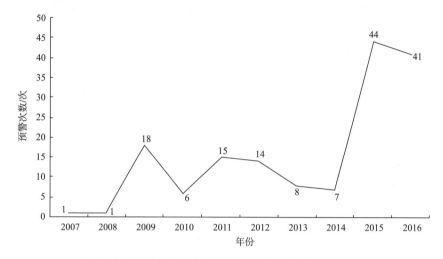

图 10-1　2007~2016 年浙江省网络与信息安全预警情况
资料来源：浙江省网络与信息安全信息通报中心网站. http://www.zjtbzx.gov.cn/

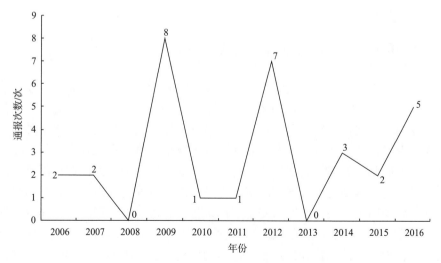

图 10-2　2007~2016 年浙江省网络与信息安全通报情况
资料来源：浙江省网络与信息安全信息通报中心网站. http://www.zjtbzx.gov.cn/

3. 形成网络安全事件处理的应急预案

突发公共事件具有不确定性、突发性和破坏性等基本特征。随着信息化、工业化进程的不断推进和城市数量及规模的迅速扩大，突发公共事件又表现出联动性、并发性和综合性等特点，从而显著地放大了破坏力，增加了应对的难度。网络信息安全事件有时也是紧急突发事件，会造成重大财产损失，影响和威胁一个地区甚至全国的经济社会稳定，属于有重大社会影响、涉及公共安全的紧急事件。当前，互联网不断发展、虚拟社会逐渐成形，政府进行治理模式的转型迫在眉睫。建立健全突发公共事件的应急体系已成为一个世界性的课题，这对国家或地方网络安全应急体系的建设与完善提出了更高更新的要求。网络和信息安全的策略制定经历了由"静"到"动"的转变，安全应急响应机制正是信息安全保护向动态转换的标志。

《浙江省网络与信息安全应急预案》是以 2005 年浙江省委常委会和省政府常务会议审议通过的《浙江省突发公共事件总体应急预案》为主要依据所发布的专项预案，目的是提高处置网络与信息安全突发公共事件的能力，形成科学、有效、反应迅速的应急工作机制。《浙江省网络与信息安全应急预案》在对事件科学分类分级的基础上，以预防为主、快速反应、以人为本、分级负责、常备不懈为原则，建立了完善的应急组织管理指挥系统、周密的监测预警系统、机动协调的应急处置系统和有效的后期处置系统。十多年中，《浙江省网络与信息安全应急预案》已成功解决了多起网络安全突发事件，能够最大限度地减轻网络与信息安全突发公共事件的危害，保障国家和人民生命财产的安全，保护公众利益，维护正常的政治、经济和社会秩序。

## （三）依靠人民的力量维护网络安全

习总书记指出，"维护网络安全是全社会共同责任，需要政府、企业、社会组织、广大网民共同参与，共筑网络安全防线"。在多种风险交织的信息化时代，尤其是在网络发展程度高的浙江省，只有树立全民网络安全观，深化全民共识，凝聚人民力量，才能切实形成全社会共同维护网络安全的强大合力，不断减少和修复损害人民利益的违法犯罪缺口。历史和实践已经证明，人民群众不仅是财富的创造者，也是推动历史发展的决定性力量。浙江省通过营造全民参与网络安全的氛围，调动网民积极参与网络安全工作，将这一理念融入网络安全建设，发动群众、依靠群众。由浙江省经济和信息化委员会主管的浙江省信息安全行业协会，是由浙江省内从事信息化和信息安全保障的机构、企事业单位、金融行业、高校、科研院所等组织和个人以自愿平等原则组成的地方性、专业性、非营利性社会团体。该协会通过团结社会各界力量，进行法规宣传、政策咨询、安全服务、交流研究、专业培训等活动，推动信息安全产业发展。

网民是网络社会的细胞，有什么样的网民就有什么样的网络。浙江的 3 600多万网民，就是讲好浙江故事的主体，就是维护网络安全的重要力量。浙江各地、各部门主动把握互联网生态规律，引导更多网民自觉做网络法治和网络文明的共建者、推进者和传播者，其中最大规模的活动就是"争做好网民"工程和"国家网络安全宣传周"活动。2016 年 2 月，中共中央网络安全和信息化领导小组办公室面向全国网信系统正式启动"争做好网民"工程，明确提出要动员全社会的力量大力培育有高度的安全意识、有文明的网络素养、有守法的行为习惯、有必备的防护技能的"中国好网民"。浙江省以强化"基层好网民"为核心，以选树"工会好网民"为创新，以优化"青年好网民"为重点，以培育"研发好网民"为抓手，广泛动员全省机关、高校、军警、金融、企业及群团等系统开展争做"中国好网民"正能量活动，旗帜鲜明地唱响主旋律，积极向世界传播中国好声音。

2014 年以来，"国家网络安全宣传周"活动拥有极高的参与人数与信息覆盖率，活动旨在增强网民自身的网络安全意识、普及网络安全知识、提高网络安全技能，是推动全社会共同维护网络安全的实际行动。浙江省按照中央部署，已经连续举办了三届网络安全宣传周活动。2016 年 9 月 19 日，浙江省第三届网络安全宣传周活动在浙江传媒学院启动，活动以"共建共享共治，安全文明守纪"为主题。第三届宣传周活动突出了青少年网络安全宣传教育，对此，省委网络安全和信息化领导小组办公室负责人表示，要努力做到"四个主动有为"（网民要主动有为、学校要主动有为、企业要主动有为、部门要主动有为），并形成常态化的长效机制。

### （四）加大网络安全人才培养力度

"网络空间的竞争，归根结底是人才竞争。"在我国，信息安全人才队伍建设任务主要由高等学校来完成，高等学校是网络安全人才培养的主要力量。党中央、国务院高度重视我国信息安全保障体系的建设，重视信息安全学科、专业建设和人才培养工作。2005 年教育部发布 7 号文件，指出发展和建设我国信息安全保障体系，人才培养是必备基础和先决条件，将信息安全学科建设和人才队伍建设作为我国经济社会发展和信息安全体系建设中的一项长期性、全局性和战略性的任务。2012 年国务院发布 23 号文件，大力支持信息安全学科师资队伍、专业院系、学科体系、重点实验室建设，为高校信息安全学科专业建设给予政策支持。2015 年，为加快网络空间安全高层次人才培养，国务院学位委员会、教育部决定在"工学"门类下增设"网络空间安全"一级学科。

浙江省连续十年实施人才强省战略，着力打造人才生态最优省份，十分重视对网络安全人才的培养。目前，浙江大学、杭州电子科技大学、浙江工商大学和浙江金融职业学院四所高校设置信息安全专业，杭州电子科技大学、温州大学、浙江传媒学院等七所高校设置网络工程专业，为浙江省乃至全国的网络安全领域源源不断地输送人才。2015 年 11 月，为顺应国家网络空间安全治理的急切需求，杭州电子科技大学整合优势资源，将网络空间安全学科纳入重点培养的五个学科特区之一，并成立了目前浙江省唯一一所网络空间安全学院。网络空间安全学院拥有网络信息安全二级学科博士点及硕士点，并构建了一支高水平的教师队伍。同时，学院配备了保密专业综合实训及信息化实验平台、"通信信息传输与融合技术国防重点学科实验室"、浙江省物联感知与信息融合技术重点实验室等多个教学科研平台和科研基地。

## 二、浙江网络治理的成效与经验做法

### （一）浙江网络治理的主要成效

#### 1. 网上属地治理取得新进展

浙江围绕提高网络治理能力、完善网络治理体系、建设清朗网络空间这一主线，以"重基本规范、重基础管理，强化属地管理责任、强化网站主体责任"为着力点，以"三大体系、四个平台、五项机制"为主要内容，加快打造职责明晰、协调顺畅、管控有效的互联网属地治理模式。该模式被列入浙江省全面深化改革重点突破项目，已取得阶段性成果，在推动建章立制、规范执法工作、整合治网资源等方面取得了创新突破。持续深入打击网上淫秽色情信息，分别以网络视频、网络直播、云盘、微领域为重点，进行了多项集中整治，依法依规严厉查处案件，持续形成监管合力，并积极推进行业自律、落实企业主体责任，网络空间日益清朗，社会反响积极良好。通过指导属地网信部门求新求变，涌现出了杭州的网络实名制、温州的网络综合执法模式、金华的网络管理法律服务团和网信警务工作规范等新经验新亮点，形成了网络治理合力。

作为拥有 680 余万网民、网络普及率高达 74%、网民活跃度居全省第一的网络大市，温州探索出了实践基层网络治理的新路子。以"像'五水共治'一样治网"的理念，当地推出互联网"7431"治理模式，即建 7 项制度、4 支队伍、3 大平台、1 个机构，填补了网站和自媒体等方面的管理盲区。同时，打造全媒体专业辟谣平台——温州辟谣举报平台，成功获评"中国城市网盟品牌栏目奖"；及时发布"清朗指数"，受到中央部门和省委有关领导充分肯定。

### 2. 网上正能量传播形成新优势

浙江省网络媒体纷纷开设"治国理政""浙三年"等专题专栏,推出《一切以人民为中心 浙江各界热议习总书记网信座谈会讲话》等原创报道,深入解读习近平总书记"4·19"等系列重要讲话精神,全面宣传以习近平同志为核心的党中央治国理政新理念、新思想、新战略及在浙江的新实践。围绕G20杭州峰会、第三届世界互联网大会等重大活动,指导全省网络媒体周密制订报道方案,全方位全媒体呈现"唱响中国""浙江好声音",形成网上正面宣传强势。

### 3. 网上同心圆建设迈出新路子

浙江省加大力度培育网络社会组织,在省、市、县三级民政部门共登记成立了网络社会组织177家,范围涵盖网络文化、网络公益、网络作家、网络联谊、网商经济、网络志愿者、新媒体与自媒体等30余种类型。其中,浙江省青少年新媒体协会、杭州市"西湖汇"网络公益联盟、宁波市网络文化协会、温州市互联网发展促进会、台州市中国网络正能量"一江山"论坛,以及阿里巴巴公益基金会、公羊会公益救援促进会、天台县网络公益联盟等,已经成为省内领先、业界知名的网络社会组织。推出首批网上文化家园建设项目,举办"微力无穷孝声回家"春节孝文化网络总动员、"争做中国好网民"、"劳动者之手"网上报道、"网界青年共筑中国梦"网络图文征集等系列活动,画好网上同心圆。

### 4. 世界互联网大会成为新亮点

连续三年在乌镇成功举办世界互联网大会,分享全球互联网治理的"中国方案",受到世界舆论广泛关注。为承办好大会,举全省之力,以高度的政治责任感、强烈的使命担当和严谨细致的工作作风,不讲困难、不讲条件、不讲得失,确保了大会安全、精彩、圆满召开,为推动网络强国建设、增强中国在世界互联网治理格局中的话语权做出了积极贡献。

## (二)浙江网络治理的经验做法

### 1. 探索一项模式

立足浙江实际与网络工作特点,深入探索建立以"三大体系、四个平台、五项机制"为主要内容的"345"互联网属地治理模式。2016年11月底,浙江省委深化改革领导小组第十三次会议审议并原则通过浙江互联网属地治理模式创新改革方案。推动浙江省互联网属地治理工作在体制机制、平台载体、基层基础等方面形成组合拳,全面提升浙江省互联网属地治理水平,积极推进网络空间法治化建设，为我国互联网属地治理工作提供了浙江经验。

### 2. 建设一批阵地

加强网络舆论主阵地建设，支持省内重点网媒的发展，加快建设新型主流媒体，打造一批"现象级"新媒体标杆品牌，推进以"浙江发布"为龙头的政务发布矩阵建设，不断提升主流媒体的传播力、影响力和舆论引导力，做强做亮网上正能量，让党的主张成为网络空间最强音。引导网络舆论正向多元发展，加强网络舆论监督与舆情分析研究。浙江各级政府高度重视互联网等新兴媒体对社会舆论的影响，积极主动利用网络渠道，了解民情，倾听民声，顺应民意。要客观辩证地看待网络舆论，分析其特质，搭建权威的政府网络舆论平台，引导网络舆论正向多元发展。弘扬爱国守法诚信文明的网络舆论主旋律，畅通民意表达途径，使之成为沟通政府与网民的交流通道、民意汇集的"网络问政服务大厅"。培养政府管理者的"全媒体"读写能力，使之掌握新兴媒体的应用技能，提升把握媒体应对、进行舆情分析和引导网络舆论的快速应变处置能力。

### 3. 坚持一条路线

坚持走好网络群众路线，加快培育网上文化家园示范项目，深入推进中国好网民工程，策划组织网络文化活动季，开展一系列健康有序、正面向上、生动活泼的网络文化活动，提升吸引网民参与和良性互动的能力，构筑网上网下同心圆。为践行网上群众路线，营造清朗网络空间，由浙江省网络安全和信息化领导小组办公室主办的浙江省互联网违法和不良信息举报中心网站于 2016 年 12 月上线开通，网民可通过网站、电话、手机、微信等多种方式随时随地举报网络有害信息，这标志着浙江省网络举报工作进入新阶段，网络空间治理又向前迈进一步。

### 4. 打造一支队伍

推动省、市、县三级网信机构改革，健全工作机构，充实工作力量，优化干部队伍结构，加强业务培训，健全评价机制，关心干部成长，不断提高网信队伍的战斗力，努力打造绝对忠诚、干事担当、干净自律、充满活力的浙江网络宣传铁军。作为全国社会治理信息化建设试点省，浙江开发平安建设信息系统，已覆盖所有县（市、区）、乡镇（街道）和 90% 以上村（社区）；"网格化管理、组团式服务"，推及全省所有行政村、社区，10.9 万个网格、23 万余名专兼职网格员，构建起网上网下联动的社会治理机制。

## 三、浙江网络安全与网络治理的案例

### 案例 10-1　2015 年阿里巴巴网络打假典型案件

自 2015 年 4 月以来,具体落实阿里巴巴集团打假任务的阿里神盾局配合全国各地警方,参与了包括"云剑行动"在内的一系列线上线下结合的打假行动。阿里巴巴在 2015 财年整体不再新增员工的背景之下,额外组织 200 名员工成立"打假特战队"专职配合政府有关部门打假,这支队伍的职能包括但不限于阿里巴巴的平台治理,也会对全社会线下市场以及其他电商平台输出和开放这样的治理能力,目的是彻底阻断制假源头的经济能力。阿里巴巴平台治理部定期报送打假讯息至执法机构,并分享打假经验,传播"社会共治"的打假理念。

**1. 六省围剿假冒壳牌润滑油**

2015 年 4 月,阿里巴巴知识产权保护团队在接待英中贸易协会(China-Britain Business Council,CBBC)的过程中,获悉在淘宝平台存在销售假冒壳牌润滑油的有关线索,于是发起专案打击。经排查挖掘,发现了涉及六省的集群案件线索。案件线索上报后,经公安部批准后,警方于 8 月、9 月在广州市越秀区、增城区和白云区收网。除广东外,警方在浙江杭州、山东潍坊、河南郑州、江苏南京、广西钦州等地也同时进行了打击。仅广州就出动警力 200 余人,总计破案 10 起,抓获 10 个团伙,刑拘 22 人,捣毁生产、仓储、销售窝点 16 处,缴获假冒成品油50 000 余桶,涉案价值 1.2 亿元。

**2. 打掉广州白云跨国假冒 LV 案**

2015 年初,LV(LOUIS VUITTON)权利人接到举报称在广州有从事生产、销售、仓储、物流及出口 LV 皮革产品到迪拜的团伙。LV 权利人随即将该线索提供给了阿里巴巴专案团队,并要求进行排查。经过阿里巴巴专案团队大数据排查,初步查出了以黄某等为骨干的生产、销售、仓储、物流及出口 LV 皮革产品到迪拜的 4 个团伙。2015 年 9 月 14 日,由广州市公安局经侦支队联合增城区公安分局经侦大队对黄江山皮料供应商团伙位于广州市白云区钟落潭镇的皮料加工厂、陈某批发商仓库等统一展开收网行动。因案件在排查中还发现了迪拜的仓储、销售窝点,阿里巴巴还协助广州市公安局经侦支队通过国际合作局与迪拜警方进行了案件信息同步,商定双方同日同步收网。最终,在广州抓获犯罪嫌疑人 7 人,捣毁生产、销售、仓储、物流窝点 6 处,查获假冒皮革生产线 2 条,各类假冒 LV成品、半成品价值近亿元。同时,在迪拜抓获犯罪嫌疑人 2 人,查收涉嫌假 LV

手袋 6 万余件。

### 3. 打掉广东佛山假冒卡地亚案

根据阿里巴巴神盾局提供的涉假线索，佛山警方于 2015 年 9 月 22 日捣毁一个涉及广东东莞、佛山等地网络销售假冒世界奢侈品牌卡地亚首饰制品的产业链条，现场查获假冒卡地亚等首饰成品 8 000 多件，涉案价值 9 000 万元。警方在佛山、东莞同时开展行动，捣毁了 5 个生产、销售、储存窝点，刑拘犯罪嫌疑人 7 名。经查，制假犯罪嫌疑人黄某等将在广东东莞长安以某五金制品厂为掩护，私自生产仿冒卡地亚、香奈儿、宝格丽等世界品牌首饰。黄某将假首饰以每件 20 元左右的价格销售给钟某凤，钟某凤进行外包装后，再通过网络批发销售，形成金字塔式的销售网络。

### 4. 打掉广东惠州假冒捷安特案

2015 年 6 月 9 日，广东省惠州市、惠阳区两级经济犯罪侦查部门在阿里巴巴神盾局的协助下成功破获一起横跨广东、河北、天津、上海等省市的特大假冒注册商标案，共抓获犯罪嫌疑人 42 人，查获相关窝点 8 个，缴获涉假自行车成品、半成品一大批，涉案价值 2 000 多万元。5 月以来，广东省惠州市、惠阳区警方陆续接到群众举报，惠州市、惠阳区两级经济犯罪侦查部门成立专案组展开调查，发现惠州镇隆信诚山地车行、穿越山地车行有假冒注册商标的重大犯罪嫌疑。在阿里巴巴安全专家的全力配合下，警方最终确定了犯罪嫌疑人在深圳用于发货的窝点工厂等重要线索。

### 5. 打掉北京丰台假冒 Nike 品牌案件

2015 年 7 月 17 日，北京市丰台区警方与阿里巴巴神盾局密切合作，在前期侦查的基础上，打掉了一个在淘宝网店销售假冒 Nike 的窝点，查获假冒品牌运动鞋 185 双，涉案价值 330 余万元。自 7 月 13 日起，丰台区经侦大队陆续接到阿里巴巴神盾局反馈的线索，在丰台区内有淘宝卖家在网店销售假 Nike。接到线索举报后，经侦大队通过摸排，确认了多家销售网店的具体所在地址。7 月 17 日，民警到丰台区南苑一小区内的居民楼中，将涉嫌销售假冒名牌运动鞋的网店的老板韩某抓获，现场查获带有 Nike 商标的运动鞋 185 双。经鉴定，均为假冒品牌运动鞋。韩某因涉嫌销售假冒注册商标的商品罪被丰台警方刑事拘留。因丰台公安分局与阿里巴巴神盾局合作，针对全区利用网店实施违法犯罪活动行为进行打击行动，自 2016 年 6 月以来，共查获假冒品牌服装、鞋共计 1 800 余件，涉案总价值 1 000 余万元，刑事拘留犯罪嫌疑人 11 名，破案 9 起。

6. 打掉江苏南京假冒洋酒系列假酒

2015 年 7 月 22 日阿里巴巴神盾局收到线索，在江苏南京地区有人出售洋河系列假酒，经过数据挖掘及线索分析，确定了犯罪嫌疑人的身份及生活地址，同时联系了南京市公安局网安支队进行线索移交。通过公安机关线下排摸及阿里巴巴的数据支持，牵出一个制造销售假酒的大型团伙。11 月 3 日，警方在南京 6 地收网共抓获犯罪嫌疑人 29 名（刑拘 20 名），查获海之蓝、天之蓝、五粮春、双沟珍宝坊等各类成品瓶装酒 1 500 余瓶，半成品瓶装酒 350 余瓶，空酒瓶 850 余个，酒瓶盖、防伪标签、酒盒等包装材料，以及用于生产和销售的设备、工具和银行卡等物若干，用于作案用电脑 10 台、手机 50 余部。

7. 打掉上海假冒 Vans 案件

阿里巴巴业务团队发现在淘宝平台上有账号贩卖假冒 Vans 鞋，交易金额三个月超过 300 万元，且存在多个同机账号。通过账号挖掘后，锁定了 4 名犯罪嫌疑人的身份与地址，并于 4 月向上海警方报案。警方于 2015 年 7 月 30 日晚收网成功，抓获以陈某为首的售卖假 Vans 鞋类违法犯罪人员 4 名，当场查获各类 Vans 鞋 500 余双，经过权利人现场鉴定，近 400 双为假货。以前陈某就是四川的一个 Vans 代理商，合同到期后未与 Vans 继续签订协议，自己留存了一点存货，即现场的真货。该嫌疑人认识在四川的假 Vans 加工厂，做了一批"私人定制"的鞋子，样子、版型和真的一样，但是用的材料是自己采购的便宜货。该嫌疑人表示，年轻人特别喜欢国内买不到的版型，所以就通过他人定制了 4 款在鞋类论坛非常热门的假鞋放在网上卖。

8. 打掉浙江台州假眼镜案

2015 年 5 月，阿里巴巴神盾局在主动风控中发现一条来自台州的线索，有人在网上大量出售假冒名牌眼镜。经深入分析发现，该团伙位于台州本地，出售的假冒名牌眼镜主要有雷朋、香奈儿、爱马仕、古驰、卡地亚、万宝龙、奔驰、宝马等。阿里巴巴神盾局迅速与台州警方联动展开调查。6 月 8 日下午，台州警方在杜桥镇某小区 41、42、46 幢楼中分别查获假冒眼镜 5 万余副，并当场抓获眼镜店经营者厉某等 3 人，销售人员王某等 3 人。经鉴定，上述品牌眼镜均为冒牌货。

9. 打掉浙江绍兴假国际大牌皮带案

2015 年 6 月，阿里巴巴神盾局发现一批涉嫌网上售卖假冒大牌皮带的线索，初步摸排，发现位于嵊州的操某、许某等有生产假冒 LV、GUCCI、巴宝莉等品牌皮具并在网店销售的重大嫌疑。绍兴警方据此立即立案侦查，6 月中旬对该窝点进行冲击。当场查获假冒皮带头、皮带、包装盒等成品及配件 10 余万件，价值

1 000 余万元，当场抓获犯罪嫌疑人 3 名。

案例 10-2　浙江省人力资源和社会保障厅成功应对"人肉靶子"网络舆情

2016 年 5 月 23 日上午，在杭州市中心武林广场南公交站旁，贵州毕节人吉佳丽（女）为了给身在云南治疗白血病的姐姐吉佳艳募捐筹款，摆摊充当"人肉靶子"，让路人用弓箭射自己，承诺射一箭只要 10 元钱（后经核实，姐妹两人均未在浙江参保，医疗保险参保关系在贵州）。这一极端的筹款方式经微信、微博、新闻、博客、论坛等媒体平台传播后，立即在网上引起强烈反响。很多声音质疑政府社会保障不力，质疑医改政策失败等，一时间舆论哗然，成为热点。5 月 23 日下午，浙江省人力资源和社会保障厅监测到这一舆情信息后，厅主要负责人第一时间要求厅里相关人员迅速调查核实，精准分析研判，不拖不避、主动回应大众关切。5 月 24 日中午，省人力资源和社会保障厅专门召开媒体沟通会，邀请《人民日报》、新华社、《浙江日报》等媒体现场报道。在澄清事件原委的同时，以该事件为契机，大力宣传浙江省委省政府对保障和改善民生、筑牢民生底线的高度重视，深入阐释浙江省医疗保障政策体系，精准解读浙江省参保人员患白血病等重特大疾病后的医疗保障政策，取得了良好效果。

媒体沟通会后，《人民日报》、人民网、《浙江日报》、《中国劳动保障报》等几十家媒体先后予以正面报道。5 月 25 日《钱江晚报》以《关注到"人肉靶子"事件后，浙江省人力资源和社会保障厅第一时间召开新闻发布会，白血病治疗浙江已基本纳入医保》为题，在头版头条转 2 版整版作报道；5 月 28 日《中国劳动保障报》以《面对突发舆情不推不逃不避——浙江省人社厅以案说法宣传医保政策》做了详细报道；5 月 30 日《人民日报》以《敢担当才能消杂音》为题，撰写了评论员文章。人力资源和社会保障部主要领导指示总结浙江做法，在全国人社系统通报表扬；夏宝龙、葛慧君、熊建平等省领导批示充分肯定省人力资源和社会保障厅做法，省委网络安全和信息化领导小组办公室印发《省人力社保厅成功应对"人肉靶子"网络舆情》予以通报。

案例 10-3　浙江兰溪创新网络治理解决"井盖吃人"难题

近年来，"井盖吃人"事件在各地时有发生。在解决这一问题上，兰溪走在了前面。自 2013 年 4 月始，兰溪市行政执法局智慧城管中心在"兰江论坛"上开辟"'问题'井盖随手拍"置顶帖，发动群众力量，填补巡查盲区，实时了解市区井盖状况，排忧除患。开帖三年来，有大量网友跟帖反映井盖类问题，点击量已达 25 万多次。井盖问题在现实中出现的频率比较高，也留下了较大的公共安全隐患。由于分布广、体量大，很多时候，并非是管理部门不愿意处理，而是苦于不能在第一时间发现问题，从而处置效率难以提高。基于这一点，兰溪智慧城管中心通过在当地"兰江论坛"开辟"'问题'井盖随手拍"置顶帖，对于提升问题井盖的处置效率，起到了立竿见影的效果。

这种创新，不只体现在创造性地解决了问题井盖信息反馈不及时的问题，更表现为通过网络渠道向市民要"问题线索"的主动性。在当前的网络社会，市民在网上反映线索、问题的现象越来越普遍，但由于缺乏固定的反馈渠道，管理部门难以集中倾听"民声"，进而及时回应诉求，长此以往市民对问题的反映，变成了一种习惯性的"抱怨"和"吐槽"。而主动开辟问题反映专区，既方便了职能部门对信息的接受，也能够给予市民稳定的信任感，而不只是情绪的发泄。有问题，"你反馈，我解决"，建立了一种与群众的有效互动机制。兰溪智慧城管中心通过智慧城管系统平台，与井盖责任（产权）单位建立了协同处置机制，共同处理各类井盖问题，确保了后续处置效率，也保护了市民"随手拍"的积极性，充分体现了信任和口碑的力量。

"群众在哪儿，我们的领导干部就要到哪儿去""各级党政机关和领导干部要经常上网看看，积极回应网民关切"。党政机关和领导干部常上网看看，不只是要上网了解社情民意，不把网络意见视为"洪水猛兽"，更要真正善于利用互联网的便捷性，实现与民众的有效沟通和互动，这其实也是"互联网+政务"的内在要求。兰溪城管系统的井盖问题随手拍，就是实现了从上网看升级到主动通过网络"找问题"，从而高效地解决问题。践行网上群众路线，不只要求领导要常上网"冲冲浪"这么简单。归根结底，还是要从网上看到民众的需要，看到网络所蕴藏的治理资源，并恰当地加以利用，借此实现良治、善治。兰溪在解决井盖问题上的试验，为此提供了正面示范。在很多问题上，这种方式都值得借鉴。

# 第三篇　专　题　篇

# 第十一章  加快浙江信息化与工业化 融合促进经济转型升级的建议①

党的十七大根据工业化、信息化、城镇化、市场化、国际化深入发展的新形势新任务，做出了"发展现代产业体系，大力推进信息化与工业化融合"的战略决策。工业和信息化部把建立国家级"两化"融合试验区作为推进信息化与工业化融合的重要平台，上海市、重庆市、内蒙古呼包鄂地区、珠三角地区、广州市、南京市、青岛市、唐山暨曹妃甸地区等八个试验区已被确定为国家级"两化"融合试验区。加快信息化和工业化融合，是推进浙江经济转型升级和发展方式转变的战略途径，尤其在当前保增长、调结构、促转型中有着十分重要的作用，对此应当引起高度重视。

## 一、充分认识加快"两化"融合对促进浙江经济转型升级的 重要性

### 1. 浙江加快"两化"融合的重要意义

加快"两化"融合是保增长的"倍增器"。2009 年到"十二五"时期是浙江向工业化中后期推进的关键时期，信息技术能在国民经济各个领域产生更强的关联和带动效应，使传统工业、农业和服务业的生产方式与组织形态发生变革，不断衍生新的产业领域和产业形态，有效地提高经济增长的质量和效益。例如，随着网络技术和包括 3G 在内的移动通信技术的快速应用，以及各类信息服务新商业模式的不断涌现，电子商务和网络经济已成为现代产业中新的增长点。

加快"两化"融合是调结构的"助推器"。当前世界产业已经进入了"服务经济时代"，在目前的国际分工格局中，从总体上来说，制造业的利润呈递减趋

① 本章系浙江省人民政府咨询委员会《咨询研究》于 2009 年 7 月报送的本书第一作者的研究报告，获时任浙江省长吕祖善、副省长金德水批示。为方便阅读，本章将原报告中"我省"两字替换为"浙江"。

势，而知识密集型服务业则呈利润递增趋势。信息化是实现新型工业化的重要动力来源，体现信息技术广泛应用和产业专业化分工的现代物流、现代金融、科技研发等生产性服务业的发展，将推动浙江传统工业的产业组织和生产经营方式的改造，加速产业结构升级转型的步伐。

加快"两化"融合是促转型的"转换器"。信息化与工业化融合过程，实质上就是信息资源、信息技术和信息运行平台在产业经济中转化为主导资源、核心技术和基础平台的过程。浙江迫切需要用信息技术改造传统产业，开发利用信息资源来减少物质资源消耗、空间占用和污染排放，提高劳动生产率。浙江不少企业针对国际市场需求不足等不利因素和竞争压力，通过信息共享促使供应链企业对市场不确定性做出快速反应，有效地降低了采购、物流成本。

2. 兄弟省市"两化"融合工作的经验借鉴

一些兄弟省市积极推进"两化"融合工作，结合区域特点，通过典型示范积累了发展经验，出台了相关的思路与举措。特别是第一批国家级"两化"融合试验区的做法，值得浙江借鉴。

上海：第一个"两化"融合试点城市。作为国内首个"两化"融合试点城市，上海在"两化"融合的道路上已经先行了一步。在推进"两化"融合的过程中，上海注重发挥示范项目的带动作用、服务平台的支撑作用、相关产业的配套作用、政策环境的支持作用和专业人才的基础作用。

内蒙古：首个国家级"两化"融合试验区。2008 年 10 月 21 日，呼（呼和浩特）包（包头）鄂（鄂尔多斯）地区成为工业和信息化部批准设立的第一个国家级"两化"融合创新试验区。呼包鄂试验区希望用三年时间，通过"两化"融合试点工作，致力于加快地区大型龙头企业信息化步伐，推动中小型企业信息化建设，着力推进信息技术在节能减排中的应用以及打造现代信息服务业。

江苏："六个三"工程加速"两化"融合。江苏省在推进"两化"融合过程中大力实施"六个三"工程。从 2008 年起，用三年左右时间，投入 3 亿元政府资金，带动 30 亿元社会投资，支持冶金、装备制造和纺织三个传统产业的 30 强企业开展"两化"融合试点，力争使信息化对这些企业效益增长的贡献率达到 30%，拉动每年实现 300 亿元软件和信息服务业产值。

广州：提出"数字包融"的城市信息化理念。广州明确了加快"两化"融合试验区建设的"138 行动计划"，在国内首先提出了"数字包融"的城市信息化理念："实现信息网络无所不在，信息资源成为重要的战略资源，信息产业成为经济增长的重要引擎，电子政府成为公共管理和服务的主流模式，网络化工作生活方式广泛普及，形成适应信息化发展的社会经济组织体系。"

## 二、浙江"两化"融合的现实基础与不足

浙江"两化"融合的现实基础。据国家统计局 2008 年公布的数据，浙江信息化发展指数为 0.721，在全国排名第三，前两名分别为北京和上海。以传统产业信息化改造、电子商务、电子政务和城市信息化为重点的信息化建设取得了明显成果。全省机械、轻纺、电力、建筑等行业中的应用面达 80%以上。以电子商务为主的网络经济发展迅猛，拥有阿里巴巴等知名商务网站，全省行业网站占全国总数的 40%以上，其中百强网站 7 成左右都在浙江。省市县三级电子政务网络统一平台建成，门户网站建设整体水平全国先进，网上办事不断深化。以城市突发公共事件应急信息系统建设、数字社区和"市民卡"应用为重点的"数字城市"建设稳步推进。信息网络基础设施建设全国领先，至 2008 年末固定电话用户达 2 297 万户，移动电话用户 3 977 万户，互联网用户数达 805 万户。浙江信息产业总体规模居全国前五位，已经成为浙江经济的先导产业、基础产业和支柱产业。浙江进一步加快"两化"融合已具有扎实的基础。

浙江"两化"融合存在的问题。尽管浙江信息化建设取得了长足的进展和显著的成效，但省和各市均没有被列入国家级"两化"融合试验区。信息化与工业化"两张皮"脱节的状况依然明显，政府部门有效协作不够，在技术开发、产品制造、标准制定、知识产权保护、政府采购、市场准入等环节上还未形成协同配合，信息化的共通互利效果还没有得到充分体现。企业通过应用信息技术提升工业技术和产品水平的能力还不强，应用信息技术改造提升传统产业内生性动力和效果不显著。城乡之间、地区之间、部门之间、企业之间信息化推进不平衡，"数字鸿沟"现象比较明显。

## 三、加快浙江"两化"融合促进经济转型升级的建议

### 1. 强化对"两化"融合的组织协调和规划指导

建立和完善浙江"两化"融合的组织推进机制。加快浙江省经济和信息化委员会组建后的职能融合与职责调整，加快市地经济管理部门和信息化管理部门的整合，加强对浙江推进信息化和工业化融合的组织领导。建议政府出台《浙江省推进信息化与工业化融合的意见》，统一各地各部门的思想认识，明确工作任务。通过对现代信息技术应用的科学分析和产业发展趋势的预测，发布《浙江省信息化和工业化融合发展重点指导目录》，研究建立"两化"融合效果评估指标体系，明确和细化全省"两化"融合的重点，为信息技术融入各行业和企业的研发设计、

生产、流通、管理、人力资源开发等各个环节提供科学指导依据。

2. 积极开展"两化"融合试验区建设

以区域试验形式推进信息化与工业化融合，努力创造条件使浙江具有国家级"两化"融合试验区，同时抓紧规划和部署实施省级"两化"融合试验区。制订"两化"融合试验区工作方案，通过试验区建设和重点项目示范，积极探索"两化"融合中的模式创新、服务产品研究开发、配套的标准和规范制定、人才支持和培养等关键问题的制度设计，为"两化"融合的推广积累经验。

3. 创新"两化"融合投融资机制

强化财政投入导向作用，引导和带动全社会对"两化"融合的投入，形成多元化投融资体系。建议省财政筹措一定资金，建立省"两化"融合专项资金，主要用于信息化带动工业化重点技术改造与创新项目、试验区、示范工程、平台建设、关键技术开发与推广项目的资助、贴息和奖励。健全融资机制，拓宽企业融资渠道，重点加大对中小企业信息化服务的投入力度。协调各有关银行、各类风险投资资金、贷款担保基金重点支持信息化带动工业化项目贷款、投资及担保。

4. 大力推进"两化"融合重大项目建设

围绕实施产品智能化、生产过程自动化、系统集成化、商务电子化、管理信息化，组织推进一批技术水平国内领先、示范效应明显的"两化"融合重点项目和工程。结合浙江的工业产业特征，以工业产品研发设计、生产装备与制造过程、生产与经营管理为关键环节，重点抓好装备制造、电力、石化、冶金、建材、纺织、印染等七大行业的信息化改造工作。充分运用信息技术推动高能耗、高物耗和高污染行业的改造，推动清洁生产和节能降耗。

5. 着力发展提升工业化水平的生产性服务业

围绕促进工业转型升级的需求发展生产性服务业，大力发展软件和服务外包产业，建立基于信息技术和网络的服务外包体系，引导企事业单位和公共服务部门外包数据处理、信息技术运行维护等非核心业务；积极发展涵盖信息传输服务、数字内容服务和信息技术服务的信息服务业；加快提升支持"两化"融合直接相关的金融保险、现代物流、工业设计和管理咨询等生产性服务业发展水平，为工业化发展提供服务；重点支持发展移动电子商务、动漫游戏、网络传媒等新兴服务业。

6. 加强信息化公共平台建设

根据浙江区域块状经济和中小企业为主体的经济结构，要突出支持区域公共信息服务平台建设，如中小企业共享设计软件服务平台，强化为中小企业信息化服务。充分利用信息网络平台开展企业间共性技术研究与开发的合作，缩短创新周期，降低创新成本。探索块状经济和工业园区信息化平台建设模式，形成产业集群或园区内产业链上下游企业之间的信息资源分类、采集、管理的共享机制。

# 第十二章 新时期浙江省信息化发展指数研究①

信息化的发展覆盖了国家和地区经济、社会、政治、文化等建设的全局，涉及范围广，综合性强，很难用单一指标来全面反映信息化的水平和发展状况。通过编制信息化发展指数，可以更全面、更准确、更概括性地评估和分析信息化发展及其变化情况。同时，编制信息化发展指数有助于综合反映信息化各种指标在时间和空间方面的整体变动方向和程度，并且通过测算信息化指数的变动情况，对国家或地区信息化发展水平和进程进行总体性的监测与分析。

## 一、研究背景和意义

### （一）研究背景

统计指数是反映社会经济现象数量变动程度的相对数，统计指数在社会经济领域内广泛应用。统计指数具有独特的功能：一方面，统计指数能综合反映复杂社会经济总体在时间和空间方面的变动方向和变动程度。在社会经济现象中，很多指标的量纲不统一，存在不能直接加总或不能直接对比的复杂总体，为了反映和研究这些复杂总体的变动方向和变动程度，为政府决策提供量化的参考依据，可以通过编制统计指数来解决。另一方面，统计指数可以综合性分析和测定社会经济受各种不同因素变动的影响。社会经济总体的变化中包含多种因素，有数量因素和质量因素，还有结构性因素等，通过编制统计指数，可以分析和测定各种因素变动对总体变动的影响。

随着信息化的发展，国际社会要求对信息化进行监测和定位的呼吁不断加强。国际电信联盟，联合国贸易和发展会议，联合国教育、科学及文化组织，

---

① 本章系作者为浙江省经济和信息化委员会修订全省信息化发展指数所作的研究报告，应用于 2016 年信息化发展指数评价。

世界银行和世界经济论坛等多个国际组织，都深入开展了信息化综合评价指数的研究。通过信息化综合指数的统计监测和国际比较，以利于各国在了解本国与其他国家信息化发展和比较情况的基础上，深入研究和分析本国信息化发展的相对实力，科学制定信息化发展战略，从而进一步提高国家综合国力和国际竞争力。

信息化统计评价和监测及其综合指数的研究工作已经引起了各国政府的高度关注和重视。以国际电信联盟为主导的，由联合国贸易和发展会议，联合国教育、科学及文化组织，世界经济论坛等多个国际组织参与的信息化综合评价指数的研究不断深入，相继推出了数字接入指数（digital access index，DAI）、数字鸿沟指数（digital divide index，DDIX）、信息化机遇指数（information communication technology-opportunity index，ICT-OI）、数字机遇指数（digital opportunity index，DOI）、信息化发展指数（informatization development index，IDIITU）、信息化扩散指数（information communication technology-diffusion index，ICT-DI）和网络就绪指数（networked readiness index，NRI）等。

我国政府高度重视信息化工作，国家统计局统计科学研究所编制的中国信息化发展指数（Ⅰ）被纳入国家"十一五"信息化发展规划中，由5个分类指数和10个具体指标构成。在中国信息化发展指数（Ⅰ）的基础上，国家统计局统计科学研究所于2011年又编制了中国信息化发展指数（Ⅱ），被纳入《国民经济和社会发展信息化"十二五"规划（草案）》，用来综合评价和监测国家信息化发展的进程及总体目标的实现。中国信息化发展指数（Ⅱ）从"基础设施、产业技术、应用消费、知识支撑和发展效果"5个方面共12个指标来测量国家信息化的总体水平，对国家信息化发展状况做出综合性评价。

## （二）研究意义

为了及时反映浙江信息化发展水平，全面评价全省及各市、县（市、区）信息化发展进程，省经济和信息化委员会、省统计局联合组织开展全省信息化发展水平测评工作。

但随着新的信息技术不断出现，信息技术应用水平不断提高，一方面，对信息化发展水平的评价和监测指数也需要随之进行调整；另一方面，国内外随着信息化发展不断推出新的信息化综合评价指数，我们的研究和分析也需要与之相衔接，有必要对信息化发展指数指标体系和统计评价方法进行优化。

## 二、国外信息化发展指数及其发展

### （一）数字接入指数

数字接入指数是 2003 年由国际电信联盟构建的，旨在衡量各国接入数字信息产品的能力。数字接入指数中评价指标的选取注重国际可比性，该指数不仅能使各国发现信息化接入能力建设的长处与不足，同时也提供了公开透明的统计方法来追踪提高信息化接入能力的发展之路。数字接入指数由基础设施指数、支付能力指数、知识指数、质量指数、使用指数 5 个基础分类指数和 8 个具体指标构成（表 12-1）。

**表12-1　数字接入指数指标体系**

| 总指数 | 分类指数 | 指标 |
|---|---|---|
| 数字接入指数 | 基础设施指数 | 每百人固定电话用户数/户 |
| | | 每百人移动电话用户数/户 |
| | 支付能力指数 | 互联网接入费用占人均国民收入的比重/% |
| | 知识指数 | 成人识字率/% |
| | | 小学、中学和高等院校入学率/% |
| | 质量指数 | 人均国际互联网带宽/比特率/秒 |
| | | 每百人宽带用户数/户 |
| | 使用指数 | 每百人因特网用户数/户 |

### （二）数字鸿沟指数

数字鸿沟指数是 2003 年由联合国教育、科学及文化组织推出的，该指数从性别、年龄、受教育程度、收入差别 4 个方面考察数字鸿沟状况（表 12-2），并从这 4 个方面测量弱势群体在计算机和互联网应用方面与平均水平的差距，其中互联网应用又分为总体情况和在家上网两类。测算的数字鸿沟指数值应在 0~100，值越大表明弱势群体信息技术应用水平越接近于总体平均水平，即数字鸿沟越小；反之，值越小表明弱势群体信息技术应用水平越偏离总体平均水平，即数字鸿沟越大。

表12-2　数字鸿沟指数指标体系

| | 指标 | 独立变量 |
|---|---|---|
| 数字鸿沟指数 | 计算机普及率（50%） | 性别变量（女性）<br>年龄变量（50岁及以上人口）<br>教育变量（受正规学校教育年限在15年及以下人口）<br>收入变量（低收入人口组） |
| | 互联网普及率（30%） | |
| | 在家上网普及率（20%） | |

## （三）信息化机遇指数

信息化机遇指数是由国际电信联盟（International Telecommunication Union，ITU）在2007年公布的信息化综合指数。该指数不仅可以衡量一个国家或地区ICT发展程度，也可以作为跟踪数字鸿沟的一项重要工具。信息化机遇指数可以全面衡量个人和家庭的ICT获得和使用的情况，是解读在全球信息社会环境下获得和使用ICT的概念，从而确认信息化机遇是社会发展的重要部分。

信息化机遇指数是由两个著名指数合并得到的，被合并的两个指数分别是数字接入指数和数字鸿沟指数。合并后的信息化机遇指数由信息密度指数和信息应用指数2个一级分类指数和4个二级分类指数及10个具体的指标构成（表12-3）。

表12-3　信息化机遇指数指标体系

| 总指数 | 分类指数指标 | | 指标 |
|---|---|---|---|
| 信息化机遇指数 | 信息密度指数 | 网络指数 | 每百人电话主线长度/米 |
| | | | 每百人移动电话用户数/户 |
| | | | 人均国际互联网带宽/比特率/秒 |
| | | 技术指数 | 成人识字率/% |
| | | | 毛入学率（小学、中学、人专）/% |
| | 信息应用指数 | 使用指数 | 每百人互联网用户数/户 |
| | | | 拥有电视家庭占有率/% |
| | | | 每百人计算机数量/台 |
| | | 密度指数 | 每百人宽带互联网用户数/户 |
| | | | 国际呼出话务量/（分钟/人） |

## （四）数字机遇指数

数字机遇指数是指由国际电信联盟公布的，衡量一国信息通信发展程度的指标。数字机遇指数的指标共 11 项（表 12-4），包含互联网的普及率（接入互联网的家庭比重）、收入与通信收费的比率（移动电话资费、互联网接入费占人均收入的比重）、互联网利用率（使用互联网的人口比例）、通信基础普及等。数字机遇指数的主要目标是衡量"数字机遇"或者说是衡量一个国家通过吸收 ICT 而受益的潜力。数字机遇指数的构建基于三大因素，即机遇、基础设施和使用，指标采用的是绝对数值，而不是相对数。一些国家用该指数的方法来制作各自的信息化评估体系。

表12-4　数字机遇指数指标体系

| 总指数 | 分类指数 | 指标 |
|---|---|---|
| 数字机遇指数 | 机遇指数 | 移动电话网覆盖的人口比例/% |
| | | 互联网接入费占人均收入的比重/% |
| | | 移动电话资费占人均收入的比重/% |
| | 基础设施指数 | 拥有固定电话的家庭比重/% |
| | | 拥有电脑的家庭比重/% |
| | | 接入互联网的家庭比重/% |
| | | 每百人移动电话用户数/户 |
| | | 每百人移动互联网用户数/户 |
| | 使用指数 | 使用互联网的人口比例/% |
| | | 固定宽带用户占总互联网用户数的比重/% |
| | | 移动宽带用户占总互联网用户数的比重/% |

　　信息化机遇指数与数字机遇指数具有极大的相似性，数字机遇指数是应信息社会世界峰会（World Summit of Information Society，WSIS）的战略举措而提出的，旨在衡量世界各国缩小数字鸿沟所取得的成果，它从机遇、基础设施和利用 3 方面建立了一套信息化发展的评估体系，用以进行国际的比较，涵盖了 182 个国家和地区。两套指数虽然都引用了国际电信联盟 ICT 核心指标集，但除"每百人移动电话用户数"外，这两套指数并没有重叠的指标，数字机遇指数主要测量国家建设信息社会的成果和进展前景的方法，而信息化机遇指数的侧重点在于发现数字鸿沟，二者并非完全一致的指标。

　　随着国际电信联盟的信息化机遇指数和数字机遇指数的各自发布，各国要求统一信息化指数、进一步发展和改善信息化评估体系的呼吁开始进入信息社会世界峰会的议题。因此，国际电信联盟在 2007 年将信息化机遇指数和数字机遇指数合并，建立了信息化发展指数。

## （五）信息化发展指数

信息化发展指数是国际电信联盟将两个重要的信息化评价指数综合而全面反映信息化发展水平的评价指标。这两个信息化评价指标一个是国际电信联盟在2005年推出的数字机遇指数，另一个是国际电信联盟在2005年改进而成的信息化机遇指数。

信息化发展指数衡量的主要目标包括以下四个方面。

衡量和跟踪世界各国的ICT进程和发展。

对世界各个国家（地区）信息化水平进行测算和比较，即指数是全球性的，既反映发达国家也反映发展中国家。

衡量数字鸿沟，即反映不同信息化发展水平国家间的差距。

衡量信息化发展潜力，反映一个国家能在何种程度上根据现有能力和技能来利用ICT，以提高增长和发展。

基于上述的概念框架，国际电信联盟在总指数下构建了三个分类指数，即ICT接入指数、ICT应用指数（主要是个人，同时也包括家庭、企业，以及将来可能提供的数据）、ICT技能指数（或者说能够有效地使用ICT的能力）。对每个分类指数，列出潜在可行的变量（或指标），最后从中选择了11个指标（表12-5）。

**表12-5　信息化发展指数指标体系**

| 总指数 | 分类指数 | 指标 |
|---|---|---|
| 信息化发展指数 | ICT接入指数 | 每百居民固定电话线长/米 |
| | | 每百居民移动电话用户数/户 |
| | | 每用户国际互联网带宽/比特率/秒 |
| | | 家庭计算机拥有率/% |
| | | 家庭接入互联网比重/% |
| | ICT应用指数 | 每百居民互联网用户数/户 |
| | | 每百居民固定互联网用户数/户 |
| | | 每百居民移动互联网用户数/户 |
| | ICT技能指数 | 成人识字率/% |
| | | 初中毛入学率/% |
| | | 高中毛入学率/% |

## （六）信息化扩散指数

信息化扩散指数是 2003 年联合国贸易和发展会议在支持联合国人权委员会（United Nations Commission on Human Rights，UNCHR）举办科学技术促进发展会议的背景下发展起来的。该指数是综合 ICT 的连接、获取、政策和应用四个方面的影响因素构成的一个综合指数，它可用来衡量评价国家或地区 ICT 应用发展状况。由于信息通信水平测量技术的飞速发展，该指数很快被其他信息化指数取代，但该测评方法对后来建立的信息化指数仍有一定的借鉴意义。信息化扩散指数的指标体系包含 4 个大分类指数和 14 个具体指标（表 12-6）。

表12-6　信息化扩散指数指标体系

| 总指数 | 分类指数 | 指标 |
|---|---|---|
| 信息化扩散指数 | 连接指数 | 人均互联网主机数/台 |
| | | 人均个人计算机拥有量/台 |
| | | 人均电话主线数/户 |
| | | 人均移动电话用户数/户 |
| | 获取指数 | 互联网用户数/户 |
| | | 成人识字率/% |
| | | 本地电话通话费/元 |
| | | 人均国内生产总值（根据购买力评价法折算成美元）/美元 |
| | 政策指数 | 互联网交换点/个 |
| | | 本地电信竞争程度/% |
| | | 国内长途电话竞争程度/% |
| | | 互联网服务提供市场竞争程度/% |
| | 应用指数 | 国际电话呼入/（分钟/人） |
| | | 国际电话呼出/（分钟/人） |

## （七）网络就绪指数

网络就绪指数是一个国家或团体加入信息化发展并从中受益的就绪程度。世界经济论坛与美国哈佛大学的国际发展中心（Center for International Development，CID）合作，采用信息化指数的方式，开发了一套"网络就绪指数"，采用数十个指标进行评价，为分析各国信息化的优劣因素、评价 ICT 政策和制度环境提供一套量化的参考指标。换言之，网络就绪指数是指一个国家和地区融入网络世界所做的准备的程度，其中也包含一个国家和地区加入未来网络世界的潜在能力。这个指数的目的在于把复杂、泛化的信息化评价转化为易于理解的指标。

总体来看，网络就绪指数的指标主要从三方面（表12-7）来衡量各经济体对信息科技的应用：①信息科技的总体宏观经济环境、监管和基础设施；②个人、商界和政府三方利益相关者对使用信息科技，并从中受益的准备就绪程度；③个人、商界和政府实际使用最新信息科技的情况。该指数体系泛指 3 个大类的分类指数和 9 个中类的分类指数，共计 68 个具体指标（表12-7）。

**表12-7　网络就绪指数指标体系**

| 总指数 | 分类指数 | | 指标 |
|---|---|---|---|
| 网络就绪指数 | 环境指数 | 市场环境指数 | 总税率、风险投资可获得性等14个指标 |
| | | 政治环境指数 | 强制执行合同的时间、立法机构的效力等9个指标 |
| | | 基础设施指数 | 电话线长度、科研机构的水平等7个指标 |
| | 就绪指数 | 个人就绪指数 | 手机通话费用、数学及其他理科教育的质量等9个指标 |
| | | 商务就绪指数 | 商务电话连接收费、员工培训程度等10个指标 |
| | | 政务就绪指数 | 电子政务就绪指数、政府对ICT的优先权等4个指标 |
| | 使用指数 | 个人使用指数 | 移动电话用户数、个人电脑等5个指标 |
| | | 商务使用指数 | 外国电信执照的发放、企业的技术吸收等5个指标 |
| | | 政务使用指数 | 电子参与指数、政府在ICT推广方面的成就等5个指标 |

## 三、我国信息化发展指数及其发展

### （一）信息化发展指数（Ⅰ）

信息化发展指数是一个评价国民经济和社会信息化发展水平的综合性指标，可以用来衡量社会利用信息通信技术来创建、获取、使用和分享信息及知识的能力，以及信息化发展对社会经济发展的推动作用。信息化发展指数（Ⅰ）为国家"十一五"信息化规划而编制，该指数由信息化基础设施指数、使用指数、知识指数、环境与效果指数和信息消费指数五个分类指数组成（表 12-8）。

**表12-8　信息化发展指数（Ⅰ）**

| 总指数 | 分类指数 | 指标 |
|---|---|---|
| 信息化发展<br>指数Ⅰ | 基础设施指数 | 电视机拥有率/（台/百人） |
| | | 固定电话拥有率/（部/百人） |
| | | 移动电话拥有率/（部/百人） |
| | | 计算机拥有率/（台/百人） |
| | 使用指数 | 每百人互联网用户数/户 |
| | 知识指数 | 教育指数[1] |
| | 环境与效果指数 | 信息产业增加值占国内生产总值比重/% |
| | | 信息产业研究与开发经费占国内生产总值比重/% |
| | | 人均国内生产总值/美元 |
| | 信息消费指数 | 信息消费系数/% |

1）国外：成人识字率×2/3+综合入学率×1/3；国内：成人识字率×2/3+平均受教育年限×1/3

信息化发展指数可以综合性和概括性地评价与比较国家及地区的信息化发展水平和发展进程。对信息化发展指数横向的比较，可以较全面、准确地反映各个国家或地区信息化发展的现状，以及各国在全球或各地区在全国的地位；通过纵向比较，能够反映一个国家或地区信息化的发展进程和变化情况。

## （二）信息化发展指数（Ⅱ）

信息化发展指数（Ⅱ）是在国家"十一五"信息化发展规划的综合性指标——信息化发展指数（Ⅰ）的基础上，进一步优化信息化发展指数指标体系、完善统计监测方法而研究制定的国家"十二五"规划信息化综合评价指数。信息化发展指数（Ⅱ）从基础设施、产业技术、应用消费、知识支撑、发展效果5个方面（表12-9）测量国家信息化的总体水平，对国家信息化发展状况做出综合性评价，从而为"十二五"期间准确把握我国及各省份信息化发展水平和发展进程提供科学的、量化的依据。

表12-9　信息化发展指数（Ⅱ）

| 总指数 | 分类指数 | 指标 |
|---|---|---|
| 信息化发展指数Ⅱ | 基础设施指数 | 电话拥有率/（部/百人） |
| | | 电视机拥有率/（台/百人） |
| | | 计算机拥有率/（台/百人） |
| | 产业技术指数 | 人均电信业产值/元 |
| | | 每百万人发明专利申请量/个 |
| | 应用消费指数 | 互联网普及率/（户/百人） |
| | | 人均信息消费额/元 |
| | 知识支撑指数 | 信息产业从业人数占比重/% |
| | | 教育指数[1] |
| | 发展效果指数 | 信息产业增加值占比重/% |
| | | 信息产业研发经费占比重/% |
| | | 人均国内生产总值/元 |

1）国外：成人识字率×2/3+综合入学率×1/3；国内：成人识字率×2/3+平均受教育年限×1/3

2016 年 7 月，中共中央办公厅、国务院办公厅印发的《国家信息化发展战略纲要》，是在以数字化、网络化、智能化为特征的信息化浪潮蓬勃兴起的环境下，根据新形势对《2006—2020 年国家信息化发展战略》的调整和发展，规范和指导未来 10 年国家信息化发展的纲领性文件。在信息化发展目标的设定中，已经不再以信息化发展指数作为评估未来信息化发展的指标。

## （三）信息化发展水平指数（Ⅰ）

2013 年，工业和信息化部信息化推进司委托中国电子信息产业发展研究院研究建立了信息化发展水平评估指标体系，并依据指标体系测算和评估了我国 2010~2012 年信息化发展水平。信息化发展水平评估指标分三级指标，一级指标分为三类指数，分别为网络就绪度指数、信息通信技术应用指数和应用效益指数（图 12-1），三类指数权重分别占 30%、40% 和 30%。

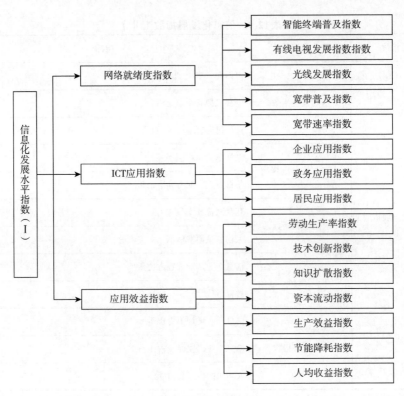

图 12-1　信息化发展水平指数（Ⅰ）

## （四）信息化发展水平指数（Ⅱ）

2015 年，中国信息化发展水平评估在原有基础上，对指标体系进行了优化调整，调整了指标个数，优化了指标权重，指标体系调整为一级指标 3 个，二级指标 12 个，三级指标 19 个，形成信息化发展水平指数（Ⅱ）（表 12-10）。其中网络就绪度指数、信息通信技术应用指数、应用效益指数等三类指数权重各占 40%、40%、20%。

表12-10　信息化发展水平指数（Ⅱ）

| 一级指标 | 二级指标 | 三级指标 |
| --- | --- | --- |
| 网络就绪度指数 | 智能终端普及指数 | 移动电话普及率/% |
| | 有线电视发展指数 | 有线电视入户率/% |
| | | 数字电视入户率/% |
| | 光纤发展指数 | 光纤入户率/% |
| | 宽带普及指数 | 固定宽带普及率/% |
| | | 移动宽带普及率/% |

续表

| 一级指标 | 二级指标 | 三级指标 |
|---|---|---|
| 网络就绪度指数 | 宽带速率指数 | 固定宽带接入速率/% |
| 信息通信技术应用指数 | 企业应用指数 | 企业资源计划普及率/% |
| | | 企业电子商务交易额占比/% |
| | 政务应用指数 | 政务事项网上办事率/% |
| | | 政府信息公开上网率/% |
| | 居民应用指数 | 互联网普及率/% |
| | | 人均在线零售额占比/% |
| 应用效益指数 | 劳动生产率指数 | 全员劳动生产率/% |
| | 技术创新指数 | 单位地区生产总值专利申请量/个 |
| | | 单位地区生产总值专利授权量/个 |
| | 节能降耗指数 | 单位地区生产总值能耗/吨标准煤 |
| | | 单位地区生产总值用水量/立方米 |
| | 人均收益指数 | 人均地区生产总值/元 |

# 四、浙江信息化发展指数

近年来，随着国家"互联网+"行动计划和大数据战略的实施，大数据、云计算、物联网、移动互联网、人工智能等新一代信息技术快速演进，并广泛渗透于经济社会各领域，浙江的信息化应用广度和深度已有了飞跃性的发展，在对全省和各市、县（市、区）信息化发展指数进行测算时，发现按浙江省地区信息化发展指数（Ⅱ）指标体系测算，部分数据出现异常变化，分析表明若继续使用将不能有效反映信息化发展的水平和特征，通过在原有基础上进行了部分调整和修订，修订后的浙江省信息化发展指数（Ⅲ）指标体系由5项分类指数和18个指标构成（表12-11）。

表12-11 浙江省信息化发展指数（Ⅲ）指标体系

| 总指数 | 分类指数 | 指标 | 单位 | 分类权重 | 指标权重 |
|---|---|---|---|---|---|
| 信息化发展指数 | 基础设施指数 | 电话拥有率 | 部/百人 | 20 | 4 |
| | | 付费数字电视普及率（含IPTV） | 户/百人 | | 4 |
| | | 移动互联网普及率 | 户/百人 | | 4 |
| | | 企业每百人计算机使用量 | 台 | | 4 |
| | | 企业拥有网站的比重 | % | | 4 |
| | 产业技术指数 | 人均软件及电信业务收入 | 元 | 21 | 7 |
| | | 每百万人发明专利授权量 | 项 | | 7 |
| | | 信息制造业新产品产值率 | % | | 7 |

续表

| 总指数 | 分类指数 | 指标 | 单位 | 分类权重 | 指标权重 |
|---|---|---|---|---|---|
| 信息化发展指数 | 应用消费指数 | 互联网宽带普及率 | 户/百人 | 21 | 7 |
| | | 政府门户网站综合应用水平 | 次/万人 | | 7 |
| | | 全体居民人均通信支出 | 元 | | 7 |
| | 知识支撑指数 | 平均受教育年限 | 年 | 20 | 5 |
| | | 成人识字率 | % | | 5 |
| | | 每万人口拥有各级各类学校在校学生数 | 人 | | 5 |
| | | 人均财政性教育经费支出 | 元 | | 5 |
| | 发展效果指数 | 信息经济核心产业增加值占国内生产总值的比重 | % | 18 | 6 |
| | | R&D经费支出占国内生产总值的比重 | % | | 6 |
| | | 人均国内生产总值 | 元 | | 6 |

1. 基础设施指数

基础设施是信息化发展的基本物质条件。基础设施由5个指标构成,除保留电话拥有率、企业每百人计算机使用量和企业拥有网站的比重3项指标外,为了反映付费数字电视服务使用水平和移动互联网普及应用水平,增加了付费数字电视普及率(含IPTV)和移动互联网普及率项指标,取消了电视机拥有率和计算机拥有率2项指标。

2. 产业技术指数

产业技术反映了科技创新在推进信息化发展中的重要作用,由3个指标构成,保留每百万人口发明专利授权量指标,增加信息制造业新产品产值率,以反映信息制造业企业自主创新能力及新产品开发和应用强度。将人均电信业务收入更改为人均软件及电信业务收入,反映科技创新和电信业产出水平对信息技术的贡献。

3. 应用消费指数

应用消费反映了信息技术在人们日常工作生活中的应用水平,由3个指标构成,除保留了互联网宽带普及率、政府门户网站综合应用水平外,由于国家统计局实施城乡住户调查一体化改革,统计口径有了较大变化,为了取得县(市、区)数据,将城乡居民人均信息消费支出更改为全体居民人均通信支出,以反映全体居民用于通信方面的通信工具、电话费、邮费及其他通信费用等全部支出的水平。

4. 知识支撑指数

知识水平是人们应用信息通信技术的必要条件。知识支撑指数由 4 个指标构成，除保留平均受教育年限、成人识字率和人均财政性教育经费支出外，将每万人口 15 年义务教育在校学生数更名为每万人口拥有各级各类学校在校学生数，使各地区的教育状况能够有所反映。

5. 发展效果指数

从宏观角度衡量信息化的发展环境、支撑因素及发展效果。由 3 个指标构成，保留研发经费（R&D 经费）支出占国内生产总值比重反映信息化发展的科技支持水平、人均国内生产总值指标来反映经济发展实力外，将信息制造业增加值占规上工业增加值的比重更改为信息经济核心产业增加值占国内生产总值的比重，以反映信息经济核心产业发展与产业结构优化的贡献度。

## 五、浙江信息化发展水平指数的优化

### （一）优化的必要性

新信息技术的出现，需要新的统计指标来反映近些年信息技术发展呈现出的新特征：①进行了较大规模的 4G 基础设施建设；②进一步推进了电信网、计算机网和有线电视网"三网融合"；③电子商务逐步渗入各行各业和社会生活的各个层面，应用效果逐步凸显；④物联网、云计算、大数据、移动互联网等新技术快速渗透应用。随着这些新信息技术的不断涌现，现有的指标体系需要及时做出相应调整，以增加反映信息技术和产业发展方面的内容。

国内外不断推出新的综合评价指数，需要与之衔接信息化发展水平的统计监测，既要对浙江省信息化制定的发展目标进行跟踪，又要在与国内外的比较中反映变化。这就需要我们与国内外的统计监测方法相衔接，即具有可比性。因此需要及时研究国内外对信息化综合评价指数的改进情况，对指标体系和统计方法进行相应调整。

需要对部分已不适应的指标进行调整。若个别指标的数据出现异常的变化，继续使用这些指标将不能有效地反映信息化发展的水平和特征，因此需要对这些指标进行调整。

### （二）优化的思路

信息通信技术的迅速普及和渗透对经济、社会、政治、文化和人民生活等方面都产生重大的影响，因此对信息化发展水平的评价，一方面应突出以基础设施支撑、产业技术支撑、知识支撑为信息化发展的基础，另一方面也要突出信息应用消费和发展效果的信息化发展目标。

信息化发展水平指数的设计以工业和信息化部发布的信息化发展水平指数（Ⅱ）为基础，与其指标体系相衔接，不脱离原来的基础和框架，最大限度地保持信息化测评指标体系的稳定性与可比性。此外，在选取指标时既充分注意到指标的系统性、衔接性、数据可获得性和综合性，还考虑了直接指标与间接指标的配合使用，着力解决指标体系科学性和可获得性之间的矛盾。

### （三）优化的原则

（1）科学性原则。从信息及信息化的基本理论与定义出发，选取能准确反映信息化发展规律和发展水平的指标，以准确反映信息化发展状况和发展特点。

（2）完整性原则。选出的指标既能全面反映信息化发展总体水平，又能反映信息化发展的各个方面（各要素）状况及其影响。

（3）综合性原则。精选出来的系列指标要具有概括性和综合性，能够用尽可能少而精的指标来全面反映信息化发展水平。

（4）可操作性原则。在考虑具有科学性的基础上，不但要使选取的指标能客观地反映发展进程，而且还要求所设指标能够获取较为准确的数据，使量化的评价与监测工作可以进行。

（5）可比性原则。指标体系既要符合省情，能反映浙江信息化水平的实际，也要考虑能够进行国内外信息化发展水平的比较。最终结果在横向上（世界主要国家间或中国各省间）和纵向上（各个时期）具有可比性，能够进行评价比较与分析。特别是要最大限度地保持信息化测评指标体系的稳定性、衔接性和可比性。

（6）导向性原则。任何一种指标体系的设置，在实施中都将起到引导和导向作用。信息化发展指数不仅要引导各个地区重视信息化基础设施的建设，更要重视信息化的应用和效果，从而推动经济结构调整和经济发展方式转变，实现信息化与工业化的加速融合，更快地迈向信息化社会。

### （四）优化后的指标体系

根据上述优化思路和原则，浙江省信息化发展水平指数的相关指标及权重，见表12-12。

**表12-12　浙江省信息化发展水平指数（2016年）**

| 一级指标及权重 | 二级指标及权重/% | 三级指标 | 权重/% | 单位 | 备注 |
|---|---|---|---|---|---|
| 网络就绪度指数<br>25% | 固定宽带普及指数<br>5 | 固定宽带普及率 | 5 | 户/百人 | |
| | 移动宽带普及指数<br>5 | 移动宽带普及率 | 5 | 户/百人 | 地区3G及后续演进技术用户数/手机用户总数 |
| | 有线电视发展指数<br>5 | 付费数字电视普及率（含IPTV） | 2.5 | 户/百人 | |
| | | 光纤入户率 | 2.5 | 户/百人 | |
| | 宽带速率指数<br>5 | 固定宽带端口平均速度 | 5 | 兆比特/秒 | |
| | 基础设施指数<br>5 | 每平方千米拥有移动电话基站数量 | 2.5 | 个 | |
| | | 城域网出口带宽 | 2.5 | 吉比特/秒 | |
| 信息通信技术应用指数<br>50% | 企业应用指数<br>25 | 企业信息化投入相当于主营业务收入比例 | 5 | % | |
| | | 工业企业应用信息化进行生产制造管理普及率 | 5 | % | |
| | | 企业电子商务销售额占主营业务收入的比重 | 5 | % | |
| | | 企业每百名员工拥有计算机数 | 5 | 台 | |
| | | 企业从事信息技术工作人员的比例 | 5 | % | |
| | 政务应用指数<br>0 | | | | 该项指标暂时不参与评价，待条件具备再纳入指标评价 |
| | 居民应用指数<br>25 | 移动电话普及率 | 5 | 部/百人 | |
| | | 人均移动互联网接入流量 | 5 | 吉字节 | |
| | | 全体居民人均通信支出 | 5 | 元 | |
| | | 人均电子商务销售额 | 5 | 元 | |
| | | 网络零售额相当于社会消费品零售总额比例 | 5 | % | |
| 应用效益指数<br>25% | 劳动生产率指数<br>5 | 全员劳动生产率 | 5 | 元/（人·年） | |
| | 技术创新指数<br>5 | 新产品产值率 | 2.5 | % | |
| | | 单位地区生产总值专利授权量 | 2.5 | 个 | |
| | 节能降耗指数<br>5 | 单位地区生产总值能耗 | 2.5 | 吨标准煤 | |
| | | 单位地区生产总值用水量 | 2.5 | 立方米 | |

| 一级指标及权重 | 二级指标及权重/% | 三级指标 | 权重/% | 单位 | 备注 |
|---|---|---|---|---|---|
| 应用效益指数 25% | 人均收益指数 5 | 人均地区生产总值 | 5 | 元 | |
| | 信息经济发展指数 5 | 信息经济核心产业增加值占地区生产总值的比例 | 5 | % | |

### （五）浙江省信息化发展水平指数（2016年）的计算方法

根据信息化发展水平评估指标体系，采用无量纲化处理和综合评分法，计算出区域信息化水平指数，方法如下。

#### 1. 指标无量纲化

为了消除各指标单位不同的问题，首先对数据进行无量纲化处理，计算出无量纲化后的相对值。各评估指标原始值记为 $X_{ni}$（$n$=年份，$i$=指标），无量纲化后值记为 $Z_{ni}$。为了避免某年数据变化过大造成无量纲化值突变，消除数值突变对评估效果的影响，这里采用取对数的方式对指标进行无量纲化。考虑到综合计算结果能满足各地在时间、纬度上的纵向比较需求，借鉴 CPI（consumer price index，居民消费价格指数）计算方法，设定指标基期。2013年之后，第 $n$ 年无量纲化后的值为 $Z_{ni}$（$n \geqslant 2013$）。

正指标计算公式：

$$Z_{ni} = \left[ \log_2 \left( 1 + \frac{X_{ni}}{\bar{X}_{(n=2013)i}} \right) \right] \times X$$

逆指标计算公式：

$$Z_{ni} = \left[ \log_2 \left( 1 + \frac{\bar{X}_{(n=2013)i}}{X_{ni}} \right) \right] \times X$$

式中，$X$ 为信息化发展指数系数

#### 2. 分类指数和总指数的合成

各评估指标首先计算无量纲化值 $Z_{ni}$，依据各评估指标无量纲化值分别计算出网络就绪度指数、信息通信技术应用指数、应用效益指数，最后加权计算出信息化水平指数。

1）分类指数合成方法

依据某一类所有指标无量纲化后的数值与其权重计算公式为

$$I_{jn} = \frac{\sum_{i=j\min}^{j\max} Z_{ni} W_i}{\sum_{i=j\min}^{j\max} W_i} (i \leqslant j \leqslant 3, j \in N)$$

式中，$I_{1n}$、$I_{2n}$、$I_{3n}$分别代表网络就绪度、信息通信技术应用指数、应用效益指数。

2）区域信息化水平指数合成方法

依据所有指标无量纲化后的数值与其权重计算公式为

$$I_n = \sum_{j=1}^{3} \left( I_{jn} \sum_{i=j\min}^{j\max} W_i \right)$$

3）2016 年信息化发展指数系数 $X$ 值的确定及指数计算

根据《2015 年中国信息化发展水平评估报告》测算的浙江省信息化发展指数为 87.81，测算出 2016 年浙江省信息化发展指数系数 $X$ 的值为 80.10。其中，网络就绪度指数为 92.11，信息通信技术应用指数为 88.22，应用效益指数为 82.69。

# 第十三章　浙江省电子信息产业 "十三五"发展研究①

电子信息产业是创新驱动发展的先导力量，是信息经济的基础和核心。加快电子信息产业发展是"十三五"期间适应新常态、谋求新发展，打造浙江经济升级版的主要抓手。为促进浙江省电子信息产业持续健康发展，根据《浙江省国民经济和社会发展第十三个五年规划纲要》《浙江省人民政府关于加快发展信息经济的指导意见》《浙江省信息经济发展规划（2014—2020年）》，制定《浙江省电子信息产业"十三五"发展规划》作为"十三五"期间浙江省电子信息产业发展的行动纲领。

## 一、发展现状及面临形势

### （一）发展基础

"十二五"期间，浙江省以信息经济发展为契机，电子信息产业在高起点上保持较快发展，整体竞争力处于全国领先水平。

产业规模保持全国第一方阵地位。"十二五"期间浙江电子信息产业发展突破万亿门槛，2015年销售收入达到14 258亿元，行业规模位居全国第五。2015年电子信息产业工业增加值达到2 955亿元，占全省国内生产总值的比重为6.89%，已成为浙江国民经济发展的支柱产业之一，是信息经济发展的关键支撑。

龙头骨干企业快速发展壮大。"十二五"计划末，全省电子信息产业超百亿企业达12家，天猫、海康威视、富通、淘宝4家企业超200亿元以上，收入超亿元的企业达到445家。海康威视、大华股份竞争力位居全球数字安防行业领军地位，阿里巴巴已成为全球电子商务龙头企业。

---

① 本章系本书作者之一起草编制的《浙江省电子信息产业"十三五"发展规划》，已由浙江省经济和信息化委员会发布实施。

产业集群建设成效显著。"十二五"期间全省已形成通信和计算机网络、软件与信息技术服务、通信电缆及光缆、电子信息机电和电子元器件及材料 5 个千亿级产业集群。以杭州"中国电子商务之都"为引领打造电子商务集聚区，全国约有 85% 的网络零售、70% 的跨境电子商务及 60% 的企业间电商交易都依托浙江的电商平台完成。以高新园区和特色小镇等新型载体带动集成电路、5G 车联网、云计算、大数据等新一代信息技术产业集聚发展，全省已培育 5 个信息经济特色小镇、12 个信息经济示范区。

软件业竞争力全国领先。"十二五"期间浙江省软件业规模从 676.7 亿元增长至 3 024.5 亿元，年均增幅超过 30%。2014 年杭州获得"中国软件名城"称号，对全省软件业发展形成良好带动作用。软件业规模占全国的比重为 7%，利润总额占全国的 15% 左右，高附加值效应明显，行业竞争力全国领先。

创业创新环境优越。信息产业与经济社会融合发展水平高，信息经济发展全国领先，是全国首个信息化和工业化深度融合国家示范省。通过"云上浙江""数据强省"建设率先打造数据开放平台，优化电子信息产业发展环境，全面推动创新创业发展。

### （二）存在的主要问题

自主创新能力亟待增强。电子信息产业创新生态体系仍需完善，核心芯片、基础软件和关键器件自主创新能力不强，大部分产品处于价值链低端，附加值较低。

新兴产业发展亟须加快。新一代通信网络、物联网、云计算及大数据及集成电路等新一代技术产业总量规模仍然偏小，核心竞争力偏弱，对全行业的支撑引领作用不足。

具有突破性带动作用的百亿级投资项目缺乏。浙江省近年来引进的高水平龙头整机类产品、平台类产品少，特别是具有突破性带动作用的百亿级投资项目少，影响了浙江省电子信息产业总体实力的较快提升。

### （三）发展机遇

伴随着信息技术创新、扩散、融合、渗透所带来的国民经济生产效率和组织效率提升，信息经济作为一种新的经济形态，正逐渐成为结构转型升级的驱动力量及稳定经济发展前景的最优途径。在此背景下，信息产业将引领经济创新发展新趋势，融合性新兴产业将成为国民经济的新支柱，信息资源已成为战略性经济资源。

　　国家高度重视信息技术和信息产业发展，近年来出台了《积极推进"互联网+"行动的指导意见》《关于促进云计算创新发展培育信息产业新业态的意见》《促进大数据发展行动纲要》等政策措施，为电子信息产业提供了良好的发展环境。

　　浙江省出台了《关于加快发展信息经济的指导意见》《浙江省信息经济发展规划（2014—2020年）》等政策文件，信息经济已成为推动浙江经济转型升级的关键抓手，作为推动信息经济发展的核心力量和主要支柱，电子信息产业发展具备巨大的发展空间和难得的发展机遇。

## 二、总体战略

### （一）指导思想

　　全面贯彻信息经济发展要求，围绕"中国制造 2025"和"互联网+"行动的重大需求，深入推进创新驱动战略，以关键技术创新和应用模式创新为重点，促进新技术、新产品、新业态和新模式发展，做大做强优势产业，重点突破高端环节，全面提升基础产品，完善"一核二优多园"的产业发展布局，实现在国际分工体系中由中低端向高端转型，为信息经济发展提供核心支撑，实现向电子信息产业强省的跨越。

### （二）基本原则

　　（1）创新发展。全面落实创新驱动战略，推动"大众创业、万众创新"发展，以技术创新和模式创新为重点，着力完善创新环境，丰富产业创新平台，强化企业主体地位，实施知识产权战略和标准战略，开发市场需要的新技术、新产品、新服务、新业态，促进产业发展向创新驱动型转变。

　　（2）融合发展。不断深化信息技术与传统行业的深度融合，以信息技术重构传统行业的运营范式，拓展行业价值空间。以应用为牵引，坚持技术产品和应用市场的融合，推进信息产业内部以及信息产业与其他新兴产业之间的融合发展，推动跨界融合和集成创新。

　　（3）共享发展。鼓励基于互联网的各类要素资源集聚、开放、共享，提高配置效率，引导产业、企业、行业、区域间的资源共建和共享。稳步推动公共数据资源开放，提升政府数据开放共享标准化程度，建立政府和社会互动的大数据采集形成机制。充分发挥云计算、大数据在经济社会发展中的服务支撑作用，加强推广应用，挖掘市场潜力。

（4）协调发展。加快建立优势互补、合作共赢的开放型产业生态体系，围绕产业链构建创新链、配置资本链、布局人才链，建立产业合作生态圈。推进众创、众包、众扶、众筹等在技术研发、生产制造、市场营销、融资等环节的广泛应用，鼓励业务集成和整体解决方案的提供。规模发展与高端发展相结合，在做大产业规模的基础上加速向产业链高端拓展，实现产业全面提升。

（5）绿色发展。在信息基础设施建设、电子信息产品设计、产品生产制造及重大工艺等方面，坚持绿色发展、循环发展和低碳发展。贯彻执行电子产品能效标准，加强软件开发与硬件设计，不断提高电子产品能效。强化以信息技术改造提升传统产业，促进传统产业绿色发展。

## （三）发展目标

到"十三五"期末，电子信息产业综合竞争力全面提升，产业规模继续保持全国前列，产业创新能力全面增强，整体质量效益全国一流，新一代信息技术产业比重显著提升，电子信息产业在浙江国民经济中的支柱地位和战略性作用进一步凸显。

产业规模发展目标。到"十三五"期末，浙江省电子信息产业销售收入突破2万亿元。

龙头骨干企业发展目标。到"十三五"期末，培育主营业务收入超千亿元龙头企业1家，超500亿元领军企业5家，超百亿元骨干企业20家。

创新能力发展目标。到"十三五"期末，规模以上企业科技活动经费支出占主营业务收入的比重超过3%，龙头骨干企业的研发投入强度力争超过5%。

## （四）产业布局

一核。以杭州国家自主创新示范区、中国（杭州）跨境电子商务综合试验区建设为依托，全面推进自主创新，加快建设信息经济"六大中心"①，培育国家数字安防基地，打造万亿级信息产业集聚区，使杭州成为辐射和支撑浙江省发展新一代信息技术产业的创新高地和加快发展信息经济的核心区域。

二优。推动宁波、嘉兴构建环杭州湾南北两岸创新驱动引擎，打造浙江信息产业发展两大优势区域，与杭州形成错位协同发展格局。以电子信息高端制造为重点，宁波重点发展平板显示、通信和计算机产品、集成电路、信息家电、汽车电子、半导体照明、仪器仪表与新型电子元器件，嘉兴重点发展通信电子、光伏、

---

① 六大中心：国际电子商务中心、全国云计算和大数据产业中心、物联网产业中心、互联网金融创新中心、智慧物流中心、数字内容产业中心。

集成电路、物联网、云计算，打造千亿级信息产业集聚区，与杭州共同引领全省信息产业发展。

多园（基地）。以省级信息经济发展示范区、省"两化"深度融合国家示范试点区域、信息经济特色小镇等产业发展集聚区为基础，突出区域特色，整合资源要素，重点建设一批具有较高品牌知名度和产业集聚度的信息产业园区（基地），打造浙江省电子信息产业发展的重要产业集群和创新创业平台。

## 三、主要任务

### （一）提升自主创新能力

推动关键技术的创新突破。突破计算资源虚拟化、海量数据存储、大数据分析等关键技术，统筹云操作系统、高端存储设备、云计算大数据业务等发展，建设国际领先的云计算技术体系。突破新一代移动通信设备与系统、新型高端路由交换设备、超高速大容量智能光传输设备、软件定义网络（software defined network，SDN）、网络操作系统（network operating system，NOS）等发展，打造国际领先的信息网络技术体系。突破高端智能传感、虚拟现实、机器视觉等终端新技术，强化智能硬件、移动芯片、移动操作系统、计算机辅助系统、工业软件等基础软件和应用软件协调发展，构建安全先进、自主可控的智能终端技术体系。强化自主可控云、管、端各层软硬件的相互适配和协同发展，加快重要领域自主软硬件的整体性突破。

提升基础技术的研发创新能力。强化核心基础元器件、先进基础工艺、关键基础材料和产业基础装备等的研发创新能力，推动移动芯片、网络设备芯片、嵌入式芯片、MEMS（microelectro mechanical systems，即微机电系统）传感器等领域的重点突破。集中力量攻克面向集成电路、显示等领域的新材料加工工艺，支持企业通过充分材料试验，积累工艺参数，在敏感材料工艺方面加快追赶国外水平。着力研发智能装备、设计软件等基础装备和工具，提升智能化制造和生产的支撑能力。

超前布局前沿技术研究。瞄准产业发展制高点，夯实基础技术储备，选择一批代表产业发展方向的前沿关键技术开展联合攻关，抢占新一代信息技术发展主导权。加快人工智能技术研究，推进计算机视觉、智能语音处理、生物特征识别、自然语言理解、智能决策控制，以及新型人机交互等关键技术的研发和产业化，促进人工智能在智能家居、智能终端、智能汽车、机器人等领域的推广应用。加强下一代网络、量子通信等新兴网络领域的开放式创新和试验验证，加大量子通信技术研发和产业化力度，积极打造新一代信息网络创新发展的新优势。

## （二）引导产业高端发展

电子信息制造业突破核心技术、关键工艺和高端产品。大力突破高端环节，全面提升基础产品档次和技术水平，实现浙江省电子信息产品制造业由大到强的战略性跨越。加速淘汰低端电子材料和元器件产品及产能，重点发展新型电子元器件、智能传感器和高端电子材料。围绕移动互联网、物联网和云计算等重点领域的应用需求，加速传统消费类电子整机和家电产品的升级，加快发展新一代智能互联设备、新型通信及网络设备、可穿戴智能终端等新型换代整机产品。积极推进电子信息产品制造业向服务延伸，鼓励引导制造业企业商业模式创新，推动电子信息产品制造与软件和信息服务融合、制造业与运营业融合，催生新产品和新业态繁荣发展。

软件业强化基于网络应用的自主知识产权研发。发挥安防监控、纺织服装、工业控制、医疗卫生、智能交通、金融、通信、电力等行业应用软件既有的优势，推动行业应用软件向高端化、国际化发展。发展工业软件和基于下一代互联网、物联网应用的嵌入式软件，提高嵌入式软件在通信、工业控制、数控装备、仪器仪表、信息家电等重点领域的普及应用水平，形成嵌入式软件研发和商业应用模式的创新发展。发展新型通信服务产品和特色业务体系，培育下一代互联网、移动互联网、物联网等环境下的新兴服务业态，推动网络信息技术在工业生产领域的集成应用，发展基于网络的即时通信、视频娱乐、动漫游戏、视频监控、异地存储、搜索、支付、位置定位等网络增值服务。以云工程和云服务为重点，推进软件和信息服务企业向云服务企业转型，打造全国领先的云服务产业体系。以大数据应用为中心，加强数据挖掘分析、商业智能、多媒体加工、可视化软件等自主技术创新，推动大数据产业链协同发展。

提升国际化发展水平。加强国际资源的整合利用，促进企业在更高水平、更大规模、更深层次参与国际合作与竞争，提高电子信息产业在全球分工体系中的地位。优化利用外资结构，引导外资从加工制造向研发、服务等环节拓展，鼓励外资投向新一代信息技术产业。加强政策引导和服务，支持企业国际化运营，建立健全全球研发、生产和营销体系。加快具有自主知识产权的技术标准在海外推广应用。

## （三）促进跨界融合发展

推动"互联网+"行动。以关键技术创新和应用模式创新为引领，全面推进新一代信息技术与传统产业的融合创新，充分运用"互联网+"促进新技术、新产品、新业态和新模式的发展。以"互联网+"创业创新、产业融合、益民服务、治理体系现代化等领域为重点，打造开放、高效、富有活力的创业创新生态系统，全面推进互联网技术在社会民生、政府治理等方面的渗透和融合，提升中小企业互联网使用率，积极发展互联网分享经济，在智慧物流、云计算、大数据、互联网金融创新和电子政务等领域成为全国"互联网+"先行示范区，形成具有全球影响力的互联网技术与应用中心。

推动全产业链整合发展。着力建设和完善信息网络、云计算、大数据、移动互联网、物联网、工业互联网、智能终端等重要产业链，加强技术研发、产品制造、应用部署等环节的统筹衔接，畅通科研成果转化渠道，加快形成产业链联动机制。支持企业紧密结合市场需求，瞄准电子信息产业关键环节和重点领域，以核心能力为依托加快产业链上下游拓展和垂直整合，统筹推动技术创新、产品创新、业态创新和模式创新，促进制造业服务化转型和产品智能化升级，构筑产业发展的整体新优势。

完善协同创新机制。把握信息经济开放共享的特征，积极探索众创、众包、众扶、众筹的新平台、新形式、新应用，推动各类要素资源集聚、开放、共享，全面提升创业创新资源配置水平，推进产业发展的集成化、协同化与系统化。鼓励龙头企业和科研机构成立开源技术研发团队，积极参与和组建开源社区，提升对开源技术和社区的贡献度和影响力。着力建设若干个国内领先、具有国际水准的创业创新示范中心，提升技术创新、标准规范、认证检测、市场推广等公共服务平台运营水平，构建产学研协同的技术创新体系。

引导企业配套协同发展。以安防、云计算、电子信息、电子商务、物流快递、大数据、动漫游戏等领域为重点，加快培育发展具有国际竞争力的领军企业。支持企业开展技术创新、业务拓展、兼并重组和产业链整合，推动形成一批国际一流龙头企业，提升企业竞争力、研发创造力、品牌影响力和产业链控制力。落实和完善支持创新创业的税收优惠、资金支持、信用担保、投融资、政府采购等政策，大力扶持初创期创新型企业，支持创客群体发展壮大，培育"专精特新"的"小巨人"企业。鼓励企业或行业协会牵头成立产业战略联盟，引导产业链上下游企业间交流协作，推动中小企业合作，引导大企业与中小企业建立共赢的协作关系。

### （四）推动协同集聚发展

发展信息经济发展示范区（基地）。完善基于"云、网、端"的信息基础设施，建设服务能力和应用水平较高的信息经济发展集聚区，全面推进各类信息经济企业、机构、人才在示范基地集聚。完善"互联网+"创新创业环境，构建科技含量较高的研发设计、人力资源、创业投资、信息服务、知识产权、投资基金等公共服务平台，推进互联网等信息技术与经济社会各领域深度融合，推动新技术、新产品、新服务、新模式迅速发展。

发展"互联网+"特色小镇。全面落实土地要素保障和财政扶持政策，加快打造互联网创业小镇、移动互联网小镇、云计算小镇等"互联网+"特色小镇，坚持产业、文化、旅游"三位一体"和生产、生活、生态融合发展，加速集聚人才、技术、资本等高端要素，推进小空间大集聚、小平台大产业、小载体大创新，推动电子信息产业加快资源整合、项目组合、产业融合，加快推进产业集聚、产业创新和产业升级。

发展众创空间。以杭州国家自主创新示范区建设为核心和示范，加快构建各具特色的众创空间，大力发展"创客空间""创业咖啡""创新工场"等新型孵化模式，建设新型创业孵化生态系统。进一步提升省级小企业创业示范基地的专业化服务能力，完善创业孵化服务功能。鼓励企业将老厂房、旧仓库、存量商务楼宇等资源改造成为新型众创空间。鼓励具备条件的高等院校建设公益性大学生创业创新场所，为大学生创业创新提供服务。

## 四、发展重点

### （一）核心基础产业

集成电路。以发展集成电路设计业为核心，强化专用集成电路制造领域的特色优势，做大集成电路封装测试和配套业，促进集成电路产业链上下游合作，打造国内领先的集成电路设计强省和国家重要的集成电路产业基地。重点培育发展在移动通信、物联网、汽车电子、智能硬件、智能控制等领域的集成电路设计企业。依托省内重点骨干企业，以化合物半导体等特色晶圆制造为切入点，重点发展面向微波毫米波射频集成电路、汽车电子芯片、电源管理芯片、IGBT 器件芯片、MEMS 传感器芯片等特色工艺制造线建设。加快配套业产业化进程，重点发展先进封装及检测设备、大尺寸硅片、高端靶材、高精度引线框架及配套材料、中高端光刻胶、中高端高纯电子化学材料等，建成国内重要的集成电路高端配套产品基地。

新型电子元器件及材料。积极开展面向未来的石墨烯材料、纳米智能材料、能源转换及储能等新一代信息材料制备与应用技术的研究和产品的开发；近期重点发展大尺寸单晶硅抛光片、外延片材料、高端功能陶瓷材料、高性能绝缘薄膜及超级电容器介质材料、新型印刷电路板和覆铜板材料，柔性导电基板和 OLED（organic light emitting diode，有机发光二极管）用高纯有机电子化学品等材料。

突破电子元器件加速向片式化、超微化、数字化、智能化、绿色化方向发展的关键技术瓶颈制约，重点发展新型敏感元件和微纳器件、微电子连接器件和微机电系统、新型电声元件和频率器件、磁性元件和绿色电池等高端电子元器件。

新型显示与光电子。加快高端平板显示技术产品和 3D 显示、激光显示等新型显示技术产品的开发步伐，重点发展 TFT-LCD、OLED 等新型显示面板、模组，以及背光源、超薄玻璃基板等关键配套材料和器件与专用设备，形成完整的产业链。光电子器件和光通信行业重点发展高端光纤预制棒、新型大容量长距离低色散光纤光缆及特种光纤、光电一体化产品、红外及微光夜视产品、光输入（出）、光存储、光交换与光集成器件、光电元件及光电子信息材料等关键光电元器件及材料产业链。

## （二）高端优势产业

通信与网络。加快实施新一代宽带通信与网络（information communication technology，ICT）科技重大专项，强化自主技术开发和自主标准的推广应用，重点发展基于下一代互联网的超宽带光通信、量子通信、专用特种通信、数字集群通信、高速宽带无线接入等技术产品；支持三网融合的通信系统、网络设备、智能终端及关键配套件；加快发展 IPv4/IPv6 网络互通设备，支持 IPv6 的高性能网络和终端设备、支撑系统、网络安全设备、测试设备及核心芯片的研发和产业化；深化 4G、4.5G 系统设备的产业化和应用，加快 5G 技术标准体系的研究与示范应用；提前开展新型信息网络技术预研，以杭州为主要集聚区切实加大量子通信技术研发和产业化力度，打造量子通信研发和产业化基地。

数字安防。以互联网和物联网技术为基础，整合发展软件、通信设备制造、传感器、集成电路、大数据分析等相关产业领域，构建以城市公共安全基础平台为支撑、以城市公共安全核心技术和新型产品研发为先导，以安防监控、环境安全、城市管理、安全生产等应用服务为载体的数字安防产业体系。打造"安防云"服务平台，重点推广关键区域高灵敏性周界防入侵系统、智能识辨系统等项目。加快"智慧环保云"平台与系统大型软件研发，推进城市环境质量监测预警、污染监测、城市能耗等领域的产品研发与应用。提升信息安全服务能力和水平，研发安全存储、防病毒、防火墙等信息安全主流产品。

应用电子产品。汽车电子重点支持汽车电子控制系统、车载网络、汽车导航、无人驾驶及智能管理控制系统、行驶安全与车联网信息服务等汽车应用电子产品。医用电子重点发展高端彩色超声、数字化 X 射线机（DR）、核医学影像设备 PET-CT 及 PET-MRI 等高性能诊疗设备及关键零部件，以及高集成、低功耗的家庭和携带式的医疗处理器平台。航空电子将重点发展光电探测、座舱显控、综合惯导、飞行控制、雷达与通信、空中管制、大气数据采集等应用电子产品。海洋电子将重点发展海事卫星通信导航、船舶设计、船用电气等用于提升船舶和海洋工程装备等智能化、自动化水平的海洋应用电子产品。工业电子重点发展智能机器人及工业自动化控制系统的关键零部件、坐标定位系统、拾取放置智能系统、电机及其驱动、控制系统（programmable logic controller，PLC）、工业相机及镜头、机器视觉及传感器等产品。能源电子发展高端功率 MOS 晶体管（power metal oxide semiconductor field effect transistor，PowerMOSFET）、绝缘栅双极晶体管（insutate gate bipolar transistor，IGBT）、快恢复二极管（fast recovery diode，FRD）产品，加快研发采用 SiC 和 GaN 的新一代功率半导体，推进太阳能电池、动力电池系统、大容量储能系统等能源电子产品发展，加快推动高功率密度、高转换效率、高适用性、无线充电、移动充电等新型充换电技术及产品研发。

　　新型软件与服务。面向未来物联网、大数据和云计算的广泛应用，加快研发面向智能手机、平板电脑、智能电视、车载智能设备的跨多种智能终端的操作系统，以及虚拟化技术、分布式存储和海量数据管理技术等物联网关键基础软件。发展基于数字化、智能化和网络化的工业产品研发设计工具、高端数控系统（computer numerical control，CNC）、具有视觉、触觉和力觉的智能机器人控制系统，制造执行系统（manufacturing execution system，MES）、现场总线控制系统（fieldbus control  system，FCS）等工业软件和下一代互联网、物联网应用的嵌入式系统软件。建设工业公共云服务平台，推动工业软件、数据管理、工程服务等资源开放共享，提供专业定制、购买租赁、咨询服务等多层次的云应用信息化服务。

## （三）新兴融合产业

　　地理信息产业。以省地理信息产业园为核心，北斗卫星导航应用产业为基础，致力打造具有核心技术优势的涵盖"元器件—终端—系统—应用—服务"的北斗卫星导航应用电子产业链。以地理信息资源开发利用为核心，重点围绕测绘遥感数据服务、地理信息软件、地理信息与导航定位融合服务、地理信息应用服务、测绘地理信息装备制造、地图出版与服务等重点领域，加强对政府部门、企事业单位、居民关于地理信息产品及其技术服务消费的引导和培育，加快开发地理信息资源及技术服务产品，提高地理信息应用水平。

　　工业互联网产业。以"机器换人""机联网""厂联网"等试点示范工程为抓手，推进工业互联网基础标准和关键标准研制，构建工业网络有线、无线混合组网环境，支撑现场设备级、车间监测级及工厂管理级的不同网络需求和技术研究。推进工厂物联网发展，实现生产制造环节网络化，强化生产过程中人、机、料等要素的全面数字化、网络化和智能化的管理与控制。引导制造业延伸产业链条，支持企业内部管理信息系统与电子商务的集成应用，加快发展服务型制造。加快绿色制造变革，推行资源回收利用技术、低能耗优化作业调度系统、能源利用综合平衡和调度管理系统等，降低制造业能源消耗和三废排放总量，促进制造业绿色、低碳、循环发展。

车联网产业。以部省合作 5G 车联网应用示范区为核心，推动建立车辆身份识别、新型动力转换、车内车外互联的车联网生态体系，通过传感、控制、信息、通信、计算机等技术的系统集成和应用，在互联网框架下构筑新型的人、车、路、环境之间的相互作用关系。突破驾驶辅助技术、自动驾驶技术、无线车载系统设计与集成、车车通信技术、车与控制平台间通信技术，发展车载信息系统、导航及定位系统、车身电子控制器件等，形成智能网联汽车主要核心组件的产业能力。促进车联网产业链上下互补和优势整合，鼓励互联网企业提供实时交通运行状态查询、出行路线规划、网上约车、智能停车等服务，拓展车联网服务体系。

新兴网络信息服务。构建宽带网络、信息传输、智能终端、内容分发渠道与数字内容服务等一体化的产业链体系，向政府、企业和个人消费者提供基于智能终端的多元、动态、实时、精准化的数据共享和应用服务。加速基础电信业与产品制造、软件开发、数字内容、信息技术服务等深入交融，促进新服务和新业态的产生。加快信息通信技术和网络在工业生产领域的集成应用，促进信息网络与传统服务业深度融合，发展新兴高端生产性服务业。加快发展基于下一代互联网、物联网、云计算的在线娱乐、消费、社交、资讯等服务，加快应用模式、服务模式和商业模式创新，开拓新兴网络服务消费领域，培育发展新兴网络信息服务业。以杭州、宁波跨境电子商务综合试验区建设为引领，探索电子商务新模式，鼓励移动电子商务服务模式创新，创新发展 O2O 电子商务模式，着力培育线上线下融合新业态，鼓励发展产销协同和定制电子商务模式，积极打造集成化分销电子商务平台。

智能硬件。重点发展移动终端产品、智能手机和可穿戴产品，推动应用于不同应用领域的专用移动智能终端产和应用平台建设，研发面向下一代网络和具备智能交互能力的新型智能手机，发展新型可穿戴产品。围绕智慧家庭信息惠民典型业务应用示范，推进支持智慧家庭业务的多媒体智能终端、智能服务机器人等产品的研发及产业化。推动自主音视频标准在互联网音视频产品和服务中的应用，支持基于互联网的智能音视频产品研发与应用。

人工智能。推进计算机视觉、智能语音处理、生物特征识别、自然语言理解、智能决策控制及新型人机交互等关键技术的研发和产业化，促进人工智能在智能家居、智能终端、智能汽车、机器人等领域的推广应用，培育若干引领全球人工智能发展的骨干企业和创新团队，形成创新活跃、开放合作、协同发展的产业生态。

## 五、保障措施

### （一）加强组织领导

确立信息产业作为战略性新兴产业的首要产业地位，加强对发展信息产业发展的组织领导，建立、健全领导机构，统筹协调解决产业发展中的重大问题，着力强化规划引导、工作机制和政策扶持，强化土地、资金、电力、人才等要素对产业发展的保障。加快推进"互联网+"创业创新平台建设和运行，引导各地区、各部门合理布局重大应用示范和产业化项目，协同有序推进实施，形成牵头部门抓总落实、相关部门分工协作，共同推进电子信息产业发展规划实施的工作格局。

### （二）强化发展引导

进一步推动开放交流，加大招商引资力度，重点鼓励引进世界 500 强、央企和国内外知名 IT 企业到浙江省投资发展。继续强化国际合作与交流，完善合作机制，提高合作水平。要进一步鼓励企业走出去，设立海外生产和研发基地，建立全球营销网络，提高浙江省信息产业与全球产业同步发展水平。推进加强产业协同，加强行业组织建设，鼓励电子信息企业、工业企业、服务企业建立新型产业发展联盟，促进信息产业与传统产业深度融合。

### （三）优化扶持政策

全面落实国家各项支持信息产业发展的产业政策，从财税、投融资、人才、知识产权、行业服务等方面制定实施促进信息产业加快发展的扶持政策。推动建立行业专项发展基金，重点用于扶持集成电路等核心产业；发展基金规模要与国家、有关省市同类基金规模相匹配，与产业发展实际需要相适应。鼓励和引导金融机构加大对信息优势企业自主创新、技术改造、进口替代和成套设备出口的信贷支持；支持符合条件的优势企业通过发行企业债券、短期融资债券，以及股权融资、知识产权和项目融资、上市融资和信托产品等形式直接融资。

### （四）集聚高端人才

积极实施人才战略，完善人才培养、吸引、使用、评价、激励等办法，统筹抓好各类人才建设，营造有利于高端人才脱颖而出的人才发展环境；加大人才队伍建设投入力度，借鉴吸收北京、上海、广州、深圳等市在健全医疗、科研、住房、户籍、职称、奖励和免缴个人所得税等方面的人才政策和激励机制，吸引和培养一批有专长、善经营、懂管理的领军人才；对接国家的高层次人才计划，支持企业重点引进赴美国、欧盟和日本留学的海外高层次创新人才和创新、创业团队；建立高校、科研机构及企业三方合作的人才培养机制，大力培养专业技术人才和行业信息技术应用人才，重点培养高水平复合型人才。

### （五）实施重大项目

把重点项目建设作为电子信息产业发展全局工作的重中之重，根据行业追赶发展、跨越发展和开放发展的战略需要，重点围绕"核高基"、系统装备、物联网、大数据、云计算、电子商务、应用电子和信息基础设施等关键领域，通过引进外资、央地合作、自筹资金等多种举措，着力推进一批投资规模大、技术含量高、对产业发展拉动提升明显的重大项目。着力建立和完善基础设施配套，促进资源要素集中，加快建设各类服务性公共平台，为企业提供技术支持、检验检测、金融保险、信息咨询、资质认证、人才培训等服务，支持重大项目实施。依托行业协会、科研院校和龙头企业，探索建立电子信息产业发展研究智库，为发展重大项目提供决策咨询服务，协助引导产业健康发展。

### （六）完善基础条件

统筹全省信息基础设施建设，优化各类城域网络，提高话音、视频、数据等多业务综合承载能力，提升信息基础设施一体化程度，提高接入网共建共享水平，推进下一代互联网建设，加快骨干网、城域网、接入网、互联网数据中心和支撑系统的升级改造，推动政府、学校和企事业单位网站系统及商用网站系统进行IPv6网络建设。强化信息安全保障，提升关键信息基础设施安全可控水平，加强网络数据和用户信息保护，规范信息安全风险评估与测评，加快发展壮大信息安全产业。

# 第十四章 杭州"十三五"时期打造万亿级信息产业集群研究①

伴随着信息通信技术创新、融合、扩散所带来的人类生产效率和交易效率的提升，以及新产品、新业态、新模式的不断涌现，人类社会的沟通方式、组织方式、生产方式、生活方式正在发生深刻的变革，信息经济作为一种新的经济形态，正成为转型升级的重要驱动力，也是全球新一轮产业竞争的制高点。信息产业是信息经济的基础和内核，"十三五"时期打造万亿级信息产业集群是杭州加快发展信息经济智慧应用"一号工程"的核心任务，是适应新常态、谋求新发展，打造杭州经济升级版的战略举措。通过本章研究，能为杭州市加快发展信息产业集群、深入推进"一号工程"提供决策依据。

## 一、国内外信息产业集群发展的经验与启示

### （一）信息产业集群发展的基本要素

信息产业作为知识密集型、技术密集型产业，产业链的完整性和市场反应速率至关重要。因此，出于降低成本的考虑或者加快市场反应能力的考虑，信息产业的上游企业和下游企业大多集聚在一起，形成信息产业集群。美国正是因为有了硅谷和"128公路"这样的高科技信息产业集群，才能引领全球信息产业发展。

信息产业的经济技术特性决定了信息产业对区位的独特要求，并进而形成了信息产业集群的独特规律性。总体而言，信息产业集群具有地域化集聚、专业化分工、社会化协作、技术创新等基本特点。一般而言，电子信息集聚区的成功发展需要具备以下要素。

① 本章系作者完成的杭州市委政策研究室 2015 年重大招标课题"杭州'十三五'时期打造万亿级信息产业集群对策研究"的主要内容。

风险资本的大量注入是信息产业集群发展的重要保障。

人才聚集是信息产业集群发展的推动因素。

良好的产业基础是信息产业集群发展的前提条件。

全面整合了大学、科研机构、中介服务体系的集群创新系统是信息产业集群发展的动力机制。

有效的政府引导和扶持是信息产业集群发展的外部基础。

## （二）产业集群发展路径

产业集群实际上是生产行为和交易行为带来的一种空间聚集模式，初期的聚集所带来的相关功能需求和衍生经济行为，造成了园区不同发展阶段的聚集方式和空间特征。一般可以把产业园区的发展过程细分为四个阶段。

要素集聚发展阶段。要素集聚是产业集群发展的最初阶段，其主要发展特征是以低成本导向，主要通过优惠政策的吸引力及生产要素的低成本，吸引人才、技术、资本进入，但要素配置效率较低，产业类型以低附加值，劳动密集型传统产业为主（表 14-1）。

**表14-1　产业集群要素集聚发展阶段的主要特征**

| 发展因素 | 发展特点 |
| --- | --- |
| 核心驱动力 | 由政府的优惠政策等"外力"的驱动 |
| 需求因素 | 廉价的土地、劳动力、优惠的税收政策 |
| 产业空间形态 | 纯产业区，在空间上呈现沿交通轴线布局，单个企业或同类企业聚集 |
| 业务功能 | 加工型，单一的产品制造、加工 |
| 产业增值方式 | 贸—工—技，可称之为"工业产品贸易区"，其主要增值手段主要是"贸易链"，即通过与区内外、国内外的贸易交换获取附加值 |
| 与城市的空间关系 | 基本脱离（点对点式）●━━━━● |
| 代表园区 | 我国一些发展水平偏低的产业园区尚处于这一阶段 |

产业主导发展阶段。产业主导是产业集群发展的第二阶段，其主要发展特征是以产业链为导向，重新整合各种生产要素，形成稳定的主导产业和具有上、中、下游结构特征的产业链，具有较好的产业支撑与配套条件。产业类型以外向型企业为主（表 14-2）。

**表14-2 产业集群产业主导发展阶段的主要特征**

| 发展因素 | 发展特点 |
|---|---|
| 核心驱动力 | 内力外力并举,即政府政策和企业市场竞争力驱动双重作用 |
| 需求因素 | 有一定的配套服务和研发能力,企业R&D主要依靠外部科研结构和大学的支撑,园区内企业自身R&D能力较弱 |
| 产业空间形态 | 纯产业区,在空间上呈现围绕核心企业产业链延伸布局 |
| 业务功能 | 以产品制造为主 |
| 产业增值方式 | 工—贸—技,可称之为"高技术产品生产基地",其主要增值手段主要是"产业链" |
| 与城市的空间关系 | 相对脱离(串联式) |
| 代表园区 | 我国大多数发展较好的高新区基本处于这一阶段 |

创新突破发展阶段。创新突破是产业集群发展的第三阶段,其主要发展特征是以创新文化为导向,以丰富的人才、智力、技术、产业、资金为依托,形成发达的产业体系和可靠的创新链。产业类型为技术密集型、创新型产业为主(表 14-3)。

**表14-3 产业集群创新突破发展阶段的主要特征**

| 发展因素 | 发展特点 |
|---|---|
| 核心驱动力 | 内力为主,技术推动、企业家精神 |
| 需求因素 | 高素质人才、较好的信息、技术及其他高端产业配套服务。园区自身R&D能力不断增强 |
| 产业空间形态 | 产业社区,产业间开始产生协同效应,在空间上形成围绕产业集群的圈层布局 |
| 业务功能 | 研发型,科技产业区、制造、研发复合功能 |
| 产业增值方式 | 技—工—贸,增值手段主要是"创新链" |
| 与城市的空间关系 | 相对耦合(中枢轴辐式) |
| 代表园区 | 中关村科技园、台湾新竹等 |

创新都市发展阶段。创新都市是产业集群发展的第四阶段,其主要发展特征是依托丰富的创新资源集聚形成产业发展的高势能优势,形成完整的都市创新体系。产业类型为现代服务业和高端制造业全面融合为主(表 14-4)。

**表14-4　产业集群创新都市发展阶段的主要特征**

| 发展因素 | 发展特点 |
|---|---|
| 核心驱动力 | 内力为主，技术推动、企业家精神；高价值的"财富级"要素的推动 |
| 需求因素 | 高价值的品牌、高素质的人才资源、高增值能力和高回报率的巨额金融资本 |
| 产业空间形态 | 综合新城，在空间上城市功能和产业功能完全融合 |
| 业务功能 | 复合型（事业发展中心—生活乐园），现代化综合城市功能、产业集聚地、人气的集聚区、文化的扩散区、资本的融通区 |
| 产业增值方式 | 技—贸—工，以研发中心、研发型产业、科技服务业为主体，其增值手段主要是"财富链" |
| 与城市的空间关系 | 紧密融合（多级耦合式） |
| 代表园区 | 美国硅谷 |

　　经济园区化、园区产业化、产业集聚化是世界各国发展经济的主要趋势之一，特别是全球性金融危机之后，随着信息产业从一般性的成本竞争转向经济效率竞争和技术能力竞争，信息产业集群也将从规模化模式向功能化模式转变，创新突破和创新都市发展模式已成为众多城市推动信息产业向高端发展的主要模式。

## （三）国内外信息产业集群发展的趋势

　　通过对美国硅谷、印度班加罗尔、中国台湾新竹等全球知名的电子信息产业集聚区发展情况的分析发现，国内外信息产业集群发展一般具有如下趋势。

　　从注重优惠政策向发展产业集群转变。从世界电子信息产业发展来看，基本经历了由"单个企业→同类企业集群→产业链→产业集群"的发展路径演变，电子信息产业只有集群化发展，才会激发出更大的能量。从未来产业园区发展政策走向看，优惠政策将可能逐步从区域倾斜转向技术倾斜和产业倾斜。

　　由加工型园区向研发型创新区转型。电子信息产业园区功能的特殊性，决定了其适合打造前端性产业链（如研发、设计、中试等）。未来电子信息产业园区的发展在于提高技术创新能力和技术转化效率，将逐步走向以研发中心、研发型产业、科技服务业为主体的研发型创新区。

　　从强调引进大型公司向科技型中小企业集群转变。随着电子信息产业系统化、交叉性的增大，科技研发与转化的复杂性日益加大，从而大规模研发的系统风险大大增加。而随着科技预测性和可控性的加强，在总体方向下，将研发课题市场化、模块化、专业化，采用小规模研究，充分利用其灵活性，可有效分散风险和加快科技研发速度。

由土地运营为主向综合的"产业开发"和"氛围培育"转变。产业园区的发展，未来必然从孤立的工业地产开发走向综合的产业开发，通过土地、地产项目的产业入股等方式，将土地、园区物业与产业开发结合起来；同样也从片面的环境建设走向全方位的氛围培育，在打造一流硬环境的同时，加强区域文化氛围、创新机制、管理服务等软环境的建设。

由功能单一的产业区向现代化综合功能区转型。现代的产业发展不同于传统工业发展模式的特性——智力资源密集、规模较小、信息网络化，决定了新的产业区功能的综合性，不仅是单纯的工业加工、科技产品制造区，还包括配套服务的各种商业服务、金融信息服务、管理服务、医疗服务、娱乐休憩服务等综合功能。

## （四）国内外信息产业集群发展的规律与启示

产业集群发展应以平台构建为重点。信息产业是技术驱动和引领的产业，信息产业集群要重视技术研发平台和产业服务平台建设，在制定园区发展规划时，应分析和判定产业平台构建的实际需求和发展途径，通过打造产业平台提升研发或技术交易的核心能力（图14-1）。

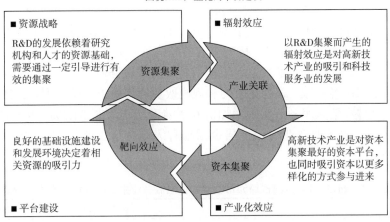

图 14-1　产业集群平台建设与要素集聚示意图

加强产城融合提升高端要素聚集能力。当前一轮的全球产业分工，实际上是高端资源向欧美集聚、低端要素向中国及东南亚集聚的过程，以成本和规模取胜的时代即将结束，通常意义上的"微笑曲线"也将随着"金融泡沫"的破灭开始新的重构过程。需要在新的一轮产业板块及分工中，尽量取得高端要素资源的集聚，这就需要在园区规划与发展中做到空间和服务平台的适应性，注重城市服务功能的配给及宜居环境的营造，打造一个"吸引力中心"和宜居宜业的空间环境。

注重园区内企业的成长空间营造和二次成长培育。服务能力和水平是产业园区发展的核心要素，但目前大部分园区仍然着重于"招商引资"的初始过程与税收，在园区内部企业的发展服务方面做的还不到位。园区应按照企业成长路线，规划构建企业孵化器和加速器，并不断完善孵化器和加速器的对接机制，按照不同发展阶段的企业提供不同的关键服务，提升创新创业综合服务能力和服务品质。

## 二、杭州信息产业集群发展成效与问题分析

### （一）杭州信息产业集群发展成效

2014 年，杭州市实施信息经济和智慧应用"一号工程"，全市信息经济实现增加值 1 660 亿元，增长 18.3%，占国内生产总值的 18.1%以上。2015 年上半年，杭州信息经济持续呈现良好发展势头，实现产业增加值（剔重）1 020.93 亿元，增长 24.7%，高于全市生产总值增幅 14.4 个百分点，占全市生产总值比重达 22.69%，信息产业已成为杭州经济的支柱产业。

#### 1. 软件和信息服务业集群国内领先

2015 年杭州已经形成了以"民营当家、自主产权、内需为主、应用领先"为鲜明特征的"杭州软件"品牌，杭州市软件和信息服务业在电子商务、金融财税、互联网金融、云计算、工业控制、安防监控、集成电路研发和设计、数字电视、互联网娱乐服务等领域，综合竞争力和规模效益等均处于全国前列。2015 年上半年，杭州软件和信息服务业实现增加值 693.94 亿元，增长 31.3%。1~5 月，杭州市软件和信息服务业产业规模位居全国副省级城市第 3 位，仅次于深圳和南京（表 14-5）。

表14-5　2015年1~5月副省级城市软件和信息服务业主要经济指标完成情况表

| 序号 | 城市 | 企业个数/个 | 软件业务收入/万元 | 增速/% |
| --- | --- | --- | --- | --- |
| 1 | 深圳市 | 2 200 | 16 445 004.0 | 15.3 |
| 2 | 南京市 | 1 440 | 11 369 300.0 | 11.1 |
| 3 | 杭州市 | 871 | 8 998 026.0 | 26.6 |
| 4 | 广州市 | 1 524 | 8 409 663.0 | 15.2 |
| 5 | 成都市 | 1 430 | 7 503 410.0 | 16.1 |
| 6 | 济南市 | 1 663 | 7 261 158.0 | 22.0 |
| 7 | 大连市 | 1 976 | 6 632 315.0 | 11.8 |

| 序号 | 城市 | 企业个数/个 | 软件业务收入/万元 | 增速/% |
|---|---|---|---|---|
| 8 | 沈阳市 | 1 949 | 6 250 692.0 | 5.8 |
| 9 | 青岛市 | 1 195 | 5 452 227.1 | 23.3 |
| 10 | 西安市 | 1 690 | 4 556 541.0 | 28.4 |
| 11 | 武汉市 | 2 429 | 4 091 101.0 | 19.1 |
| 12 | 厦门市 | 901 | 2 913 169.9 | 20.2 |
| 13 | 宁波市 | 701 | 891 848.0 | 31.5 |
| 14 | 长春市 | 401 | 365 479.0 | 20.7 |
| 15 | 哈尔滨 | 238 | 228 840.0 | 11.5 |

2. 新兴产业集群快速崛起

由大数据、云计算、物联网、移动互联网为代表的新一代信息技术引领的新业态、新产业快速崛起,已成为杭州信息产业的生力军。2014 年,电子商务、数字内容产业分别增长 30.1%、19.2%,云计算与大数据、物联网、互联网金融和智慧物流分别增长 13.4%、15.9%、13.6% 和 11.4%。2015 年上半年,互联网金融、数字内容、移动互联网、电子商务和云计算与大数据产业增速分别为 67.3%、37.8%、36.2%、34.1% 和 27.7%(表 14-6),分别高于全市信息经济整体增速 42.6 个、13.1 个、11.5 个、9.4 个和 3.0 个百分点。尤为可喜的是,西湖云栖小镇、上城基金小镇、余杭梦想小镇建设初见成效,打造了"政府主导、名企引领"的创新模式,推动了信息产业创新创业资源的快速集聚。

表14-6 2015年上半年杭州市信息经济增加值一览表

| 产业名称 | 实绩数/亿元 | 增幅/% | 占比/% |
|---|---|---|---|
| 电子商务产业 | 381.32 | 34.1 | 8.48 |
| 云计算与大数据产业 | 369.87 | 27.7 | 8.22 |
| 物联网产业 | 132.11 | 16.1 | 2.94 |
| 互联网金融产业 | 157.64 | 67.3 | 3.50 |
| 智慧物流产业 | 28.68 | -1.7 | 0.64 |
| 数字内容产业 | 523.50 | 37.8 | 11.64 |
| 软件与信息服务产业 | 693.94 | 31.3 | 15.43 |
| 电子信息产品制造产业 | 247.74 | 10.9 | 5.51 |
| 移动互联网产业 | 379.07 | 36.2 | 8.43 |
| 集成电路产业 | 15.85 | 2.9 | 0.35 |
| 信息安全产业 | 94.52 | 17.3 | 2.10 |
| 机器人产业 | 8.34 | 8.3 | 0.19 |
| 合计(剔重) | 1 020.93 | 24.7 | 22.69 |

### 3. 产业集群领军企业作用日益突出

杭州信息产业领域领军企业实力不断增强。2014 年杭州百亿企业达 7 家，占据全省信息产业 8 家百亿企业的绝大部分。其中电子制造业 4 家，软件企业 3 家，天猫技术、淘宝软件、富通集团、海康威视、华三通信和富春江通信继续蝉联百亿企业，天猫技术以 305.6 亿元收入跃居全省信息产业第一，支付宝以 118.8 亿元营业收入首次入围百亿元企业。在这些信息产业领军企业的影响下，杭州利用互联网创新创业势头良好。根据阿里研究院的研究报告，移动互联网相关创业主要集中于北京、上海、深圳、杭州、广州和成都，杭州仅次于北京、上海和深圳，排名全国第 4（2015 年）。

### 4. 集群创业创新环境优越

2013 年出台了《中共杭州市委杭州市人民政府关于进一步加快信息化建设推进信息产业发展的实施意见》（市委〔2013〕6 号），2014 年，进一步出台了《中共杭州市委、杭州市人民政府关于加快发展信息经济的若干意见》（市委〔2014〕6 号）。两个 6 号文件，为整合政策资源全面支持信息化和信息产业领域的创新创业提供了坚强保障。2015 年杭州已有众创空间 40 多家，其中纳入国家级科技企业孵化器管理服务体系的 75 家众创空间中，杭州就有 14 家，占全国近 1/5，其中绝大多数服务于信息产业的创新创业发展。

## （二）杭州信息产业集群发展存在的问题

### 1. 缺乏整合能力强的大型产业集聚区

杭州虽然在高新区（滨江）和余杭区、西湖区初步实现了电子信息企业的空间集聚，特色小镇粗具雏形，但缺少大型专业性园区，产业链集聚程度还不高。例如，软件和信息服务业，已认定的 30 多个信息服务特色园区规模偏小，不少园区主要是通过税收和土地等优惠政策来吸引企业进区而形成空间集聚，引发低水平重复建设。与南京雨花软件园、济南齐鲁软件园、成都天府软件园、厦门软件园等园区相比，杭州软件园区层次较低，缺乏研发公共服务平台。

### 2. 产业链带动力强的龙头企业偏少

除阿里巴巴外，杭州信息产业缺少核心能力突出、有强大国际竞争力和重要影响力的跨国企业，特别是缺少能提供"整体解决方案"的系统集成产品和服务的企业。2014 年（第 28 届）中国电子信息百强企业评比，华为以年收入 2 371 亿元的成绩第八次成功摘走冠军宝座，中兴通讯股份有限公司位列第 6，两家世界级企业引领了深圳移动通信产业的发展。排名第 4 的海尔集团和排名第 5 的海信集团有限公司支撑了青岛电子电器行业的强大竞争力。除排名第 38 的海康威视和第 73 的浙江大华引领了全国安防监控领域外，杭州缺乏体量 500 亿元以上的龙头企业，对产业集聚的引领带动作用偏弱。

**3. 未形成软硬件融合发展的大产业格局**

软件与硬件融合是信息产业发展的重要趋势，但杭州电子信息产品制造业是短板，特别是缺"芯"不强，缺乏集成电路、传感器、微机电组件和光机电一体化组件等高端芯片和电子元器件产品的生产能力，不能为加快发展软件和信息服务业系统集成能力提供硬件支撑。杭州虽然在某些行业软件方面有特色优势，但提升工业产品、基础设施、关键装备、流程管理智能化水平的嵌入式软件，研发生产水平不高，对"两化"深度融合的支撑作用不强。

**4. 人才、资本、土地等信息产业关键要素资源不足**

相对于深圳、北京和上海等发达城市，杭州信息产业高端人才的集聚能力不强，高层次学科带头人引进还缺乏力度，技术开发人才引进不足，高级技工短缺，使企业和产业发展后劲不足，市域范围内人才抢夺加剧，出现过度竞争局面。企业负债率过高，投融资渠道不够畅通，尤其是过度依赖银行贷款，直接融资严重滞后。此外，杭州土地资源紧张，"发展空间缺乏"也成为制约信息产业集群发展的重要瓶颈。

# 三、打造万亿级信息产业集群的目标与战略

## （一）总体目标

到 2020 年末，软件与信息服务业综合竞争能力显著提升，新一代信息技术产业迅速崛起，高端电子信息产品制造业规模不断壮大；信息基础设施水平全国领先，信息产业创新能力显著增强，整体质量效益全国一流；信息经济发展的"六大中心"目标基本实现，信息产业在杭州国民经济中的支柱地位和战略性作用进一步凸显。

产业规模。全市信息产业保持年均 15% 以上的增长速度，至 2020 年末，杭州信息产业实现主营业务收入 1 万亿元以上，占全省比重的 33% 以上。

产业集聚度。至 2020 年底，培育 5 个超千亿元级规模的优势行业，5 个具有区域特色的千亿元级规模的信息产业基地（园区）；培育主营业务收入超 500 亿元规模的特大型、国际化核心企业 1~2 家，主营业务收入超百亿元龙头骨干企业

10 家，形成 100 家左右具有较大影响力、综合竞争力进入国内同行业前三位的重点企业。

创新能力。突破制约产业发展的技术瓶颈，拥有一批具有自主知识产权的关键和核心技术，培育具有自主知识产权的国际知名产品和品牌；主持或参与制定行业标准、国家标准和国际标准的能力不断增强。2020 年末，规模以上企业 R&D 投入比重达到 4% 左右，专利申请总数达到 10 万件以上。

## （二）发展战略

### 1. 产业集聚战略

强化产业链集聚。从世界信息产业发展趋势来看，信息产业只有集群化发展，才会激发出更大的能量。要按照"单个企业→同类企业集群→产业链→产业集群"的发展演变路径，推动优惠政策逐步从区域倾斜转向技术倾斜和产业倾斜，提高招商选资水平，着力引进高新技术企业，构建涵盖产业链上、中、下游的优势产业集群。

强化高端人才集聚。吸引和集聚世界水平的科学家和研发团队到杭州开展信息产业创新活动；鼓励企业探索建立技术入股、股权激励、分红奖励等分配机制，加大技术要素参与收益分配力度，激励掌握前沿技术、有成功创业激情的高端人才到杭州创业；培育和集聚具有创新理念、掌握创新能力的企业经营管理队伍。

强化产业资本集聚。完善政府引导和市场化运作相结合的投融资机制，引导拉动社会投资，积极促进风险投资市场发展，在明确企业投资主体的基础上，建立政府、企业和金融机构等共担的风险投资机制，拓宽政府资金与社会资金、股权融资与债权融资、直接融资与间接融资有机结合的融资渠道。

### 2. 创新突破战略

强化技术创新。把技术创新前端的基础研究、前沿研究，中端的关键技术和共性技术的研发、技术服务、技术交易，后端的投融资服务、项目产业化、创业孵化、人才培训等融合成有机的创新链。以建设杭州国家自主创新示范区为契机，实施一批重大创新工程，集聚资源，突破关键核心技术，增强自主创新能力，着力推进由加工型产业集聚区向研发型创新区转型。

强化商业模式创新。以阿里巴巴、海康威视等龙头企业的商业模式创新为典范，以智慧应用项目建设和政府购买信息服务为支撑，推动智慧经济技术、资本、产品、服务跨界集成，构建系统方案解决商和集成服务供应商，积极探索适应市场规律、形式多样的技术转移和产业化模式，建立以需求为导向的产业化途径。

强化管理模式创新。政府着力在降低信息产业创业者创业成本，缩短企业入驻周期，加快科技成果转化上发挥作用，完善信息产业集群公共配套建设，积极营造宜居、宜业的环境氛围。建立适应信息化时代的现代企业管理制度、组织结构和生产流程，支持行业龙头企业开展跨国、跨地区、跨行业、跨所有制的兼并重组。

### 3. 跨界融合战略

强化互联网与各领域深入融合。当前，互联网市场空间加速放大，线上线下日趋交融，互联网与各领域的融合发展已成为不可阻挡的时代潮流。

推动信息产业与工业、现代服务业的深度融合，促进信息产业各细分领域之间的融合发展，重点实现软件服务与硬件制造融合发展。充分释放"两化"融合的产业倍增效能，注重以信息技术应用促进研发设计创新、业务流程优化和商业模式创新，推动产业发展和应用需求良性互动，构建产业竞争新优势。

注重引进做强大型企业与培育科技型中小企业集群融合。随着信息产业系统化、交叉性的增大，科技研发与转化的复杂性日益加大，从而大规模研发的系统风险大大增加，应充分利用科技型中小企业的灵活性，推进大众创业、万众创新。

### 4. 转型发展战略

强化产业结构转型。着力优化产业结构、产品结构、市场结构和企业组织结构，拉长长板，进一步做强软件与信息服务业、电子商务、网络设备制造等优势产业，同时积极谋划和培育发展未来新兴产业，促进产业由价值链低端向高端跃升。

强化园区功能转型。从规模化模式向功能化模式转变，由功能单一的产业园区向现代化综合功能区转型。根据信息产业智力资源密集、信息网络化的特点，产业集群不是单纯的工业加工、科技产品制造区，应加强金融服务、信息服务、管理服务、教育服务、医疗服务、娱乐休憩服务和各种商业服务等综合功能，推动产业园区转变为以研发中心、研发型产业、科技服务业等生产性服务业集聚为主体的现代化综合功能区。

强化环境建设转型。由土地运营为主向"产业生态培育"转变，通过土地、地产项目的产业入股等方式，将土地、物业与产业开发结合起来；同样也从片面的环境建设走向全方位的氛围培育，在打造一流硬环境的同时，加强区域文化氛围、创新机制、管理服务等软环境的建设。

# 四、打造万亿级信息产业集群的重点领域

## （一）软件与信息服务业集群

### 1. 发展基础

杭州软件和信息服务业总体实力国内领先，拥有国家软件产业基地、国家集成电路设计产业化基地、国家服务外包基地示范城市等一系列国家级产业基地，形成了以"民营当家、自主产权、内需为主、应用领先"为鲜明特征的"杭州软件"品牌，2014 年 4 月工业和信息化部批复杭州为"中国软件名城"。2014 年全市软件业务收入 1 903 亿元，同比增长 25%；2015 年上半年软件与信息服务业增加值达到 693.94 亿元，同比增长 31.3%。在金融财税、工业控制、安防监控、集成电路研发和设计、数字电视、动漫游戏、医疗卫生等领域处于国内领先位置。

### 2. 发展方向与目标

以"中国软件名城"建设为核心平台，加快产业转型提升和创新化、高端化、国际化发展步伐，着力建立合作紧密、专业分工、价值分享的软件和信息技术服务业生态环境。围绕软件发展的网络化、服务化、融合化趋势，进一步强化自主创新，到 2020 年，形成年营业收入 3 500 亿元的软件与信息服务业集群。

### 3. 发展重点

行业应用软件。重点发展为金融、物流、制造、企业管理等行业，以及交通、公安、医疗、教育等公共服务领域提供信息化服务的行业应用软件，加强行业应用软件与互联网、云计算和超级计算的融合，加大行业信息资源的深度整合与利用，促进行业应用软件向平台化、网络化、服务化和智能化发展，显著增强面向行业应用的信息服务技术水平和能力，积极拓展国际市场，推进国际高端服务外包。

嵌入式软件。面向工业 4.0 浪潮与信息经济发展趋势，大力发展基于数字化、智能化和网络化的工业产品研发设计工具，高端数控系统（CNC），具有视觉、触觉和力觉的智能机器人控制系统，制造执行系统（MES），现场总线控制系统（FCS）及现场管理系统（SFCS）等工业软件和下一代互联网、物联网应用的嵌入式系统软件，积极推动嵌入式软件的移动互联应用示范，形成嵌入式系统软件研发和商业应用模式的创新发展。

基础软件。面向未来物联网、大数据和云计算的广泛应用，重点突破开发与测试工具、新一代搜索引擎及浏览器、网络内容聚合、虚拟化技术、分布式存储

和海量数据管理等核心技术研发和产业化；支持高可信服务器操作系统、安全桌面操作系统、高性能大型通用数据库管理系统等基础软件的开发应用；面向新型网络应用需求，加快突破网络资源调度管理系统和移动互联环境下跨界面、跨终端操作系统研发和产业化，形成基于开源模式的基础软件生态系统，抢占产业制高点。

工业云服务。建设工业公共云服务平台，开展产品设计、制造、管理和商务各环节在线协同，提升整个供应链运行效率。推动工业软件、数据管理、工程服务等资源开放共享，推进制造需求和社会化制造资源的无缝对接。围绕工业企业产品研发、生产控制与优化、经营管理、节能减排等关键环节，提供专业定制、购买租赁、咨询服务等多层次的云应用信息化服务，解决企业投入不足、数据资源利用不高、高端人力资源匮乏、个性服务满足度低等行业共性问题。鼓励大型企业集团建设云服务平台，服务周边地区和中小型企业，实现产品设计、制造、销售、管理等生产经营各环节的企业间协同，形成网络化企业集群。

信息技术服务。拓展服务外包业务领域，促进信息技术外包（information technology outsourcing，ITO）、业务流程外包（business process outsourcing，BPO）、知识流程外包（knowledge process outsourcing，KPO）业务向规模化、高端化发展；积极推动软件和信息技术服务业加快向网络化、服务化、体系化和融合化方向演进和转型，引导和支持信息技术服务企业发展新的服务业态、交付形态和商业模式；加快建立新的产业组织模式，推动软件技术、产品和服务的一体化协同发展。

### 4. 产业布局

以杭州国家软件产业基地为核心，以滨江（高新区）为主要平台，优化全市各软件和信息服务业园区的布局定位和发展重点，形成整体协同、分区合理、特色鲜明的国内一流软件和信息服务产业集群。

## （二）电子商务产业集群

### 1. 发展基础

杭州有"中国电子商务之都"之称，依托阿里巴巴、网盛科技、浙江盘石、中国绿线等知名电子商务企业为平台，网站数量、B2B、B2C、C2C、第三方支付均居全国第一，已成为全球电子商务产业发展的中心城市。2015 年 3 月 7 日，国务院正式批复同意设立中国（杭州）跨境电子商务综合试验区，计划经过 3~5 年的改革试验，把跨境电子商务综合试验区建设成以"线上集成+跨境贸易+综合服务"为主要特征的全国跨境电子商务创业创新中心、服务中心和大数据中心。近年来，杭州电子商务产业发展迅猛，2014 年全市电子商务服务收入 712 元，同比增长 32%；电子商务增加值 560 亿元，同比增长 30%；2015 年上半年电子商务增加值达到 381.32 亿元，同比增长 34.1%。已成为杭州经济的支柱产业和重要增长点，对其他产业的带动作用十分明显。

2. 发展方向与目标

围绕杭州打造国际电子商务中心的城市定位，加强技术应用与商务模式创新的有效结合，支持阿里巴巴、网盛生意宝等企业创新发展，推进云计算、物联网、移动通信、射频识别等技术在电子商务中的应用，帮助企业主体智能化地采购、销售和维护其产品和服务，建立智能采购系统、智能销售系统和智能维护系统，解决商品交易中的海量数据计算及利用、食品冷链物流、商品精细化管理等问题，实现有形市场与虚拟市场、传统贸易与电子商务的无缝链接。到 2020 年，形成年营业收入超 2 000 亿元的电子商务产业集群。

3. 发展重点

跨境电子商务。加快建设中国（杭州）跨境电子商务综合试验区，鼓励有条件的大型企业面向全球资源市场积极开展跨境电子商务，更紧密地融入全球产业体系；鼓励商贸服务企业通过电子商务拓展进出口代理业务，加快推广电子通关和无纸贸易，提高跨境电子商务效率；引导电子商务企业为中小企业提供电子单证处理、报关、退税、结汇、保险和融资等"一站式"服务，提高中小企业对国际市场的响应能力。

移动电子商务。重点支持电子商务企业将移动商务应用到网络零售、社区服务和政府公共服务，提高社会公众对电子商务的认知度和参与度；通过移动运营商与政府、企业等专业服务机构合作，运用电子商务手段将行政服务、网络零售、个人医疗、代缴代购和家政管理等各类服务集成到移动商务服务平台，发挥移动商务快捷方便、无所不在的特点，实现传统服务模式的转变，提升移动商务服务水平。

网络零售。鼓励大中型零售企业创新发展网络零售，建设线上线下一体化、实体与虚拟相互融合的电子商务零售平台。提升数字出版、游戏动漫的网络销售比重。鼓励发展网络零售平台和社区电子商务服务，支持和规范团购电子商务的发展。

农村电子商务。鼓励杭州特色农产品网上交易，建立生产基地与消费地区的大型农产品批发市场、生鲜连锁超市的网上直采系统。与大型综合类网络零售企业错位经营，开展符合本地市场需求的生鲜食品电子商务。鼓励利用第三方平台销售区域特色农副产品与食品，扩大产品知名度和销售覆盖网络。鼓励农村居民网上购物,推动农村消费升级。积极推进涉农流通龙头企业、农产品批发市场、配送中心和农资流通企业应用电子商务,建立连锁直营店、加盟店信息网络和农村配送网络,逐步实现网上订货、网上配送、网上结算;结合城乡商贸流通一体化推进,在镇、村超市(便民店)设立电商服务站点。

电商协同物流。完善城市物流配送体系的建设,从根本上解决"最后一公里"的配送问题。结合"智慧社区"的建设,支持城市社区网络购物快递投送场所的建设,将快递投送场所纳入新建小区的规划中。在电子商务集聚区规划建设中,应充分考虑物流仓储配送中心的同步规划建设。构建能够覆盖全市(包括乡镇、农村)的物流配送体系。推进电子商务与第三方物流互动发展,为网上交易提供快速高效的物流支撑。结合同城购物平台,推进都市生活品配送企业发展。支持大型电子商务企业建设物流仓储配送中心,推动电子商务和物流配送融合发展。

支付服务。积极发展第三方支付,鼓励互联网支付、移动电话支付、数字电视支付等多种新型支付渠道的发展,推动跨境支付和跨境交易,注重对不同支付方式和渠道的整合和兼容,加强对电子支付的风险控制。

### 4. 产业布局

按照"政府推动、企业参与、市场运作"的共建机制,在余杭区打造电子商务产业核心区,构建"总部经济"汇集、创业企业孵化、电子商务人才培训等的重要基地。在杭州其他区域科学规划和建设不同类型、各具特色的电子商务产业园,加强电子商务产业发展公共配套服务,鼓励和吸引电子商务企业向园区集聚,加快形成电子商务产业集群。

## (三)网络设备与终端产业集群

### 1. 发展基础

杭州网络设备制造已形成较为完善的产业体系,产业技术水平和发展规模逐年提升,目前在监控设备、RFID(radio frequency identification,射频识别技术)、智能仪器仪表、敏感元器件、嵌入式系统、无线传感设备、网络通信设备等处于国内领先优势地位。网络设备制造领域有华三通信、华为杭州研究院、东方通信、三维通信等国内知名企业,宽带接入设备、交换机、企业级路由器等产品市场份额居全国第一;中瑞思创已成为全球最大的 RFID 标签制造商和服务商之一,利尔达科技在无线传感技术与应用方面国内领先。同时,杭州还拥有中国电子科技集团(杭州)物联网研究院、中国科学院杭州射频识别技术研发中心等一批研发机构和国家重点实验室,为网络设备制造产业发展提供了有力的支撑。

## 2. 发展方向与目标

以加快发展网络设备和推进智能制造为重点，大力发展智能控制装备、网络设备、智能终端，积极发展网络设备、智能设备服务业，全面提升传感器研发制造水平，加快培育重点企业和重点产品，带动产业链整体发展，到 2020 年，形成以网络设备、智能装备、信息终端及传感器为主体、年销售产值 1 500 亿元的网络设备与终端产业集群。

## 3. 发展重点

新型网络设备。重点发展 IPv4/IPv6 网络互通设备，支持 IPv6 的终端设备、网络安全设备及测试设备等，加强新一代移动通信设备研发，加快智能终端、网络存储、信息安全等网络关键设备的研发和产业化；大力推进数字电视下一代传输演进技术、接收终端、光通信、高性能宽带网等研发和产业化，推进三网融合智能网络设备及智能终端应用。

智能传感器。加强传感器微型化研发制造、物联网信息安全等技术研发，支持用于传感器节点的高效能微电源和能量获取、标识与寻址等技术的开发，推动频谱与干扰分析等技术的研究；推动传感器/节点/网关等核心制造业高端化发展，推动仪器仪表、嵌入式系统等配套产业能力的提升；以智能感知、情景感知等行业需求拓展传感器产品的应用范围。积极引入 GPS、CMOS 等高端传感器企业，加强传感器企业与智能装备企业的交流合作，完善传感器产业链。

物联网系统集成。重点发展新兴业态，积极推进物联网、云计算、移动互联网、数字电视网等新兴服务业态，以重大应用工程带动相关产业发展；实施信息惠民应用示范工程，带动社保、医疗、教育、就业等领域的信息服务平台建设；积极推动信息技术服务标准（information technology service standards，ITSS）体系建立。

联网机器人和智能装备系统。重点发展具有感知、决策、执行等功能的智能专用装备，开发机器人相关的核心算法，包括运动控制技术、多关节轨迹规划技术、机器视觉技术、自主导航定位技术，突破新型传感器与智能仪器仪表、自动控制系统、工业机器人等感知、控制装置及其伺服、执行、传动零部件等核心关键技术，提高成套系统集成能力，推进制造、使用过程的自动化、智能化和绿色化，支撑先进制造、国防、交通、能源、农业、环保与资源综合利用等国民经济重点领域发展和升级。

可穿戴设备。围绕计算、感知、交互、能源等方面变革创新，突破相关芯片、传感器、系统软件、显示、存储、电池等技术，综合利用新型显示技术、交互技术、大容量电池新技术、超微型传感器技术，打造完整的可穿戴设备产业链，推进新产品和新应用发展。

### 4. 产业布局

依托国家新型工业化产业示范基地，以杭州高新区（滨江区）为网络通信设备研发生产的核心基地，以钱江国际传感产业谷为传感器技术研发和成果产业化应用核心基地，以城西科创产业集聚区为可穿戴设备研发创新的核心基地，以上城区望江智慧产业园、拱墅区智慧信息产业园、萧山杭州湾信息港、城西科创园利尔达物联网科技园、富阳银湖科技城等作为物联网设备及特色产业基地，把杭州打造成长三角地区重要的网络信息设备产业基地。

## （四）智慧公共安全产业集群

### 1. 发展基础

公共安全是经济和社会发展的重要条件，是人民群众安居乐业与建设和谐社会的基本保证。近年来，杭州抓住国家大力推进"平安城市"建设的良好机遇，其公共安全产业获得了长足发展。"杭州数字安防产业集群"已被批准为国家级产业集群，数字安防产业形成了包括视频采集、编码、传输、存储、控制、解码输出、大屏显示、中心管理平台软件等在内的全线监控产品和行业整体解决方案，年产值保持年均30%以上的增幅；全国视频监控领域的前三甲——海康威视、大华股份、宇视科技都在杭州；大立科技已成为国内规模较大的民用红外热像仪、安防监控产品生产企业，华三通信依托全球领先的IP监控技术已成为中国平安城市第一品牌。此外，聚光科技已成为中国分析仪器及环境监测仪器行业最具规模的龙头企业。

### 2. 发展方向与目标

构建以城市公共安全基础平台为支撑、以城市公共安全核心技术和新型产品研发为先导，以安防监控、环境安全、城市管理、安全生产等应用服务为载体的公共安全产业体系。促进应用、研发与生产协同推进，提升对特定地区、特定人员和重大事件的安全防范能力，实现对城市高能耗、高污染领域的实时监测和精准管理，打造具有国际影响力的物联网技术创新区、产业集聚区和示范应用先导区。到2020年，形成年产值超过1 000亿元的智慧公共安全产业集群。

### 3. 发展重点

智慧安防。通过互联网和物联网技术，打造"安防云"服务平台，重点推广关键区域高灵敏性周界防入侵系统、智能识辨系统等项目。积极实施智能识别系统、智能预警系统、智能执法系统等在智能监管中的示范应用。推广应用数字化可视对讲系统、音视频监视控制系统、消防防盗报警系统等智能家居环境。应用安防监控系统、智能门禁系统、智能停车场管理，实现居民社区生活的数字化、智能化，以智慧安防提升社会综合治理水平。推广基于"安防云"的家庭云安防服务的应用。

智慧环保。加快在基于"智慧环保云"平台与系统大型软件方面的研发，在城市环境质量监测预警领域，利用互联网和物联网技术，对城市大气、水资源、噪声等环境指标进行采集、传输、分析、预警，着力推广城市环境综合信息实时监测预警平台和水源地水质在线监测预警系统。在城市能耗、污染监测领域，通过网络信息技术，实现对城市高能耗、高污染领域的实时监测、精准管理，重点推广高能耗、高污染企业的智能监测系统。

信息安全。提高信息安全服务水平，系统和网络风险评估和加固、信息安全管理体系咨询和认证、渗透性测试、系统集成、运维、应急、培训等能力不断加强。对于安全存储、防病毒、防火墙、IDS/IPS（入侵检测系统）、漏洞扫描、加密、UTM（unified threat management，安全网关）、SOC（security operation center，安全运行中心）等信息安全主流产品，提高产品成熟度、国际市场占有率、国际品牌影响力。

4. 产业布局

以杭州高新区（滨江）集聚区为核心区域，依托"杭州数字安防产业集群"和"高新区（滨江）电子信息（物联网）产业示范基地"，整合发展软件、通信设备制造、电子商务、集成电路、数字电视等关键产业链领域，推进产品制造和服务拓展双轮驱动，实现智慧公共安全产业的集聚发展。

（五）新兴产业集群

1. 发展基础

以云计算、大数据、移动互联网、人工智能为代表的新一代信息技术迅速发展，已成为创新 2.0 下发展新形态、新业态、新增长点。杭州是浙江省智慧医疗操作系统软件技术创新综合试点，创业软件是国内医疗卫生应用软件领域的龙头企业，银江电子的医疗数字化无线医护系统和临床移动信息解决方案综合竞争力均全国排名第一，在高新区已呈现智慧医疗产业集群发展态势。杭州创业创新环境良好，杭州建设国家自主创新示范区工作已获得重大成果，将为推进信息产业的创新创业，打造新经济增长点提供良好保障。

2. 发展方向与目标

抓住新一轮科技革命和产业变革交汇的历史新机遇，大力实施创新驱动发展战略，加快转变经济发展方式，以"互联网+"产业为主攻方向，在培育创新主体、区域创新合作、推进开放式创新、新型产业核心技术创新能力、创新生态体系建设上取得新突破，切实推动"大众创业、万众创新"，大力发展新技术、新产业、新模式、新业态。到2020年，形成年产值超过2 000亿元的新兴产业集群。

3. 发展重点

云计算产业。以云工程及云服务为重点，推进软件和信息服务企业向云服务企业转型，提供云计算专业服务和增值服务，形成完善的云计算公共服务产业体系，推动建设一批政务云、工业云、农业云、电商云、健康云、旅游云等行业专有云，为行业提供专业云服务。

大数据产业。以大数据应用为中心，加强数据挖掘分析、商业智能、多媒体加工、可视化软件等自主技术创新，推动大数据产业链协同发展。在政府、工业、商贸、金融等领域，实施一批大数据应用示范项目，以大数据模式构建面向个人、行业、政府的数据服务平台，大力开发数据资源，实现综合利用，满足用户的多元化需求。

移动互联网产业。围绕软件、服务平台、应用服务等，引导培育移动互联网产业向特色化、高端化发展，积极推广移动餐饮、移动购物、移动娱乐等应用服务，重点发展移动教育、移动阅读、移动游戏、移动位置服务、移动支付等，在时尚、健康、金融、信息、环保、旅游等产业中形成一批领先的应用服务产品。

智慧健康。以"感、知、行"为核心，旨在建立一个智能的远程疾病预防与护理平台。"感"即以物联网技术为基础，利用多种传感器实时跟踪各种生命体征数据并通过无线网络技术传送到医疗数据中心；"知"即利用大数据存储与处理平台，应用数据挖掘和知识发现理论对医疗历史数据进行建模与分析；"行"即将实时跟踪与历史数据的分析结果，通过云服务的方式提供给医务人员作为诊疗参考，或为终端用户直接提供医疗护理方案。

人工智能。推进计算机视觉、智能语音处理、生物特征识别、自然语言理解、智能决策控制及新型人机交互等关键技术的研发和产业化，促进人工智能在智能家居、智能终端、智能汽车、机器人等领域的推广应用，培育若干引领全球人工智能发展的骨干企业和创新团队，形成创新活跃、开放合作、协同发展的产业生态。

量子通信。抢抓"互联网+"的发展机遇，充分发挥杭州在技术、人才、资金和市场方面的优势，以余杭区、未来科技城为主要集聚区，为量子通信产业发展提供良好保障，切实加大量子通信技术研发和产业化力度，把杭州打造成为量子通信研发和产业化的重要基地。

3D打印。建立3D打印产业联盟及企业孵化器，成立3D打印研究院，积极引进欧美等国际知名企业，构建集研发设计、生产制造和产品推广等于一体的3D产业链。引导工业园区和制造业企业对接应用3D打印，推进工业级和家用级3D打印产品市场化，打造长三角地区3D打印产业发展集聚区。

*4. 产业布局*

以滨江（高新区）、西湖区和余杭区为基础，重点培育上城玉皇山南基金小镇、西湖云栖小镇、余杭梦想小镇、江干丁兰智慧小镇、富阳硅谷小镇等特色小镇和萧山杭州湾信息港等信息产业特色园区，集成落实政策，有效整合资源，完善服务模式，加快发展众创空间等新型创业服务平台，营造良好的创新创业生态环境，推动未来新兴产业发展。以滨江（高新区）为核心，其他区域联动，形成智慧健康产业集群，打造全国智慧医疗产业集聚和引领示范区。

# 五、打造万亿级信息产业集群的对策建议

## （一）以龙头企业引领打造集群产业链

着力做强做大龙头骨干企业。推动优势企业强强联合、实施战略性重组。鼓励龙头骨干企业开展跨国并购，在境外设立独立法人或并购国外公司，在全球范围内优化资源配置，拓展国际市场。支持领军企业塑造知名品牌，提升企业产品质量和商业信誉，通过参加国际知名展会、赞助国际知名赛事等提升品牌效应，发展成为国际一流企业，积极抢占信息产业链高端环节。认定和支持一批瞪羚企业加快发展，打造一支创新能力强、发展速度快的领军企业后备队伍。

强化行业龙头企业创新带动作用。围绕信息产业重点领域，加快各类孵化器、加速器建设，培育一批具有核心技术、未来成长性好的初创期企业或是增长速度快、具有"专、特、精、新"特点、发展前景好的高成长性中小信息技术企业。加快形成以大企业为龙头、中小企业特色化发展的专业化创新协作体系，打造具有国际竞争力的产业链。

完善产业集群协同创新载体。推进产业技术联盟建设，形成产学研用相结合的协同创新队伍。围绕研发、设计、制造等产业链各环节跨界合作、协同创新，推动专业产业联盟、跨界产业联盟建设，推动运营商、服务提供商、设备提供商、内容供应商的深化合作。鼓励信息产业企业与高等院校、科研机构共建研究院、研发中心、公共技术服务平台，开展技术创新合作。积极引进国内外一流的名校、

大院、大企业进区设立产业研发组织。

促进与全球创新资源高端链接。支持信息产业重点企业与境外著名研究机构开展研发合作、参与国际科技重大合作项目、建立海外研发中心、承接国际技术转移和促进自主技术海外推广,提高研发、制造、营销等环节的国际化水平,提升国际竞争力。

### (二)以占领产业制高点引领打造集群创新链

引导企业加大研发投入。运用财政补助机制激励引导企业普遍设立研发准备金,根据经核实的企业研发投入情况对企业实行普惠性财政补助,充分发挥财政资金的引导作用,促进企业研发投入占收入比重逐年提高。支持企业承接国家和省市各类科技重大专项和高技术产业化项目。

强化标准攻关占领产业制高点。站在专利池战略和标准竞争战略的高度制定信息产业的自主创新路径,通过专利池运作和标准平台打造自主创新高地。支持企业牵头创制具有自主知识产权的国际标准、国家标准及行业标准,推动技术标准的产业化应用,以标准促进创新产品开发。鼓励企业参与、承担国际和国家标准化专业技术委员会的工作,承办具有国际影响力的标准化会议和活动。

促进知识产权创造和运用。围绕重点产业领域,突出企业在知识产权创造中的主体地位,加快形成一批技术含量高、产业化前景广的知识产权,突破一批关键领域知识产权,建立有利于自主创新的知识产权政策导向机制。建立知识产权交易平台,形成功能完善的知识产权产业转化服务机制。完善产学研结合的知识产权合作创新机制,加强产业技术创新战略联盟的知识产权创造激励工作。

加强产业集群技术创新平台建设。着力对具有"准公共产品"属性的共性技术和支撑技术进行研发,扶持相关研发企业和科研院所组建共性与支撑技术研发平台。探索政府财政资金购买共性技术和研发服务的方法和途径,通过市场机制促进公共科技资源扩散应用。充分利用技术研发平台、云计算平台、海量数据等优势资源,大力支持新兴产业跨学科重大创新平台建设。依托研发公共服务平台等载体,支持中小企业技术创新,促进各类研发资源向中小企业开放。

### (三)创新资本运作方式打造集群价值链

发挥资本市场优势支持信息产业集群发展。充分利用杭州金融市场特别是玉皇山南基金小镇资本市场优势,大力鼓励产业投资基金、股权投资基金、创业投资基金,重点投向信息产业初创期和快速成长期企业,鼓励私募理财、对冲基金、量化投资基金、私募股权基金、互联网金融等新金融业态,优先支持信息产业企业创新创业。以多层次资本市场为依托，着力优化信息产业不同类型不同层次企业的股权结构，建立资本金补充机制，提高企业抗风险能力。

拓宽直接融资渠道。优先支持符合条件的信息产业企业在国内外资本市场直接融资，整合各类资源，推动企业在境内外上市，形成特色鲜明的杭州信息产业上市公司板块。支持尚不具备上市条件的信息产业企业开展新三板和各类场外交易市场试点，支持在场外交易市场挂牌融资，开展股权转让试点。优先支持符合条件的信息产业企业发行3~5年的中期债券，改善企业负债结构，降低融资成本。

完善创业投融资机制。根据信息产业创新创业发展阶段的特点，探索创业引导基金的新模式，大力支持区（县、市）和园区设立信息产业引导基金，开展保险资金投资创业投资基金的相关政策试点。发挥天使投资和创业投资引导资金的作用，实施风险补贴支持政策，引导投资机构对创业企业进行投资。创新发展知识产权质押贷款、股权质押贷款及中小企业集合债等品种，引导银行、担保机构加强对信息产业创业企业的信贷支持。

鼓励企业创新商业模式。积极发挥阿里巴巴平台式、生态式创新优势，应用"互联网+"搭建创新平台，加强对市场和技术变化的敏捷反应，适应快速变化的信息技术创新。加强产业链上下游及市场环境（包括软环境和硬环境）的协同，推动技术、资本、产品、服务跨界融合，以商业模式创新促使新兴产业突破早期的盈利瓶颈，带来新兴产业的规模化发展并走向成熟，提升信息产业集群价值链。

## （四）围绕集聚高端创新要素打造集群生态链

对接落实国家和省市相关政策。党的十八大特别是2014年下半年以来，中央密集出台了《国务院关于大众创业万众创新若干政策措施的意见》《国务院关于积极推进"互联网+"行动的指导意见》等一系列鼓励创新创业和发展信息产业的重要文件，提出了相关重大政策。浙江省及杭州深入贯彻落实党中央、国务院战略部署，陆续出台了一系列政策措施。这些政策对于加快杭州信息产业集群发展具有很高的含金量，要加强对接落实。例如，加大政府购买服务的力度，在信息产业领域加大"创新券"推广应用，在"创新券"省奖补政策支持范围内服务IT创客的支出。实施创新产品首购政策，建立健全使用IT创新产品的政府采购制度，在使用财政资金采购时，通过首购、订购等方式，支持IT企业首台套产品的研发和应用。

营造高效便捷的政府服务环境。以建成"四张清单一张网"为抓手，推进政府权力清单"瘦身"和责任清单"强身"，进一步推进简政放权，释放市场活力，为市场主体提供精准、高效的公共服务。着力推进政务和公共信息资源开放与共享利用、强化部门协同、数据开放，科学合理衔接政府数据与市场数据运作，为企业提供充分、便捷、个性化的信息服务。

集聚信息产业人才资源。着力落实 2015 年初出台的《杭州市高层次人才、创新创业人才及团队引进培养工作的若干意见》（"人才新政 27 条"），鼓励企业、高校、研究机构积极引进和培养信息产业技术研发与产业化高端人才。完善人才服务机制，对海内外高层次人才创办企业提供"一站式"代办服务，优先解决高端人才子女就学问题。不断提高信息产业人才队伍整体水平，鼓励企业与高等院校、科研院所、培训与咨询机构合作，加强对信息产业技术研发、市场推广、服务咨询等方面的人才进行岗位培训与职业教育。

打造低成本创业环境。按照市场化、专业化、集成化、网络化的要求，充分利用国家和省级高新区、特色小镇、科技企业孵化器、小微企业创业基地、大学科技园和高校、科研院所的有利条件，构建一批低成本、便利化、全要素、开放式的新型创业服务平台，为广大创业创新者提供良好的工作空间、网络空间、社交空间和资源共享空间。对依托符合条件的大学科技园和科技企业孵化器建设的众创空间，可按照相关规定享受企业所得税、房产税和城镇土地使用税优惠政策；对纳入众创空间管理的符合条件的小微企业，享受相关税收优惠政策。

搭建国际化服务平台。聚集国际化中介机构，完善企业国际化工作体系，推动企业国际化发展。建设国际创新社区，吸引信息产业国际知名科研组织、创新机构、企业、海外专家、国内外创业者入驻。支持高校、科研院所、企业跨国跨地区开展学术交流和项目共建，设立联合研发基地，聘请国际一流的科学家、工程技术专家和企业家，指导或参与重大科技创新项目。鼓励企业注册国际商标、申请国际认证和国际专利、创制国际标准，支持企业参与各类海外工程、布局设立境外分支机构和孵化器。

# 第十五章　杭州市信息惠民国家试点城市评价研究①

2014 年 6 月，经国家发展和改革委员会等 12 部委批复同意，杭州市成为首批信息惠民国家试点城市。开展试点以来，杭州市深入贯彻习近平总书记系列重要讲话精神，按照国家信息惠民工作的总体部署，以解决民生问题为出发点，以实现跨部门信息协同共享为抓手，着力构建以人为本、方便快捷、公平普惠、优质高效的公共服务信息体系，全面提升政府公共服务水平和社会管理能力，取得了显著成效。

## 一、杭州信息惠民国家试点城市建设主要成效

杭州市围绕民生领域热点，以信息资源共享和信息技术应用普及为支撑，全面提升政府信息惠民服务水平，实现了服务内容集成、服务范围扩展、服务方式多样及服务支撑有力，获得了广大居民的高度认可，产生了良好的社会影响。

### （一）内容横向集成，政府服务能力得到全面提升

杭州市民卡全面增强集成化服务能力，整合了道路停车收费补缴、市级医院就诊卡、免费图书借阅、NFC（near field communication，近距离无限通信技术）手机支付、中小学体育场地刷卡健身、志愿服务信息记录、庙票年卡等 30 多项服务功能，已建成包括市民卡服务窗口、96225 服务热线、服务网站、自助服务网点、短信平台、官方微信、手机客户端，以及合作充值服务网点等组成的市民卡公共服务和便民服务体系。2014 年，市民卡发卡用户由 788 万增加到 874 万，持卡人群覆盖杭州主城区及三区、四县（市）90% 以上杭州户籍市民，并基本覆盖参加杭州市基本医疗保险的非杭户籍人员。市民用卡次数从 2013 年的 2.46 亿次增长到

---

① 本章系作者撰写的《杭州市信息惠民国家试点城市评价报告（2015 年）》的主要内容。

2014 年的 3.07 亿次,增幅 24.8%。杭州市民卡是国内真正实现跨部门、跨行业应用的首张智能卡,已荣获"国家金卡工程优秀应用成果奖""国家金卡工程金蚂蚁奖""全国金卡工程廿年优秀应用成果奖"。

社区信息惠民 96345 服务已与杭州 40 余家政府职能部门及公共事业单位通过远程座席方式,建立了信息对接及联动服务机制,构建了"受理、处理、反馈"一条龙信息处理平台。2014 年 96345 热线服务中心全年总来电量为 2 107 666 通,日均量 5 770 通,网站点击量日均 3 021 次,数字电视"96345 生活专栏"日均点击量 10 000 次以上。96345 热线服务平均话务处理时长(通话时长加事后处理时长)从 2013 年的 2 分 30 秒缩短到 2 分 20 秒左右,热线服务满意度在 99.9%以上,通过高效的信息答复、服务落实,满足了居民的服务诉求。

智慧医疗服务实现"全人群"受益、"全院通"结算、"全自助"服务和"全城通"应用,初步形成了独具特色的"杭州就医模式"。可使用居民健康卡就诊的医疗机构比例达到 100%,居民健康卡使用人数从 2013 年的 788 万人增长到 2014 年的 889 万人,同比增幅达 12.83%,覆盖全市 99%的常住人口;2014 年市属医院自助机挂号使用率达到 70%,累计有 736 万人次的患者享受了诊间结算的便利。全市二级以上医疗机构电子病历系统建设率达到了 82%,应用率达到了 100%,实现了居民电子健康档案的实时源头采集、互通共享。

家庭信息惠民服务在全市范围内全面推开。杭州电信 ITV(interactive television)用户数已经达到 65 万,能够为本地用户提供实时路况、交通违章/违停查询、物价、公积金、气象、空气质量等多项便民服务。"智慧杭州"手机门户整合了政务、公共事业、交通、旅游、生活、吃喝玩乐、教育、金融、医疗、掌上天翼等十大栏目,注册用户数超过 60 万。华数云电视已建成全国最大的数字节目内容库,信息惠民服务平台汇集了水、电、煤、社区等多个服务体系,"社区频道"覆盖杭州主城区约 200 万居民 300 余个社区单元;"价立方"栏目覆盖杭州主城区约 400 万居民,每天为市民提供 10 万余条价格信息服务;"就业招聘"栏目覆盖全市约 300 万户、900 万城乡人口,每天提供上万条就业招聘信息。华数集团国家数字家庭应用示范产业基地已成为全国第二家国家数字家庭应用示范产业基地。

## (二)资源纵向下沉,服务范围覆盖全市乡镇街道

智慧医疗服务推进业务下沉和优质资源纵向流动。建设远程会诊平台,实施"县域城乡优质资源共享"和"市属医院与城区社区卫生服务中心优质资源共享"工程,联结市、区(县、市)和乡镇(街道)卫生院(社区卫生服务中心)三级医疗服务体系,到 2014 年末,主城区社区卫生服务中心共提交市属医院的疑难心

电会诊 1 255 例、疑难影像会诊 2 515 例。建立全市统一的连接所有市级医院和城区 45 家社区卫生服务中心的双向转诊平台，截止到 2014 年底，已有 1 200 余例患者通过平台上转至省、市医院，完善了分级诊疗体系。积极推进智慧医疗应用，全市 12 家市属医疗卫生单位、3 家市直管民营医院、27 家县级医院、主城区及余杭区 65 家社区卫生服务中心和 276 家社区卫生服务站全部推广实施了市民卡"诊间结算"，10 家省级医院也均开通了市民卡诊间结算服务，基本实现全市通用。

构建覆盖市、区（县、市）、乡镇（街道）、村（社区）的四级就业惠民服务网络，所有乡镇（街道）和村（社区）已完成人力资源信息网络服务网点建设。2014 年全市共有 8.1 万家次用人单位通过人力资源信息网发布就业岗位 92.4 万个，外网点击量 488.1 万次。依托人力资源信息网络，全市利用基层就业服务平台通过电视显示屏发布信息 15 521 次，利用电子显示屏发布信息 6 091 次。杭州市是全国金保工程示范城市，也是全国首批 15 个"电子社保"示范城市之一，被人力资源和社会保障部列为全国失业预警试点城市，失业预警系统被评为 2014 年全国地方就业十大创新事件之一。

教育惠民行动全面推进"宽带网络校校通"建设。实现市及区（县、市）和学校三级千兆网络高速互联互通，所有公办中小学实现"校校通"，同时通过教育城域网接入 CERNET。在全面推进"宽带网络校校通"建设中，中小学千兆网络接通率达 90% 以上，中小学百兆到所有班级和教师办公室的宽带基本达到 100%。班级教学多媒体配备比例 100%，计算机生机比达到 4.2∶1。拱墅区教育局成为国家级"区域信息化试点单位"，杭州市第十四中学、源清中学、胜利小学、西湖小学成为国家级"中小学信息化试点单位"，源清中学等 5 校被确定为国家级数字校园建设示范校，交通职业高级中学、电子信息职业学校、临平职业高级中学、萧山第三中等职业学校等 7 校列入浙江省首批和第二批职业教育数字化资源建设基地学校。2014 年，杭州教育信息化试点受到教育部办公厅通报表扬。

公安惠民服务强化视频监控系统建设。图侦手段在全市侦查办案专业部门得到了广泛运用，2014 年全市通过视频监控系统共预防案事件数 11 348 起，协破刑事案件总数 7 027 起，抓获犯罪嫌疑人数 4 981 人，协处治安案件总数 8 043 起，分别同比提升了 10.71%、28.02%、11.01%、21%。视频监控和智能卡口系统全面提升了交通管理智能化水平，2014 年全市通过视频监控系统共处理交通违法数已达到 3 142 126 次，同比提升了 31.52%，为缓解"行路难、停车难"问题提供了全方位支撑。

### （三）信息技术广泛运用，服务形式实现多渠道拓宽

养老惠民依托社区居家养老服务体系实现多渠道集成服务。以"96345 平台"

为核心搭建立体型、跨网络的智慧通数字养老呼叫服务系统，通过"智慧养老"呼叫终端、手机 APP、微博、微信与居民进行互动，集成了老人数据信息动态管理、智能感应、无线音画传输、全自动预警、GPS 定位、实时优化救助等先进的人性化服务应用。截至 2014 年底，杭州市政府购买"智慧养老"服务项目累计发放呼叫终端 12.7 万余台，总呼叫量超过 25 万人次，经过运营平台确认的有效紧急呼叫次数 1 277 人次，运营平台加盟的社会组织超过 5 800 家。居家养老服务需求评估系统目前已经保存超过 40 万老年人的基础信息，累计为 9.2 万老年人提供服务需求评估，市政府累计为 7.005 万老年人提供"居家养老"服务补贴。2014 年 7 月，杭州市被确定为全国 42 个养老服务业综合改革试点地区之一。

城管服务以"一中心四平台"（城市管理指挥中心、智慧城管日常运行管理平台、应急指挥平台、公共服务与互动平台、政策分析研究平台）为载体推进城管智慧化管理。开通微博、微信、手机 APP 服务平台，将城管执法热线 96310、城建城管热线 12319 进行资源整合，打造集互联网站、热线投诉、微博、微信、手机 APP 等多个渠道为一体的全天候城管服务体系。"贴心城管"APP 服务自 2014 年 4 月上线以来，已注册用户 2.6 万余人，累计为市民提供停车诱导、公厕、便民服务点等查询服务 580 万余次，"我来爆料"栏目受理市民公众各类爆料 7 600 余条。杭州是全国第一个通过验收的数字城管试点城市，基于信息采集市场化、资源整合等工作上的创新被认可为"杭州模式"。

### （四）惠民基础不断夯实，服务支撑能力得到加强

全面推进人口、法人、地理空间等基础信息资源数据库建设和资源开发利用。依托市民卡项目加快杭州市人口库建设，以公安户籍信息为主，比对社保、地税、住房公积金、教育、卫生和市民卡相关信息的个人基础数据库已经扩充到 1 000 万条，人口库涉及单位 9 个，在库基本指标项 6 个，扩展指标项 256 个，在库记录条数 10 680 万条。人口库是打造市民卡服务平台和公共信用信息平台的基础数据库，已成为推动各类市民服务项目发展的重要支撑系统。

依托杭州市企业互联项目加快杭州市法人单位数据库建设，在统一采用组织机构代码为标准的前提下，实现工商、国税、地税、质监、统计 5 个部门有关企业基础信息的实时交换与传递，逐步建设完整的杭州市企业基础信息数据库。目前，法人库以工商信息为主，汇集了国税、地税、质监、统计等信息的企业法人数据库 23 万家，其中，法人库涉及单位 7 个，在库基本指标项 10 个，扩展指标项 175 个，在库记录条数 2 210 万条。法人库数据已通过杭州市政务信息资源共享和交换的基础平台与全市 63 个政府部门（区县）实现共享，并在全市企业基础信息互联、就业再就业协查、建筑业行业监管、保障性住房收入协查等系统中应用。

建成包含基础地理、政务版和公众版 14 大类、50 个小类、480 个图层的数字杭州地理空间框架，实现全市 94 家单位、37 个管理系统平台通过地理信息公共服务平台在线共享地理空间数据，完成了规划管理信息综合平台、数字城管系统、电梯应急救援指挥系统、拆迁安置房管理信息系统、经济户口地理信息系统、无线通信基础设施信息管理系统和城市信息一点通系统等 7 项典型示范应用，形成了杭州市唯一、权威和开放的地理信息公共服务平台，为政府部门和社会公众提供了在线地图、在线服务、二次开发、元数据查询浏览等多种形式的地理信息服务，实现了跨部门、跨平台的地理信息共享。

继续强化信息化基础设施建设，杭州是首批三网融合国家试点城市、国家下一代互联网示范城市和国家 4G 商用试点城市，截至 2014 年 12 月，全市因特网出口带宽已达 1 660G，同比增长 33.12%；全市互联网宽带接入用户 361.11 万户，同比增长 19.85%；全市移动电话用户达到 19 312 万户，3G 用户达 661.82 万户，4G 用户达 227.45 万户，室外公共场所 WiFi 免费向公众开放站点数达 3 800 余个，累计注册用户达 250 万，全网综合通信能力在全国名列前茅。

杭州信息惠民工作措施扎实、综合效益明显，给广大居民带来了实实在在的好处，得到居民的充分认可。根据第三方对信息惠民满意度情况进行的抽样调查，市民对杭州信息惠民服务满意度较高，各领域信息惠民满意度均超过 80%，总体满意度达到了 85.80%，其中"服务的便捷感"满意度为 87.58%，"生活的安全感"满意度为 84.79%。从细分领域看，社保服务、社区服务、家庭服务、医疗服务领域市民满意程度最高，分别达到 92.22%、90.39%、88.83%、88.70%（表 15-1）。

表15-1 信息惠民调查市民满意度情况汇总

| 二级指标 | 满意度/% | 领域 | 满意度/% |
|---|---|---|---|
| 服务的便捷感 | 87.58 | 社保服务领域 | 92.22 |
| | | 医疗服务领域 | 88.70 |
| | | 社区服务领域 | 90.39 |
| | | 就业服务领域 | 86.96 |
| | | 养老服务领域 | 86.17 |
| | | 教育领域 | 84.94 |
| | | 家庭服务领域 | 88.83 |
| | | 智慧城管领域 | 82.42 |
| 生活的安全感 | 84.79 | 公共安全领域 | 87.73 |
| | | 食品药品安全领域 | 81.84 |
| 总体满意度 | | | 85.80 |

## 二、杭州信息惠民国家试点城市建设主要做法

杭州市紧密结合自身信息惠民建设的基础和实际，逐步探索形成了"构建一个顶层设计、突出两个强化、实现三个创新、完善四大保障、落实五个统一、建设六大平台"的工作格局，在工作推进机制、政务信息整合、惠民载体建设、引导市场参与和强化惠民保障上形成了符合杭州实际的模式特点。

### （一）构建顶层设计，落实推进机制

杭州市为有效推进国家信息惠民试点城市建设，注重在工作机制上完善顶层设计，构建形成了"一把手推动+跨部门统筹协同"的推进机制。将信息惠民国家试点城市建设纳入杭州市国家级试点和基地建设工作领导小组职责范围，信息惠民与国家级试点和基地建设工作领导小组合一，组长、副组长分别由市政府主要领导和分管领导担任。全面推进信息惠民国家试点城市创建与国家政府信息资源共享及业务协同试点城市、国家信息化综合试点城市、全国建设健康城市试点城市、国家云计算服务创新发展试点城市、信息消费国家试点城市建设的有效衔接，强化整体协同推进。

领导小组全面推进日常建设工作的协调。领导小组由市政府领导，市直属有关部门和各区（县、市）主要负责人组成。领导小组办公室设在市发展和改革委员会，负责信息惠民国家试点城市建设的日常工作。领导小组办公室根据工作需要，多次组织召开信息惠民试点城市建设专题会议，征求《杭州市信息惠民国家示范城市实施方案》《杭州市信息惠民国家试点城市建设三年行动计划（2015—2017年）》意见。召集成员部门负责人共同研究确定信息惠民重大工程建设内容、工作目标、资金保障、考核办法等关键问题，合力提升信息惠民服务水平。

深化落实国家信息惠民试点城市建设方案。根据国家发展和改革委员会等12部委批复同意的《杭州市信息惠民国家试点城市建设工作方案要点》，出台了《杭州市信息惠民国家试点城市建设三年行动计划（2015—2017年）》，结合政务数据资源共建共享行动和五大信息惠民专项行动，明确了信息惠民重点建设项目、确定了各项任务的工作要求、细化了年度推进计划、落实了项目牵头单位，确保推进工作落在实处。

强化对信息惠民国家试点城市建设的考核。杭州市确定将发展信息经济和智慧应用作为全市发展的"一号工程"，信息惠民国家试点城市建设被列入"一号工程"的重要内容，严格加以考核。

建立第三方评估和反馈机制。为准确掌握信息惠民工作的建设成效，全面了

解居民对信息惠民服务的感受，2015 年 4 月，杭州市政府委托杭州市社会经济调查局对信息惠民满意度情况进行了抽样调查，共抽取 10 个社区 500 户居民进行入户调查，发放问卷 500 份，回收问卷 500 份，对杭州信息惠民工作发展情况进行了客观、科学的评估。杭州与试点工作自评价相结合，加快形成阶段性开展第三方评价、以评促建的长效机制。

（二）实现三个创新，发挥市场作用

创新"政府主导+市场化运作"的惠民服务建设方式。杭州市民卡项目坚持公益性为主，在体制上管办分离，通过市场化运作和企业化运营达到了良性发展。2014 年，杭州市民卡有限公司在信息惠民行动中总资金投入约 9 832 万元，其中，智慧医疗项目作为市民卡信息惠民行动的主要投入项目，2014 年实际投入 2 162万元。通过市场化灵活运作，不断提高市民卡的服务能力和盈利能力，市民卡有限公司已实现盈亏平衡，在为政府和市民提供高质量的公共服务和便民服务的同时，减轻了财政负担。

创新"企业建设+政府购买服务"的公共服务提供方式。杭州以政府购买云服务的方式，引入阿里云、华数集团、浙大网新参与杭州智慧电子政务云平台的技术解决方案和系统集成服务建设，三者分别负责平台建设、运营维护和软件开发。通过政府购买，杭州政务云充分依托"阿里云"（全国公认的最先进、最强大的云服务基础平台优势），引导和鼓励各类应用上"云"，实现了财政资金节约、安全保障增强、服务水平提升。为利用政务云打破部门信息化系统孤岛，推进经济社会多领域数据融合，提高跨部门、跨层级业务协同水平提供了有力支撑。

创新"盈利性服务+公益性服务"结合的内容集成方式。华数集团是国内领先的有线电视接入和视频服务提供商，在网络铺设、宽带接入和高清数字节目播放方面拥有雄厚实力。杭州在华数有线、视频等营利性服务基础上叠加水、电、煤、社区、公交、物价、就业招聘、机场、长途运输、医疗卫生、居家关怀、应急信息及家庭安防等多项公益性惠民服务信息并覆盖全市城乡，使其成为惠民服务延伸的智慧终端。杭州电信也在自身的 ITV 平台的基础上，为杭州本地用户提供实时路况、交通违章/违停查询、物价、公积金、气象、空气质量等多项便民服务，水电煤查询及缴费、预约挂号等应用服务也即将上线。

（三）落实"五个统一"，整合政务信息

以"统一规划设计、统一基础支撑、统一数据归集、统一应用发布、统一安全管理"为目标，着力构建以浙江政务服务网杭州平台为基础的全市一体化的智慧电子政务管理体系。

统一规划设计。强化电子政务顶层设计，建立目标明确、方向统一、层级衔接、分步推进的智慧电子政务规划实施体系。

统一基础支撑。强化现有政务云、政务网络等基础设施的整合和升级改造工作，打造全市统一的智慧电子政务云、智慧电子政务网络，提升基础设施支撑能力。

统一数据归集。基于杭州市智慧电子政务云平台，搭建政务数据库，利用浙江政务服务网杭州交换中心实现政务数据统一归集，形成政务数据共享开放的良好格局。

统一应用发布。利用浙江政务服务网杭州平台，统一发布行政审批、便民服务事项等应用，实现单点登录、游遍全网的目标。

统一安全管理。强化杭州智慧电子政务云、智慧电子政务网络、智慧政务应用系统安全规范管理，建立健全智慧电子政务安全管理机制，保障政务数据安全可控。

### （四）建设六大平台，打造惠民载体

杭州市智慧政务云平台。改变了以往面向应用的"点对点"的数据交换方式，实现了部门间信息交换"一点接入、普遍联通"和"一套设施、普遍适用"的互联互通模式，有效避免了数据交换设施的重复建设，减少了部门端业务系统的资源消耗；此外，建立了信息资源归集、管理和发布平台，从技术上解决了"发现、定位和使用"信息资源的根本性问题，为扩大信息资源共享范围和使用形式，最大限度地挖掘数据资源使用价值创造了支撑条件。平台已承载权力阳光、政府联合征信系统、就业再就业协查等31项全市重大信息化系统，全市接入交换平台的部门和区（县）共计63个，基本涵盖全市直机关和所有区（县）。

市民卡应用综合平台。通过新建、改造、整合各类与市民办理个人社会事务相关的政府部门信息系统，形成市民基础信息交换共享平台，打造以智能卡为载体，覆盖全市街道/社区、面向市民的政府社会管理和公共服务体系；建设以电子支付和个人身份识别为手段的商业便民服务体系，逐步拓展商业增值应用。杭州市民卡实现了社会保障卡、就诊卡、公园卡、公交卡等20余种卡、证的合一或功能兼容，市民出行、看病、办事、消费"一卡在手、通行杭州"。

杭州就业服务信息平台。杭州市就业服务信息平台以市就业事务管理系统为核心，依托四级公共就业服务机构，实现"数据向上集中、服务向下延伸"，城镇失业人员、离校未就业大学毕业生、农村转移劳动力、新杭州市人四类群体都能通过乡镇（街道）或村（社区）就近接受"一站式"的就业服务。就业事务管

理系统能自动产生服务群体的服务需求，对服务对象进行跟踪服务和信息记录。通过系统实现绩效考核信息化，从后台数据变化反映社区（村）基层劳动保障工作站的工作情况，对数据库变动情况进行维护，体现辖区内就业基本状况。

96345 社会公共服务平台。96345 平台利用浙江华数三网融合优势资源，有效搭建由 96345 热线、数字电视、网站、手机、居家养老平台等多个终端组成的综合服务平台，形成标准统一、功能完善、安全可靠的政务信息和公共服务网络，为社区居民提供全方位、高效、优质的信息查询服务。在信息整合的同时，96345 热线积极对接街道、社区、社区医院、社工、社区志愿者和企业等，搭建起居民和服务机构、服务商家之间的沟通桥梁，实时对接居民及商家间的服务需求，构建完善的社区服务闭环体系。

城市管理信息融合与数据资源共享平台。强化城市管理系统内部数据梳理、整合与电子政务云应用的推广，通过集约化展示平台和 SOA 平台的建设，将 20 余个系统的数据进行整合，结合 GIS 地图、流媒体中心，将人员车辆的定位轨迹、视频监控、城市事件、城市部件集中在统一的平台上进行直观展示。

家庭服务信息平台。杭州电信在 ITV 平台的基础上，为杭州本地用户提供实时路况、交通违章/违停查询、物价、公积金、气象、空气质量等多项便民服务，水电煤查询及缴费、预约挂号等应用服务也即将上线。华数云电视信息惠民服务平台汇集了水、电、煤、社区、公交、物价、就业招聘、机场、长运、医疗卫生、居家关怀、影院服务、旅游服务及家庭安防等多个服务体系，通过华数数字电视有线网络全面覆盖城乡居民。

### （五）完善四大保障，增强支持力度

完善信息惠民的制度保障。将信息惠民国家试点城市建设工作的基本目标和主要任务纳入全市信息经济智慧应用"一号工程"建设，编制发布了《杭州市信息惠民国家试点城市建设三年行动计划（2015—2017 年）》《关于推进智慧电子政务建设工作的若干意见》《杭州市智慧电子政务项目管理办法（试行）》等，形成较为完善的制度保障体系。

完善信息惠民的资金保障。2013~2015 年，杭州市政府信息化项目投入财政资金 10 亿元以上，重点用于保障和改善民生领域的公共服务。此外，市财政从每年 40 亿元的市产业专项资金中，重点支持一批企业信息惠民项目，主要涉及智慧医疗、智慧交通、智慧社区、智慧家庭服务、智慧教育等民生工程。

完善信息惠民的数字资源保障。市政府办公厅下发了《杭州市政务数据资源共享管理暂行办法》，用于规范政务数据资源采集、归集和共享活动。杭州市正在抓紧编制《政务数据资源目录》《政务数据资源共享目录》等文件，梳理政府

各部门的政务信息资源，按可以无条件共享的信息资源、有条件共享的信息资源、不予共享的信息资源，可开放信息资源，不可开放信息资源明确分类，并按照"一数一源"原则，明确提供信息资源的第一责任部门。

完善网络与信息安全保障。全面构建城市网络安全综合保障体系，提升应急基础平台、容灾备份平台和测评认证平台等基础设施支撑能力，全面落实风险评估、等级保护、分级保护和应急管理等监管制度，培育发展安全测评、电子认证、安全咨询和容灾备份等社会化服务，加强网络空间综合治理，提高全民网络安全意识，营造安全可信的信息社会环境。

## 三、杭州信息惠民国家试点城市建设的典型案例

### 案例 15-1　市民卡应用

#### 1. 市民卡应用领域

智慧医疗项目，实现"全人群"受益。市民卡"诊间结算"免除了杭州市市级参保人群窗口反复排队付费的烦恼，在市委市政府"一号工程"的推动下，实现了 30 多万的省级参保人群在市属医院和社区卫生服务中心就诊时，同样可以享受诊间结算的便利；在市属医院和主城区社区卫生服务机构发放浙江·杭州健康卡，具有就诊和诊间结算等智慧医疗功能，共发放了 14.9 万张，让外地自费病人同样享受到了杭州"智慧医疗"带来的就诊便利。使用居民健康卡（市民卡+浙江·杭州健康卡）就诊的医疗机构比例达到 100%，覆盖 99% 的常住人口，累计有 736 万人次的患者享受了诊间结算的便利。实现"全院通"结算。通过"以病人为中心"设计智慧结算流程，将市属医院市民卡诊间结算延伸至注射室、B 超室、放射科、心电图室等医技科室，住院病人持市民卡可以直接在护士站办理出院费用结算，并且市民卡在医院内停车场、小卖部、食堂等需要收费的所有环节全部通用，不留传统收费模式的死角，智慧结算实现全院通。市级医院智慧医疗结算使用率达 59.77%，实现"全自助"服务。开发自助设备、智能手机等智慧医疗新载体，启用了集成全部市属医院的"杭州智慧医疗"手机 APP，提供预约挂号、检查结果查询等服务，在全部市属医院统一推出了医生诊间预约超声、磁共振等辅助检查的智慧预约服务，统一投放了具备市民卡充值、预约挂号等功能的多功能自助机，并统一设立了"自助服务区"，不少医院关掉了楼层收费窗口，部分医院除保留个别传统窗口用于人工处理以外，关停了门诊大厅挂号收费窗口。截至 2014 年底，市属医院自助机挂号使用率达到 70%。实现"全城通"应用。积极推进智慧医疗应用，全市 12 家市属医疗卫生单位、3 家市直管民营医院、27

家县级医院、主城区及余杭区 65 家社区卫生服务中心和 276 家社区卫生服务站全部推广实施了市民卡"诊间结算"，10 家省级医院也均开通了市民卡诊间结算服务，基本实现全市通用。405 余万人开通智慧医疗功能，活跃人数达 110 万人，累计使用人次 780 余万。

智慧交通项目。进一步完善公共交通信息服务、第三方清结算平台，打造智慧交通综合信息服务平台，提供智慧公交服务，助推市民智慧出行，公共交通智慧管理。2014 年，实现道路停车收费补缴市民卡（电子钱包）刷卡支付、市民卡账户网上支付。配合市治堵办"P+R"换乘优惠政策的实施，完成地铁湘湖站、临平站、九堡站停车场系统的升级改造，实现换乘优惠措施落地。配合地铁 2 号线东南端的开通运营，做好技术、业务、服务的对接工作，实现地铁站点杭州通卡（市民卡）自动充值、自动检票系统的正常运行。

"慧"支付平台项目。依托市民卡线下支付应用体系，建立互联网支付和移动支付系统，衔接预付卡业务和互联网支付、移动支付业务，打造预付卡支付、互联网支付和移动支付三位一体的全方位支付网络。推出"和包·杭州通"产品，实现手机在公交及小额支付领域刷卡消费功能。完成市民卡互联网支付平台一期建设，实现预付卡系统与互联网系统顺利对接互通。实现市民卡官方微信、APP、手机 WAP 版正式上线，提供市民卡应用功能自助查询、基础服务介绍、业务办理、特约商户信息和最新公告提醒等服务，为市民带来全新体验。

区域合作项目。根据市政府简复单（府办简复 第 B20141391 号）批示精神，完成对三区、四县（市）政府及相关部门的意见征询，拟订《区县（市）市民卡中心公司化整合工作实施方案》，于 2014 年底启动整合试点工作，力争 2015 年内基本实现杭州主城区与三区、四县（市）市民卡的统一管理、统一运营。

惠民征信项目。利用市民卡已深入百姓生活应用的基础，打造杭州市民"诚信卡"，建立个人信用信息服务平台，构建杭州市民信用评级体系，开展个人征信服务，使市民卡成为市民个人信用信息采集和应用的载体。根据市政府简复单（府办简复 第 B20140834 号）批示精神，已完成征信业务基础系统建设，通过国家信息系统安全等级三级测评。完成征信业务可行性研究报告及内控制度制定，经中国人民银行杭州中心支行审核，向中国人民银行总行正式提交杭州惠民征信有限公司（筹）个人征信业务许可证申请材料。配合市政府在市民卡服务窗口提供信用信息查询服务。

公共服务项目。①推广市民卡刷卡健身，从 2014 年 9 月 1 日起，配合市体育局实现杭州主城区 251 所公办中小学校体育场地免费开放。三区、四县（市）约 240 所学校于 12 月 1 日起陆续开放。②联合杭州图书馆，为全市 800 万市民卡用户免费开通图书借阅功能。服务覆盖整个大杭州范围内杭州图书馆总馆、24 小时微型图书馆、区（县、市）馆、专业分馆、乡镇（街道）图书馆及村（社区）级图书室。③配合杭州市大学生基本医疗保险相关政策的执行，为在杭参保的高校大学生统一办理市民卡。④与杭州市团委合作，面向全市 80 余万名志愿者，实行便利、精细、数字化的管理模式，推出"市民卡志愿服务信息记录功能"。⑤对在杭境外人士发放市民卡（社保卡），满足境外人士在杭就医结算和办理其他社会事务的需求。⑥在实现市民卡"公园年卡"功能的基础上，推出市民卡"庙票年卡"功能，开通后可全年凭卡进出 11 家市属各大寺院。

2. 市民卡业务办理

杭州市民卡已建成一套较为完善的智能卡服务体系，包括服务窗口（1 个市民卡中心大厅、1 个公交 IC 卡发售中心、4 个市民卡服务厅、8 个市民卡服务网点）、96225 服务热线、www.96225.com 服务网站、自助服务网点、短信平台、官方微信、手机客户端，以及合作充值服务网点（包括公交 IC 卡充值服务点、地铁站点、农业银行主城区服务网点、工商银行主城区服务网点、连锁便利店等），基本实现对杭州城区的合理布局与全面覆盖，能充分满足用户办卡、充值、咨询及网上支付等各类需求。在杭州区县的市民之家和合作银行网点也建立了相应的市民卡服务网络。杭州市民卡已基本形成集约化、延伸化及多渠道服务能力。

3. 市民卡资源共享利用

市民卡依托以一库两平台为主构建的技术系统，一库是杭州市个人基础信息库，包括各个业务部门的业务数据和人口的基础数据。两平台是指政务数据交换平台和支付清结算平台，政务数据交换平台作为全市政务电子系统重要的基础设施，目前已扩展到杭州市 60 多个政府部门及所辖区县；支付清结算平台为公交、地铁等公共交通机构和加盟商户提供第三方清结算服务。

## 案例 15-2　社区惠民服务信息化

1. 社区服务能力提升

杭州市社区领域信息惠民主要通过 96345 社会公共服务平台开展，96345 平台积极整合信息资源、服务资源，利用浙江华数三网融合优势资源，有效搭建由热线、数字电视、网站和居家养老平台等多个终端组成的社区公共服务平台，通过社会公共服务资源与社区服务资源的整合，形成了标准统一、功能完善、安全可靠的政务信息和公共服务网络，为社区居民提供全方位、高效、优质的信息查询服务及便民落地服务。

96345 平台也全面做好社区服务落地工作，积极对接街道、社区、社区医院、社工、社区志愿者和企业等单位，搭建起居民和服务机构、服务商家之间的沟通桥梁，实时对接居民及商家间的服务需求，构建完善的社区服务闭环体系。

96345 平台还与杭州 40 余家政府职能部门及公用事业单位通过远程座席方式，建立了信息对接及联动服务机制。除为居民提供各类政策、办事流程等咨询服务外，还统一受理对于政府各职能部门及公用事业单位的咨询、求助、建议，构建了"受理、处理、反馈"一条龙信息处理平台，政务服务、城市公共信息服务、社区便民服务、商务信息服务、居家养老服务、中小企业信息服务在 96345 平台得到"一站式"受理，初步形成较为完善的面向政府、街道、社区、企事业单位和全体居民的信息化社区公共服务体系，方便了居民工作及生活。

2. 社区信息联动采集

加强跨部门信息实时对接。积极推进与部分单位的深度合作，如与省公安交通管理局、市物价局、市人力资源和社会保障局等部门及机场、水电煤等单位的合作，实现了实时系统对接，完成了信息同步更新。

打造专业信息编辑团队加快信息更新。中心数据库已整合了 50 多万条生活服务信息，96345 平台还组建了专业的信息编辑团队，在收集整合信息的基础上按照科学的方法将庞杂的信息进行梳理、分类，形成一个完备的中心数据库，提供高效的数据分类检索功能和查询功能，快速定位服务信息，从而确保信息准确、及时、权威。

3. 社区服务模式创新多元

96345 热线服务中心现拥有座席 30 席，2014 年全年总来电量为 2 107 666 通，日均量 5 770 通，热线服务满意度在 99.9%以上，通过高效的信息答复、服务落实，满足了居民的服务诉求。为切实向居民提供更便捷的服务，96345 热线服务还积极探索"一个中心，多个落地点相结合"的服务模式，与各城区、社区大力合作，开展分中心及落地服务点建设。目前，已完成杭州市江干区社区服务中心、胭脂新村、上羊市街等社区落地服务点建设。除分流话务外，96345 热线服务工作人员还现场受理居民面对面的咨询及服务需求，将家政服务、机票预订、火车票预订、长途汽车票预订及政策咨询等服务带进社区，有效地贴近了居民生活；同时为保证落地服务质量，解决居民生活需求，96345 热线服务组织各类商家服务联盟、志愿者团队，为社区居民提供生活服务和帮助。"96345 商家联盟"的组建，更确保了居民拨打 96345 热线服务，即可享受到就近、优质、优惠、放心的生活服务。

数字电视服务。"数字电视社区信息化平台"是 96345 平台提供社区公共服务的重要载体，数字电视"96345 生活专栏"日均点击量 10 000 次以上。依托华数数字电视机顶盒的优势，可将电视用户信息按社区进行划分，并与家庭地址进行精确匹配。数字电视机顶盒地址的唯一性及准确的个人用户信息登记，在最大限度上保证了信息的有效到达率及信息安全。通过数字电视，用户还可以便捷地查询水电燃气账单信息、社保医保公积金账户信息、交通违法信息、航班实时起降及误点信息等。同时，全新的数字电视社区信息化平台还可协助政府职能部门在数字电视上完成投票、民意调查、活动宣传等工作。

96345 便民服务网站。作为 96345 公共服务平台的组成部分之一，通过互联网的方式，将海量接入信息通过网站向居民进行展示。

96345 社区活动。96345 平台每年组织 60 余场便民、助老、助残主题社区活动，联合服务商家到社区为居民提供免费公益服务，如健康咨询、法律咨询、各类免费维修服务等。2014 年，96345 平台共组织社区便民活动 50 多场，活动覆盖杭州市的六大城区，活动内容以"公益、便民"为主题落实开展，在社区现场为用户提供各类免费及优惠服务，得到了社区居民及社区工作者的认可。

居家养老服务平台。96345 平台利用先进的建设技术和经验，搭建了一个立体型、跨网络的智慧通数字养老呼叫服务系统。该系统集成了老人数据信息动态管理、智能感应、无线音画传输、全自动预警、GPS 定位、实时优化救助等先进的人性化服务应用，可为老年人提供按键呼叫、回拨服务、系统短信发送等帮助，还能借助 96345 落地服务功能，为老年人提供日常社区服务、生活上门服务，让老年人足不出户就能享受到便利的为老服务。平台还能及时为老年人提供救助，当老年人身体不适按下应急救助键，系统将第一时间拨通服务中心座席或者老年人亲属手机，寻求紧急救助，呼叫器也将自动触发老年人屋内摄像头，及时捕获老年人家里现场情况，并自动下发图片短信给亲属、社区工作人员或服务中心座席人员，便于他们进行直观的判断及救助，实现多方位、多角度的救助响应。利用现有居家养老服务平台，96345 平台已先后和市、区级民政部门共同合作多个居家养老服务项目，并提供了强有力的技术和服务支撑。

手机服务。96345 平台通过手机 APP 软件"杭州帮"、微博、微信与居民进行互动，为居民提供各类便民服务信息，实现服务落地。

# 第十六章 推进杭州新型智慧城市建设思路研究①

新型智慧城市是以为民服务全程全时、城市治理高效有序、数据开放共融共享、经济发展绿色开源及网络空间安全清朗为主要目标，通过体系规划、信息主导、改革创新，推进新一代信息技术与城市现代化深度融合、迭代演进，实现国家与城市协调发展的新生态，是信息化环境下实现城市可持续发展的基本模式。习近平在主持召开网络安全和信息化工作座谈会上的讲话中指出，"要分级分类推进新型智慧城市建设"，在主持就实施网络强国战略进行第 36 次集体学习时再次提出，"以推行电子政务、建设新型智慧城市等为抓手，以数据集中和共享为途径，建设全国一体化的国家大数据中心，推进技术融合、业务融合、数据融合，实现跨层级、跨地域、跨系统、跨部门、跨业务的协同管理和服务"。总书记的重要讲话，对我国新型智慧城市建设提出了明确方向和根本遵循。

## 一、推进新型智慧城市建设的背景与要求

### （一）推进新型智慧城市建设的背景

自 2008 年 IBM 提出"智慧地球"的概念以来，建设智慧城市，应对城镇化发展过程中带来的人口增长、环境污染、交通拥堵等各类"城市病"，促进城市健康、安全和可持续发展，已经成为全球城市发展的共同诉求和大势所趋。此前的 2004 年，韩国、日本先后推出 U-Korea、U-Japan 国家战略规划。2010 年，美国提出加强智慧型基础设施建设和推进智慧应用项目的经济计划，欧盟制定了智慧城市框架，新加坡提出了"智慧国 2015 计划"。

中国从国家层面首次提到智慧城市是 2012 年 1 月颁布的《国务院关于印发

---

① 本章系作者承担的杭州市发展和改革委员会 2016 年重点招标课题"推进杭州新型智慧城市建设思路研究"的有关内容，其中主要观点获浙江省委常委、杭州市委书记赵一德的批示。

工业转型升级规划（2011—2015 年）的通知》，该通知从推进物联网应用的角度，明确了智慧城市的应用领域。2014 年 3 月，中共中央、国务院印发《国家新型城镇化规划（2014—2020 年）》，提出利用大数据、云计算、物联网等新一代信息技术，推动智慧城市发展，首次把智慧城市建设引入国家战略规划，并提出到 2020 年，建成一批特色鲜明的智慧城市。2014 年 8 月，经国务院同意，国家发展和改革委员会等 8 部委联合印发了《关于促进智慧城市健康发展的指导意见》。从 2013 年国家住房和城乡建设部公布首批 90 个国家智慧城市试点开始，截至 2016 年 10 月，我国已经先后发布了近 300 个国家智慧城市试点，并出台了相应的规划。在国家试点的作用下，代表着创新发展的智慧城市工程，吸引了更多城市纷纷投入智慧城市建设。

近年来，各地区、各部门智慧城市建设积极性很高，取得了不少进展，同时也暴露出许多问题：一是盲目跟风，无明确目标；二是协调不够，各自为政；三是试点较多、流于形式；四是体制机制缺乏创新；五是信息安全考虑不足。这些问题导致一些地方出现思路不清、盲目建设的苗头。此外，从城市居民的获得感来讲，特别是在惠民领域，通过智慧城市建设让老百姓看得见摸得着的东西不多。亟待加强顶层设计，统筹规划，科学引导，有序推进。在此背景下，我国在以往智慧城市理论和实践基础上，进一步提出建设新型智慧城市。

推进新型智慧城市建设，是党中央、国务院立足于我国信息化和新型城镇化发展实际，为提升城市管理服务水平，促进城市科学发展而做出的重大决策。2015 年 11 月 3 日《中共中央关于制定国民经济和社会发展第十三个五年规划的建议》提出，以创新、协调、绿色、开放、共享五大理念，推进以人为核心的新型城镇化。2016 年 3 月 17 日，正式公布的我国《国民经济和社会发展第十三个五年规划纲要》提出，"以基础设施智能化、公共服务便利化、社会治理精细化为重点，充分运用现代信息技术和大数据，建设一批新型示范性智慧城市"。

自新型智慧城市理念提出以来，国家从政策和举措上予以大力支持和积极引导。2016 年 7 月 28 日，国务院印发《国家信息化发展战略纲要》，加强顶层设计，提高城市基础设施、运行管理、公共服务和产业发展的信息化水平，分级分类推进新型智慧城市建设。为了从国家层面进一步统筹"条块"智慧城市建设中的重大议题和年度工作重点，全面推进新型智慧城市建设，国家发展和改革委员会、中共中央网络安全和信息化领导小组办公室等 25 个部委，于 2016 年 5 月联合成立了新型智慧城市建设部际协调工作组。各部门分管负责人任协调工作组成员。工作组主要职责如下：研究新型智慧城市建设过程中跨部门、跨行业的重大问题，协调各部门研究新型智慧城市建设的配套政策；加强对各地区新型智慧城市建设的指导和监督；建立监督考核机制，组织各部门制定统一的智慧城市评价指标体系，协调发布智慧城市年度发展情况；协调组织开展对外交流合作。

国家发展和改革委员会、中共中央网络安全和信息化领导小组办公室联合印发了《新型智慧城市建设部际协调工作组2016—2018年任务分工》（以下简称《任务分工》）。《任务分工》对2016~2018年我国智慧城市建设进行了总体部署，对各部门、各领域工作进行了统筹协调。三年任务分工明确了部际协调工作组中25个成员部门的任务职责，共计26项。其中，部际协调工作组负责的总体任务包括开展新型智慧城市建设，加强城市顶层设计。25个成员部门任务包括：指导各地区推进政务大数据应用；指导各地区开展智慧城市时空基础设施建设与应用；指导各地区推动智慧医疗、智慧教育、智慧旅游、智慧交通、智慧社区、智慧水利、智慧城建、智慧人社、智慧医药、智慧生态、智慧能源及智慧农业等建设与应用；指导各地区推进网络基础设施建设、加强网络安全管理，开展智慧城市标准体系和评价体系建设及应用实施，加强新型智慧城市宣传和国际交流合作；等等。本次任务分工，部际协调工作组站在国家高度统筹谋划，对智慧城市建设进行了顶层设计，对各部门、各领域工作进行了统筹协调，明确了各部门的职责任务，这些任务又共同有机组成了整个智慧城市建设方向和内容，是推进我国智慧城市科学、有序建设的指导性文件。《任务分工》进一步明确了各部门在推动智慧城市建设中的职责、定位和主要任务，对加强顶层设计、统筹"条块"建设、推动智慧城市各领域应用，具有十分重要的作用和意义。

《任务分工》提出，围绕新型城镇化、"京津冀"协调发展、"长江经济带"等战略部署，统筹各类试点示范，分3年组织100个不同类型、不同规模、不同层级的城市开展新型智慧城市建设，以点带面，以评促建，树立标杆，引导方向。打造一批代表国家水平的、有创新引领作用的试点示范，选取一批有代表性的智慧城市优秀案例，加强经验的复制推广。

从新型智慧城市建设实践来说，2015年11月以来，深圳市、福州市和嘉兴市三市已正式向中央申报创建新型智慧城市标杆市，包括中国电科、华为、中兴等在内的IT领军企业已经先行一步，投入新型智慧城市建设的实践中。2015年8月以来，中国电科与深圳市、福州市、嘉兴市达成合作意向，深度参与新型智慧城市建设并发挥核心作用，在城市运营、大数据管理及网络安全等多领域运用体系工程方法，自顶层向下开展新型智慧城市建设，最终打造改革开放、创新生态、国家治理能力现代化三个方面的"新型智慧城市的新标杆"。2015年12月17日，在第二届世界互联网大会上，中国电科与深圳市、福州市、嘉兴市分别签署了新型智慧城市建设战略合作框架协议。中国电科提出"一个开放的体系架构、一个共性基础网、一个通用功能平台、一个数据体系、一个高效的运行中心、一套统一的标准体系"等"六个一"的思路，推进新型智慧城市建设，同时与国内外19

家企业和 3 所高校共同发起成立"新型智慧城市"建设企业联盟。华为打造了以"一云二网三平台"为整体架构的智慧城市解决方案,同时于 2016 年 7 月与中国电科、软通动力、太极股份等企业共同成立智慧城市生态圈,并发布智慧城市生态圈行动计划,共同助力新型智慧城市建设。中兴通讯在业内最早提出智慧城市1.0 和智慧城市 2.0 理念,与银川市共同打造了中国智慧城市标杆"智慧银川",同时,在城市大数据的重要性日益凸显之际,中兴通讯进一步提出智慧城市 3.0理念,以大数据的运营为核心,关键在于以大数据推进新型智慧城市建设。中兴通讯已经在沈阳等地开展智慧城市 3.0 的落地和实践,成功打造了"智慧沈阳"等新型智慧城市建设项目。

### (二)新型智慧城市建设的内涵与总体要求

新型智慧城市的理念开始由中国电科在 2015 年 12 月第二届世界互联网大会上提出。在中国电科看来,"传统意义上的智慧城市大多侧重技术层面,即基础网络、感知设备、云计算设施、共性平台及基础信息资源等。而新型智慧城市则指通过体系规划、信息主导、推进新一代信息技术与城市现代化深度融合和迭代演进,从而实现治理更现代、运行更智慧、发展更安全、人民更幸福。本质是提升政府、社会治理体系和治理能力,更好地为人民服务"。其认为新型智慧城市本质上是以信息为主导、网络为支撑、数据为要义、服务为根本的网络信息体系。作为智慧城市发展的新阶段,新型智慧城市是现代信息技术与城市深度融合的结果。新型智慧城市的"新"主要体现在三个方面:一是打破信息"烟囱",实现信息互联互通;二是实现跨行业大数据的真正融合和共享;三是构建城市信息安全体系,保障城市安全。

从智慧城市到新型智慧城市,事实上是智慧城市从 1.0 向 2.0 演进和迭代的过程。智慧城市 1.0 可以说是智慧城市建设的初级阶段,在此阶段,更为强调的是"信息化"和"技术",通过各类信息技术与城市管理、民生服务和产业发展等领域的融合应用,实现城市各部门的信息化建设,如政务部门的电子化和信息化系统建设等。然而,随着各类信息基础设施建设的不断完善,智慧城市理念不断走向成熟,大数据、云计算、物联网、移动互联网、人工智能等新兴的 ICT 技术迅猛发展,仅仅关注城市各部门的信息化建设显然不足以满足城市未来长远、可持续发展的需求,而传统智慧城市建设所造成的"信息烟囱""数据孤岛""重技术轻应用"等问题也逐渐暴露,由此,从智慧城市向新型智慧城市演进可以说是必然趋势。

与一般含义的智慧城市相比,新型智慧城市虽然仍然需要以各类信息基础设施的建设为基础,但更注重的是城市各类信息的共享、城市大数据的挖掘利用及城市安全构建和保障。新型智慧城市建设的关键在于打通传统智慧城市的各类信息和数据孤岛，实现城市各类数据的采集、共享和利用，建立统一的城市大数据运营平台，有效发挥大数据在"善政、惠民、兴业"等方面的作用。同时，随着城市信息化和智慧化程度越来越高，城市信息安全问题也越来越受到关注，新型智慧城市建设也更加重视城市信息安全体系的构建，保障城市各类信息和大数据安全。城市的发展最终是为"人"服务，根本上是促进人在城市中更好地生活和发展。因此，新型智慧城市也从过去以"信息技术"为出发点，回到"人"这一最根本的出发点和落脚点，"以人为本"成为新型智慧城市的根本特征。

### （三）新型智慧城市建设的评价指标体系

2016年11月22日，国家发展和改革委员会、中共中央网络安全和信息化领导小组办公室、国家标准化管理委员会联合发布《关于组织开展新型智慧城市评价工作，务实推动新型智慧城市健康快速发展的通知》（以下简称《通知》），要求根据相关评价指标，开展新型智慧城市评价工作。《通知》指出，在拟定的评价比重中，惠民服务，如政务、交通、社保、医疗、教育、就业、城市、帮扶等占37%，智慧市民满意度占20%，智能设施占7%，信息资源占7%，精准治理占9%，生态宜居占8%，网络安全占8%，改革创新占4%。新型智慧城市评价指标体系的特点有以下几点。

（1）围绕老百姓的便捷感、安全感、获得感、公正感、幸福感"五感"，突出智慧城市建设的应用效果和民众感受，以人为本，不以平台建设、投资规模为导向，指标权重向成效类和体验类倾斜。

（2）反映政府公共政策的制定能力、城市社会的治理能力、公共服务的能力、危险应对的能力、城市经济转型能力"五种治理能力"，指标以客观量化数据为主，用数据说话，尽量避免专家主观打分。

（3）评价工作充分体现不同区域之间、不同类型城市之间的差异性，增加对不同区域经济发展水平和智能设施发展程度的综合考虑。

2015年10月22日，国家标准化委员会、中共中央网络安全和信息化领导小组办公室、国家发展和改革委员会联合发出《关于开展智慧城市标准体系和评价指标体系建设及应用实施的指导意见》要求，到2020年累计共完成50项左右的智慧城市领域标准制定工作，同步推进现有智慧城市相关技术和应用标准的修订工作。智慧城市标准化制定工作正式提上国家日程。

## 二、杭州市智慧城市建设的成效与不足

### （一）总体成效

杭州是创新活力之城、历史文化名城、生态文明之都，以电子商务、物联网、云计算、大数据、信息系统集成等为核心产品和服务内容的信息产业高度发达。迈入 21 世纪以来，杭州城市信息化始终走在全国的前列，在智慧城市建设方面做了大量工作，取得了显著的成绩。杭州着力推进信息经济智慧应用"一号工程"，有力地支撑了城市品质的提升，不仅成为杭州的一张"金名片"，也是保持城市竞争力的重要途径。

在信息经济发展方面，2016 年前三季度，信息经济实现增加值 1 865.77 亿元，增长 23.1%，高于国内生产总值增速 13.1 个百分点，占国内生产总值的 24.0%，比上年同期分别提高 1.1 个百分点。其中电子商务、移动互联网、数字内容分别增长 46.1%、45.9%和 35.4%；软件与信息服务、云计算与大数据、集成电路增长 29.0%、28.6%和 24.2%。杭州已拥有国家软件产业基地、集成电路设计产业化基地、电子信息产业基地、动画产业基地、数字娱乐业示范基地、云计算服务示范城市和中国电子商务之都等多个国家级荣誉称号，信息产业已成为杭州市重要的支柱产业。涌现出的阿里巴巴、海康威视、华数传媒、华三通信、浙大中控及银江科技等相关企业都处于业内领先地位。

在智慧应用方面，以市民卡为代表的公共信息服务等方面起到了惠及民生、促进发展、提高效率、提升形象的作用。杭州市民卡、数字城管、96345 服务信息化统一平台、权力阳光电子政务系统、政务信息资源共享和业务协同等一批应用项目相继在全国率先建成。并且建成了人口基础数据库、法人单位基础数据库、空间地理基础数据库和社会经济统计指标基础数据库，基本形成了全市统一的电子政务综合交换平台。

在智慧城市基础设施方面，杭州一直处于全国领先地位，城市全网综合通信能力在全国名列前茅。拥有大容量程控交换、光纤通信、数据通信、卫星通信、无线通信等多种技术手段的立体化现代通信网络，被列为首批"三网融合"试点城市、首批国家下一代互联网示范城市、首批国家云计算服务创新发展试点城市，高度发达的信息基础设施构建了杭州智慧城市建设的基石。

在信息技术研发力量聚集方面，浙江大学、杭州电子科技大学、浙江工业大学等高校集聚了浙江省重要的信息技术研发力量，拥有信息、通信、计算机、软件专业学科和人才资源优势。浙江省计算所、中国电子科技集团第 52 研究所、中船重工第 715 所、有线数字电视网络技术重点实验室等一大批科研院所和重点实

验室，在信息技术研发领域异军突起，实力雄厚。

在信息化发展制度环境方面，"十一五"和"十二五"期间，杭州努力优化适应信息产业发展、信息技术推广应用、信息资源开发利用的制度环境，先后制定出台了《杭州市信息化条例》《杭州市市民卡管理办法》《杭州市政府信息公开规定》《关于加快发展信息产业，推进信息化与工业化融合的意见》《关于进一步推进信息服务业发展的若干意见》《"智慧杭州"建设总体规划（2012—2015）》《杭州信息经济智慧应用总体规划（2015—2020年）》等地方性法规、规划和政策，在信息产业扶持、电子商务发展、"两化"融合、政府投资信息化建设项目管理、电子政务建设及应用等方面制定了一系列切合实际、行之有效的政策措施。特别是2014年7月出台的杭州市委市政府《关于加快发展信息经济的若干意见》明确提出，到2020年率先成为特色鲜明、全国领先的信息经济强市和智慧经济创新城市。

## （二）问题与不足

近年来，杭州智慧城市建设取得了显著成效，但也存在一些比较突出的问题，与国家新型智慧城市建设的要求、人民群众的期盼、领先城市的水平有着较大的差距。

顶层设计引领作用与统筹协调机制不足。虽然2015年4月杭州市人民政府批复原则同意由市经济和信息化委员会牵头编制的《杭州信息经济智慧应用总体规划（2015—2020年）》，但规划偏重信息经济，也缺少相应的与智慧城市建设相关的专项规划和实施方案，智慧城市建设的统筹推进力度不大。同时缺乏推进智慧城市建设相关的多部门协调机制，建设项目由主管部门负责实施，但在项目推进过程中，存在跨部门之间沟通协调、衔接和协作较为困难等问题。

民众参与度不强。一方面，智慧城市建设与治理不能满足民众需求，应用智能化手段治理交通拥堵、大气污染及食品安全等取得的成效，与人民群众对城市交通、环境改善的期盼存在差距。例如，广大市民已习惯使用移动互联网传播与享受信息服务，但体现交通停车诱导、餐饮食品安全追溯等与市民生活息息相关的城市治理信息还远远不能满足需求，也缺乏运用移动互联网和大数据手段。另一方面智慧城市建设尚以硬件完善为主，居民共建共治参与意识、环保意识和人才吸引力等软件方面的提升滞后，民众对智慧城市建设的参与程度不足，对智慧城市成果的了解偏少，城市管理的客体中心难以体现。

对智慧产业的带动作用不够凸显。智慧城市建设需要移动互联网、云计算、物联网、大数据等新一代信息技术产业的坚实支撑，同时也为新一代信息技术产业发展提供了巨大的应用市场。杭州与其他先进城市相比，能够在智慧城市建设中提供的高端产品和服务占比不高，关键零部件以进口为主，产品研发和售后服务体系相对落后，除海康威视安防等产业外，还没有形成较强的系统集成服务能力。

建设管理和商业模式比较单一。智慧城市建设项目有投资大、公益性强、短期收益不显著等特点。杭州智慧城市项目建设和运营管理尚未形成多元化投资建设和商业模式，政府与企业、本地与外地、资本与技术、项目与市场等推进关系上，还没有形成开放共享体系。市场的资源配置主导功能不足，普遍存在项目资金以国有和财政投入为主，市场化筹集建设资金的渠道不畅，BOT、PPP 等投融资模式及体系探索运用力度不大，没有充分调动社会资金投入智慧城市建设。

## 三、推进杭州市新型智慧城市建设的思路

### （一）统一认识抓好新型智慧城市顶层设计

要充分认识推进新型智慧城市建设对深入实施信息经济与智慧应用互动融合发展的"一号工程"的重大意义与作用。推进新型智慧城市建设，是党中央、国务院立足于我国信息化和新型城镇化发展实际，为提升城市管理服务水平，促进城市科学发展而做出的重大决策；是破解城市发展难题，提高市民便捷感、安全感、获得感、公正感、幸福感的关键举措；是提升创新活力之城的综合实力，增强信息经济先发优势，打造具有全球影响力的"互联网+"创新创业中心的有效途径。

顶层设计对智慧城市建设的成效至关重要。杭州要立足城市发展现状和战略方向，量身打造一套体现杭州特色的顶层规划方案，并能够根据外部环境的发展与变化作相应的更新和必要的调整，以符合发展要求。顶层设计可考虑两个"三步走"。第一个"三步走"是指有序制定杭州智慧城市建设规划导则、总体规划及专项规划和行动计划；第二个"三步走"是指在杭州部分先行区完成试点、在杭州全市推广、将杭州的新型智慧城市建设模式拓展推广到全省乃至全国。

### （二）突出以人为本的可持续创新提升城市治理能力

面向知识社会的下一代创新（创新 2.0）重塑了现代科技以人为本的内涵，也重新定义了创新中用户的角色、应用的价值、协同的内涵和大众的力量。杭州的新型智慧城市的建设尤其应注重以人为本、市民参与、社会协同的开放创新空间的塑造，以及公共价值与独特价值的创造。

重视用户创新，强调新型智慧城市建设的以人为本。以提升公众满意度和获

得感作为新型智慧城市建设的出发点、落脚点。提升智慧交通、智慧社区、智慧就业等与民众切身利益密切相关的便民惠民项目建设水平，由广大市民检验项目成果并提供反馈意见，让市民切实感受"智慧城市"建设所带来的便利。

重视协同创新，强调新型智慧城市建设的多主体参与。尤其在社会治理方面，实现交通、城管、环保、食药监、安监、公安、应急等部门信息共享，有效提升城市管理治理能力。

重视标准创新，强调新型智慧城市建设的开源共创，以模块化和兼容性、扩展性为智慧城市建设的重要标准。以新一代（智慧）城域网为基础，即"互联网+物联网"全覆盖，关键是物联网进家庭，杭州应率先建好新一代（智慧）城域网，成为国家新一代（智慧）城域网的标准。

### （三）以新型智慧城市建设提高政务服务水平

全球信息技术革命持续迅猛发展，对经济社会运行、生产生活方式、治国理政模式正产生广泛而深刻的影响，政务服务面临新的环境和要求，必须敢于突破。加快智慧化转型，才能适应社会治理体系和治理能力现代化的需要。

强调协同共享和互联互通。实现电子政务整合、协同、集约发展，转向低成本、集约化、整体化的可持续发展模式。一是统一布局电子政务基础设施建设，抓紧做强政务内网和外网，尽快建成全地域、全天候、全业务和全功能的统一网络平台，同时做好专网向统一网络平台的迁移工作；推广基于云计算的电子政务基础设施建设模式，充分利用现有基础，建设集中统一的电子政务公共云平台，实现各领域政务信息系统整体部署和共建共用，大幅减少政府自建数据中心的数量，充分利用云计算遏制分散建设和重复投资现象。二是统筹推进跨部门、跨区域、跨层级重大应用，在共享协同前提下统筹部署应用系统，支持跨部门、跨区域的业务协同和信息资源共享，优先在社会保障、公共安全、社会信用、市场监管、食品药品安全、医疗卫生、国民教育、劳动就业及养老服务等方面，加大试点示范和推广力度，深入开展跨地区、跨层级、跨部门协同应用，推进横向和纵向之间电子政务应用协同发展。三是用一体化的公共服务促进网络互联、信息互通。以公众为中心，以政府在线服务整合为抓手，切实实现相关部门信息共享、业务协同和互联互通。

提升公共服务质量和效率。一是以政府数据开放共享和大数据应用为抓手，明确数据开放的时间表、路线图和任务书，构建统一、安全可控的政府数据开放共享平台，实现开放共享服务渠道上下联动、普遍覆盖和集中可控；积极支持和吸引社会企业参与大数据开发，探索多元化的数据服务和应用模式。二是充分运用云计算、移动互联网、物联网、大数据等新技术探索和培育适应互联网新趋势的在线服务模式，促进公共服务模式融合创新，积极探索基于O2O的服务场景融合、多媒一体的服务渠道融合、基于社会化的网络服务平台整合等服务模式融合创新做法，实现政府服务的智慧化转型。

### （四）打造智慧高效的网络安全保障体系

随着云计算、大数据、电子商务的飞速发展，数据资源已成为智慧城市的核心资源，而数据所依赖的信息基础设施和应用系统能否安全运行就成为整个智慧城市健康发展的关键。打造自主可控、主动感知、及时响应和高效处置的安全保障体系将是新型智慧城市网络安全的重要方向。

树立全面的网络安全观。解决安全问题的关键其实不在"解决"，而是在"发现"和"预警"。要想减少网络安全造成的损失，最佳的策略是及时发现网络中的非常事件，预测可能到来的攻击，防微杜渐。要实现这个策略，实现从信息采集节点、信息传输节点到信息服务节点的全天候网络情报收集及全方位网络健康状况监管是关键。

建立安全技术和产业生态链。智慧城市系统中的网络安全应以大数据和云计算为依托，建立安全问题、安全主体、安全服务提供商的实时互动体系，建立区域网络安全共性标准化和行业网络安全个性定制化的互动立体式安全体系，建立安全技术和安全产业的生态链，使网络安全智慧化、个性化、云端化，形成长效的安全保障机制。

构建完整的网络安全服务保障体系。完整的智慧城市网络安全服务保障体系应包括积极主动的网络安全技术监测防御体系和基于此技术体系的实时网络安全应急指挥、管理、处理、服务体系。

## 四、杭州市建设新型智慧城市的主要任务

### （一）构建多元普惠的民生服务

智慧政务服务。以浙江政务服务网建设为契机，以"融合政务资源，提升政务智慧，创新公共服务"为线索，搭建以"两网一平台"（即政务服务网、政务物联网和大数据平台）为基础的"数字杭州"总体框架，以政务智慧化为标志，建设杭州市统一的智慧政务服务平台，充分发挥智慧政务在公开行政权力、提升行政效能、促进职能转变、提高服务水平、推动创新创业等方面的重要作用。以浙江政务服务网（杭州平台）、"中国杭州"政府门户网站、"政务应用"APP等为接入口，构建全市一体化的智慧电子政务管理体系，开创具有政府决策创新、

公共服务创新的政务智慧化新格局。

智慧交通。提升便捷化出行水平，整合实时路况、公交动态、停车动态、水上客运、航班和铁路动态等各类信息，提供一体化出行信息服务。完善道路信息采集网络，深化高速公路、快速路和地面道路交通信息采集与处理；建设公共停车信息平台，推进道路停车场收费、公共停车综合信息服务等系统建设。在交通枢纽、商务园区等区域，探索开展车路协同、车联网等试点。完善交通智能化管理，建立公交综合一体化管理平台，实现车辆到站动态信息全覆盖和公交企业智能集群调度常态化管理。推进"城市大脑"建设，推动交通大数据共享开放和应用，为城市路网及公交优化、综合运输协调、交通安全应急等提供智能决策支持。

智慧社保。建设社会保障民生服务大平台，通过政务平台信息融合，整合各类保障服务的申请、查询、监管、互动等内容，实现政府、服务对象、服务实体的三方对接。建立统一的公共就业信息服务平台，并与全国就业信息网相衔接。通过云计算、大数据、人工智能、互联网、移动互联网等技术在社会保障领域的应用，使市民在就业、社会保险、住房、养老、司法等方面享受公平、便利、完善的民生服务。实现对社保医保、入学、劳动就业、养老服务、法律援助、住房保障、慈善援助等多领域进行智能化监管，对保障缺失人群、个人进行分析预警，对各领域的趋势变化进行智慧预测。

智慧医疗。建设在线医疗卫生平台，发展基于互联网的医疗卫生服务，推进智慧医院、远程医疗建设；支持第三方机构构建医学影像、健康档案、检验报告、电子病历等医疗信息共享服务平台，逐步建立跨医院的医疗数据共享交换系统。建立杭州市智慧医疗医养护一体化平台，整合卫生计生、民政、残联、人力社保、市场监管、体育等部门资源的在线医疗卫生服务，提供包括网上预约、网上查询、网上咨询等功能的医养护一体化智慧医疗服务。构建区域医疗、养老和护理信息平台，以居民电子健康档案为基础，利用大数据、云计算、物联网和可穿戴设备等技术，实现市民与医疗、养老护理人员、机构、设备之间的互动，因地制宜地为居民提供可及、连续、综合、有效、智慧的医养护一体化服务。建设医养护服务一卡通，构建以杭州市民卡为载体的看病、结算、医养护系统。

智慧教育。建设智慧教育公共服务云平台，作为区域教育数据存储、交换和计算、网络管理服务、应用服务的中心和枢纽，支撑智慧教育应用工作的开展。依托新一代信息技术和政务大数据，创建智慧学习环境，建设智慧教育示范学校，推动教育与学习系统的重大结构性变革，实现教育信息共享互通，教育业务智能协同，优质教育资源按需供给。围绕促进教育公平、提高教育质量和满足市民终身学习需求，建设完善教育信息化基础设施，利用信息化手段扩大优质教育资源受众。

智慧就业服务。整合职业培训、技能鉴定、居住证积分管理及海内外人才引进等服务内容，提供面向法人的"一站式"在线自助服务。创新就业监管和服务模式，建立汇集劳动监察与仲裁、社保缴费等信息的就业诚信档案，完善就业诚信体系。开放人力资源和社会保障等就业相关信息，实现社会就业服务机构与政府部门间的信息共享和双向认证，鼓励社会就业服务机构充分利用信息技术提供就业供需精准对接。

智慧城市管理。健全防灾减灾预报预警信息平台，建设全过程智能水务管理系统和饮用水安全电子监控系统。利用物联网技术，分阶段、有计划地将城市所有资源（包括水、电、油、气、交通、公共服务等）信息实现数字化并相关联，监测、分析和整合各种数据，智能化地响应市民的需求并降低城市能耗和成本。建设地下管网监测系统，与传感、GPS 等技术相结合，实现对自来水、天然气等地下管网的在线实时监测。通过信息化手段，从预防和准备、监测与预警、应急处置与救援、事后恢复与重建四个方面提升城市管理智慧应急能力。

智慧帮扶服务。完善信息无障碍服务，推进残疾人社会保障、康复、教育、就业等数据的汇聚，建设全市统一的残疾人数据资源中心。建设集残疾人业务管理与服务于一体的智能门户网站，探索残疾人网上办事。推动智能化残疾人证件的应用，实现在金融、医疗、教育、交通等领域的一证通用。完善残疾人无障碍数字地图，推进无障碍设施的位置信息服务。

## （二）打造智慧高效的城市管理

智慧城市管理系统。建设智慧城市管理平台，围绕"信息收集、案卷建立、任务派遣、任务处理、任务反馈、核查结案、综合评价"等城市管理的核心业务，建成包含"智能监控、业务管理、应急管理、决策支持、公共服务"等智慧应用的城市管理体系。建设基于统一坐标系，涵盖空间地理数据、属性数据、业务数据的行业数据资源中心和共享交换平台，加强物联网、北斗导航、移动互联等技术在城市管理中的应用，加强与 12345 市民服务热线平台的互联互通，实现与联动联勤工作机制的有效对接，拓展社会公众参与城市管理的方式和技术途径，推动形成城市管理社会化模式。建设平战结合的城市运行管理中心，实现城市应急管理与网格化管理和社区综合管理的深度融合。

智慧市场监管系统。推动商事制度改革和市场监管综合执法信息化建设，强化事中、事后监管，完善新型市场监管机制。巩固和扩大"三证合一、一照一码"改革成果，深化"先照后证"改革，强化信用监管。利用大数据、基于位置的服务（location based service，LBS）等技术，建立统一的市场协同监管信息化系统，整合工商、税务、质量技监、食品药品监管、住房城乡建设管理、公安等部门资源，汇聚各市场主体的工商登记、行政许可、执法、信用等信息，实现联动监管。

智慧公共安全系统。建设视频大数据平台，对交警、城管的视频监控和公安的监控系统进行网络化、智能化、一体化整合，开发基于视频非结构化数据的存储、搜索与分析系统，并提供应急指挥和智能辅助决策。通过大数据平台，在警力部署、出警处置、群防机制等方面进行大数据分析，从中找出问题、短板和缺陷并提出优化建议。依托现有平台实现智慧消防，提升社会单位火灾防控能力，强化社会单位用电管理，遏制电气火灾高发态势，推进防消一体化。以智慧政务云平台为载体，建设应急云平台，整合相关部门数据，为应对突发事件的决策指挥等工作提供技术、数据支撑。按照安全级别、用途、对象等进行分对象的数据归集、整合、应用，并按照安全级别进行专用对象的数据管理。

智慧安监系统。遵循统一规范标准，加快应用移动互联网、物联网等技术，完善安全生产基础信息的采集、加工、利用，逐步建立健全企业安全生产基础数据库、监管监察业务数据库、安全生产辅助决策数据库等数据平台，提高安全生产信息化辅助决策支持能力。同时，进一步深化拓展工程车智能监管、建设工程安全监管、电梯运行监管等智慧安监子系统建设。

## （三）构建绿色宜居的智慧生态

智慧环保管理。以一个云平台为核心，通过云平台实现硬件虚拟和数据资源整合一体化，以面向杭州环保业务人员及管理者的综合应用门户和面向社会大众、排污企业及媒体的公众服务门户为触角，以环境感知体系、标准规范体系、安全运维保障体系等三大体系为依托，以监测监控、环境管理、行政执法、政务协同、公共服务、决策支持等内容为应用，构建完整的 12369 智慧环保体系。

智慧气象管理。应用云计算、大数据、移动互联、物联网等信息技术，基于标准、高效、统一的数据环境，依托国家级、省级集约化气象云平台，建立市级天气预报、气候预测、综合观测、公共气象服务、气象行政管理等信息化业务应用系统，提供统一权威的对外气象数据服务。依托浙江政务服务网杭州平台，开展气象相关数据分析研究，面向旅游、交通、城市管理、教育、农林、保险、物流、电商等重点行业和社会公众提供智能化气象应用服务，打造气象信息"云"服务体系。

智慧水务管理。完善供水感知监测网，实现全市域从取水源头到用户端的智能调度。完善洪涝积水、雨污水输送与溢流等精细化感知监测，实现灾害风险智能分析预警及排水管泵智能调度。整合市、区（县、市）两级水资源监控管理平台，加强水资源数据分析、挖掘，支撑水资源智能调度和应急管理。

智慧燃气管理。深化燃气服务智能化，拓展基于移动互联网和物联网的燃气智能服务，挖掘用户端大数据资源，持续改进用户体验；优化燃气智能调度，整合气源、管网、客户端等供应链数据，完善燃气智能预测、管网预警、区域燃气供求实时分析等，实现燃气全网智能监测和平衡。

智慧能源管理。深入推进智能电网建设，构建智能化电力运行监测、管理技术平台，推动电力设备和用电终端双向通信和智能调控，优化电力资源配置效率，实现配电自动化和智能电表全覆盖。建设新能源汽车公共充电设施网络，在学校、医院、体育场馆和旅游景区等公共设施停车场开展试点建设，鼓励企业率先在试点区域部署充电设施，带动全市充电设施建设。引导重点耗能企业开展信息节能建设，对用电负荷等数据进行分析挖掘与预测，提高能源利用效率。

### （四）发展融合创新的智慧产业

智慧产业是智慧城市建设的重要支柱，也是体现城市"智慧"的重要标准。智慧产业的快速发展将促进经济发展模式由劳动、资源密集型向知识、技术密集型转变，提高知识与信息资源对经济发展的贡献率，促进信息技术与传统产业的融合发展，推动产业结构优化升级，使经济发展更智慧、更健康、更高效。

面向智慧应用需求发展智慧产业。打造全国智慧城市规划、设计、技术、设备、服务、管理、营运的系统供应商，使杭州成为基础设施最先进、技术水平最高、城市数据最开放、信息服务创新能力最强、智慧城市应用最普及、智慧产业最集聚的城市。

发展基于"互联网+"的新经济。一是积极发展移动互联网产业，推动合作共赢的生态体系发展。通过商业模式创新，探索盈利模式创新的途径。二是加快构建物联网产业生态，整合物联网研发资源，提高物联网产业自主创新能力。三是大力发展云计算产业，加强核心技术创新，推进云计算服务政府采购，以应用促进技术研发和创新。规范产业发展环境，从资金、项目、人才等方面进行扶持，积极宣传企业品牌，帮助其开拓国际市场，强化企业技术研发实力。四是以应用促进大数据产业发展，以大数据应用为中心，加强数据挖掘分析、商业智能、多媒体加工、可视化软件等自主技术创新，推动大数据产业链协同发展。

以"两化"深度融合推进产业优化升级。一要大力推进互联网与工业融合创新。各地应结合本地传统优势产业，积极推进互联网与传统产业融合发展，持续深入推进以互联网为主的高新技术对传统工业的改造。二要加快促进中小微企业创业创新，鼓励智慧城市的云计算数据中心开展面向中小企业的云服务，满足不同行业、不同类型中小企业的信息化需求，培育众创、众包、众扶、众筹等新型模式，加快发展分享经济，激发创新创业活力。

### （五）完善集约智能的基础设施

打造宽带城市升级版。实施传输网络超高速宽带技术改造，实现千兆到户规模部署；建设下一代互联网示范城市，完成运营企业网络和节点设施的 IPv6 改造，推动政府网站与商业影响力较大的网络应用服务商的 IPv6 升级改造；推动内容分发网络（content delivery network，CDN）、软件定义网络（software defined network，SDN）、网络功能虚拟化（network functions virtualization，NFV）等技术改造，提升本地网络灵活调度和按需配置能力，提高用户感受度；创新推进三网融合，推动网络集约建设、业务跨界融合。

深化无线城市建设。推动街道基站、小微基站建设，探索综合利用智能照明装置等市政设施的基站设置新模式，构建多层次、立体化的移动通信网络；实现 4G 网络深度覆盖，根据国家部署，推进 5G 网络规模试验及试商用，建立公益 WLAN 可持续的市场化运营模式，提高全市公共活动区域公益 WLAN 覆盖率。

构筑新型服务平台。加快信息基础设施向以互联网服务为主的平台化功能输出转型，依托电信运营企业全面覆盖的网络设施资源与互联接入、业务支撑、云计算、大数据、用户渠道方面的能力，建立"互联网+"综合服务平台，率先在医疗、教育、交通、智能制造等领域形成示范；统筹空间、规模、用能，优化 IDC（互联网数据中心）布局，聚焦绿色环保和高端服务，增强对金融、航运等重点领域数据的承载能力。

推进物联专网建设。布局全市域的物联专网，探索形成技术多样、主体多元、应用多层的物联网生态格局，提供充分面向终端用户的异构、泛在、灵活的网络接入，基本形成较完善的骨干物联专网基础设施。

探索发展频谱经济。加强频谱资源综合利用，推动广播电视频谱资源的释放和再利用，建设覆盖全市的下一代地面无线广播电视网（next generation biology workbench，NGBW），打造具有文化属性的新型公共服务平台；推动电信运营商对第二代移动通信（2G）频率资源进行调整和再利用。

## （六）深化数据资源的共享开放

加强政务数据资源共享。加强顶层设计，推进政务数据统一共享交换平台及数据中心建设，以市人口、法人、空间地理三大数据库为基础，加快各类政务数据资源的汇聚整合和共享。深化政务数据资源目录体系建设，实现全市政务数据资源目录的集中存储和统一管理，形成跨领域、跨部门、跨层级的政务数据资源池，为辅助决策、统计分析、业务管理等提供大数据支撑。制定有关技术规范和管理标准，建立质量控制、数据交换及开放共享等方面的监督评估机制。

加快公共数据资源开放。在依法加强安全保障和隐私保护的前提下，稳步推动公共数据资源开放。加快建设政府数据统一开放平台，提升政府数据开放共享的标准化程度，建立政府和社会互动的大数据采集形成机制。重点推进经济、环境、教育、就业、交通、安全、文化、卫生、市场监管等领域的公共数据资源开放，鼓励社会各方开发数据访问工具，对公共数据资源进行深度加工和增值利用。

推动社会数据资源流通。支持公益性数据服务机构发展，鼓励社会组织、企业、个人参与公益性数据资源开放项目。建立数据资产登记、估值和交易规则，支持设立数据交易机构，推动资源、产品、服务等的交易。大力发展权属确认、价值评估、质量管理、责任保险及数据金融等数据贸易服务业，推动形成繁荣有序的数据交易市场。

推动政府治理的大数据应用。在企业监管、质量安全、节能降耗、环境保护、食品药品监管、安全生产、信用体系建设及旅游服务等领域，推动政府部门和企事业单位相关数据的汇聚整合和关联分析，提升政府决策和风险防范能力。推动改进政府管理和公共治理方式，借助大数据实现"三个清单"（政府行为负面清单、权力清单和责任清单）的透明化管理，完善大数据监督和技术反腐体系，促进政府简政放权、依法行政。

加快民生服务的大数据应用。以优化提升民生服务、激发社会活力、促进大数据应用市场化服务为重点，引导鼓励企业和社会机构开展创新应用研究。在健康医疗、社会救助、养老服务、劳动就业、社会保障、质量安全、文化教育、交通旅游、消费维权和城乡服务等领域开展大数据应用示范，推动传统公共服务数据与互联网、移动互联网、智能穿戴设备等数据的汇聚整合，开发各类便民应用，优化公共资源配置，提升公共服务水平。

### （七）建立安全可控的防护体系

完善网络安全综合监控和应急响应体系。建立融合各专业部门监控系统资源的纵深化的全网安全态势感知系统，实现城域网络安全态势感知、监测预警、应急处置和灾难恢复的一体化。推动能源、通信、交通、金融、广播电视新闻出版、食品、卫生、工业制造、科研、教育和水利等领域深化网络安全应急管理，严格执行预案编制、应急演练、监测预警、事件报告、调查处理等制度，切实提高重要基础网络和重要信息系统应对信息灾害的能力。

推进信息安全测评认证服务能力建设。推动网络安全测评认证机构进一步加强网络安全检测评估技术能力建设。适应云计算、移动互联网、物联网、大数据等新技术、新应用的快速发展，在场地环境、检测平台和测试工具等方面，提升云计算及云服务、移动应用、大数据、智能卡、工业控制等领域的安全检测评估水平。

探索建立网络空间可信身份生态体系。针对智慧城市建设带来的大规模可信身份认证需求，建立商业化运行的网络空间可信身份和信用管理系统，实现"身份即服务"，面向泛在网络提供普适性的统一身份认证，推动电子政务、电子商务、社会管理、公共服务、在线社交等网络空间活动安全、便捷、高效开展。

加强城市信息安全保障法制建设。把握网络空间安全运行规律，结合智慧城市建设实际，探索建立信息安全依法监管体系。加快推进网络安全管理、城市关键基础设施保护、公共信息系统个人信息保护等立法，配套出台实施细则、行业规范及技术标准，确保法律法规的有效落实。

加强网络空间综合治理。创新互联网治理模式，严格落实手机实名制，探索推进网络实名制；建立健全垃圾短信与网络欺诈监测、假冒网站发现与阻断等治理机制，重点开展与市民日常生活相关领域的欺诈和虚假信息整治；加强无线电领域安全执法，清理整顿"伪基站""黑电台"。

强化大数据应用安全保障。针对经济、民生、城市管理、电子政务及重要企业生产领域沉淀的大量数据，完善大数据安全风险评估机制，防止通过互联网窃取数据和内部非授权获取数据。建立面向不同领域的具备多层次备份机制和内生性安全机制的云计算中心和灾难备份系统，为电子政务、时政社交、医疗等领域的大数据安全示范应用提供基础支撑。组织开展云计算和大数据安全技术研发及产业化，建设大数据应用安全研究机构，实施面向网络空间的大数据安全示范工程。

# 参 考 文 献

白树亮，和曼. 2010. 网络舆论的社会影响与管理研究[J]. 新闻界，5：46-47.

波尼亚托夫斯基 M. 1981. 变幻莫测的未来世界[M]. 齐沛合译. 上海：世界知识出版社.

卜华白，高阳. 2008. 互联网背景下的商业运营模式研巧——"长尾理论"对传统商业运营模式的革命[J]. 生产力研究，13：58-60.

蔡翠红. 2002. 网络时代的美国国家信息安全[J]. 美国问题研究，33：156-178.

蔡立辉. 2006. 应用信息技术促进政府管理创新[J]. 中国人民大学学报，4：138-145.

蔡骐. 2015. 网络虚拟社区中趣缘文化传播的社会影响[J]. 湖南师范大学社会科学学报，4：137-141.

曹玖新，吴江林，石伟，等. 2014. 新浪微博网信息传播分析与预测[J]. 计算机学报，4：779-790.

陈宝国. 2010. 美国国家网络安全战略解析[J]. 信息网络安全，1：66-68.

陈炳超，洪佳明，印鉴. 2011. 基于迁移学习的图分类[J]. 小型微型计算机系统，12：2379-2382.

陈畴镛. 1999. 论我国信息产业的技术创新[J]. 管理世界，4：205-206.

陈畴镛. 2016a-05-11. 谋网络治理 谱发展新篇——网络强国战略及浙江实践研讨会综述. 浙江日报，理论版.

陈畴镛. 2016b-09-12. 中国方案 浙江行动. 浙江日报，理论版.

陈畴镛. 2016c. 打造 G20 中国方案的浙江样板. 浙江经济，（19）：8-11.

陈畴镛. 2016d-11-21. 勇立信息经济发展潮头. 浙江日报，理论版.

陈畴镛，杜伟锦. 1998. 我国信息产业的发展与技术创新战略探讨[J]. 工业技术经济，6：49-50.

陈畴镛，周行权，于俭. 1997. 我国集成电路产业发展的问题与对策[J]. 数量经济技术经济研究，11：75-80.

陈传夫. 2008. 政府信息资源增值利用研究[J]. 情报科学，26（7）：961-966.

陈东冬. 2012. 网络民主视角下创新社会管理的困境与实施[J]. 云南行政学院学报，6：93-95.

陈光勇，张金隆. 2003. 网络经济时代的组织结构变迁分析[J]. 中国地质大学学报：社会科学版，4：31-34.

陈力丹. 2010. 论突发性事件的信息公开和新闻发布[J]. 南京社会科学，3：49-54.

陈立敏，谭力文. 2002. 网络经济时代企业的组织结构变化和新型竞争战略[J]. 经济管理，6：72-79.

陈立三. 2016. "互联网+政务服务"——浙江实践[R]. 电子政务蓝皮书：中国电子政务发展报告（2015—2016）. 北京：社会科学文献出版社.

陈亮，李杰伟，徐长生. 2011. 信息基础设施与经济增长基于中国省际数据分析[J]. 管理科学，24（1）：99-107.

陈绚. 2010. Copyleft 之于网络传播的道德价值与法律价值[J]. 国际新闻界，6：108-112.

程群. 2010. 奥巴马政府的网络安全战略分析[J]. 现代国际关系，1：8-13.

程群，何奇松. 2015. 构建中国网络威慑战略[J]. 中国信息安全，（11）：40-42.

程秀生，曹征. 2008. 利益相关者共同治理现代企业的法律经济学价值[J]. 国外理论动态，4：
　　45-48.

崔保国，孙平. 2015. 从世界信息与传播旧格局到网络空间新秩序[J]. 当代传播，6：7-10.

戴东红. 2014. 互联网金融与金融互联网的比较分析[J]. 时代金融，6：31-32.

戴维民，刘轶. 2014. 我国网络舆情信息工作现状及对策思考[J]. 图书情报工作，1：24-29.

丁祥海. 2004. 制造企业信息化实施过程管理理论与方法研究[D]. 浙江大学博士学位论文.

董皓，张楚. 2006. 信息网络安全的法学定义研究——从技术视角向法律思维的转换[J]. 信息网
　　络安全，2：12-15.

董京泉. 2001. 正确认识我国意识形态领域面临的机遇和挑战[J]. 求是，8：50-52.

董礼胜，雷婷. 2009. 国外电子政务最新发展及前景分析[J]. 中国社会科学院研究生院学报，6：
　　5-14.

董清潭. 2011. 政府遭遇不利网络舆论的主要原因和应对原则[J]. 求知，6：25-26.

杜骏飞，李永刚，孔繁斌. 2015. 虚拟社会管理的若干基本问题[J]. 当代传播，1：4-9.

杜蓉，梁红霞. 2012. 公共危机事件中政府对网络舆论的引导仿真[J]. 情报杂志，11：61-66.

杜小勇，陈跃国，覃雄派. 2015. 大数据与 OLAP 系统[J]. 大数据，1：55-67.

樊瑛，李梦辉，张鹏，等. 2006. 权重对网络结构和性质的影响——社团结构中权重的作用[C].
　　2006 年全国复杂网络学术会议论文集.

范柏乃. 2013. 推进社会管理创新：理论、实践与路径[J]. 社会科学家，12：83-87.

范渊凯，王露璐. 2011. 网络舆论及其道德作用的呈现[J]. 江苏社会科学，4：247-251.

范徵，杜娟，王凤华，等. 2014. 国际跨文化管理研究学术影响力分析——基于 Web of Science
　　十年的数据分析[J]. 管理世界，7：182-183.

高富平. 2012. "云计算"的法律问题及其对策[J]. 法学杂志，6：7-11.

高钢. 2010. 物联网和 Web3.0 技术革命与社会变革的交叠演进[J]. 国际新闻界，2：68-73.

高钢. 2011. 多网融合趋势下信息集散模式的改变[J]. 国际新闻界，10：6-15.

高钢. 2014. 互联网时代公共信息传播的理念转型思考[J]. 新闻论坛，6：7-9.

葛岩，赵丹青，秦裕林. 2010. 网民评论对消费态度和意愿的影响——以信源可信度与品牌经验
　　的相互作用[J]. 现代传播，10：102-108.

宫晓林. 2013. 互联网金融模式及对传统银行业的影响[J]. 南方金融，5：86-88.

龚炳铮. 2001. 企业信息化发展模式初探[J]. 微型机与应用，20（10）：7-9.

龚成，李成刚. 2012. 我国网络文化管理体制建设中的问题及对策分析[J]. 新闻界，4：52-57.

龚明华. 2014. 互联网金融：特点、影响与风险防范[J]. 新金融，2：8-10.

龚映清. 2013. 互联网金融对证券行业的影响与对策[J]. 证券市场导报（11）：4-8.

顾丽梅. 2010. 网络参与与政府治理创新之思考[J]. 中国行政管理，7：11-14.

关欣，乔小勇，孟庆国. 2013. 信息化发展对科技进步的影响作用机理及地区性差异研究[J]. 科
　　技进步与对策，30（7）：6-11.

官建文，李黎丹. 2015. "互联网+"：重新构造的力量[J]. 现代传播（中国传媒大学学报），

（6）：1-6.

郭进利. 2008. 新节点的边对网络无标度性影响[J]. 物理学报，2：756-761.

郭庆光. 1995. 大众传播、信息环境与社会控制——从"沉默的螺旋"假说谈起[J]. 新闻与传播研究，2：4-9.

郭熙保，苏甫. 2014. 发展阶段论与投资驱动发展模式及其转变[J]. 中南民族大学学报（人文社会科学版），2：112-118.

郝建青，张新华. 2001. 为网络时代信息安全提速[J]. 软件世界，9：97.

何德全. 1999. 面向 21 世纪的 Internet 信息安全问题[J]. 电子展望与决策，1：3-8.

何德全. 2001a. 提高网络安全意识构建信息保障体系[J]. 信息安全与通信保密，1：22-24.

何德全. 2001b. 新的世纪召唤新的 INTERNET 安全范式[J]. 信息安全与通信保密，12：10-15.

何明升，白淑英. 2014. 我国网络文化建设的多主体协同发展战略[J]. 学术交流，1：183-189.

侯婷艳，刘珊珊，陈华. 2013. 网络金融监管存在的问题及其完善对策[J]. 金融会计，7：66-70.

胡昌平，万莉. 2015. 虚拟知识社区用户关系及其对知识共享行为的影响[J]. 情报理论与实践，38（6）：71-76.

胡昌平，周怡. 2008. 数字化信息服务交互性影响因素及服务推进分析[J]. 中国图书馆学报，6：53-57.

胡昌平，周知. 2014. 网络社区中知识转移影响因素分析[J]. 图书馆学研究，23：24-30.

胡光志，周强. 2014. 论我国互联网金融创新中的消费者权益保护[J]. 法学评论，6：135-143.

胡剑波，丁子格. 2014. 物联网金融监管的国际经验及启示[J]. 经济纵横，10：32-37.

胡晓鹏. 2003. 中国区域信息化差异的实证研究[J]. 财经问题研究，5：73-78.

胡志军. 2015. 网络社会政府信任危机的演化路径与治理[J]. 唯实，7：33-36.

黄凤志. 2005. 信息革命与当代国际关系[M]. 长春：吉林大学出版社.

黄瑚. 2011. 从世界新闻报事件看西方的新闻自由社会责任与资本至上[J]. 中国记者，9：97-98.

黄瑚，李俊. 2001. "议题融合论"：传播理论的一个新假设[J]. 新闻大学，2：29-32.

黄璐，李蔚. 2001. 网络经济资源配置的特点[J]. 发展研究，4：33-34.

黄璐，李蔚. 2002. 试论网络经济的资源配置[J]. 商业研究，238：123-125.

黄群慧. 2014. "新常态"、工业化后期与工业增长新动力[J]. 中国工业经济，10：5-19.

黄群慧，贺俊. 2012. 第三次工业革命科学认识与战略思考[J]. 决策探索，12：26 27.

黄永林，喻发胜，王晓红. 2010. 中国社会转型期网络舆论的生成原因[J]. 华中师范大学学报（人文社会科学版），3：49-57.

黄玉杰，李忱. 2003. 网络经济时代的企业管理变革[J]. 系统辩证学学报，11（1）：67-70.

黄宗捷. 2001. 关于创建网络经济学的构想[J]. 成都信息工程学院学报，1：46-51.

黄宗捷. 2002. 论网络生产的特征[J]. 成都信息工程学院学报，2：116-121.

黄宗捷. 2004. 我国网络经济的发展及趋势分析[J]. 成都信息工程学院学报，4：592-596.

霍国庆. 2002. 企业战略信息管理的理论模型[J]. 南开管理评论，1：55-59.

霍学文. 2013. 关于云金融的思考[J]. 经济学动态，6：33-38.

纪玉山. 2000. 网络经济[M]. 长春：长春出版社.

贾怀京，谢奇志. 1997. 我国各地区 1994 年信息化水平的测定与分析[J]. 情报理论与实践，20（6）：358-361.

贾立双，周跃进. 2012. 基于 Q 学习的企业信息化冲突研究[J]. 中国制造业信息化，41（11）：1-4.

简新华. 2014. 新型城镇化与旧型城市化之比较[J]. 管理学刊，27（6）：56-60.

简新华. 2015. 中国新常态：实施三个新战略[J]. 财经科学，8：112-118.

姜奇平. 2004. 软实力的后现代意义：认同的力量[J]. 信息空间，8：44-51.

姜奇平. 2015. 信息化与网络经济：基于均衡的效率与效能分析[M]. 北京：中国财富出版社.

姜元章，张岐山. 2004. 区域经济信息化程度比较的灰关联分析方法[J]. 农业系统科学与综合研究，1：12-13.

金碚. 2012. 全球竞争新格局与中国产业发展趋势[J]. 中国工业经济，5：5-17.

金碚，刘戒骄. 2009. 美国"再工业化"的动向[J]. 中国经贸导刊，22：8-9.

金中夏，黎江. 2012. 云计算与金融创新[J]. 中国金融，21：79-80.

靳景玉，唐平. 2008. 网络金融对传统金融理论的影响研究[J]. 学术论坛，4：65-69.

乐国安，薛婷，陈浩. 2010. 网络集群行为的定义和分类框架初探[J]. 中国人民公安大学学报（社会科学版），6：99-104.

雷跃捷，李汇群. 2015. 媒体融合时代舆论引导方式变革的新动向——基于微信朋友圈转发"人贩子一律死刑"言论引发的舆情分析[J]. 新闻记者，8：54-58.

雷跃捷，严俊. 2010. 审视传媒转型中的中国新闻业——读《重建美国新闻业》的启示[J]. 新闻与传播研究，2：100-112.

李斌. 2013. 信息安全测评是保障政府采购安全的有力抓手[J]. 中国信息安全，6：42-43.

李博，董亮. 2013. 互联网金融的模式与发展[J]. 中国金融，10：19-21.

李超元. 2004. 凝视虚拟世界网络的社会文化价值[M]. 天津：天津社会科学院出版社.

李钢，李啸英. 2007. 柔性管理：网络文化管理的致胜之道[J]. 马克思主义与现实，5：206-207.

李建军，赵冰洁. 2014. 互联网借贷债权转让的合法性、风险与监管对策[J]. 宏观经济研究，8：3-9.

李金华. 2006. 中国产业结构的演变轨迹、σ-收敛性与空间集聚格局[J]. 财贸研究，2：7-16.

李金华. 2014. 中国战略性新兴产业空间布局雏形分析[J]. 中国地质大学学报（社会科学版），3：14-21.

李金华. 2015a. 中国战略性新兴产业空间布局现状与前景[J]. 学术研究，10：76-84.

李金华. 2015b. 德国"工业 4.0"与"中国制造 2025"的比较及启示[J]. 中国地质大学学报（社会科学版），15（5）：71-79.

李雷尼. 2010. 网络是多数美国人应对经济衰退的主要手段[J]. 国外社会科学，2：159-160.

李农. 2014. 从美国网络安全框架看网络秩序构建[J]. 上海信息化，6：82-85.

李平，王钦，贺俊，等. 2010. 中国制造业可持续发展指标体系构建及目标预测[J]. 中国工业经济，5：5-15.

李平，江飞涛，王宏伟. 2013a. 信息化条件下的产业转型与创新[J]. 工程研究——跨学科视野中的工程，2：173-183.

李平，钟学义，王宏伟，等. 2013b. 中国生产率变化与经济增长源泉：1978～2010 年[J]. 数量经济技术经济研究，1：3-21.

李顺德. 2012. 知识产权保护与防止滥用[J]. 知识产权，9：3-11.

李维安，林润辉，范建红. 2014. 网络治理研究前沿与述评[J]. 南开管理评论，5：42-53.

李伟平，吴中海 等. 2015. 情境计算研究综述[J]. 计算机研究与发展，2：542-552.

李卫东，林志扬. 2007. 网络信息技术下基于知识的决策分工、决策绩效和决策权力的配置[J]. 中国工业经济，3：96-103.

李文侠. 2012. 网络经济对传统经济冲击的经济学分析[J]. 商业时代，7：43-44.

李伍峰. 2006. 网络时代的舆论宣传工作[J]. 信息网络安全，1：4-6.

李伍峰. 2013. 电子商务发展及经营模式分析[J]. 中国物流与采购，15：76-77.

李希光，顾小琛. 2015. 舆论引导力与中国软实力[J]. 新闻战线，6：31-33.

李新家. 2004. 网络经济研究[M]. 北京：中国经济出版社.

李学军. 2007. 企业信息化驱动模式与持续优化研究[D]. 北京交通大学博士学位论文.

李一. 2007. 网络行为失范的生成机制与应对策略[J]. 浙江社会科学，3：97-102.

李有星，陈飞，金幼芳. 2014. 互联网金融监管的探析[J]. 浙江大学学报（人文社会科学版），44（4）：87-97.

李苑. 2016-07-22. 《网络文学行业自律倡议书》发布[N]. 光明日报，09 版.

梁滨. 2000. 企业信息化的基础理论和评价方法[M]. 北京：北京科学出版社.

梁春阳. 2004. 西北地区社会信息化水平测析[J]. 宁夏社会科学，4：24-30.

廖理. 2014. 互联网金融需按业态监管 P2P 和众筹是金融监管的最大挑战[J]. 中国经济周刊，20：27.

林凌. 2014. 论网络文化产业的信息资源市场化配置功能[J]. 学海，5：51-55.

林毅夫. 2003. 信息化——经济增长的新源泉[J]. 科技与企业，8：53-54.

刘冰，符正平，邱兵. 2011. 冗余资源、企业网络位置与多元化战略[J]. 管理学报，12：1792-1801.

刘劲青. 2011. 论网络涉警舆情的主动性应对——以凤凰"9·4 案件"为例[J]. 甘肃政法学院学报，2：86-89.

刘明彦. 2014. 互联网金融，传统银行的掘墓者?——从 P2P 说起[J]. 银行家，1：107-109.

刘少杰. 2014a. 网络化时代社会认同的深刻变迁[J]. 中国人民大学学报，5：62-70.

刘少杰. 2014b. 中国市场交易秩序的社会基础——兼评中国社会是陌生社会还是熟悉社会. [J]. 社会学评论，2：28-34.

刘士余. 2013. 互联网支付的创新与监管[J]. 中国金融，20：9-10.

刘万国，黄颖，周利. 2015. 国外数字学术信息资源的信息安全风险与数字资源长期保存研究[J]. 现代情报，35（10）：3-6.

刘万国，孙波，黄颖. 2013. 网络级发现服务平台比较研究[J]. 情报理论与实践，4：111-113.

刘宪权. 2014. 论互联网金融刑法规制的"两面性"[J]. 法学家，5：77-91.

刘渊，魏芳芳，邓红军. 2009. 用户使用视角的政府门户网站效用及影响因素研究[J]. 管理工程学报，23（4）：133-138.

刘正荣. 2009. 客观看待网络舆论[J]. 中国报道，4：45.

刘正荣. 2010. 把握网络舆论引导的难点和着力点[J]. 中国记者，7：1.

刘助仁. 2010. 美国网络安全政策导向及其启示[J]. 创新，5：30-37.

刘宗华，张环，孙尹. 2005. 无标度网络中控制交通堵塞的一个经济方法[C]. 全国复杂系统研究论坛.

娄策群，杨瑶，桂晓敏. 2013. 网络信息生态链运行机制研究：信息流转机制[J]. 情报科学，6：10-14.

卢山，姚翠友. 2011. 网络舆情的影响力及应对策略的研究[J]. 电子商务，1：49.

卢政营，蔡双立，余弦. 2013. 结构洞探寻、网络生产与网络福利剩余——企业网络化成长的跨案例经验解析[J]. 财贸研究，1：131-139.

卢志平. 2010. 基于五维度模型的企业信息化物略内涵及其决策过程[J]. 制造业自动化，32（2）：31-54.

陆岷峰，汪祖刚，史丽霞. 2014. 关于互联网金融必须澄清的几个理论问题[J]. 当代社会视野，6：50-54.

吕本富，张崇. 2015. "互联网+"环境下信息安全的挑战与机遇[J]. 中国信息安全，6：34-36.

吕政. 2000. 关于中国工业化和工业现代化的思考[J]. 中国工业经济，1：5-9.

吕政. 2012. 工业化与城镇化进程面临的矛盾[J]. 四川党的建设（城市版），9：34.

罗春. 2010. 网络舆论——新生的话语力量[J]. 新闻世界，8：256-257.

罗芳，杨建梅，李志宏. 2011. QQ群消息中的人类行为动力学研究[J]. 华南理工大学学报（社会科学版），4：14-19.

罗薇. 2013. 互联网金融对传统银行业的影响分析[J]. 中国商贸，31：129-130.

罗艳君. 2013. 互联网保险的发展和监管[J]. 中国金融，24：49-50.

麻兴斌，蒋衔武，尹燕霞. 2002. 企业组织变革管理中的矛盾分析与对策[J]. 山东社会科学，4：56-59.

马建堂，慕海平，王小广. 2015. 新常态下我国宏观调控思路和方式的重大创新[J]. 国家行政学院学报，5：4-8.

马民虎，贺晓娜. 2005. 网络信息安全应急机制的理论基础及法律保障[J]. 情报杂志，8：77-80.

马民虎，张敏. 2015. 信息安全与网络社会法律治理：空间、战略、权利、能力——第五届中国信息安全法律大会会议综述[J]. 西安交通大学学报（社会科学版），35（2）：92-97.

马艳，郭白滢. 2011. 网络经济虚拟性的理论分析与实证检验[J]. 经济学家，2：34-42.

马云，曾鸣，涂子沛. 2015. 互联网+：从IT到DT——国民需了解的新型经济社会发展战略[J]. 决策与信息，12：67-69.

毛光烈. 2013. 智慧城市建设实务研究[M]. 北京：中信出版社.

毛光烈. 2014. 物联网的机遇与利用[M]. 北京：中信出版社.

毛光烈. 2015. 网络化的大变革[M]. 杭州：浙江人民出版社.

毛弘毅，张金隆. 2014. 多层次信息技术能力与组织竞争优势的研究[J]. 管理学报，11（2）：288-292.

孟庆国，关欣. 2015. 论电子治理的内涵、价值与绩效实现[J]. 行政论坛，4：34-37.

莫易娴. 2014. 互联网时代的金融业发展格局[J]. 财经科学，4：7-11.

牟锐. 2010. 中国信息产业发展模式研究[M]. 北京：中国经济出版社.

牟韶红，李启航，陈汉文. 2015. 内部控制能够抑制成本费用粘性吗——基于信息视角的理论分析与经验证据[J]. 当代财经，2：118-129.

慕海平. 2002. 产业、科技和金融的协同发展是国际竞争力的支点[J]. 宏观经济研究，4：38-43.

慕海平. 2014. 国家治理现代化与完善现代市场体系[J]. 行政管理改革，9：53-55.

慕海平. 2015. 推进新型智库建设[J]. 中国金融，11：52-53.

倪光南. 2013. 信息安全"本质"是自主可控[J]. 中国经济和信息化，5：18-19.

倪光南. 2015a. 核心技术不能受制于人[J]. 求是，20：10-11.

倪光南. 2015b. 加强和完善网络安全高级别测评认证[J]. 中国信息化，7：10-12.

倪光南. 2015c. 应以举国之力发展自主可控操作系统[J]. 中国信息化，8：8-9.

聂丹丹，田金玉. 2006. 中小企业信息化建设的新思路——IT外包[J]. 中国管理信息化（综合版），10：12-13.

牛建伟，戴彬，童超，等. 2014. 基于Laplace矩阵Jordan型的复杂网络聚类算法[J]. 通信学报，3：11-21.

欧阳日辉. 2015. 从"+互联网"到"互联网+"——技术革命如何孕育新型经济社会形态[J].人民论坛·学术前沿，10：25-38.

欧阳友权. 2003. 网络文学轮岗[M]. 北京：人民文学出版社.

欧阳友权. 2005. 网络传播与社会文化[M]. 北京：高等教育出版社.

裴平. 2014. 互联网金融的发展、风险和监管[J]. 唯实，11：54-56.

彭伟，符正平，李铭. 2012. 网络位置、知识获取与中小企业绩效关系研究[J]. 财经论丛，2：98-103.

彭未名，崔艳红. 2007. 近年来国际公共管理研究趋势透视[J]. 中山大学学报（社会科学版），47（5）：97-102.

皮天雷，赵铁. 2014. 互联网金融：逻辑、比较与机制[J]. 中国经济问题，4：98-108.

戚聿东，张天文. 1997. 我国国有企业战略性改组的目标初探[J]. 学习与探索，5：30-34.

齐爱民，盘佳. 2015. 大数据安全法律保障机制研究[J]. 重庆邮电大学学报（社会科学版），27（3）：24-29，38.

钱德勒 A D，科塔达 J W. 2008. 信息改变了美国：驱动国家转型的力量[M]. 万岩，邱艳娟译. 上海：上海远东出版社.

冉奥博，侯高岚. 2013. 两化融合时期的工业化、信息化重解[J]. 信息系统工程，3：118-126.

芮锋，臧武芳. 2001. 网络经济对传统经济周期的影响[J]. 世界经济研究，2：14-15.

桑田. 2009. 从传播学角度看web2.0时代网络舆论监督的一些问题[J]. 湖南民族职业学院学报，4：17-22.

尚新颖. 2009. 网络经济下的垄断的形成机理及特征分析[J]. 中央财经大学学报，1：61-65.

邵真，冯玉强，王铁男. 2015. 变革型领导风格对企业信息系统学习的作用机制研究——组织学习型文化的中介作用[J]. 管理评论，27（11）：140-150.

沈斌，刘渊. 2011. 物联网应用的安全与隐私问题审视[J]. 自然辩证法通讯，33（6）：78-83.

沈国朝. 1996. 悄然兴起的电话信息服务[J]. 中国信息导报，3：19-20.

沈红兵. 2011. 网络零售支付与结算[M]. 重庆：重庆大学出版社.

沈雪石，吴集，赵海洋. 2011. 新兴网络科学技术发展及其军事应用展望[J]. 国防技术基础，1：1-5.

沈逸. 2014. 后斯诺登时代的全球网络空间治理[J]. 世界经济与政治，5：144-154.

盛晓白. 2004. 物以多为贵——网络经济中的新原理[J]. 商业研究，293：25-27.

盛晓白. 2006. "免费经济"的理论模式[J]. 审计与经济研究，6：67-70.

石赟，陈国青，蒋镇辉. 2000. 信息管理中的关键因素[J]. 中国管理科学，8（3）：63-69.

史丹，李晓斌. 2014. 高技术产业发展的影响因素及其数据检验[J]. 中国工业经济，12：32-39.

孙国强，兰吉颖. 2011. 网络组织核心能力的核心功能：多元化与专业化的均衡[J]. 经济问题，2：68-71.

孙建军，顾东晓. 2014. 动机视角下社交媒体网络用户链接行为的实证分析[J]. 图书情报工作，4：71-78.

孙健. 2001. 网络经济学导论[M]. 北京：电子工业出版社.

孙健. 2014. 网络舆论对政府公共决策的影响及优化路向——以突发性公共事件为基本视角[J]. 西北师大学报（社会科学版），51（4）：16-21.

孙强. 2016-10-10. 习近平网络强国战略思想形成的时代背景与实践根基[Z]. 中国青年网，http://pinglun.youth.cn/ll/201610/t20161010_8731734.htm.

孙薇，何德全，孔祥维，等. 2009. 运用博弈论探讨信息安全问题[J]. 科技管理研究，1：233-235.

孙先伟. 2011. 网络舆论的社会影响及引导控制策略[J]. 管理学刊，4：87-90.

谭海波，孟庆国，张楠. 2015. 信息技术应用中的政府运作机制研究——以 J 市政府网上行政服务系统建设为例[J]. 社会学研究，6：73-98.

汤志伟，杜斐. 2014. 网络集群行为的演变规律研究[J]. 情报杂志，10：7-13.

陶长琪，齐亚伟. 2009. 融合背景下信息产业结构演化的实证研究[J]. 管理评论，21（10）：13-21.

陶鹏. 2012. 网络文化对网络安全管理的冲击与应对[J]. 人民论坛，36：190-191.

陶善耕，宋学清. 2002. 网络文化管理研究[M]. 北京：中国民族摄影艺术出版社.

涂光晋，陈敏. 2013. 基于新浪微博平台的网络动员机制研究[J]. 新闻界，2：56-59.

万阳松，陈忠. 2006. 上海 A 股市场股价波动相互影响能力实证研究[J]. 上海管理科学，4：29-30.

汪秉宏，周涛，周昌松. 2012. 人类行为、复杂网络及信息挖掘的统计物理研究[J]. 上海理工大学学报，2：103-117.

汪同三. 2015. 引领新常态必须遵循市场经济规律[J]. 求是，8：1-3.

汪小帆，李翔，陈关荣. 2006. 复杂网络：理论及其应用[M]. 北京：清华大学出版社.

汪玉凯. 2014. 信息安全是国家安全的当务之急[J]. 中国报道，（4）：2.

汪玉凯. 2015a. "互联网+政务"：政府治理的历史性变革[J]. 国家治理，27：11-17.

汪玉凯. 2015b. 建立安全有序、共同参与的互联网治理体系，是世界各国面临的共同议题[J]. 中国信息安全，12：36-37.

汪玉凯. 2015c. 网络社会中的公民参与[J]. 中共中央党校学报，19（4）：34-38.

王丙毅. 2005. 网络经济下规模经济的新特点与规模经济理论创新[J]. 经济问题，1：9-12.

王芳，张昕，白祎冰，等. 2015. 网络社会治理暨中国信息化专家"围观滨海"研讨会综述[J]. 电子政务，4：33-37.

王飞跃，曾大军，袁勇. 2008. 基于 ACP 方法的电子商务系统复杂性研究[J]. 复杂系统与复杂性科学，3：1-8.

王凤彬. 1996. 企业组织的过程变革—兼评企业再造理论对传统组织理论的挑战[J]. 经济理论与经济管理，3：18-21.

王林，李海林. 2005. 病毒传播模型的瞬态仿真研究[J]. 复杂系统与复杂性科学，2：39-44.

王旻，郑应平. 2005. 基于复杂网络的疾病传播[J]. 科技导报，5：21-24.

王敏，覃军. 2012. 网络社会政府危机信息传播管理的困境与对策[J]. 当代世界与社会主义，1：127-132.

王求. 2005. 网络传播对网民行为方式的影响[J]. 中国党政干部论坛，2：49-51.

王求. 2013. 提高国家网络文化软实力让中国声音传遍世界[J]. 中国广播，5：1.

王世伟. 2014-12-01. 论习近平"网络治理观"——深入学习贯彻习近平关于网络治理的重要论述. 人民网，http://theory.people.com.cn/n/2014/1201/c386964-26124440.html.

王世伟. 2015. 论信息安全、网络安全、网络空间安全[J]. 中国图书馆学报，41（2）：72-84

王爽英. 2005. 企业信息化应用水平评价指标体系的研究[J]. 企业技术开发，24（8）：64-65，71.

王天梅，孙宝文，章宁，等. 2013. IT治理绩效影响因素分析：基于中国电子政务实施的实证研究[J]. 管理评论，7：28-37.

王文宏. 2008. 网络文化的表现形式及其特点[J]. 北京邮电大学学报（社会科学版），6：16-20.

王喜和. 2008. 四种社会信息化测度方法比较评析[J]. 图书馆学研究，3：12-14.

王欣，靖继鹏，王钢. 2006. 国内外信息产业测度方法综述[J]. 情报科学，24（12）：1903-1908.

王雪霞，张泽琦，李明，等. 2015. 一种基于入侵检测的空间网络安全路由技术[J]. 电子技术应用，41（4）：101-104.

王战，王振，阮青. 2014. 新产业革命与上海的转型发展[M]. 上海：上海社会科学院出版社.

魏鹏. 2014. 中国互联网金融的风险与监管研究[J]. 金融论坛，7：3-9.

闻中，陈剑. 2002. 网络效应、市场结构和进入壁垒[J]. 系统工程理论与实践，2：61-66.

乌家培. 2000. 网络经济及其对经济理论的影响[J]. 学术研究，1：4-10.

乌家培. 2002. 信息社会与网络经济[M]. 长春：长春出版社.

邬江兴. 2010. 网络与信息安全新动向及思考[J]. 金融电子化，12：19-21.

邬江兴. 2013. 顺应时代发展趋势，构建强大网络国防[J]. 网络空间战略论坛，12：30-32.

邬江兴. 2014. 网络空间拟态安全防御[J]. 保密科学技术，10：4-9.

吴琼. 2014. 互联网高速发展下的网络安全问题探究[J]. 企业技术开发，33（18）：91，98.

吴世忠. 2014-12-01. 强化网络信息安全掌控力 推进网络治理能力现代化[Z]. http://news.xinhuanet.com/politics/2014/12/01/c_1113473004.htm.

吴宪忠. 2007. 制造企业信息化的技术选择与建设模式研究[D]. 吉林大学硕士学位论文.

吴晓光，陆杨，王振. 2010. 网络金融环境下提升商业银行竞争力探析[J]. 金融发展研究，10：64-67.

吴晓求. 2014. 中国金融的深度变革与互联网金融[J]. 财贸经济，1：14-23.

武家奉. 2004-06-16. 新闻舆论监督的功能和局限[N]. 中华新闻报，第4版.

习近平. 2014-02-27. 在主持中央网络安全和信息化领导小组第一次会议上的讲话[Z]. 新华网，http://news.xinhuanet.com/politics/2014-02/27/c_119538788.htm.

习近平. 2015-12-16. 在第二届世界互联网大会开幕式上的讲话[Z]. 新华网，http://news.xinhuanet.com/politics/2015/12/16/c_1117481089.htm.

习近平. 2016-04-26. 在网络安全和信息化工作座谈会上的讲话（2016年4月19日）[Z]. 人民网，http://cpc.people.com.cn/n1/2016/0426/c64094-28303771.html.

夏立新，翟姗姗，陈卓群. 2011. 基于学术博客的图书馆学科知识服务研究[J]. 图书馆论坛，31（6）：109-114.

夏梦颖. 2011. 论突发事件中地方政府对网络舆论的引导[J]. 新闻知识，7：105-107.

萧琛. 2003. 美国"新经济"正在重新崛起?——论网络经济的衰退、复苏和高涨[J]. 世界经济
　　与政治，7：58-80.

小松崎清介，伊藤阳一，鬼木甫. 1994. 信息化的由来及其经济含义[M]. 李京文译.北京：社会
　　科学文献出版社.

肖湘蓉，孙星明. 2005. 基于水印的数据库安全控制研究[J]. 计算机工程与应用，6：175-181.

谢平. 2014. 互联网金融的现实与未来[J]. 新金融，4：4-8.

谢平，邹传伟. 2012. 互联网金融模式研究[J]. 金融研究，12：11-22.

谢平，邹传伟，刘海二. 2014. 互联网金融监管的必要性与核心原则[J]. 国际金融研究，8：3-9.

谢耘耕，荣婷. 2013. 微博传播的关键节点及其影响因素分析——基于30起重大舆情事件微博
　　热帖的实证研究[J]. 新闻与传播研究，3：5-15.

熊菲，刘云，司夏萌，等. 2011. 不完全信息下的群体决策仿真[J]. 系统工程理论与实践，1：
　　151-157.

徐长生. 2001. 信息化时代的工业化问题——兼论发展经济学的主题[J]. 经济学动态，2：61-64.

徐建军，石共文. 2009. 加强网络文化建设和管理,营造积极健康的网络环境[J]. 湖南社会科学，
　　1：166-168.

徐世甫. 2010. 网络文化：技术与文化的后现代联姻[J]. 上海大学学报，10：3-113.

徐晓林. 2011. 互联网虚拟社会的特征与管理[J]. 电子政务，9：10-11.

徐晓林，周立新. 2004. 数字治理在城市政府善治中的体系构建[J]. 管理世界，11：140-141.

徐晓林，王子文. 2010. 关于把握网络舆情主导权问题研究[J]. 管理世界，4：183-184.

徐晓林，朱国伟. 2014. 国家安全治理体系：人民本位、综合安全与总体治理[J]. 华中科技大学
　　学报（社会科学版），28（3）：17-24.

徐晓林，陈强，曾润喜. 2013. 中国虚拟社会治理研究中需要关注的几个问题[J]. 中国行政管理，
　　11：7-11.

徐心华. 1987. 加强舆论监督发展民主政治[J]. 中国记者，9：11.

徐仲伟. 2008. 论我国网络文化中的非意识形态倾向与网络文化建设的主题把握[J]. 马克思主
　　义研究，7：85-89.

薛澜. 2014. 顶层设计与泥泞前行——中国国家治理现代化之路[J]. 公共管理学报，11（4）：
　　1-6.

薛楠，周贤伟，周健. 2009. 认知无线电网络诱骗攻击问题及安全解决方案[J]. 电信科学，5：
　　81-87.

薛澜，张帆，武沐瑶. 2015. 国家治理体系与治理能力研究：回顾与前瞻[J]. 公共管理学报，
　　12（2）：1-12.

薛伟贤，冯宗宪. 2005. 网络经济效应分析[J]. 系统工程，3：80-83.

闫强，陈钟. 2003. 信息安全评估标准、技术及其进展[J]. 计算机工程，29（6）：1-8.

闫相斌，宋晓龙. 2013. 网络媒体的新闻来源及其传播规律[J]. 系统管理学报，3：431-436.

严三九，刘峰. 2014. 试论新媒体时代的传媒伦理失范现象、原因和对策[J]. 新闻记者，3：25-29.

严文斌，陈瑶. 2009. 突破国际话语弱势还原中国国家形象[J]. 中国记者，8：21-24.

严文斌，顾钱江. 2011. 传播自觉·话语接轨·媒介创新——2010中国国际传播事件回眸[J].

对外传播，1：14-15.

杨金卫. 2009. 国外政党对互联网的运用及对我国政治发展和政党建设的启示[J]. 山东大学学报（哲学社会科学版），1：146-153.

杨嵘均. 2014. 论网络空间治理国际合作面临的难题及其应对策略[J]. 南京工业大学学报（社会科学版），4：78-90.

杨瑞龙，朱春燕. 2004. 网络经济学的发展与展望[J]. 经济学动态，9：19-23.

杨善林，周开乐. 2015. 大数据中的管理问题：基于大数据的资源观[J]. 管理科学学报，18（5）：1-8.

杨善林，王佳佳，代宝，等. 2015. 在线社交网络用户行为研究现状与展望[J]. 中国科学院院刊，30（2）：200-215.

杨善林，周开乐，张强，等.2016. 互联网的资源观[J]. 管理科学学报，19（1）：1-11.

姚灿中. 2010. 产业复杂网络的建模、仿真与分析[D]. 华南理工大学博士学位论文.

尹韵公. 2012. 论网络文化的新特征与新趋势[J]. 新闻与写作，1：4-7.

余高辉，杨建梅，曾敏刚. 2011. QQ群好友关系的复杂网络研究[J]. 华南理工大学学报（社会科学版），4：20-23.

运迎霞，黄焕春，王振宇. 2013. 基于GIS的舞钢市城市空间增长边界划分研究[J]. 动感（生态城市与绿色建筑），1：69-74.

曾润喜，徐晓林. 2010. 网络舆情突发事件预警系统、指标与机制[J]. 情报杂志，11：52-54.

张虎生. 2010. 网络呼唤规范与自律[J]. 新闻战线，4：1.

张虎生. 2012. 履行文化强国使命中的媒体作为[J]. 中国记者，2：14-15.

张力，唐岚. 2005. 国家信息安全综论[J].现代国际关系，4：40-49.

张丽芳，张清辨. 2006. 网络经济与市场结构变迁——新经济条件下垄断与竞争关系的检验分析[J]. 财经研究，5：108-118.

张璐，吴菲菲，黄鲁成. 2015. 基于用户网络评论信息的产品创新研究[J]. 软科学，5：12-16.

张铭洪. 2002. 网络经济下的反垄断与政府管制政策[J]. 管理世界，6：138-139.

张维，喻颖，张永杰，等. 2008. 中国金融服务业的创新：新世纪的观察[J]. 系统工程理论与实践，8：160-170.

张显龙. 2016-05-30. 自主创新是网络强国建设的基石[N]. 学习时报，第5版.

张新宝. 2013. 论网络信息安全合作的国际规则制定[J]. 中州学刊，10：51-58.

张友国，郑玉歆. 2014. 碳强度约束的宏观效应和结构效应[J]. 中国工业经济，6：57-69.

张振东. 1995. 处理好改革、发展和稳定的关系是广播电视宣传的重要指导思想[J]. 中国广播电视学刊，2：30-33.

张志勇，裴庆祺，杨林，等. 2009. 支持验证代理方的远程证明模型及其安全协议[J]. 西安电子科技大学学报，36（1）：58-63.

赵国俊. 2012. 新时期我国信息资源开发利用战略思想的创新发展[J]. 档案学研究，3：4-11.

赵辉，李明楚. 2008. 基于虚拟组织的网格安全需求分析模型[J]. 计算机工程，34（24）：175-179.

赵楠，邵宏宇，郭伟. 2010. IT培训对装备制造业信息化投资效率影响的实证研究[J]. 情报杂志，29（3）：53-56.

赵玉明,庞亮. 2008. 从新闻学到新闻传播学的跨越——近十年来中国新闻传播学教育和研究新进展评述[J]. 现代传播：中国传媒大学学报，5：133-135.

郑远民,易志斌. 2001. 浅析网络警察在维护网络主体合法民事权益中的重要作用[J]. 信息网络安全，12：21-23.

中国信息化百人会课题组. 2015. 信息经济崛起：重构世界经济新版图[M]. 北京：电子工业出版社.

中国信息化百人会课题组. 2016. 信息经济崛起：区域发展模式、路径与动力[M]. 北京：电子工业出版社.

钟瑛. 2010. 互联网管理模式、原则及方法探析[J]. 三峡大学学报（人文社会科学版），32（1）：46-49.

钟瑛，张恒山. 2013. 大数据的缘起冲击及其应对[J]. 现代传播，7：104-109.

钟瑛，张恒山. 2014. 对新媒介环境下主流媒体舆论引导的思考[J]. 今传媒（学术版），7：4-6.

周朝民. 2003. 网络经济学[M]. 上海：上海人民出版社.

周德旺. 2014. 强化网络安全建设网络强国[J]. 保密工作，3：11-13.

周鸿铎. 2009. 发展中国特色网络文化[J]. 山东社会科学，1：53-57.

周剑，徐大丰. 2015. 两化融合的概念内涵和方法路径研究[J]. 产业经济评论，5：12-19.

周义程. 2012. 网络空间治理：组织、形式与有效性[J]. 江苏社会科学，1：80-85.

朱建平，章贵军，刘晓葳. 2014. 大数据时代下数据分析理念的辨析[J]. 统计研究，31（2）：10-19.

朱琳. 2013. 网络金融的兴起及其与商业银行的融合[J]. 生产力研究，6：60-61.

朱文科，谭秀森. 2010. 论网络文化背景下的人际交往[J]. 山东理工大学学报，5：34-37.

庄贵军，李苗，凌黎. 2015. 网络交互能力的量表开发与检验[J]. 管理学报，9：1369-1378.

邹新月，罗亚南，高杨. 2014. 互联网金融对我国货币政策影响分析[J]. 湖南科技大学学报，7：26-30.

Nora S，Alan M，1984. 谁会的信息化[M]. 迟路译.北京：商务印书馆.

Porat M U. 1987. 信息经济论[M]. 李必祥译. 长沙：湖南人民出版社.

Adam N J. 2003. Understanding the Psychology of Internet Behavior. Virtual Worlds，Real Lives[M]. New York：Palgrave Macmillan.

Allan J，Carbonell J. Doddington G，et al. 1998. Topic detection and tracking pilot study final report[C]. Proceedings of the Broadcast News Transcription and Understanding Workshop.

Allen F. 1990. The market for information and the origin of financial intermediaries[J]. Journal of Financial Intermediation，12（1）：3-30.

Allen J S L. 1994. Some discrete-time si, sir, and sis epidemic models[J]. Mathematical Biosciences，124（1）：83-105.

Altmann M. 1995. Susceptible-infected-removed epidemic models with dynamic partnerships[J]. Journal of Mathematical Biology，33（6）：661-675.

Amy R，Julian R. 2006. Strategic benefits to sems from third party webservice：an auction research analysis[J]. Journal of Strategic Information Systems，9：122-135.

Armstrong M. 2006. Competition in two-sided markets[J]. Journal of Economics，37（6）：668-691.

Attali J, Parole L. 1975. Reviewed work（s）：La parole et l' outil by Jacques Attali" [J]. Canadian Journal of Political Science, 11（1）：202-204.

Barbieri N, Bonchi F, Manco G. 2013. Topic-aware social influence propagation models[J]. Knowledge and Information Systems, 37（3）：555-584.

Barthelemy M. 2004. Betweenness centrality in large complex networks[J]. The European Physical Journal B-Condensed Matter and Complex Systems, 38（2）：163-168.

Bell D. 2001. An Introduction to Cybercultures[M]. Londn：Routledge.

Berger S, Gleisner F. 2008. Emergence of financial intermediaries on electronic markets：the case of online P2P lending[D]. University of Frankfurt.

Bert S, Dickvan W. 2000. A critique on the theory of financial intermediation[J]. Journal of Banking and Finance, 24：1243-1251.

Bodie Z, Merton R C. 2000. Finance First Edition, Perentie-Hall[M]. New York：MIS Quarterly.

Boot A W, Greenbaum S I, Thakor A V. 1993. Reputation and discretion in financial contracting[J]. American Economic Review, 83（12）：232-245.

Borko H, Menou M J. 1982. Index of Information Utilization Potential[EB/OL]. http://unesdoc. unesco.org/images/0005/000580/058009eb.pdf

Cash J I, Konsynski B. 1985. IS redraws competitive boundaries[J]. Harvard Business Review, 62（3）：134-142.

Chakrabarty D, Chaudhuri A. 2001. Formal and informal sector credit institutions and inter linkage[J]. Journal of Economic Behavior and Organization, 46：313- 325.

Chen C C, Chen Y T, Chen M C. 2007a. An aging theory for event life-cycle modeling[J]. Systems, Man and Cybernetics, Part a：Systems and Humans, IEEE Transactions on, 37（2）：237-248.

Chen K Y, Luesukprasert L, Chou S C. 2007b. Hot topic extraction based on timeline analysis and multidimensional sentence modeling[J]. Knowledge and Data Engineering, IEEE Transactions On, 19（8）：1016-1025.

Cheng H, Liu Y. 2008. An online public opinion forecast model based on time series[J]. Journal of Internet Technology, 9（5）：429-432.

Chircu A M, Davis G B, Kauffman R J. 2000. Trust, expertise and e commerce intermediary adoption[J]. Proceedings of the Sixth Americas Conference on Information Systems, 23（5）：710-716.

Clark C. 1940. The Conditions of Economic Progress[M]. London：Macmillan & Co.Ltd.

Claycomb C, Karthiklyer, Germain R. 2005. Predicting the level of B2B e-commerce in industrial[J]. Information Systems, 34：221-234.

Coombs W T, Sherry J H. 2009. Further explorations of post-crisis communication：effects of media and response strategies on perceptions and intentions[J]. Public Relations Review, 35（1）：1-6.

Cui P, Wang F, Liu S. 2011. Who should share what ? Item-level social influence prediction for users and posts ranking[C]. Proceedings of the 34th international ACM SIGIR conference on Research and development in Information Retrieval.

Damian H Z. 2002. Dynamics of rumor propagation on small-world networks[J]. Physical Review

E, 65（4）: 41908.

Dan J K, Yong L S. 2005. A multidimensional trust formation model in decision support systems[J]. Journal of Finance, 67（4）: 143-165.

Daniel T K. 2009. From cyberspace to cyberpower: defining the problem[C]. Cyberpower and National Security, Washington: National Defense UP.

Davis G F, Yoo M, Baker W E. 2003. The small world of the american corporate elite, 1982—2001[J]. Strategic Organization, 1（3）: 301-326.

Diamond D. 1983. Financial intermediation and delegated monitoring[J]. Journal of Political Economy, 91（3）: 401-419.

Ding F, Liu Y, Li Y. 2009. Co-evolution of opinion and strategy in persuasion dynamics: an evolutionary game theoretical approach[J]. International Journal of Modern Physics C, 20（3）: 479-490.

Domenico D G, Gallegati M. 2009. Business fluctuations and bankruptcy avalanches in an evolving network economy[J]. Journal of Economic Interaction and Coordination, 4（2）: 195-212.

Economids N. 1996. The economics of networks[J]. International Journal of Industrial Organization, 14（6）: 673-699.

Everdingen Y, Hillergersberg J, Waarts E. 2000. ERP adoption by european midsize companies[J]. Communications of the ACM, 43（3）: 27-31.

Farlan F W. 1984. Information technology changes the way you compete[J]. Harvard Business Review, 60（5）: 98-105.

Fisher. 1970. The Theory of Interest as Determined by Impatience to Spend Income and Opportunity to Invest It[M]. New York: A.M.Kelley Press.

Furst K, Lang W, Nolle D. 2002. Internet banking: developments and prospects[J]. Program on Information Resources Policy, 4: 98-102.

Galam S. 2008. Sociophysics and the forming of public opinion: threshold versus non threshold dynamics[Z]. arXiv: 0803.2453.

Gatti D D, Gallegati M, Greenwald B C, et al. 2009. Business fluctuations and bankruptcy avalanches in an evolving network economy[J]. Journal of Economic Interaction and Coordination, 4（2）: 195-212.

Gerald R M. 1997. Information technology and the economic[J]. Performance of the Grocery Store Industry, 21（11）: 112-119.

Gilles R, Lazarova E, Ruys P. 2014. Stability in a network economy: the role of institutions[J]. TILEC Discussion Paper, 10: 1-10.

Goldenberg J, Libai B, Muller E. 2001. Talk of the network: a complex systems look at the underlying process of word-of-mouth[J]. Marketing Letters, 12（3）: 211-223.

Gomez V, Kaltenbrurener A, Lopez V. 2008. Statistical analysis of the social network and discussion threads in slashdot[C]. Proceedings of the 17th international conference on World Wide Web.

Goyal A, Lu W, Lakshmanan L V S. 2011. Simpath: an efficient algorithm for influence maximization under the linear threshold model[C]. IEEE International Conference on Data Minin.

Granovetter M. 1978. Threshold models of collective behavior[J]. American Journal of Sociology, 34: 1420-1443.

Grenfell B T, Bjornstad O N, Finkenstadt B. 2002. Endemic and epidemic dynamics of measles: scaling predictability, noise and determinism with the time series SIR model[J]. Ecological Monogr, (72): 185-202.

Gurley J G, Shaw E S. 2008. Financial structure and economic development[J]. Economic Development and Cultural Change, 15 (5): 257-258.

Henderson J C, Venkatraman N. 1993. Strategic alignment: leveraging information technology for transforming organization[J]. IBM Systems Journal, 32 (1): 4-16.

Hethcote W H. 2000. The mathematics of infectious diseases[J]. SIAM Review, 42 (4): 599-653.

Huang X, Vodenska I, Wang F, et al. 2011. Identifying influential directors in the united states corporate governance network[J]. Physical Review E, 84 (4): 46101.

Jamali S. 2009. Comment mining, popularity prediction, and social network analysis[D]. GeorgeMason University.

Jeffrey R L, Justin H P. 2009. How should we estimate public opinion in the states?[J]. American Journal of Political Science, 53 (1): 107-121.

Jipp A. 1963. Wealth of nations and telephone density[J]. Telecommunications Journal, 3: 199-201.

Joinson A N. 2003. Understanding the Psychology of Internet Behaviour: Virtual Worlds, Real Lives[M]. New York: Palgrave Macmillan.

Jordan T. 1999. Cyberpower: The Culture and Politics of Cyberspace and the Internet[M]. New York: Routeledge.

Karp R, Schindelhauer C, Shenker S, et al. 2000. Randomized rumor spreading[C]. Proceedings. 41st Annual Symposium.

Katz M L, Shapiro C. 1985. Network externalities, competition and compatibility[J]. The American Economic Review, 75 (3): 424-440.

Keen A. 2008. The Cult of the Amateur: How Blogs, MySpace, YouTube, and the Rest of Today's User-Generated Media are Destroying Our Economy, Our Culture, and Our Values[M]. Boston: Nicholas Brealey Publishing.

Kempe D, Kleinberg J, Tardos E V. 2003. Maximizing the spread of influence through a social network[C]. Proceedings of the ninth ACM SIGKDD international conference on Knowledge discovery and data mining.

Kermback W O, Anderson G M. 1927. A contribution to the mathematical theory of epidemics[C]. Proceedings of the Royal Society of London A: Mathematical, Physical and Engineering Sciences.

Kermback W O, Anderson G M. 1932. Contributions to the mathematical theory of epidemics. ii. the problem of endemicity[C]. Proceedings of the Royal Society of London A: Mathematical, Physical and Engineering Sciences.

Kim H J, Lee Y, Kahng B. 2002. Weighted scale-free network in financial correlations[J]. Journal of the Physical Society of Japan, 71 (9): 2133-2136.

King R G, Levine R. 1993. Finance and growth: schumpetermight be right[J]. Quarterly Journal of Economics, 108 (3): 717-738.

Kye C. 2001. EU e-commerce policy development[J]. Computer Law&Security Report, 17 (1): 25-27.

Labonte M, Gaile E. 2008-04-30. Money policy and the federal reserve: current policy and conditions[EB/OL]. www.senate.gov/reference/resources/pdf/RL34412.pdf.

Lee K E, Lee J W, Hong B H. 2007. Complex networks in a stock market[J]. Computer Physics Communications, 177 (1): 186.

Lewis T G. 1997. The Friction-free Economy: Marketing Strategies for A Wired World[M]. New York: Harper Business.

Li E Y. 1997. Perceived importance of information system success factors: a meta analysis of group differences[J]. Information & Management, 32: 15-28.

Li Y M, Chen C W. 2009. A synthetical approach for blog recommendation: combining trust, social relation, and semantic analysis[J]. Expert Systems with Applications, 36 (3): 6536-6547.

Lind J. 2005. Ubiquitous convergence: market redefinitions generated by technological change and the industry life cycle[D]. New York: Paper for the Druid Academy Winter Conference.

Liu Z, Hu B. 2005. Epidemic spreading in community networks[J]. Europhysics Letters, 72 (2): 315-321.

Machlup F. 1962. The Production and Distribution of Knowledge in the United States[M]. Princeton: Princeton University Press.

Mantegna R N. 1999. Hierarchical structure in financial markets[J]. The European Physical Journal B-Condensed Matter and Complex Systems, 11 (1): 193-197.

McKnight L, Bailey P J. 1997. Internet Economics[M]. London: The MIT Press.

Melville N, Kraemer K, Gurbaxani V. 2004. Information Technology and Organizational Performance: An Integrative Model of IT Business Value[M]. New York: MIS Quarterly.

Moody G R. 1997. Information technology and the economic[J]. Performance of the Grocery Store Industry, 21 (11): 112-119.

Morton S, Michael S. 1991. The Corporation of the 1990s[M]. New York: Oxford University Press.

Newman M, Forrest S, Balthrop J. 2002. Email networks and the spread of computer viruses[J]. Physical Review E, 66 (3): 35101.

Nijkamp P. 2003. Entrepreneurship in a modern network economy[J]. Regional Studies, 37 (4): 395-405.

Nye J S. 2011. The Future Of Power[M]. New York: Public Affairs.

Onnela J P, Kaski K, Janos K E S. 2004. Clustering and information in correlation based financial networks[J]. The European Physical Journal B-Condensed Matter and Complex Systems, 38(2): 353-362.

Parker M M, Benson R J. 1989. Enterprise wide information management: state-of-the-art strategic planning[J]. Journal of Information Systems Management, Summer: 14-23.

Parsons G L. 1983. Information technology: a new competitive weapon[J]. Sloan Management

Review, 25（1）：3-14.

Pendleton S C. 1998. Rumor research revisited and expanded[J]. Language & Communication, 18( 1 )：69-86.

Piccoli G, Ives B. 2005. Review：it-dependent strategic initiatives and sustained competitive advantage：a review and synthesis of the literature[J]. Management Information Systems Quarterly, 29( 4 )：747-776.

Pickering A. 1992. Science as Practice and Culture[M]. Chicago：University of Chicago Press.

Poon P, Wagner C. 2001. Critical success factors revisited：success and failure cases of information systems for senior executive[J]. Decision Support Systems, 30：393-418.

Porat M U. 1977. The information economy：definition and measurements（vol. 1-9）[D]. US Government Printing Office Washington DC.

Porter M E, Millar V E. 1985. How information gives you competitive advantage[J]. Harvard Business Review, 63（4）：149-160.

Postman N. 2011. Technopoly：The Surrender of Culture to Technology[M]. New York：Vintage.

Proper H A, Bosma H, Hoppenbrouwers S J B A. 2000. An alignment perspective on architecture-driven information systems engineering[J]. Proceedings of the Second National Architecture Congress, 11：355-362.

Rheingold H. 2000. The Virtual Community：Homesteading On the Electronic Frontier[M]. Cambridge：MIT press.

Rockart J F, Short J E. 1989. IT in the 1990s：managing organizational interdependence[J]. Sloan Management Review, Winter：7-17.

Romero D M, Meeder B, Kleinberg J. 2011. Differences in the mechanics of information diffusion across topics：idioms, political hashtags and complex contagion on twitter[C]. Proceedings of the 20th international conference on World Wide Web.

Saito K, Nakano R, Kimura M. 2008. Prediction of information diffusion probabilities for independent cascade model[C]. Knowledge-based Intelligent Information and Engineering Systems.

Sanghavi S, Hajek B, Laurent M E. 2007. Gossiping with multiple messages[J]. Information Theory, IEEE Transactions On, 53（12）：4640-4654.

Santors D B L. 1991. Justifying investments in new information technologies[J]. Journal of Management Information Systems, 7（4）：71-90.

Schenone C. 2004. The effect of banking relationships on the firm's IPO underpricing[J]. Journal of Finance, 59（4）：2903-2958.

Schultz F, Utz S, Ritz G O A. 2011. Is the medium the message? perceptions of and reactions to crisis communication via twitter, blogs and traditional media[J]. Public Relations Review, 37（1）：20-27.

Shapiro C, Varian H R. 1990. Information Rules：A Strategic Guide to the Network Economy [M]. Boston：Harvard Business School Press.

Shifflet J A. 2005. Technique Independent Fusion Model For Network Intrusion Detection[C]. Proceeding of The Midstates Conference on Undergraduate Research in Computer Science and Mathematics,

3（1）：13-19.

Shy O. 2001. The Economics of Network Industries[M]. Cambridge：Cambridge University Press.

Soffer P, Golany B, Dori D. 2003. ERP modeling：a comprehensive approach[J]. Information Systems, 28：673-690.

Stigler G J. 1961. The Economics of Information[N]. Journal of Political Economy, University of Chicago Press, 69（3）：213.

Szabo G, Bernardo A H. 2010. Predicting the popularity of online content[J]. Communications of the ACM, 53（8）：80-88.

Tapscott D. 1996. The Digital Economy：Promise and Peril in the Age of Networked Intelligence[M]. New York：Mc Graw-Hill.

Ulfo N. 2008. The challenge of cyberculture[J]. European Journal of Theology, 17（2）：138-143.

Vercammen J. 1995. Credit bureau policy and sustainable reputation effects in credit markets [J]. Economic, 62（3）：461- 478.

Vlokoff O. 1999. Enterprise system implementation：a process of individual metamorphosis[J]. American Conference on Information Systems, 5（2）：59-67.

Wang W X, Chen G R. 2008. Universal robustness characteristic of weighted networks against cascading failure[J]. Physical Review E, 77（2）：26101.

Warner T N. 1987. Information technology as a competitive burden[J]. Sloan Management Review, （Fall）：55-61.

Williams M, Siegel A, Wright P M. 2006. Corporate social responsibility：strategic implications[J]. Journal of Management Studies, 43（1）：1-18.

Wiseman C. 1988. Strategic information systems irwin, attack and counterattack：the new game in information technology[J]. Planning Review, 5：6-12.

Yeo K T. 2002. Critical failure factors in information system projects[J]. International Journal of Project Management, 20：146-241.

Zanette D H. 2002. Dynamics of rumor propagation on small-world networks[J]. Physical Review E, 65（4）：41908.

Zhang H, Zhao B, Zhong H. 2009. Hot trend prediction of network forum topic based on wavelet multi-resolution analysis[J]. Computer Technology and Development, 19（4）：76-79.

Zhou J, Liu Z, Li B. 2007. Influence of network structure on rumor propagation[J]. Physics Letters, 368（6）：458-463.

# 后　记

　　2016 年，是中国互联网事业具有里程碑意义的一年，4 月 19 日习近平总书记主持召开网络安全和信息化工作座谈会发表重要讲话，10 月 9 日习近平主持召开中央政治局就实施网络强国战略进行第 36 次集体学习，进一步吹响了统一思想、提高认识，加强战略规划和统筹，加快推进各项工作，朝着建设网络强国目标不懈努力的号角；2016 年，也是浙江历史上留下深刻印记的一年，G20 杭州峰会成功举办，习近平总书记亲临浙江主持峰会，并提出了秉持浙江精神，干在实处、走在前列、勇立潮头的新使命新要求。在这样的背景下，本书的出版就显得更有特别的意义。

　　本书是作者学习研究习近平总书记关于网络强国战略的多次重要讲话，吸收借鉴有关专家学者和媒体对习近平网络强国战略思想的研究解读及关于互联网发展的研究成果基础上完成的。既包含了作者长期研究我国特别是浙江信息化发展战略与实践的成果，也反映了作者 2016 年以来承担国家社会科学基金重大项目"我国实施网络强国战略及其推进机制研究"（15ZDC023）的最新成果，特别是浙江以信息化驱动引领现代化生动实践的研究成果，其中不少成果已经在《浙江日报》理论版、《浙江经济》等报刊上发表。

　　在书稿完成之后，中国工程院院士、中国社会科学院学部委员李京文先生和中国工程院院士刘人怀先生欣然为本书作序，给予我们极大的鼓励，令人十分感动，谨此表示衷心的感谢与敬意！

　　本书写作和前期研究过程中，得到了从事信息化工作的领导、专家学者和企业家的指导与支持，其中很多思想观点来源于他们的贡献，如中国信息化百人会顾问、浙江省人大常委会副主任毛光烈，中国社会科学院数量经济与技术经济研究所所长李平教授，中国信息化百人会成员、浙江省经济和信息化委员会副主任吴君青，中央网信办信息化发展局电子政务处处长王鼎，浙江省政府咨询委学术委员会副主任刘亭，浙江省委政策研究室副主任杨守卫，海康威视董事长陈宗年，浙江大学电子服务研究中心主任陈德人教授，浙江大学信息技术与经济社会系统研究中心主任刘渊教授，浙江省工业和信息化研究院副院长兰建平，中国信息化百人会成员、中国电信股份有限公司浙江分公司总经理韩臻聪等，不一而足，在此表示由衷的感谢！

在本书写作过程中，国家社会科学基金重大项目课题组的成员做了大量资料准备工作。尤其是禹献云博士和王海稳教授不辞辛劳，分别承担了第九章和第十章的初稿写作任务，虽然没有署名，但也是本书的实际完成者，谨致深切的谢意！

最后还要特别感谢科学出版社责任编辑魏如萍女士为本书出版付出的心血！

作者

2016 年 12 月 20 日于杭州下沙大学城